医疗设备故障诊断与解决百例精选

主编　冯靖祎

浙江省医师协会临床工程师分会

ZHEJIANG UNIVERSITY PRESS
浙江大学出版社
·杭州·

图书在版编目(CIP)数据

医疗设备故障诊断与解决百例精选 / 冯靖祎主编
.— 杭州：浙江大学出版社，2022.11(2023.3 重印)
ISBN 978-7-308-23001-8

Ⅰ.①医… Ⅱ.①冯… Ⅲ.①医疗器械—故障诊断②医疗器械—故障修复 Ⅳ.①TH77

中国版本图书馆 CIP 数据核字(2022)第 159930 号

医疗设备故障诊断与解决百例精选

冯靖祎 主编

责任编辑 张 鸽
文字编辑 蔡晓欢
责任校对 陈 宇
封面设计 续设计—黄晓意
出版发行 浙江大学出版社
(杭州市天目山路 148 号 邮政编码 310007)
(网址：http://www.zjupress.com)
排 版 杭州朝曦图文设计有限公司
印 刷 浙江省邮电印刷股份有限公司
开 本 710mm×1000mm 1/16
印 张 28.75
字 数 516 千
版 印 次 2022 年 11 月第 1 版 2023 年 3 月第 2 次印刷
书 号 ISBN 978-7-308-23001-8
定 价 158.00 元

浙江大学出版社市场运营中心联系方式：0571—88925591；http://zjdxcbs.tmall.com

《医疗设备故障诊断与解决百例精选》
编委会

主　　编　冯靖祎

副 主 编　刘锦初

编　　委　（按姓氏拼音排序）

蔡饶兴　陈春华　陈　革　陈锦涛　陈乒宇　陈庆双
陈仁更　陈星勇　陈　煜　陈宇飞　陈　云　陈振建
程其华　戴倩倩　戴思舟　丁　炜　董　明　范明利
高华敏　管青华　郭爱群　郭展瑞　韩叶锋　何林祥
洪　杰　胡海勇　胡佶轩　胡伟标　黄天海　纪国伟
姜　军　蒋益钢　蒋寅杨　蒋云飞　金锦江　金珏斌
金以勒　孔德炎　雷建君　李　达　连　萱　林翔坤
凌伟丽　刘继玲　刘建宝　刘　琳　刘荣俊　娄海芳
楼理纲　楼梦清　卢如意　陆一滨　罗林聪　毛　彬
毛燕正　聂　涛　潘月鸯　钱东燕　秦龙江　沈璐彬
沈攀杰　沈一奇　孙　静　王　非　王宏杰　王洪柱
王明刚　王式剖　王志康　温新宇　翁哲阳　吴灵昊
吴新来　奚基相　向思伟　谢　杲　谢华臣　许　珏
杨　斐　叶建平　叶　俊　应炯萍　于乃群　袁　望
张　倩　张乔冶　章旭峰　张元勋　张镇峰　郑　骏
郑　焜　钟晓庆　周庆利

协助单位　浙江省医疗器械临床评价技术研究重点实验室

序　一

“工欲善其事，必先利其器。”医疗器械作为现代医疗的重要工具，在疾病的预防、诊断与治疗过程中发挥着极其重要的作用，是我国医疗卫生体系建设中的基础装备。医疗器械已成为医疗现代化程度的重要标志，是医学诊疗水平提高、医疗服务能力提升的重要支撑。现代医疗器械往往涉及多学科交叉，是高新前沿技术的结晶，具有技术含量高、系统结构复杂等特点，对临床工程师的知识水平和维修能力提出了较高要求。随着医疗器械产业的快速发展，各种新型的医疗器械层出不穷，形成众多细分领域，对临床工程师的学习能力提出了极大挑战。因此，若能通过整合不同类型医疗器械的故障诊断与解决典型案例，形成系统性医疗器械维修手册，将有助于临床工程师快速掌握不同医疗器械的常见故障诊断和解决方法，提升学习效率，提高其医疗器械维修水平。

依托于浙江省医师协会临床工程师分会、浙江省医学会医学工程学分会的组织，浙江省临床工程师自 2016—2020 年底共投递了 450 余篇医疗器械故障诊断与解决案例。主编团队从中精选了 100 余篇有代表性的优秀案例，经过编辑整理、专家审定后凝练形成《医疗设备故障诊断与解决百例精选》。这些优秀案例覆盖多种类型医疗器械，如超声类、放射类、呼吸类、监护和输注类、手术麻醉类、消毒类、检验类、血透类、医用内镜类、牙科专用类等。每篇案例均从故障现象、故障分析、故障排除、解决方案、维修照片和维修心得等内容进行了详细描述，细致记录和还原了故障诊断和解决的实践过程，让临床工程师身临其境地了解关键点和细节。

本书凝聚了众多资深临床工程师的经验与智慧，可以作为每位临床工程师的入门教材。它不仅是一本很好的参考工具书，可以帮助临床工程师快速解决医疗器械故障问题，而且是一本很好的维修思维训练书，可以帮助初学者快速建立科学的故障诊断和解决思路。希望此书的出版能够为广大临床工程师提供帮助，并且可以助力提升我国临床工程师的整体水平。

中华医学会医学工程学分会名誉主任委员

华中科技大学同济医学院附属协和医院副院长

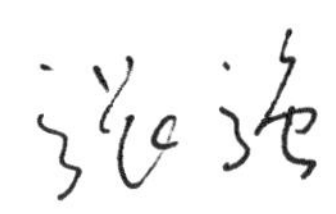

序　二

随着科学技术的进步,医疗器械在医院的应用越来越广,在诊疗过程中发挥的作用越来越重要。医疗器械的先进程度已经成为医院实力的重要标志之一。作为现代医院的重要装备,医疗器械的临床应用质量与安全是医疗工作顺利开展的重要前提。医疗器械的应用具有时间长、频率高,及环境和情景复杂等特点,在临床应用生命周期中往往会出现各种故障现象,包括自然故障(如设备老化、过度使用)、人为故障(如操作不当、校正失调)、环境故障(如温湿度干扰、灰尘磁场干扰)等。此外,医疗器械往往技术要求高、结构复杂、成本高,因故障引起的诊疗风险及成本浪费往往会给医院造成较大损失。做好医疗器械的故障诊断与解决是医院临床工程师的最基本也是最重要的工作内容之一。

本书精选了100余篇优秀的医疗设备故障诊断与解决案例,涉及超声类、放射类、呼吸类、监护和输注类、手术麻醉类、消毒类、检验类、血透类、医用内镜类、牙科专用类等医疗器械,案例覆盖面广、代表性强。每个案例从实践出发,从细微处着手,兼顾理论讲解与实际操作,并以图文并茂的形式描述故障诊断与解决的每个步骤,方便临床工程师们在学习具体案例的同时,也能了解维修策略和解决思路。

本书不仅可以作为同类医疗器械故障解决的参考，而且可以帮助读者学习掌握维修方法、维修策略，扩宽维修思路，提高维修能力，进而促进我国临床工程师的医疗器械维修水平整体提升，保证在用医疗器械的质量与安全，支撑医院临床业务的正常开展，进一步提升医疗质量与安全。

中华医学会医学工程学分会主任委员

上海市医疗设备器械管理质控中心主任

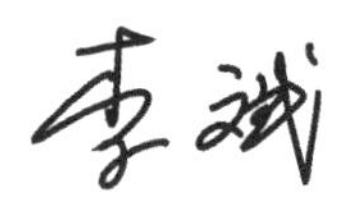

前　言

医疗器械的故障诊断与解决是临床工程师最重要的日常工作之一，也是医疗机构医疗服务顺利开展的重要保障。2016 年 1 月起，浙江省医学会医学工程学分会开始在全省范围内征集医疗设备维修案例，并于 7 月举办了“2016 年浙江省第一届医疗设备维修沙龙”，以促进临床工程师在医疗设备故障诊断与解决方面的经验交流。目前，该活动在浙江省医师协会临床工程医师分会的支持下持续进行，截至 2020 年 12 月 31 日共收到来自浙江省 10 个市共计 457 例投稿。浙江省医学会医学工程学分会和浙江省医师协会临床工程师分会每年组织专家遴选其中 20 例作为年度优秀维修案例，并以学术会议的形式进行分享，切实促进了医工同仁之间的交流，并对年轻医工起到了指导作用。

为了更好地传承经验智慧，本书吸纳了 2016—2020 年入选的优秀维修案例，并按类别分为超声类、放射类、呼吸类、监护和输注类、手术麻醉类、消毒类、检验类、血透类、医用内镜类、牙科专用类及其他设备，分别从设备的基本原理、结构功能、临床应用、发展简介，到故障诊断与解决案例进行了介绍展示，以期为医工同仁们提供医疗设备故障解决的新思路、新方法，促进医工同仁们技术提升。

感谢各位编者为本书的编写付出辛勤劳动，感谢各位专家提供专业指导。

随着科学技术的不断进步，医疗设备正在快速创新发展。本书内容是基于笔者撰写当时掌握的知识与经验进行的梳理与总结,实践案例仅供参考,针对具体问题,读者还需结合实际情况做专业判断。若有不当之处,请读者不吝指正,以期修订时更加完善。

浙江省医师协会临床工程师分会会长
浙江大学医学院附属第一医院
冯靖祎

目录

第1章 超声类设备

1.1 概 述

声波由物体振动产生。物体每秒振动的次数称为声波的频率,单位是赫兹(Hz)。声波按频率可分为次声波(频率小于20Hz)、可闻声波(频率为20~20000Hz,人类耳朵能够听到)和超声波(频率大于20000Hz)。其中,超声波具有方向性好、反射能力强、声能集中等特点,被广泛运用于医学、军事、工业等多个领域。在医学领域应用最广泛的超声类设备是用于临床诊断的超声诊断仪。本节将从超声诊断仪的基本原理、结构组成、类型、临床应用、发展简史五个方面对其展开介绍。

1.1.1 超声诊断仪的基本原理

超声诊断仪的主要工作原理是超声在人体中传播时的反射现象。超声波发射到人体内,在遇到人体界面时会发生反射现象。人体各组织形态与结构存在差异,其反射超声波的程度也各不相同,医护人员可通过分析超声诊断仪所呈现的回波波形、曲线及影像特征,并结合解剖学、病理学等相关知识来诊断所检查的器官是否正常。超声诊断仪的显示方式比较多,主要有A型(amplitude mode)、M型(motion mode)、B型(brightness mode)、D型(doppler mode),下面分别介绍其原理。

1.1.1.1 A型超声诊断仪

A型超声诊断仪(简称A超,见图1-1)采用幅度调制的方法进行诊断,以回声幅度的高低来表示组织回波信号的强弱,形成一维超声振幅波型,主要用于测量器官的径线。它由探头定点发射超声波并获得回波所在位置,从而测得人体脏器的厚度、病灶在人体组织中的深度以及病灶的大小,并对病灶进行定性分析(液性病灶或者实质性病灶)。A超的特点是原理简单,组织鉴别力较高,测量距离精确度高。目前,A超主要用于眼活体的结构测量,包括前房深度、晶状体厚度、玻璃体腔长度和轴长度。

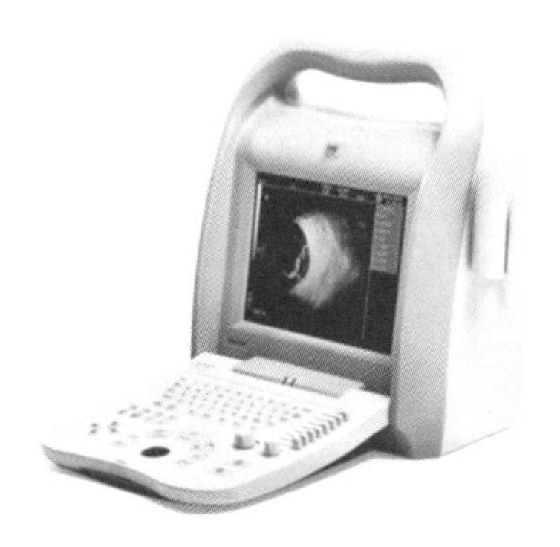

图1-1 A型超声诊断仪:现代眼科用A超

1.1.1.2 M型超声诊断仪

M型超声诊断仪(简称M超)也被称为时间-运动型(time-motion mode)超声诊断仪。它以亮度的强弱来表示组织回波信号的强弱(见图1-2),同时通过慢扫描电路使得到的亮度可以随时间展开,形成连续曲线,以反映一维组织结构和运动信息。M超主要用于分析心脏和大血管的运动幅度。它对心房黏液瘤、附壁血栓及心包积液等的诊断较准确,可为先天性心脏病、瓣膜脱垂等的诊断提供重要的影像学依据。

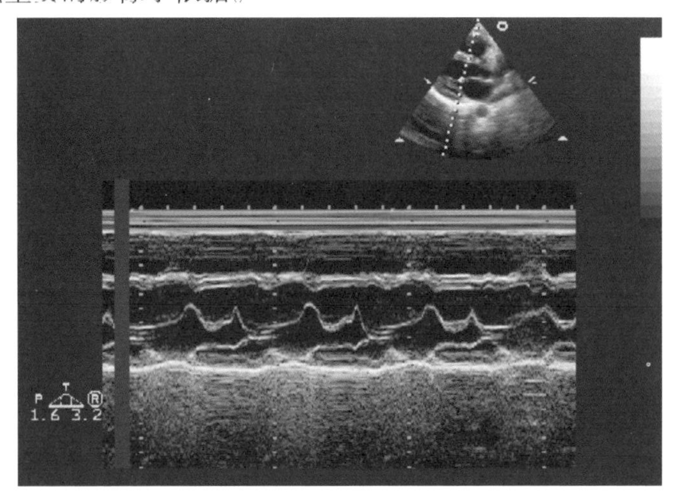

图1-2 M型超声扫描结果示例

1.1.1.3 B 型超声诊断仪

B 型超声诊断仪(简称 B 超),以亮度的强弱来表示组织回波信号的强弱,并采用多声束扫描法,将获得的各扫描线整合组成二维灰度图像(见图1-3)。图像灰阶的级差与模数转换器的位数(bit)有关,位数越高,灰阶级差(梯度)越小,图像的分辨率越高,越能反映脏器细微的回声变化。因此,B 超可实现二维断面图像及实时组织结构的显示,具有形象直观、方便诊断等特点。

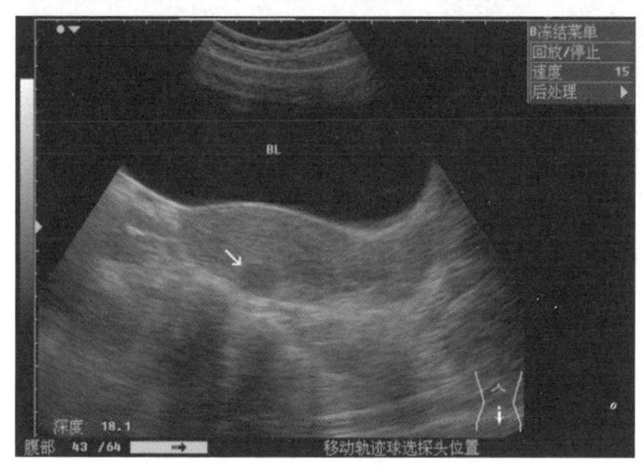

图 1-3　B 型超声扫描结果示例

1.1.1.4 D 型超声诊断仪

D 型超声诊断仪(简称 D 超),又称多普勒成像超声,以幅度的大小显示目标(如血流等)速度的大小,并显示该速度随时间的变化(见图 1-4)。它能够较准确地测量血流速度,主要用于检测心脏及血管的血流动力学状态,其特点为对病人无损伤,操作简单、迅速,方便重复应用。D 超包括脉冲式多普勒、连续式多普勒、能量多普勒以及彩色多普勒血流显像等四种。

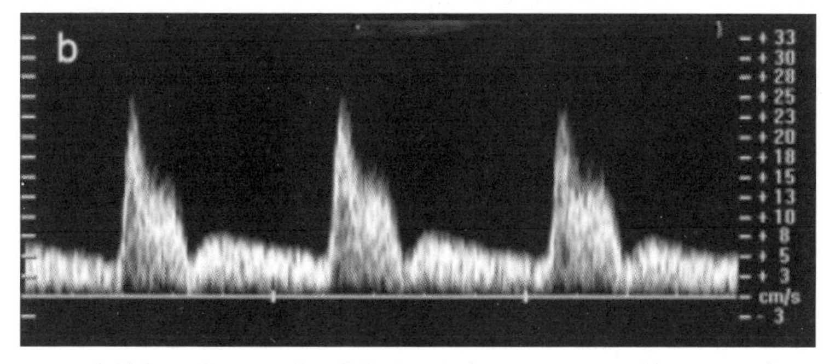

图 1-4　多普勒频谱显示方式(其中横轴代表时间——血流持续时间,单位为 s;纵轴代表速度——频移大小,单位为 cm/s)

D超中的彩色多普勒超声诊断仪(简称彩超)是目前最常用的超声设备之一。彩超形成的二维图像以色彩的饱和度表示目标速度的大小,以颜色表示目标速度的方向。流向超声探头方向的血流一般用红色表示,相反方向的血流则用蓝色表示(见图1-5)。彩超能够直观地显示血流动力学状态,对研究先天性心脏病和瓣膜病的分流及反流情况有较重要的价值。

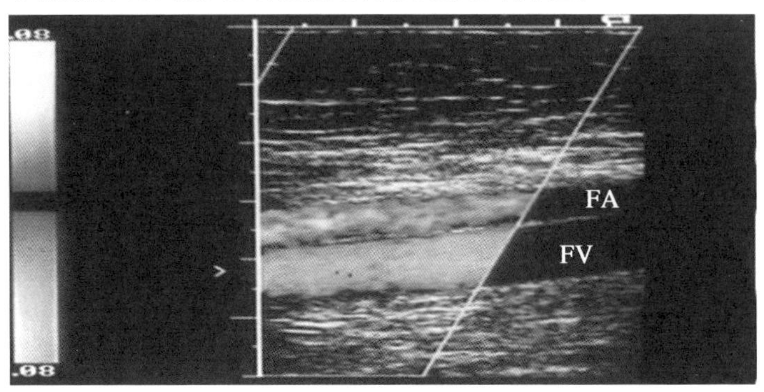

图1-5 彩色多普勒超声诊断仪扫描结果示例

1.1.2 超声诊断仪的结构组成

超声诊断仪主要由超声探头(换能器)、发射模块、接收模块、图像处理模块和系统控制模块等组成,下面分别对这几个模块进行详细介绍。

1.1.2.1 超声探头(换能器)

超声探头(换能器)是利用压电效应及逆压电效应实现电能和机械能转换的器件,其具体工作原理为:将电子线路产生的电激励信号转换成超声脉冲信号射入人体,并将人体组织产生的超声回波信号转换成可接收的电信号。超声探头一般由声透镜、匹配层、压电振子、垫衬和电极引线组成(见图1-6)。

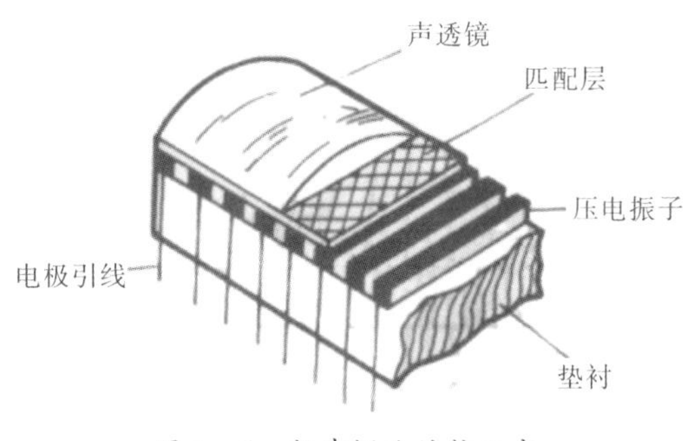

图1-6 超声探头结构示意

超声探头可以按以下几种方式进行分类。

（1）按探头所用阵元数，可分为单元探头和多元探头。

（2）按工作方式，可分为电子扫描式探头（包括线阵型、凸阵型及电子相控阵型）和机械扫描式探头（包括摆动式及旋转式）。

（3）按探头的形状，可分为矩形探头、弧形探头、柱形探头和圆形探头等。

（4）按诊断部位，可分为颅脑探头、眼科探头、心脏探头、腔内探头和腹部探头等。

（5）按应用方式，可分为体内探头、体外探头和穿刺活检探头。

1.1.2.2 发射模块

发射模块通常由发射时序生成模块、发射驱动模块、通道选择模块、探头切换模块等组成（见图1－7）。

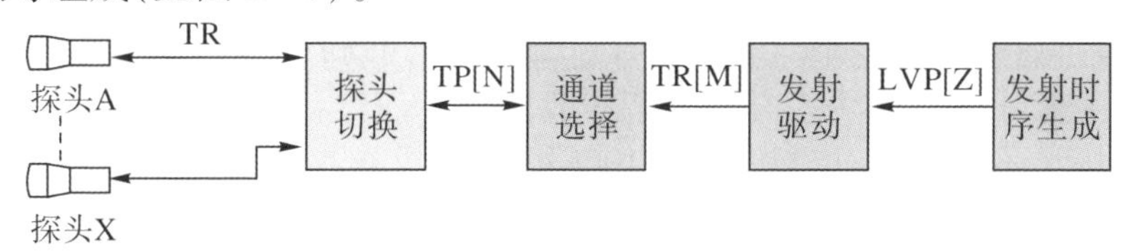

图1－7　发射模块组成

（1）发射时序生成模块

发射时序生成模块根据探头类型、成像模式、图像参数（如焦点位置）、扫描时序等生成发射脉冲的控制时序，输出控制信号LVP[Z]控制发射驱动模块产生高压发射脉冲。

（2）发射驱动模块

发射驱动模块用于生成最终发射脉冲序列TR[M]。其中，发射脉冲的时序（脉冲重复频率、单次发射脉冲个数和每个脉冲宽度）由发射时序生成模块产生的时序控制信号决定；发射脉冲的幅度由程控电压的电压值决定。

（3）探头切换模块

探头切换模块负责将发射与接收信号切换到相应的探头插座，脉冲发射与接收信号共用通道（分时复用）。TR[N]中的"TR"为脉冲发射的收发信号，"N"为探头的阵元数（探头中有通道选择电路的探头除外）。

1.1.2.3 接收模块

接收模块主要由高压隔离模块、低噪声放大模块、可变增益放大器模块、VGA控制信号生成模块、AD采样模块、波束合成模块和包络检测模块组成（见图1－8）。

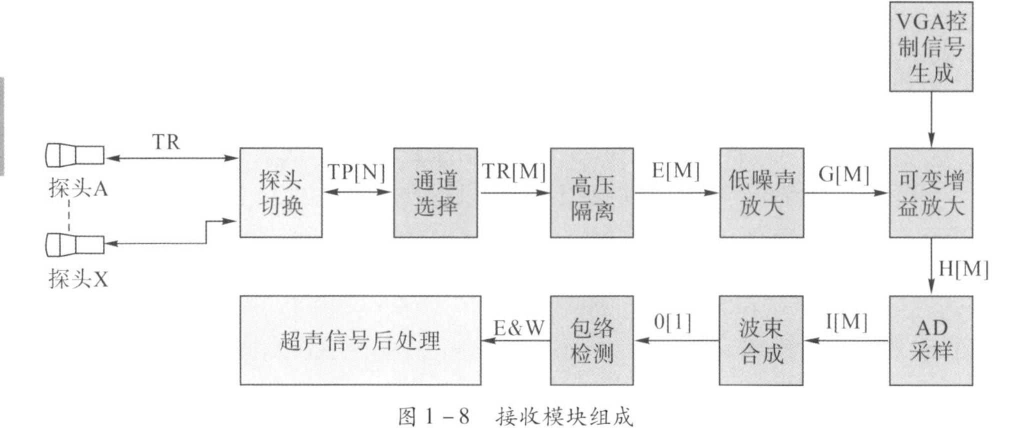

图 1-8　接收模块组成

(1)高压隔离模块

发射与接收对应通道连接在一起,因此发射的高压脉冲不只会传输到探头,其中一部分高压脉冲还会传输至接收电路。而接收电路都是低压器件,不耐高压,故需要引入高压隔离模块,用于保护接收电路不被高压脉冲损坏。高压隔离模块既可以保证将发射脉冲限幅至安全电压,又可以保证回波信号不失真地通过。

(2)低噪声放大模块

超声的回波信号比较小,因此要通过低噪声放大模块将其放大一定倍数来提高信号的信噪比。

(3)可变增益放大模块

超声信号经过人体反射回探头,远场(深处)衰减多,近场(浅处)衰减少。因此,一般采用可变增益放大补偿远近场衰减的不同,使得远场的放大倍数比近场大且均匀过渡,以保证远近场回波信号幅度的一致性。

(4)VGA 控制信号生成模块

该模块能产生一个电压信号,控制可变增益放大器的增益,使可变增益放大器按照预期设定改变增益(放大倍数)。

(5)AD 采样模块

该模块负责将模拟信号转换为数字信号。当其输入的模拟信号为 M 路信号时,需要 M 个 AD 芯片。由于输入信号没有去掉发射载波,因此该模块对 AD 芯片的采样频率要求比较高。

(6)波束合成模块

该模块通过延时把 M 路回波信号合成一路信号,从而达到信号增强的目的,最终输出一路信号 Q。

(7)包络检测模块

二维图像的信息包含在回波信号的幅度中,通过包络检测模块可以得到回波的幅度信息,从而得到图像信息。

1.1.2.4 图像处理模块和系统控制模块

图像处理模块主要负责对接收模块接收到的回波信号进行一系列处理并形成全电视信号。系统控制模块主要负责控制超声诊断仪内部各个不同功能模块,使各模块有序协调运行。由于不同类型的超声诊断仪工作原理不同,所以不同超声诊断仪中这两个模块的差异较大,这里就不具体展开描述。

1.1.3 超声诊断仪的类型

超声诊断仪按外形可分为台式超声和便携式超声两类,按显示色彩可分为黑白超和彩超两类,具体介绍如下。

(1)台式超声诊断仪一般由显示器、控制面板、超声主机和探头组成(见图1-9和图1-10)。台式超声诊断仪按功能可分为全身机、心脏机、妇产机等,其特点是图像清晰、配置多样,可满足临床不同的使用场景及需求。

图1-9 台式黑白超声示意

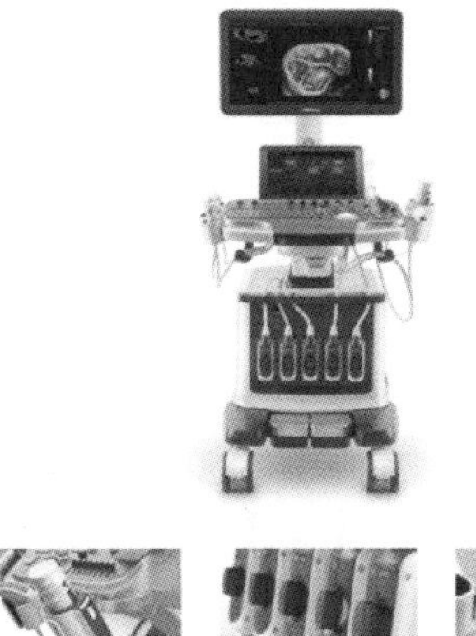

图1-10 台式彩色超声示意

(2)便携式超声诊断仪一般为类似笔记本电脑或平板电脑的超声诊断仪,可同时接1~3把探头(见图1-11和图1-12),主要应用于麻醉、急诊、ICU等科室。其功能虽然不如台式超声诊断仪配置丰富多样,但较台式超声诊断仪轻便、易搬运。

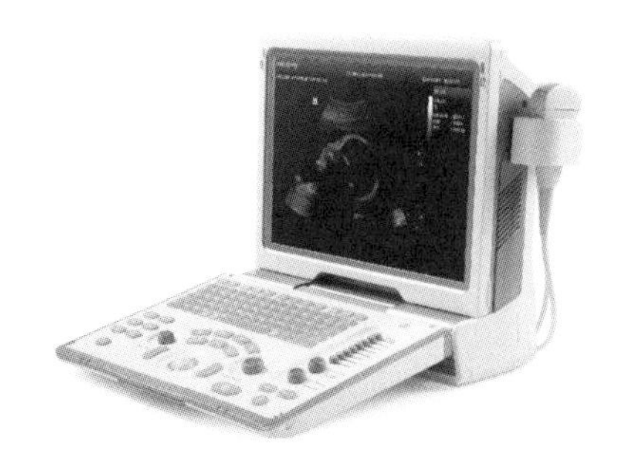

图 1-11 便携式黑白超声示意

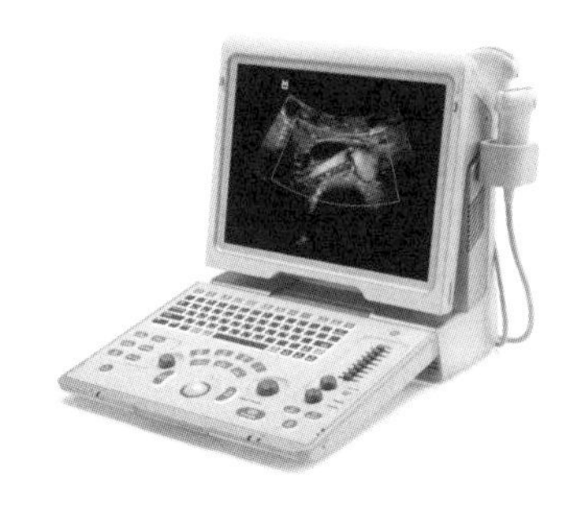

图 1-12 便携式彩色超声示意

1.1.4 超声诊断仪的临床应用

超声成像与 X 线成像、磁共振成像、核素显像为医学影像学(medical imageology)的四大影像技术,具有图像清晰、分辨率高、对人体安全无害、重复性好、能实时显示、费用低、机动灵活等特点,被广泛用于产科、妇科、消化科、泌尿科、心血管科、胸科、普外科、眼科、口腔科、骨科等。超声诊断仪不仅可用于确定受检者是否妊娠,胎位、胎儿发育情况,以及胎儿有无畸形等,而且可用于检查诸多人体器官是否有病变及病变情况。

1.1.5 超声诊断仪的发展简史

1.1.5.1 国外发展史

1880 年,法国科学家皮埃尔·居里(Pierre Curie)和雅克·保罗·居里(Jacques Paul Curie)发现了压电效应,这是超声探头工作的基础。1929 年,苏联学者谢尔盖·索科洛夫(Sergeo Sokolov)发表了一篇文章,提出了利用超声波良好的穿透性来检测不透明物体内部缺陷的设想,并于 1935 年申请了穿透法专利。1940 年,美国科学家佛洛迪·法尔斯通(Flody Firestone)首次介绍了基于脉冲发射法的超声检测仪器,并在之后几年进行了试验和完善。1942 年,奥地利科学家卡尔·西奥多·杜西克(Karl Theodore Dussik)首次使用 A 型超声装置采用穿透法成功测量了颅脑内部结构(A 型超声诊断法)。1946 年,英国的唐纳德·奥尔·斯普劳尔(Donald Orr Sproule)成功研制了第一台A型脉冲反射式超声波检测仪。1952年,美国科学家道格拉斯·霍瑞(Douglass Howry)开始研究超声显像法(B超),并于1954年将B超应用于临床。1954年,瑞典科学家英奇·埃德勒(Inge Edler)与西门子公司工程师卡尔·赫兹(Carl Hertz)合作,开始用M型超声(M超)诊断多种心血管疾病。1957年,脉冲多普勒超声技术(D超)首次被日本科学家里村茂夫用于医学诊断。20世纪80年代,美国先进技术研究院(Advanced Technology Laboratories,ATL)生产出了全球第一台数字化彩色超声诊断仪,由于其具有彩色血流分布图,故被人们形象地称为彩超。在此之后,现代超声发展迅速、新技术层出不穷,如:法国声科影像公司在1999年提出了超声弹性成像技术;沃尔沃公司在2000年左右推出了超声造影技术;日立公司于2003年推出了按压式弹性成像;西门子公司于2008年推出了声压力主动式弹性成像模式(也称声辐射力)。

1.1.5.2 国内发展史

1958年,上海市第六人民医院率先采用江南Ⅰ型超声波探伤仪对人体进行探索,成为我国超声诊断技术应用的发源地。1965年,姚锦钟成功开发出CTS-5型A型超声诊断设备,该设备成为此后约20年我国唯一一台A超诊断设备。1983年,姚锦钟在汕头研制出CTS-18型B型超声诊断设备,实现了我国B型超声设备零的突破。1989年,安科推出了我国第一台彩色多普勒超声诊断设备。1993年,迈瑞推出了我国第一台经颅多普勒脑血流诊断设备。2001年,迈瑞推出了我国第一台全数字黑白超声诊断设备DP-9900。2003年,开立推出了我国第一台具有自主知识产权的便携式彩超SSI-1000。2006年,迈瑞推出了我国第一台具有自主知识产权的台式彩超DC-6。此后,无锡海鹰、汕头超声电子、深圳蓝韵、深圳华声等众多公司也积极加入了超声领域,我国超声设备进入了迅速发展时代。

1.2 超声设备电源故障维修案例

1.2.1 飞利浦 HD11 面板指示灯闪烁，无法开机

设备名称	彩超	品牌	飞利浦	型号	HD11
故障现象	临床报修机器不能开机。现场操作后，发现按下开机按钮，设备操作面板指示灯闪烁一下便马上熄灭，整机不能启动。设备照片见图 1－2－1。				

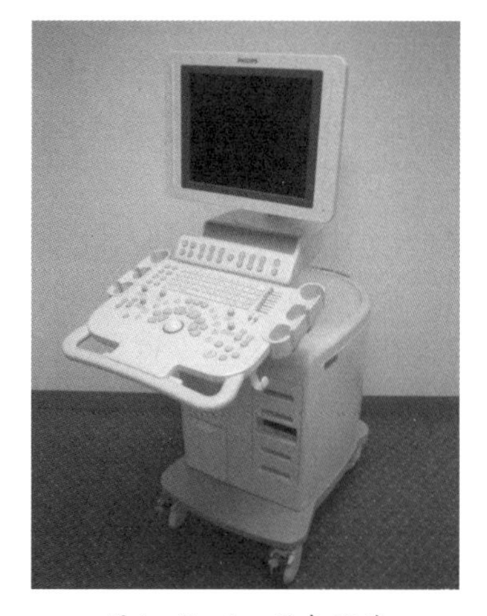

图 1－2－1 设备照片

【故障分析】

结合超声设备结构及工作原理，该超声系统的电路部分主要由以下五个部分组成：电源系统、前端电路、后端电路、PC 系统和人机操作部分，以及显示系统界面，如图 1－2－2 所示。

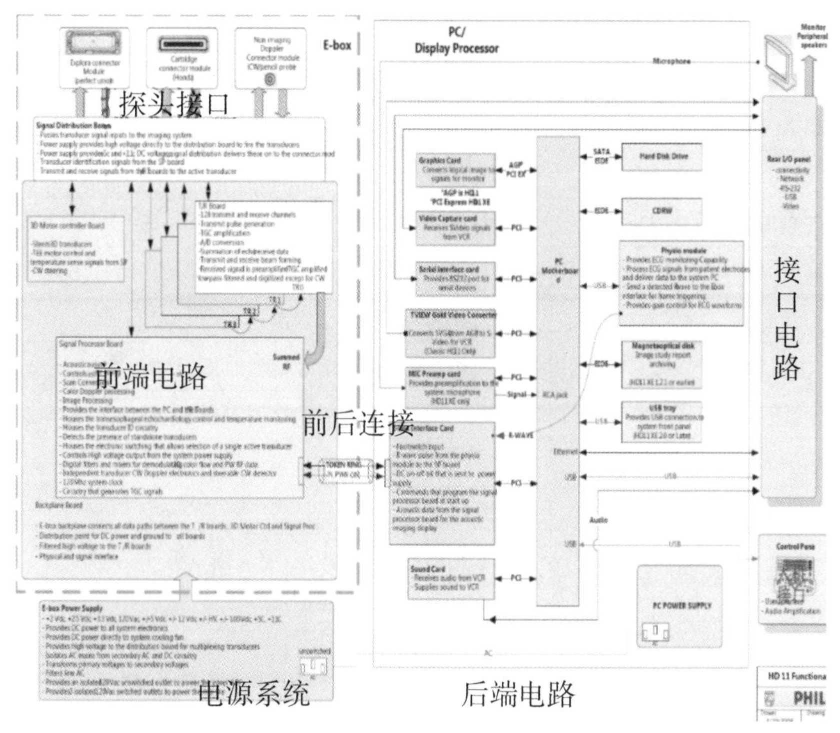

图 1－2－2　设备构成及简易工作原理

查阅资料,找到电源系统由两部分电源组成,即主电源及计算机 ATX 电源。电压分配表如表 1－2－1 所示,供给 TR 板的有:LV,2.5V,3.3V,±5V,±12V,±HV(高压),±100V;供应信号处理板的主要有:LV,2.5V,3.3V,－5V,±12V,＋5C;探头接口板:±100V,＋5C,＋11C;信号分配板:±100V,＋11C;交流电源供应,待机 $120V_{AC}$ 供给计算机,稳压 $120V_{AC}$ 供给显示器、外围用电设备。

面板指示灯亮一下马上熄灭,我们首先怀疑是负载短路。研究仪器的方框图和系统启动流程图(见图 1－2－3),发现该机由一个普通商用计算机参与控制整机的启动以及协调整机的各种动作。机器启动时,要求计算机部分先启动自检,检查系统没有过流或确认硬件基本正常后,才会给系统电源以"N_pwr_on"的启动控制信号。我们通过采用"断路法"和"最小系统法",把所有的负载全部断开,仅保留维持启动的最小系统——计算机部分,发现开机后故障依旧,因此怀疑是计算机部分故障的可能性较大。本案例通过调压器给计算机单独供电后(该机的计算机以及显示器等各部分的供电由主电源逆变后产生的 120V AC 提供),发现计算机能单独启动,因此怀疑故障出在主电源本身。

表1-2-1 电源系统电压分配及中文翻译

电压	用途
0.85~2.25V(直流)	TR板、信号处理器板
+2.5V(直流)	TR板、信号处理器板
+3.3V(直流)	TR板、电机控制板、信号处理器板
+5V(直流)	TR板、电机控制板、背板
-5V(直流)	TR板、信号处理器板、背板
+12V(直流)	TR板、电机控制板、信号处理器板、背板
-12V(直流)	TR板、电机控制板、信号处理器板、背板
+HV(高压)	TR板
-HV(高压)	TR板
+100V	TR板、信号分配板、背板、探头接口板
-100V	TR板、信号分配板、背板、探头接口板
+5C	信号处理器板、探头接口板
+11C	信号处理器板、探头接口板
120Vac(交流)	一个计算机电源插座,三个外设插座

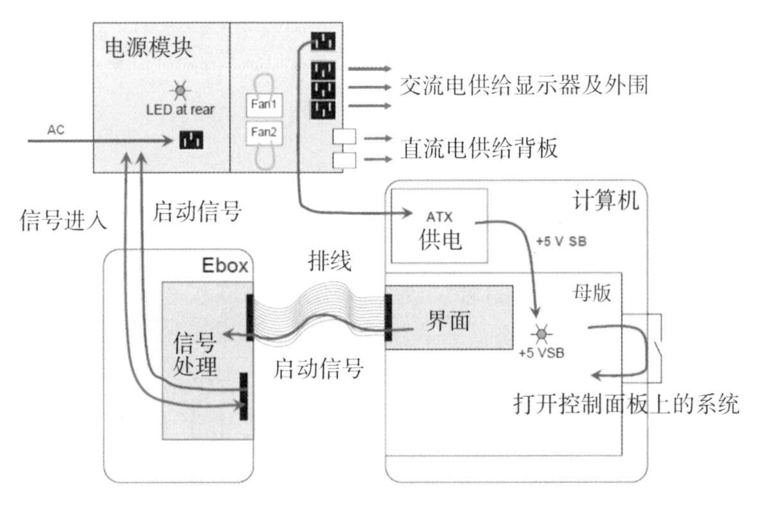

图1-2-3 系统启动流程

【故障排除】

该机电源只有在闭环的情况下才可以工作,正常情况下无法单独工作。只有在打破环路、使电源工作的情况下,才可以采用常规方法单独维修电源。“N_pwr_on”便是我们的切入口,它是开关电源的正常工作信号,其中“N”即“negative”,表示低电平信号。我们试着将“N_pwr_on”与地短路,发现所有的电源指示灯均亮一下后便熄灭,电源的故障与整机的故障现象相吻合。根据故障现象,我们分析是电源的带载能力有问题。拆解并打开电源,加电后用电压法检测 PFC 电路发现 380V 供电正常。接着,我们用“感官法”重点扫描整机的电路,注意到直流逆变电源部分的两个 470μF 的电容已经出现鼓包现象(见图 1-2-4),电解液已经渗漏至电路板。离线测电容容量,发现容量已不到 10μF。于是,更换两个电容并清洗电路板,后将“N_pwr_on”与地短路,发现各路电源指示灯全部点亮。为了进一步测试电源的带载情况,在 5V 与地之间接一个 1Ω 的电阻,打开电源,工作正常,说明故障已排除。

图 1-2-4　电容鼓包示意

【解决方案】

更换直流逆变电源部分两个鼓包的 470μF 电容并清洗电路板。

【价值体现】

对于电源方面故障,厂家的建议是直接更换主电源,但更换主电源的成本不小。此次维修经历,让我们知晓电源长时间使用后,内部的电容容量会严重下降,导致电源内阻增大而失去带载能力。并且本案例中电容鼓包及电解液渗漏现象肉眼可见。本案例问题的解决使维修成本大大降低,对日后超声设备电源方面的故障维修有一定的借鉴作用。

【维修心得】

该故障是由电容容量严重下降导致电源内阻增大,使得该电源没有了带载能力所致。值得注意的是,电源常见故障点主要包括开机即烧保险丝,开关管、压敏电阻和整流桥堆的击穿等。电源不能正常启动时,加电后即使断开供电,也将维持很长一段时间的380V电压。在这种情况下,维修开关电源时一定要记住给大容量的高压电解电容放电,否则容易引发触电事故。

(案例提供　浙江绿城心血管病医院　沈攀杰)

1.2.2 飞利浦 HD11 开机故障

设备名称	彩超	品牌	飞利浦	型号	HD11
故障现象	临床报修机器不能开机。工程师现场进行开机操作无任何反应。设备照片见图1-2-5,故障照片见图1-2-6。				

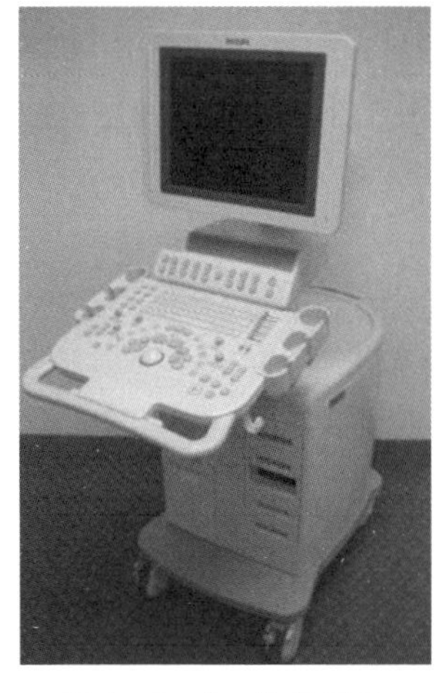

图1-2-5　设备照片

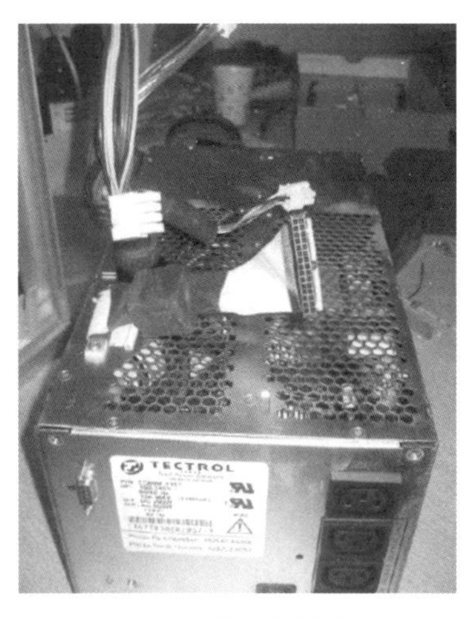

图1-2-6　故障照片

【故障分析】

结合超声设备结构及工作原理,该系统的电路部分主要由电源系统、前端电路、后端电路 PC 系统、人机操作部分及显示系统界面五个部分组成,如图 1-2-7所示。针对该故障,我们首先检查电源电路。电源系统电压分配如表 1-2-2所示。

表 1-2-2 电源系统电压分配

电压	用途
0.85~2.25V(直流)	TR 板、信号处理器板
+2.5V(直流)	TR 板、信号处理器板
+3.3V(直流)	TR 板、电机控制板、信号处理器板
+5V(直流)	TR 板、电机控制板、背板
-5V(直流)	TR 板、信号处理器板、背板
+12V(直流)	TR 板、电机控制板、信号处理器板、背板
-12V(直流)	TR 板、电机控制板、信号处理器板、背板
+HV(高压)	TR 板
-HV(高压)	TR 板
+100V	TR 板、信号分配板、背板、探头接口板
-100V	TR 板、信号分配板、背板、探头接口板
+5C	信号处理器板、探头接口板
+11C	信号处理器板、探头接口板
120V(交流)	一个计算机电源插座,三个外设插座

综合故障情况,本着“先机外,后机内”的原则,首先检查操作是否正确,排除操作不当引发的故障;然后“由外而内”,检查仪器的供电情况,排除外部供电引发的故障;接着“先简单,后复杂”,检查电源各指示灯情况,发现 AC 电源指示灯正常,但是电源系统的各路指示灯均熄灭。很显然,问题出在电源系统的启动电路上,该电路的启动流程见图 1-2-8。

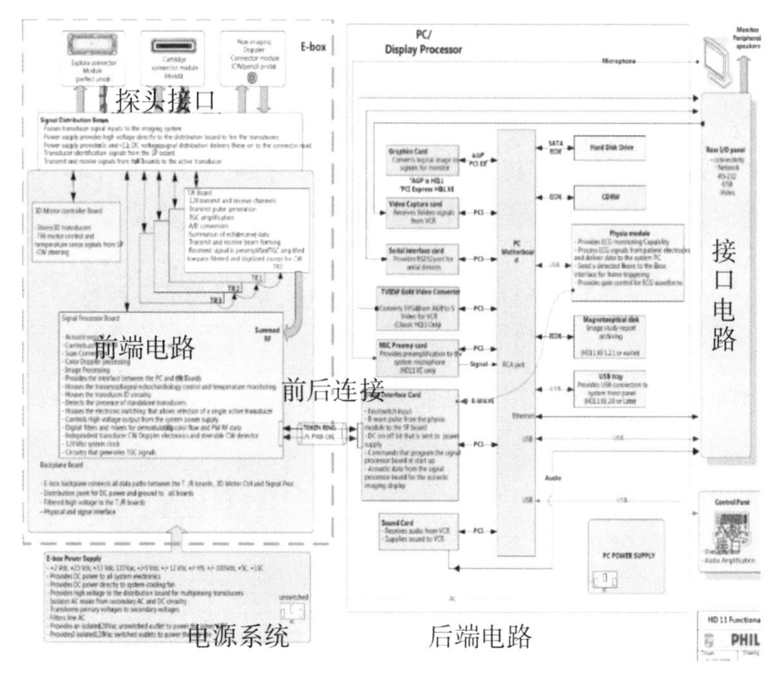

图 1-2-7　设备构成及简易工作原理

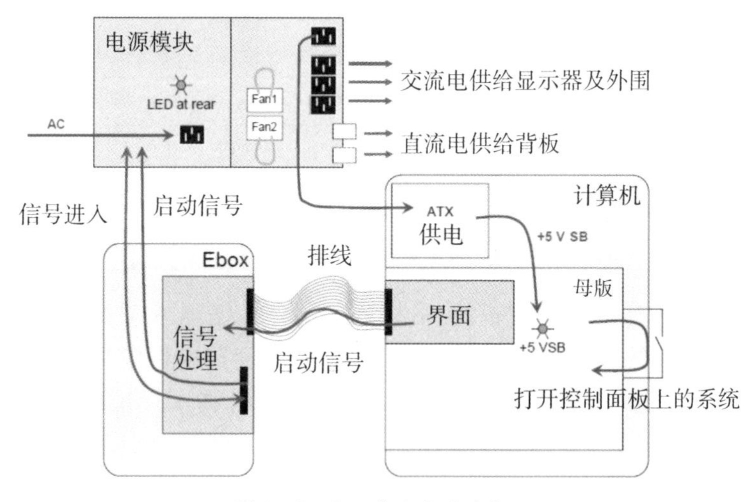

图 1-2-8　系统启动流程

【故障排除】

在找到症结所在后,我们就可以"对症下药"了。在正常情况下,机器交流电源供电后,主电源输出 120V AC 供 PC 主板电源。若机器正常工作,则会立即产生 5V SB 电压为主板上的待机电路供电,通过 5V SB 绿色指示灯来指示供电情况。这时若按下主电源开关,PC 会产生"N_pwr_on"信号,通过"Token Ring cable"传送到"EBOX"内的信号处理板 SP,再将"N_pwr_on"信号反馈到主电源系统;主电源系统会产生各种电压并点亮各组电压的指示灯。而现在机器无法开机,所有的电源指示灯不亮,很显然是这个环路出了问题。打开 PC 部分外盖,发现 5V SB 绿色指示灯不亮,检查"ATX Power Supply"的供电,为正常的 120V,但是输出端没有电压。采用替换法将一商用计算机上的 PC 电源与故障机器更换后,机器可以正常开机了。

【解决方案】

采用商用计算机上参数一致的 PC ATX 电源后恢复正常

【价值体现】

在设备停机状态下,维修需要更换的配件一般没有备用。经过此次维修后总结出:在紧急情况(设备急需使用)下可以采用替换相同参数的功能配件的方法。该方法的优点:①低成本解决大问题(原装 PC 电源价格昂贵)。②为替换原装配件度过真空期,缩短设备停机时间。

【维修心得】

对于这类看似复杂的问题,只要厘清思路,熟悉系统的启动过程,顺藤摸瓜,就能够有效地解决问题。

(案例提供 浙江绿城心血管病医院 沈攀杰)

1.3 超声设备显示故障维修案例

1.3.1 案例3－GE Voluson E8 主显黑屏

设备名称	彩超	品牌	GE	型号	Voluson E8
故障现象	开机后触摸屏和控制面板显示正常，但主显示器一直黑屏，无闪亮，无报错提示。设备照片见图1－3－1，故障现象照片见图1－3－2。				

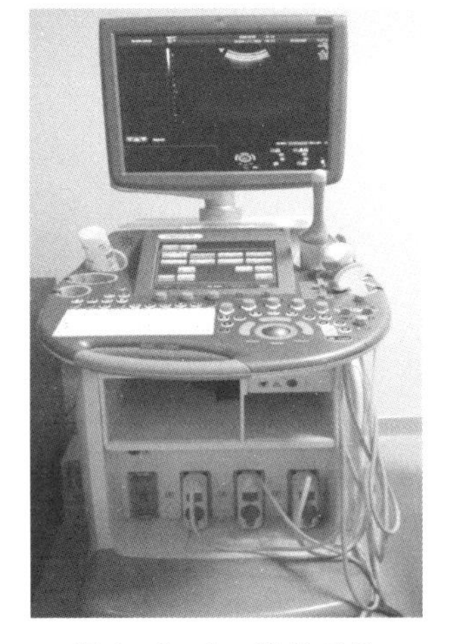

图1－3－1 设备照片

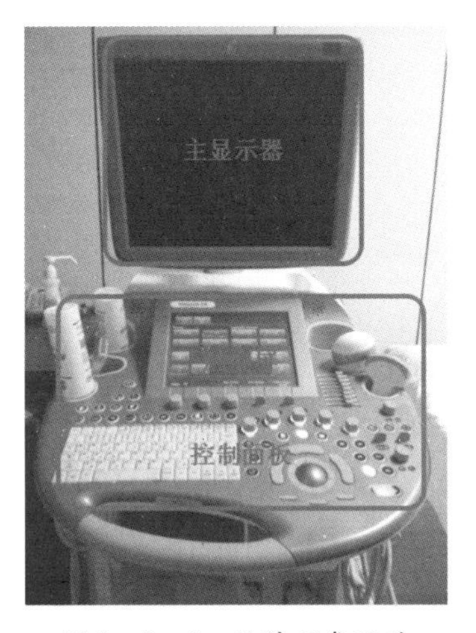

图1－3－2 故障现象照片

【故障分析】

彩超的结构从上到下分为显示器、控制面板、主机（包含电源模块、后端计算机PC、前端超声电路部分等）和附件四部分。

结合“先易后难、由外到内”的维修原则，可以罗列出需要排除的故障的主要可能原因：①供电故障；②显卡信号故障；③显示器故障。

【故障排除】

▲ 初步排查

(1)该显示器无开关按钮和状态指示灯,无法直接判断显示器供电情况,且电源接口特殊,暂时不知道引脚信号定义,无法通过测量供电电压来排除电源故障(见图1-3-3)。

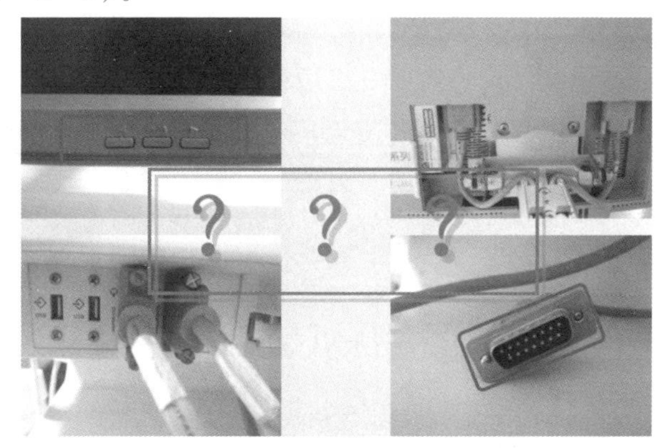

图1-3-3 无法供电和数据接口故障

(2)用手机闪光灯照射显示屏无图像,辅助方法有通过外接计算机显示器(输出接口S-video、VGA/DVI等),排除显卡信号故障(见图1-3-4)。

图1-3-4 排除显卡信号故障

(3)拆开显示器后盖,测量+12V电压,正常(电容两端),可排除供电故障(见图1-3-5)。

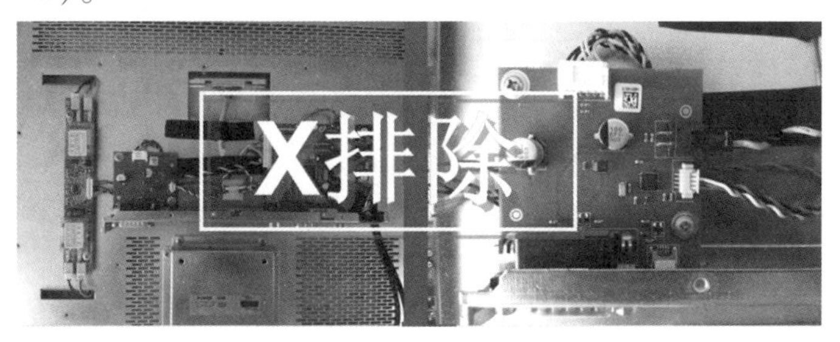

图1-3-5 排除供电故障

(4)最后确认为显示器故障。假如医院有多台同型号机器,空闲条件下可提前用替换法确认。

▲ 深入检修

将该显示器带回设备科做进一步检修,结合普通显示器的基础知识,逐次检查排除故障主要原因:①高压板;②灯管;③主板。

(1)高压板启动输出1500V,但万用表交流量程仅有600V、1000V,超出量程范围则无法直接测量数值。采取外接两个支架四根灯管,能正常点亮,则排除高压板故障(见图1-3-6)。

图1-3-6 排除高压板故障

(2)如有一个灯管损坏,高压板会输出保护。这里选择拆下监护仪上的单输出高压板,再焊接两根网线内芯线连接灯管,以此一一排除灯管故障(见图1-3-7)。

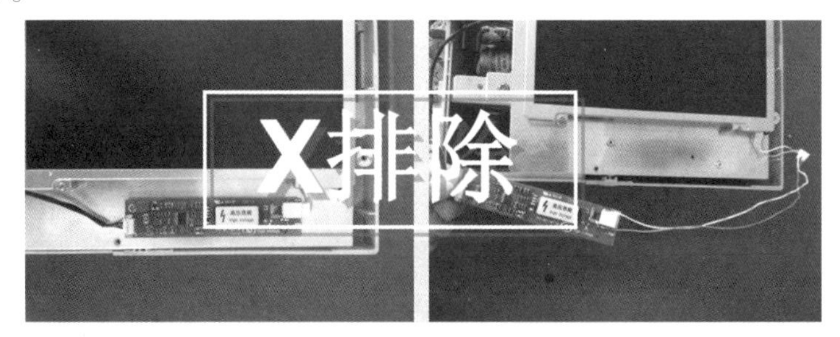

图1-3-7 排除灯管故障

(3)主板+12V输入正常,但输出电压异常,无+3.3V、+1.8V,确认主板故障点(见图1-3-8)。

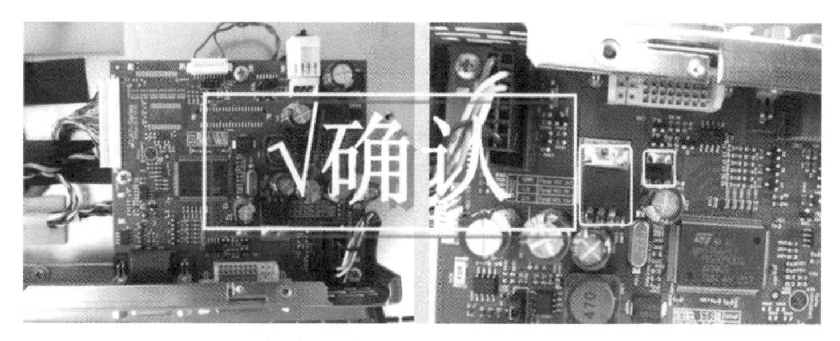

图 1-3-8 确认主板故障点

(4)进一步确认损坏的电子元器件为三端稳压管 LM1117MPX-1.8(1.8V)、丝印 N12A(SOT-223 封装)和三端稳压管 LM1117SX-3.3(3.3V)、丝印 LM1117S3.3(TO-263 封装),线上采购稳压管后进行更换(见图 1-3-9)。

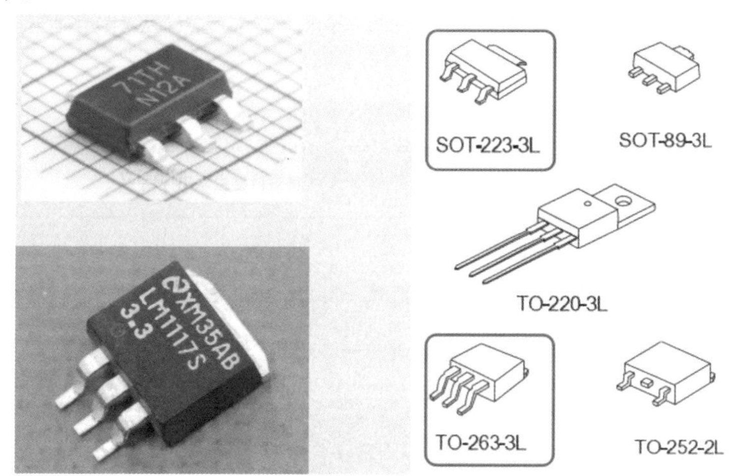

图 1-3-9 电子元器件实物及封装

(5)维修后测试,连接科室计算机主机,开机使用半天后确认故障排除,安装回彩超。

【解决方案】

临时替代方案:外接带 DVI 接口的高清显示器,配合临床医生调整图像亮度等参数。

网购损坏的电子元器件,到货后进行更换,更换后显示器恢复正常。

【价值体现】

本案例中的彩超单个主显示器报价近 6 万元,现仅花费几十元就解决了问题,大大降低了维修成本。使用的临时替代方案也能满足临床对维修效率的高要求。

【维修心得】

高压板有千伏电压,维修过程中应注意安全。该显示器灯罩遮光性强,需拆解屏幕才能看到灯管有无点亮,检测难度大,易报废面板,如拆开,建议更换全部灯管。

各类医用显示器的维修思路具有共性,我们要掌握正确的维修思路,善于深入分析并科学总结。推荐初学者从普通显示器或液晶电视机入手,完成前期技术积累。

(案例提供　瑞安市人民医院　陈云)

1.3.2 飞利浦 iE33 主显示器无信号输入、黑屏

设备名称	彩超	品牌	飞利浦	型号	iE33
故障现象	iE33 彩超,硬件版本是 F.3 版,开机黑屏,按开机键,彩超机无任何反应。故障现象照片见图1－3－10。				

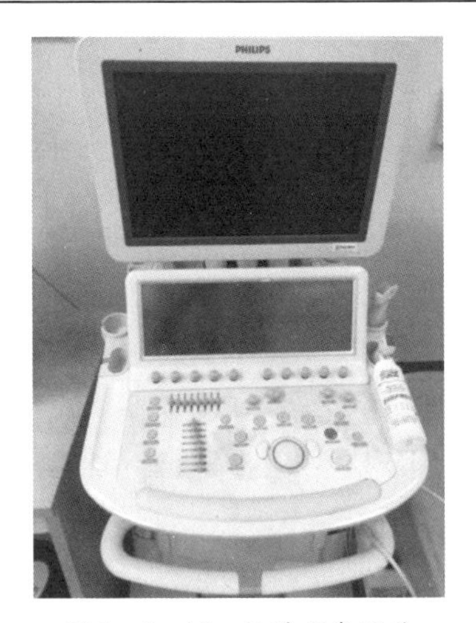

图 1－3－10　故障现象照片

【故障分析】

根据电源启动原理示意(见图1-3-11)分析,首先查看主机背后蓝色电源指示灯是否正常点亮,检查外部电源是否正常,然后采用分段隔离开机信号的方法检查开机信号的走向,以此排查各个可能的故障点。

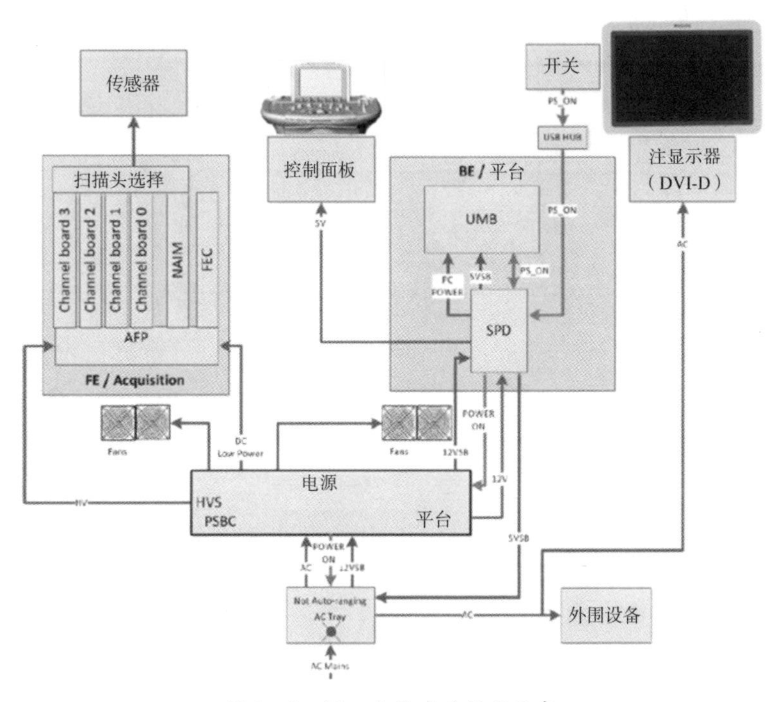

图1-3-11　电源启动原理示意

【故障排除】

(1)检查主机背后蓝色电源指示灯是否正常点亮:①没有点亮,说明电源有问题或者墙电没有输入,可以通过更换电源插座排查。②指示灯蓝灯闪烁,说明外部输入或者内部输出有问题,表示电路中有短路点,造成短路保护,应尝试交换一个插座开机;若故障依旧,则怀疑设备内部电路有短路点,需要通过隔离来进行排查。③指示灯正常点亮,说明外部电源输入正常。

(2)检查后发现蓝色指示灯正常点亮,说明外部电源输入正常。

(3)怀疑开机信号故障,需要排查开机按键至后端主机线路上开机信号所经过的模块板子和电缆。打开后端主机后盖,在右侧的一块SPD(信号及电源分配)板上有个白色的开机按键,通过该按键来分段查找故障。

(4)尝试隔离开机信号前段输入部分,按图1-3-12中SPD板上白色开机按键,模拟开机低电平信号,系统启动,说明故障发生在SPD板前段输入部分。

图1-3-12 带白色开机按键的SPD板

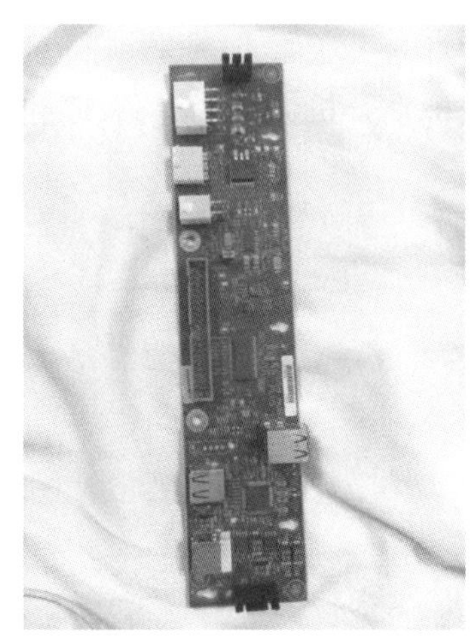

图1-3-13 USB HUB电路模块

【解决方案】

打开开机信号通路的前段(由USB HUB电路模块及电源开关和电缆组成,见图1-3-13),检查发现按键开关功能正常,重新插拔供电和信号接口后,恢复正常开关机。

【价值体现】

该彩超主要用于成人和儿童心脏超声检查,全天满负荷运行。该故障分析方法属于常规隔离方法。此次故障的处理未产生维修费用,且有效地缩短了停机时间,获得了临床科室的好评。

【维修心得】

隔离排查是日常维修过程中必须掌握的技能之一。该案例中,工程师熟练掌握了开机信号流的走向,明确隔离点,采用恰当的隔离方法排查开机启动信号丢失故障,有效缩小故障排查范围。

(案例提供 浙江大学医学院附属第二医院 金锦江)

1.3.3 飞利浦 iE33 显示屏黑屏且风扇工作

设备名称	彩超	品牌	飞利浦	型号	iE33
故障现象	iE33 开机黑屏,按开机键能听到风扇运行声,但显示器显示"NO SIGNAL"。故障现象照片见图 1－3－14。				

图 1－3－14　故障现象照片

【故障分析】

首先可以借助触摸屏和工作站采图来排查显示器是否有问题,然后再检查主机,通过按下后端主机 UAVIO 板上"bypass"按钮点亮其 LED 灯来隔离前后端,区分前后端故障。

【故障排除】

(1)借助触摸屏和工作站采图来排查显示器是否有问题。①如果开机后触摸屏显示正常,那么再打开工作站采图查看是否有图像;如果有,说明只是显示器故障导致的黑屏;如果没有,说明是主机后端图像处理输出部分的问题。②如果触摸屏和工作站都无显示,首先怀疑是后端主机问题。

(2)检查后发现触摸屏和工作站均无显示,显示器正常,风扇运行,说明电源输出正常,蓝色指示灯也正常点亮。

(3)考虑后端主机问题,打开主机后盖,查看主机运行情况,重新插拔内部所有板卡及连线,排除接触不良问题。

(4)尝试做前后端隔离,点亮后端主机UAVIO板上的一个小孔里的LED灯(bypass)(见图1-3-15),隔离前端启动时钟信号。机器正常启动,说明故障发生在前端部分。

(5)检查机器FEC板和NAIM板接触是否良好,分别插拔后故障依旧。

(6)我院有两台同型号的iE33,因此考虑对调NAIM板和FEC板排查:对调FEC板后,故障依旧;对调NAIM板后,该机正常启动,无其他故障,说明故障在NAIM板。

图1-3-15 UAVIO板上的LED灯

【解决方案】

了解到医院有同款报损机器,拆下废旧NAIM板并更换,故障排除。

【价值体现】

该彩超主要用于成人和儿童心脏超声检查,全天满负荷运行。该故障分析方法属于前后端隔离方法,此次通过信号隔离法和替代法及时判断出故障点,并通过合理利用两院区报废机器上的配件,及时解决了临床上的问题,并为医院节约了维修费用,有效缩短了停机时间,赢得了临床科室的好评。

【维修心得】

开机黑屏的故障原因大部分为显示器问题或电源问题,但开机最初后端主机也需要核对前端NAIM板的时钟信号是否正常,如果前端NAIM板有问题,也会造成开机黑屏。该案例利用bypass同步时钟信号隔离方法分析排查故障,该方法可以快速地判断出故障原因。

(案例提供 浙江大学医学院附属第二医院 金锦江)

1.3.4 飞利浦 iU22 显示器花屏

设备名称	彩超	品牌	飞利浦	型号	iU22
故障现象	U22 彩超开机后显示器花屏。				

【故障分析】

显示器及显卡故障均会导致显示器花屏现象。

【故障排除】

(1)检查显示器,在系统背面的第二个 DVI 接口上连接一台显示器,开机后两台显示器均花屏,排除显示器故障。

(2)打开后端计算机外壳,根据后端计算机结构图(见 1-3-16),主显示器的显示信号是由 UMB 上的一块 8600GT 显卡将 DVI 信号给 UAVIO 板,经过 UAVIO 板处理后输出,触摸屏的显示信号是由 UMB 上另一块 8600GT 显卡将 DVI 信号给 SPD 板,经过 SPD 板处理后输出。根据该原理分析,本故障主要考虑控制主显示器的显卡故障和 UAVIO 板故障,由于两块显卡一样,对调后发现故障转移,触摸屏显示花屏,主显示器显示正常,因此判断该供主显示器显示的显卡故障,显卡实物见图 1-3-17。

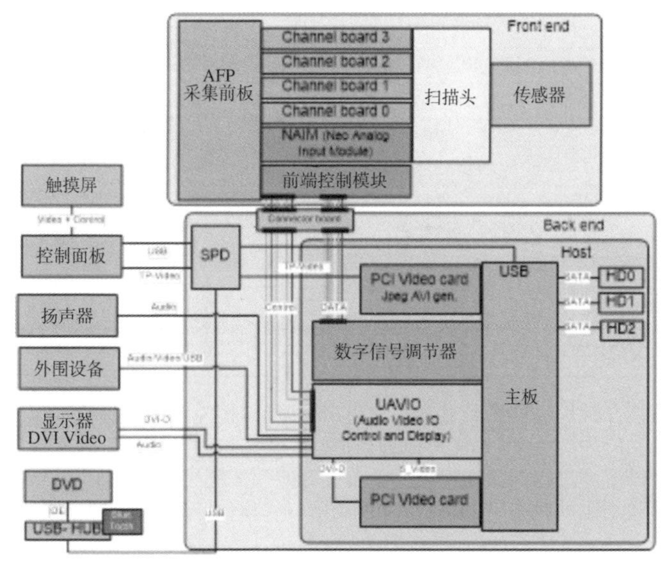

图 1-3-16 后端计算机结构

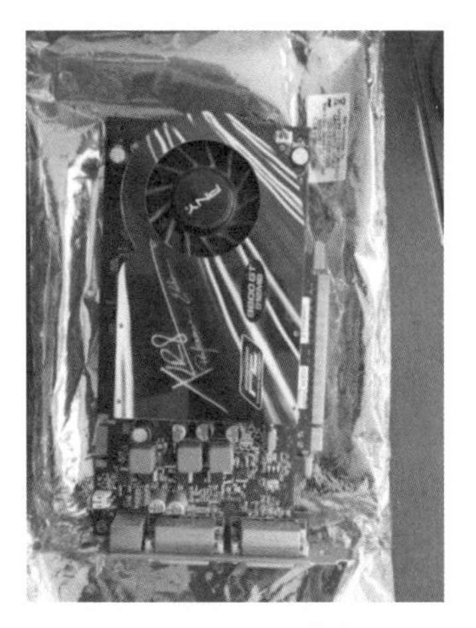

图1-3-17 显卡实物

【解决方案】

更换同型号显卡后，试机正常，故障排除。

【价值体现】

该故障属于常见故障，本次维修通过对换显卡及时判断出故障点，缩短了订货周期，继而缩短了停机时间，赢得了临床科室的好评。

【维修心得】

该案例利用同型号显卡互换的方法分析排查故障，可以快速地判断故障。

（案例提供 浙江大学医学院附属第二医院 金锦江）

1.3.5 GE LOGIQ 9 触摸屏闪烁后黑屏，触摸功能正常

设备名称	彩色多普勒超声诊断仪	品牌	GE	型号	LOGIQ 9
故障现象	仪器开机后主显示器显示正常超声图像，操作控制面板正常工作，液晶触摸屏在开机时闪烁一下(持续时间相当短，约1~2秒钟)，立即进入于黑屏状态，但液晶触摸屏能进行探头切换或接收按键等触摸按键工作(即触摸屏触摸功能正常，显示处于黑屏状态)。设备照片见图1-3-18，故障照片见图1-3-19。				

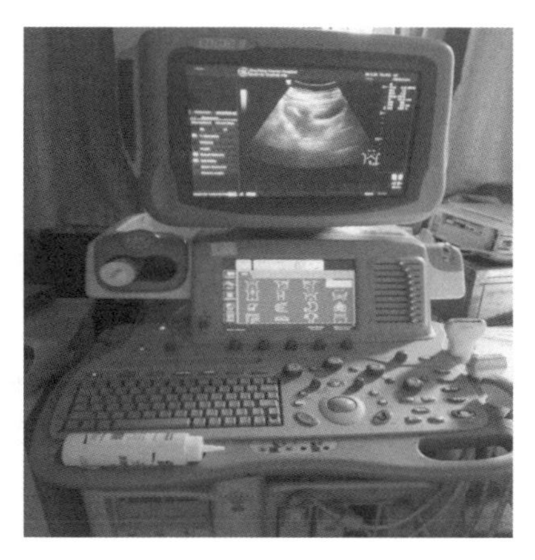

图 1－3－18　设备照片

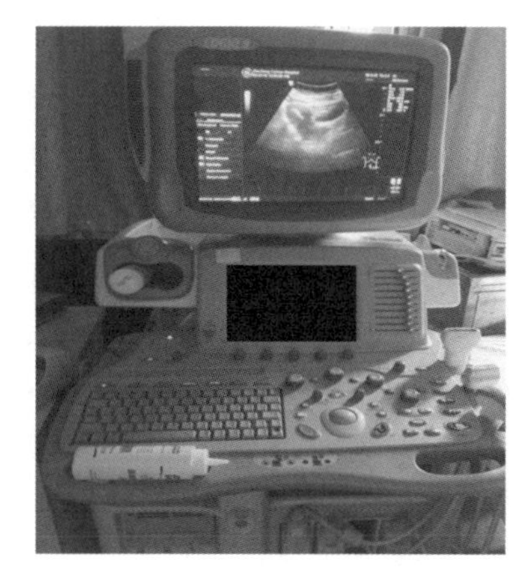

图 1－3－19　故障照片

【故障分析】

超声诊断仪的超声部分能正常工作,基本判断是由后端 PC 控制部分引起的故障。采用维修原则:由简到繁,从外到内。

液晶屏黑屏的原因可能有:①背光管供电的高压板不能正常工作;②冷阴极背光管无法正常点亮;③背光管高压板的供电电压异常;④后端 PC 机主板问题;⑤视频信号输出异常;⑥其他故障原因。

【故障排除】

根据故障分析原因,逐个分析排查。

(1)检查背光管供电的高压板

打开仪器的操作面板,经检查发现液晶屏使用的是日本电器股份有限公司高压板型号为 104PW161 的操作面板(可以从互联网商店上买到),是 10.4 寸液晶屏通用高压板。更换此高压板,故障现象不变,说明原高压板非故障原因。

(2)检查背光管性能

可能性不大,从简单着手,更换两根长 22cm 直径 2mm 的灯管,故障现象不变,说明背光管非故障原因。

(3)检查背光管高压板的供电电压是否正常

开后端 PC 机,并通过查看 LOGIQ9 维修手册发现 +12V 和 +5V 电压由后端 PC 机主板上 PCI3 槽上的显卡输出提供的,电压经过 DVI 接口视频线,输出到液晶屏上。 +12V 作为液晶触摸屏的高压板供电电压, +5V 通过电源调整芯片 IM105－3.3 转换成 +3.3V 给视频信号解码集成块 DS90CF364 供电。

+12V电压测量方法:焊接引线后用万用表测量,在开机液晶触摸屏闪亮时有+12V电压,持续时间与液晶屏闪亮时间一致。同时通过显卡上的绿色LED是否亮起判断有无+12V电压。当万用表检测到+12V电压,绿色LED指示灯点亮,但是闪烁一下就熄灭,怀疑是显卡有问题。视频显卡型号为advanced input devices 9200-18288-002,电压控制如下:+12V、+5V从主板的PCI槽连到双MOS管4953的源极,漏极经过保险丝输出到DVI口的pin16和pin14,栅极的控制信号受两个丝印为1A(型号为FMMT3904)贴片三极管控制,由CHIPS M69000芯片控制三极管的导通和截止,而CHIPS M69000芯片工作状态受主板控制,进而控制+12V、+5V的输出。更换视频显卡,故障现象不变。说明背光管高压板的供电电压非故障原因。

(4)检查后端PC主板

由于此彩超一段时间内有反复死机现象,所以主板故障的原因依旧存在。主板是工控板,型号为INTEL D865GBF/D654PERC,可以从网上购买。记下原主板的BIOS设置状态。更换主板,设置新主板BIOS状态与原主板相同,重装系统程序和应用程序。开机时液晶触摸屏仍闪烁一下熄灭,但仪器不再死机。更换主板解决仪器死机问题,但液晶触摸屏仍旧维持黑屏状态。

(5)检查各视频信号输出是否正常

超声设备后面或侧面一般提供一个与主显示屏一样的辅助信号输出SVGA或DVI(注:2010年前超声设备提供的VGA输出端口,现在高端超声设备提供数字DVI输出),主屏显示器与辅助口SVGA都能同时显示超声图像。在仪器后面辅助口SVGA外接一个显示器,开机时辅助显示器与主显示器同时显示LOGIQ9的logo界面,约15秒钟后,辅助显示器信号中断,主显示器仍正常显示。说明辅助输出口视频信号被关闭,不能持续提供。若断开主显示器的连接,则辅助显示器工作正常,但是液晶触摸屏始终闪烁一下就熄灭。若再次连接上主显示器,显示一会儿就中断了,但是辅助显示器一直正常显示图像。断开辅助显示器后,主显示器无法被正常切换回去。只有拔下AGP槽的显卡,才切换回主显示器状态。分析查看后端主机内部的显卡情况:有两张独立显卡,一张在AGP槽上(用于超声图像处理),另一张在PCI槽上(液晶触摸屏输出);主板上还有一张集成显卡,用于超声图像输出。怀疑主板BIOS设置有问题,其中“VIDEO Configuration:Primary Video Adapter [AGP]”(见图1-3-20)试着把主屏适配器从[AGP]改为[PCI],重新开机,查看各视频输出口的信号显示状况。开机,主显示器、辅助显示器、液晶触摸屏均能正常点亮,仪器恢复正常。故障原因是主机反复死机导致BIOS设置中液晶屏驱动显卡设置被修改,继而导致主屏适配器配置出错，在开机系统引导时因错误设置使得该显卡缺乏视频信号无法工作，出现液晶屏黑屏而触摸功能仍正常工作的现象。

VIDEO Configuration:
AGP Aperture size [64MB]
Primary Video Adapter [AGP]
Frame Buffer Size [16MB]

图1-3-20 关键设置图:出错设置

【解决方案】

在彩超开机时修改BIOS中"VIDEO configuration"设置:"Primary Video Adapter[PCI]"(见图1-3-21)。修改设置后，彩超液晶屏正常点亮，设备运行正常。

VIDEO Configuration:
AGP Aperture size [64MB]
Primary Video Adapter [PCI]
Frame Buffer Size [16MB]

图1-3-21 正常设置

【价值体现】

在经验积累方面:从维修中不断分析学习，不断总结，不仅锻炼动手能力，而且开创了一种拓展思维维修方法，可为今后维修新方法(拓展思维维修方法)提供指导。

在经济价值方面:本次维修大概只用1500元(网购后端主板和显卡)，使一台使用近10年、价值近200万元的彩超机重新为临床服务，开展影像诊断，体现出较高的经济价值。

【维修心得】

这次彩超液晶触摸屏黑屏故障维修从黑屏故障原因出发，逐步排除可能的故障原因，最后找到真正的原因，花了近2个月时间，消耗了大量精力。其间走了不少弯路，但是从故障的分析和判断排查过程中，还是有很多收获。首先，不能孤立地看待一个问题，要有拓展思维的维修思路;其次，现在超声设备问题大多与电脑问题相关，如超声的死机问题原因常为不明的软件故障，因此，掌握一些电脑方面知识对维修有很大的帮助;最后,要多动手进行实践维修,多总结分析原因,提高维修水平。

(案例提供　国科大附属肿瘤医院/浙江省肿瘤医院　郭爱群)

1.4　超声设备通信故障维修案例

1.4.1　案例8-飞利浦 HD15 开机自检报错"0030. PFA6ZV9K.0"

设备名称	彩超	品牌	飞利浦	型号	HD15
故障现象	开机过程中系统自检通不过,发生系统报错,主屏幕显示故障代码信息为"0030. PFA6ZV9K.0"。设备照片见图1-4-1至图1-4-3。				

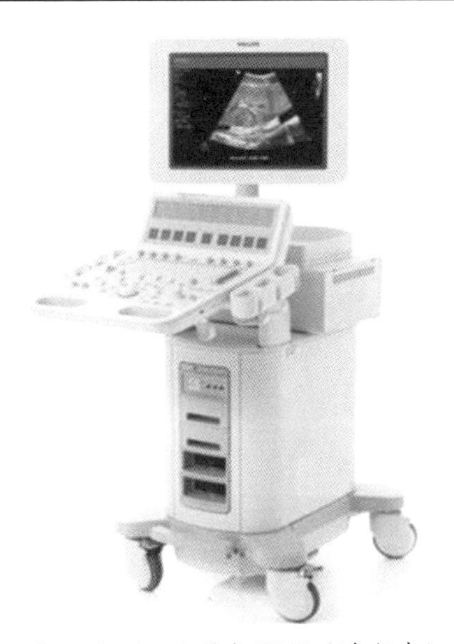

图1-4-1　飞利浦 HD15 彩色超声仪

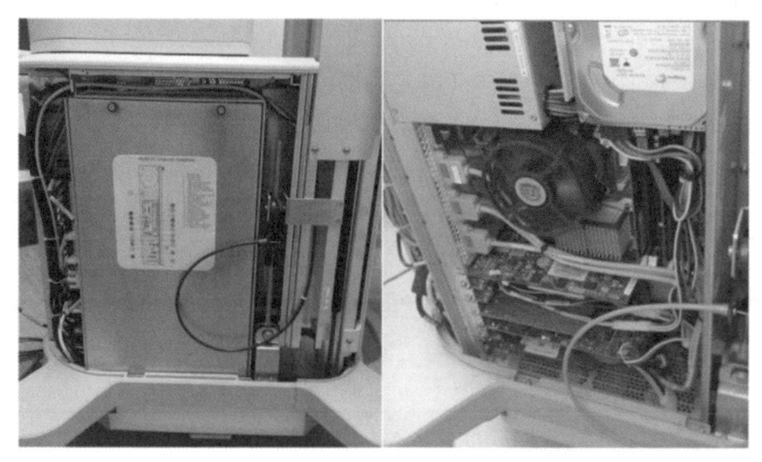

图 1－4－2　超声主机 Main PC 外观及拆盖

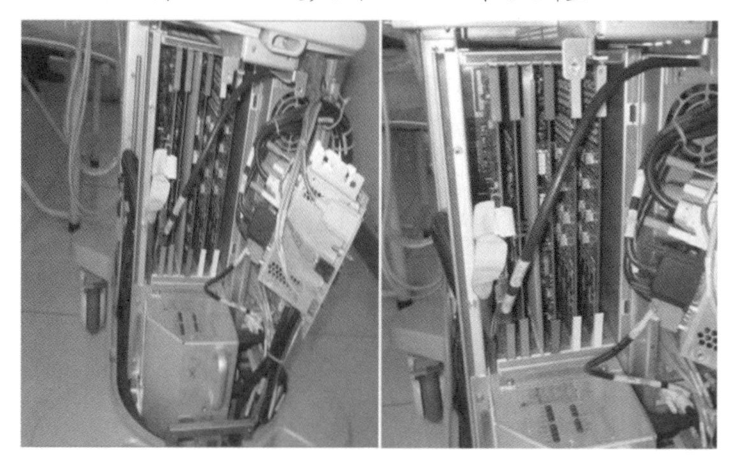

图 1－4－3　E－Box 前端电路板箱拆箱

【故障分析】

(1)根据启动现象观察,超声开机后经 BIOS 启动,显示屏上显示飞利浦 logo,在自检过程中跳出故障代码,经初步判断,超声后端(PC)主板部分基本正常。

(2)从系统的开机自检报错信息来看,只有报错代码“0030. PFA6ZV9K. 0”,无法仅根据报错代码就准确定位故障在哪一块板。通过咨询厂家工程师,并根据故障代码的指向,分析故障大致为前端某部分板路异常导致的。

(3)分析超声设备基本原理及结构:HD15 彩超的基本结构包括电源、后端(PC)和前端(E－BOX)部分。后端处理主要硬件包括 PC、显示器和控制面板,负责处理超声扫描参数的设定、图像处理、人机交互任务等功能；前端(E－BOX)硬件包括采集控制板(acquisition control board，ACB)、模拟接口板(analog input module，AIM)板和两块发射接收板(front end，FE)，配备3D成像功能的还包括马达控制板(motor controller)等。

【故障排除】

根据故障现象，分析可能的原因，逐个检查排除。按照超声维修原则：由简单到复杂，由外部到内部，用替代法、直观法等维修方法逐步缩小故障范围。打开超声机箱盖板后，可以看到内部主要结构为前端、后端和电源三部分。

(1)对电源部分LED指示灯进行观察(见图1－4－4)，其±5V、±12V、±HV、3.4V、48V等多个LED指示灯均有显示，根据指示灯判断电源供电基本正常(图1－4－5为其他品牌型号超声设备指示灯对照)。

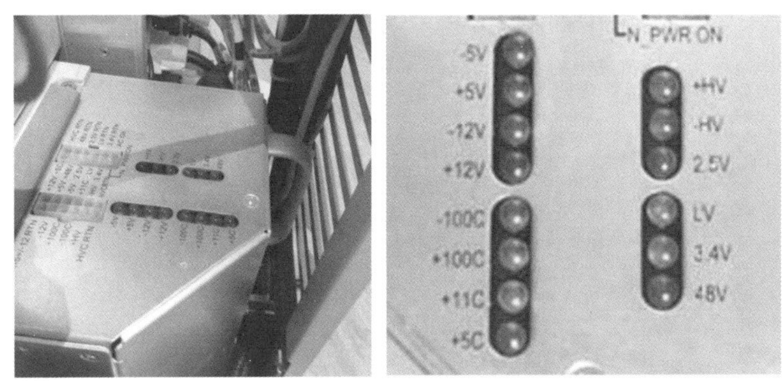

图1－4－4　HD15超声供电电源及电源指示灯

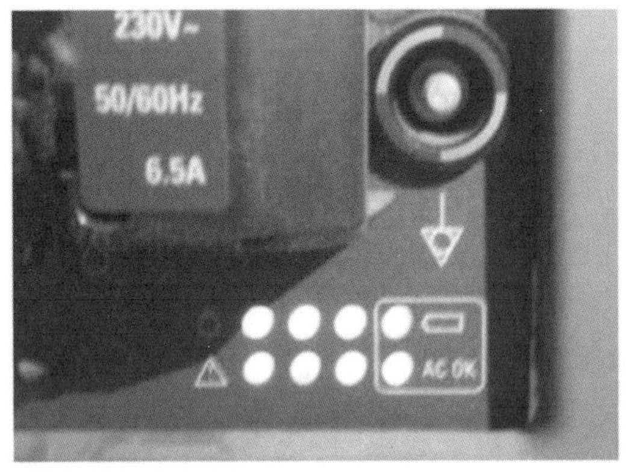

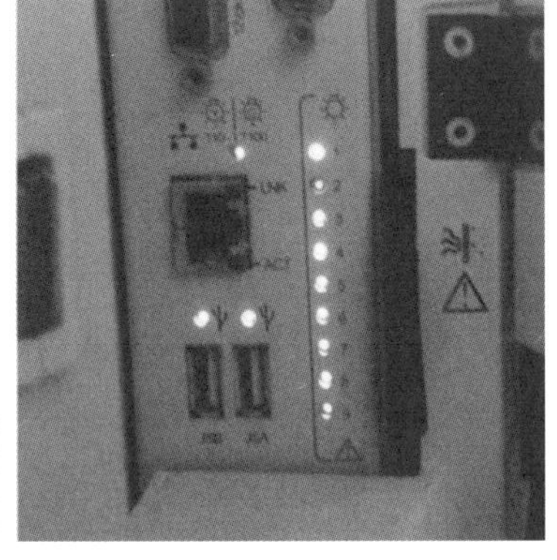

图1－4－5　其他品牌型号超声的指示灯

(2)拆开超声前端电路板箱金属盖板拆解查看，开机过程中观察到采集控制板(ACB板)上的LED指示灯,注意到有标识为“DONE”和“1.2”两个LED指示灯不亮,而“2.5”“3.3”“VREF”正常亮起。根据电路板的LED标识和超声维修手册的标识,判断“1.2”“2.5”“3.3”“VREF”是电源电压指示灯。

(3)用万用表测量1.2V的供电电路,发现1.2V无输出,而对比“2.5”“3.3”标识的电路均有对应的电压输出。怀疑电路板中1.2V供电电压缺失,导致ACB板工作异常。

(4)关机断电后,拔出ACB板观察1.2V电路,并对元件进行检测,发现一个起稳压调整的MOS管外表有烧裂现象(但无烧煳味),对比“2.5”“3.3”电路的MOS管电阻值测试差别较大。基本确定“1.2”电路MOS管烧坏致ACB板工作不正常(ACB板和MOS管见图1-4-6~图1-4-10)。

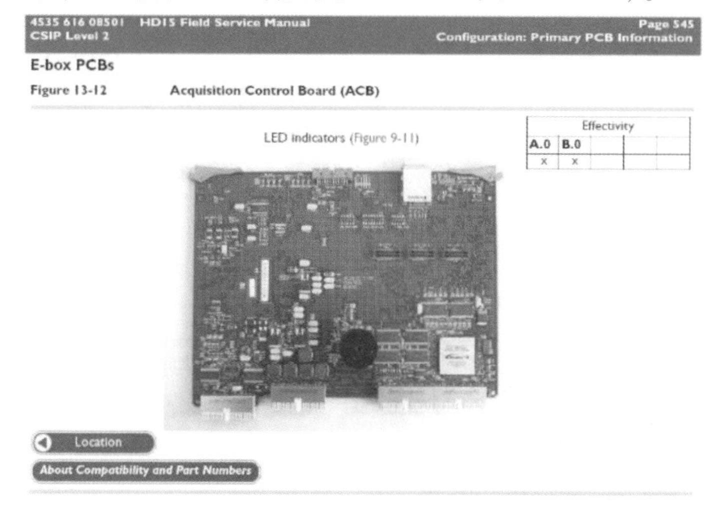

图1-4-6 采集控制板(ACB板)

图1-4-7 ACB板电源指示(图中圈为各组电压LED指示灯)

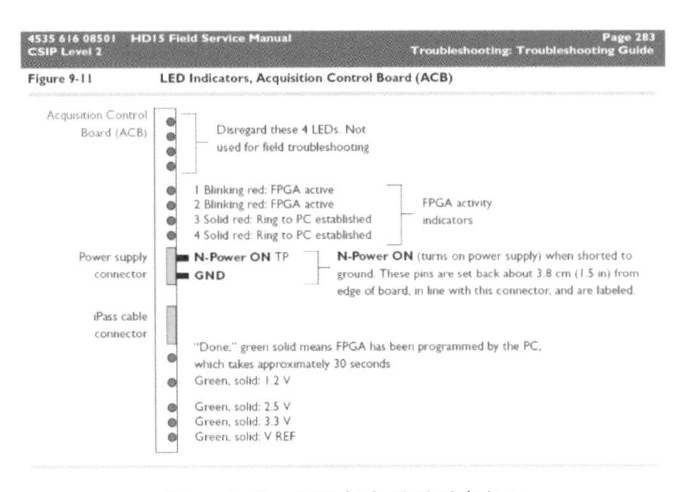

4535 616 08501 HD15 Field Service Manual Page 283
CSIP Level 2 Troubleshooting: Troubleshooting Guide

Figure 9-11 LED Indicators, Acquisition Control Board (ACB)

Acquisition Control Board (ACB)

Disregard these 4 LEDs. Not used for field troubleshooting

1 Blinking red: FPGA active
2 Blinking red: FPGA active
3 Solid red: Ring to PC established
4 Solid red: Ring to PC established

FPGA activity indicators

Power supply connector

N-Power ON TP
GND

N-Power ON (turns on power supply) when shorted to ground. These pins are set back about 3.8 cm (1.5 in) from edge of board, in line with this connector, and are labeled.

iPass cable connector

"Done," green solid means FPGA has been programmed by the PC, which takes approximately 30 seconds
Green, solid: 1.2 V

Green, solid: 2.5 V
Green, solid: 3.3 V
Green, solid: V REF

图 1-4-8 ACB 板电源说明书标识

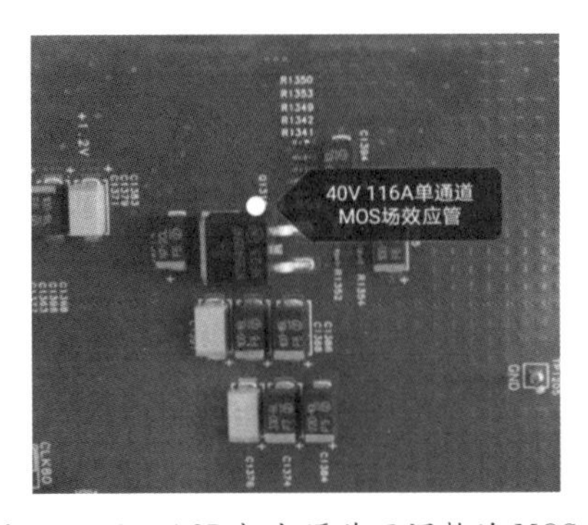

图1-4-9 ACB 板电源稳压调整的 MOS 管

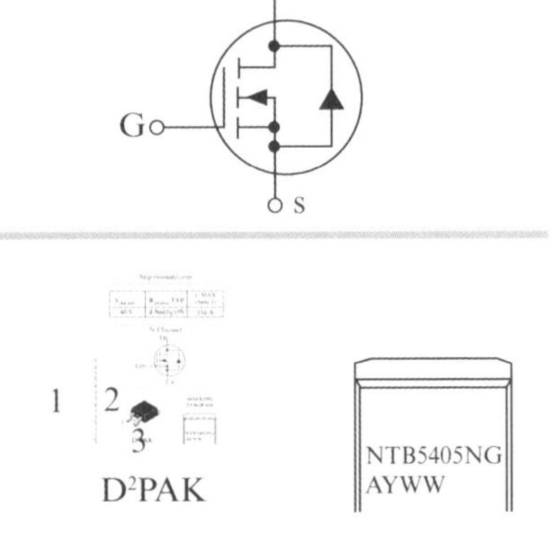

$V_{(BR)DSS}$	$R_{DS(ON)}$ TYP	I_D MAX (Note 1)
40 V	4.9mΩ@10V	116 A

图 1-4-10 MOS 管电路

【解决方案】

对照烧坏的 MOS 管所标示信息“NTB5045NG”查询得到该管为 Vdss(耐压)=40V、最大电流为 116A 的单通道(N 沟道)耗尽型 MOS 场效应管,电器市场可购置到相同型号管子。经焊接替换、装回 ACB 板、上机测试,超声开机过程无故障报错信息,运行无异常,故障排除。

【价值体现】

1. 飞利浦原厂不提供板件维修,对 ACB 板更换报价在 5 万元左右。
2. 医疗设备第三方售后提供拆卸的旧板件更换,价格 2 万~2.5 万元。
3. 电器配件市场购买场效应管仅需 3~5 元,可以自行焊接修复。

【维修心得】

(1)超声是医疗系统中普遍被使用且精密贵重的医疗设备,不同的超声设备原理相同但品牌型号、板路、探头型号复杂且大多不能通用。维修要坚持由简单到复杂、由外部到内部的原则。常用替代法、软件重装、最小系统法、仪器自检法、直观法等检测故障设备。

(2)设备发生故障后,需要仔细阅读设备维修手册,对该设备有一定的熟悉了解,避免盲目拆机。如无法及时获得设备维修手册或相关线路板信息,可以参考同系列设备。

(3)特别要注意观察设备指示灯的闪灭信息,结合提示信息判断故障区域指向;熟悉设备正常启动的开机过程、超声图像产生及显示过程、声音提示等信息,结合超声自检中的对应步骤,判断设备故障指向。在对设备故障不熟悉的情况下,应及时取得厂家售后工程师的技术支持;对拆机部件,应注意观察板子或机壳上的标注信息。

(4)设备安装时,应索取装机手册、维修手册等,或者联系工程师提供电路、水路等图纸,方便维修时查阅对比。

(案例提供　浙江大学医学院附属妇产科医院宁海分院
宁海县妇幼保健院　王式剖)

1.5 超声设备其他故障维修案例

1.5.1 维修案例9－飞利浦 EPIQ 5 高频探头致电磁干扰图像

设备名称	彩色多普勒超声诊断仪	品牌	PHILIPS	型号	EPIQ 5
故障现象	临床培训时，发现该机器在高频探头使用中图像有干扰现象，表现为图像显示雪花状。设备照片见图1－5－1。				

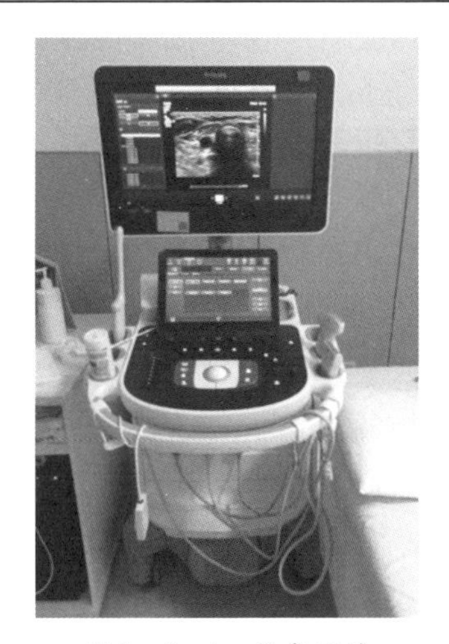

图1－5－1 设备照片

【故障分析】

查看发现该设备当前使用高频探头，所呈图像有干扰现象，表现为雪花状，查看其他探头，发现均有不同程度的类似干扰现象。考虑到该设备为新购设备，板卡损坏概率较小，电磁干扰可能性较大。查看设备所在房间，房间内除稳压电源、日光灯外，没有其他电子设备，稳压电源较为老旧，而日光灯并未开启，因而考虑是稳压电源质量不良引发的电磁干扰。

【故障排除】

根据故障分析，对电磁干扰源进行排查。

(1)观察使用房间，房间内部日光灯及其他用电设备未开启，仅本机及稳压电源运行，因该稳压电源较老旧，故怀疑其没有或无法满足滤波要求，将机器改用墙电供电，原高频探头雪花干扰现象消失。

(2)重新检查各探头，发现诊断仪腹部、腔内探头均有不同表象干扰出现。测量零、火、地相间电压，均正常，由此判断可能仍有其他干扰源存在。

(3)将机器移至其他房间，干扰现象有所改善，但并未消除，且不同的房间干扰程度不同。

(4)考虑使用房间距离电梯较近，尝试将机器移至电梯口，电梯运行时干扰严重，电梯停止运行时干扰大大减弱，由此可确定电梯为主要干扰源，同时可判断，此次干扰的产生为多个干扰源共同作用所致的(不同干扰源的干扰结果见图1－5－2~图1－5－7)。

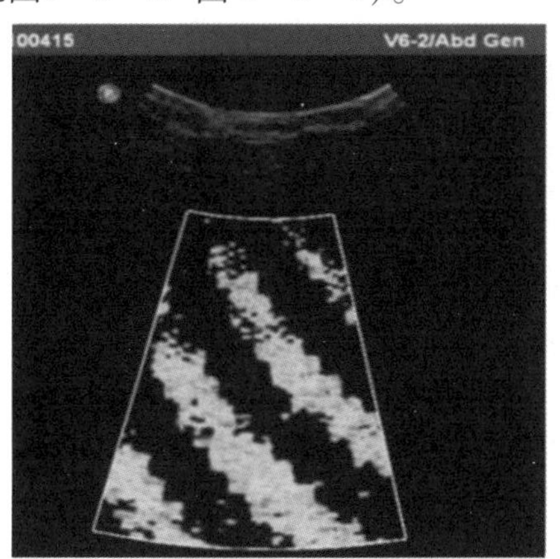

图1－5－2　由电梯电机造成的彩色取样框中弧形波纹状干扰

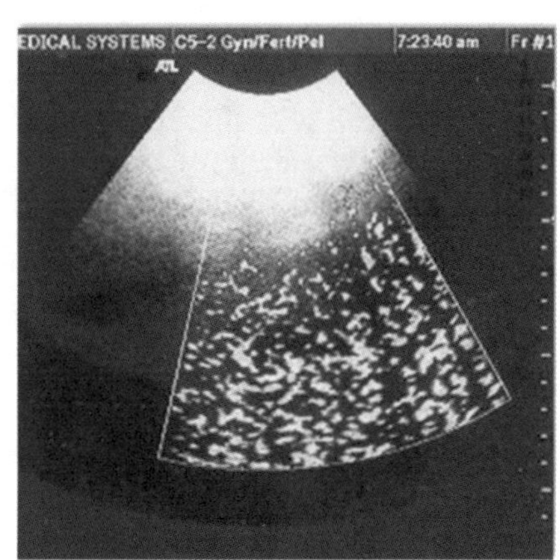

图1－5－3　由不合格的地线造成中远场彩色斑块状的干扰

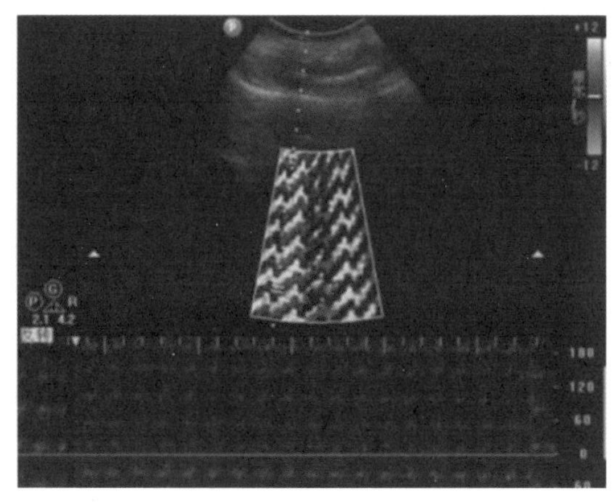

图1-5-4　由电瓶车充电器造成的彩色取样框中等间距彩色折线状干扰

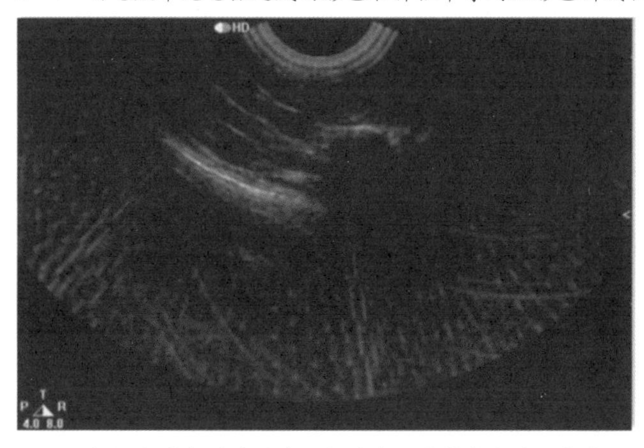

图1-5-5　由UPS造成的扇区中远场放射状雪花点和弧形水波纹状干扰

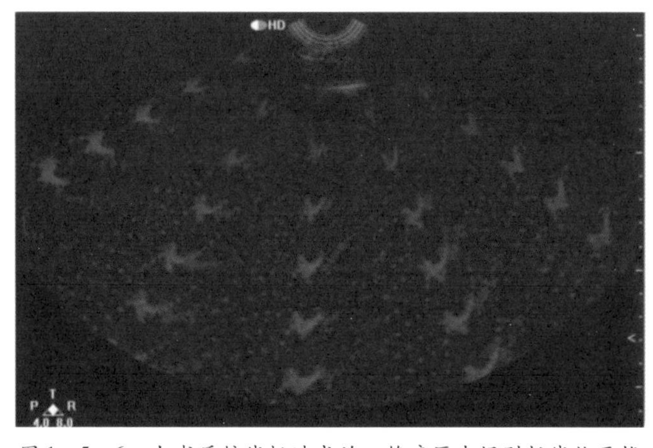

图1-5-6　由劣质接线板造成的二维扇区内规则折线状干扰

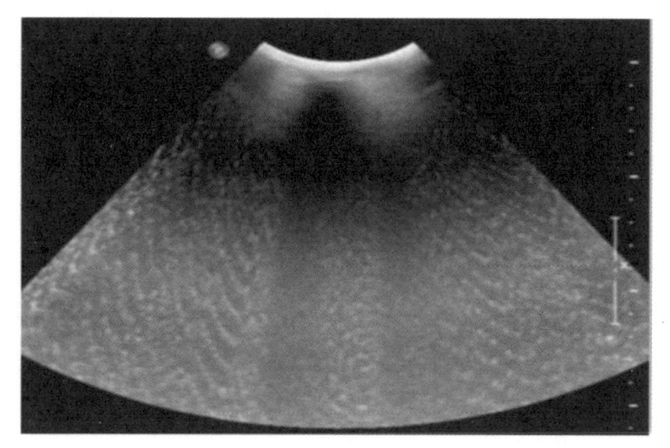

图1－5－7　由荧光灯镇流器造成的二维区内不规则波浪纹状干扰

【解决方案】

经查，超声科电源接地与其他科室未做分离，因此会一定程度地降低电源品质，从而影响机器的抗干扰能力。另外，因电梯的客观存在和其他干扰源的隐蔽性，所以干扰不能完全消除。综合上述情况，最终决定对机器进行移机处理，将抗干扰能力较强的机器与本机调换位置，并将机器外接地柱接至防盗窗（应急处理），改善接地状态，此时图像质量明显好转，且不影响临床诊断，同时图像质量没有因为移动而产生影响（部分不合格的地线安装方式见图1－5－8）。

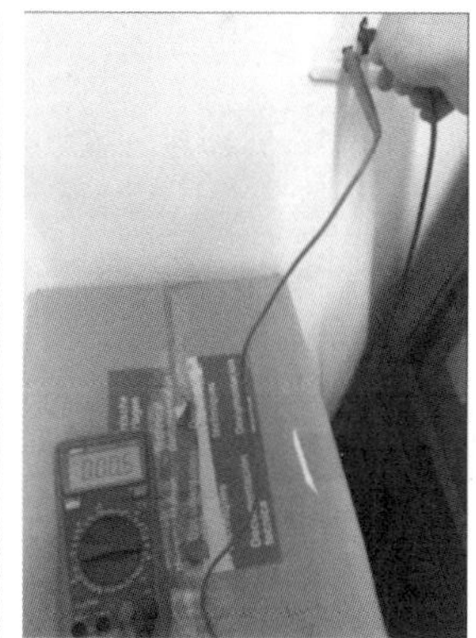

图1－5－8　不合格的地线安装方式示意

【价值体现】

大多数情况下，电磁干扰的产生虽然不至于使设备无法使用，但是会降低图像品质，从而影响医生判断，使其业务水平受到影响。

随着电子设备的广泛应用,电磁干扰现象也日趋严重。由于当前超声仪探头具有高灵敏度,整机电路具有很宽的通频带和较高的增益,所以设备在实际使用过程中极易受到各种电磁场的干扰,使其显示图像模糊不清,甚至不能正常工作,影响医生对患者疾病的正确诊断。因此,了解各种电磁场对超声设备的干扰途径,并采取相应的抗干扰措施对保障临床诊断质量和保证及时、精准就医有着非常重要的意义。

【维修心得】

不同设备所具备的抗电磁干扰性能不同,干扰可能针对某些设备或者某种频段下的设备,但不针对所有设备。

在使用过程中,许多设备可能成为影响其他设备的干扰源,不同的设备具有不同的抗干扰能力。当遇到电磁干扰时,首先应寻找干扰源,尽可能排除干扰,若不能排除,则应通过改善接地、远离干扰源等手段尽量削弱干扰。同时,应该熟悉电磁干扰产生的原因,比如劣质电源、屏蔽层破损脱落、接地不良等等,应了解各种在用设备互相成为干扰源的可能性,以便干扰发生时在最短的时间内消除干扰。

此次故障的干扰源为电梯及老化稳压器。本案例虽然是常见故障,但是反映了一个比较大的问题,电磁干扰是普遍存在的,而要消除电磁干扰是一个相当复杂的课题,这就需要我们从细节着眼,总结规律,发现问题。同时又需要我们从大局入手,避免问题。本次案例的分享只是抛砖引玉,希望能引发同行们更多的思考。

(案例提供　平阳县人民医院　温新宇)

1.5.2　GE Voluson S8 外设工作站致电磁干扰图像

设备名称	彩超	品牌	GE	型号	VOLUSON S8
故障现象	二维腹部图像受干扰明显。设备照片见图1－5－9,故障照片见图1－5－10。				

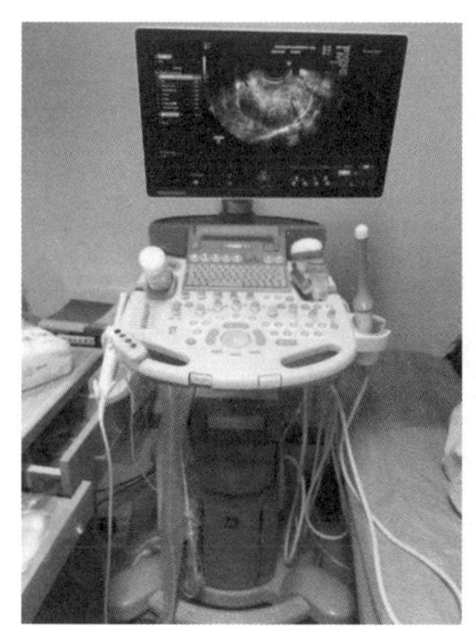

图1-5-9 设备照片

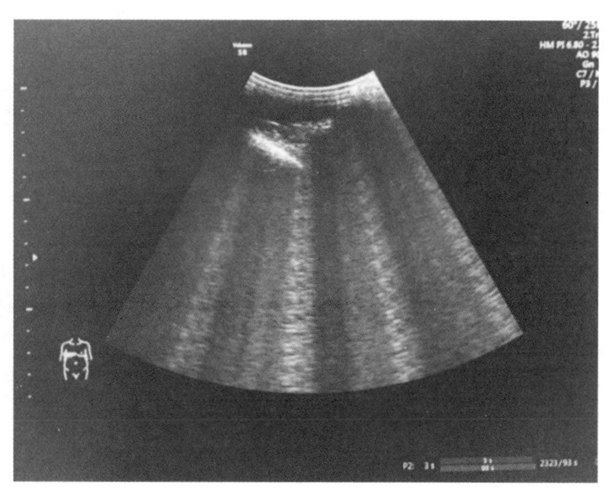

图1-5-10 二维腹部图像干扰明显

【故障分析】

彩超的干扰源一般有电源、外设及其他辐射设备，其中，电源产生干扰的概率最大，外设其次，其他辐射设备最小，解决的难度也是依次变大。因此，依次检查彩超电源、外设及其他辐射设备的影响，找到问题并有针对性地解决。

【故障排除】

首先，查找电源端问题。因为该B超所在诊室只有一个墙插，所以墙插直接连接了插排。彩超的电源、工作站的主机和显示器及台灯的电源的插座都连在该插排上取电。考虑到电磁干扰可能因插排老化或同在插排取电导致，因此将彩超电源直接插在墙插上，再次开机，干扰依旧明显。

用万用表测得墙插零线与地线之间压差为1.7V，火线与零线之间的压差为229V。根据彩超说明书中对电源的要求，供电电源符合彩超的电源规范，基本排除电源导致的干扰。

其次，确认外设产生的电磁干扰。与彩超连接的外设只有工作站，工作站与彩超之间通过S端子线进行图像传输。拔掉S端子线后，干扰衰减明显，图像基本正常（见图1-5-11）。更换全新S端子线连接后，干扰再次出现。最终确认，二维腹部图像干扰来源于工作站。考虑电磁干扰来源于工作站主机的电源模块。

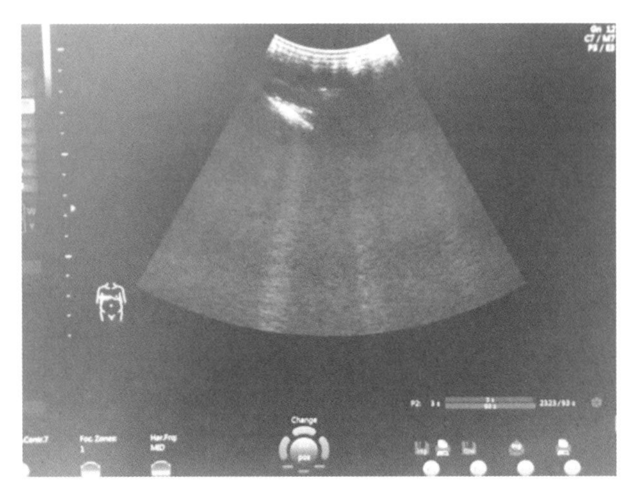

图 1-5-11　拔掉 S 端子线后图像

【解决方案】

确认电磁干扰来源于工作站主机的电源模块后，首先考虑更换工作站主机。调换其他 B 超诊室正常使用的工作站主机后，干扰依旧明显，无法抑制。再次更换另外的工作站主机后现象依旧，因此只能从工作站主机到彩超的视频采集信号线下手解决。考虑使用具有滤波抗干扰的磁环来抑制工作站产生的干扰，从网上购买了规格为 70mm × 44mm × 32mm 的大功率铁氧体磁环。将 S 端子线绕磁环若干圈后再连接主机和彩超（见图 1-5-12）。再次开机后，干扰明显减弱，图像基本恢复正常，血流图像也恢复正常（见图 1-5-13）。问题得到较圆满解决。

图 1-5-12　S 段子线绕磁环连接彩超和工作站

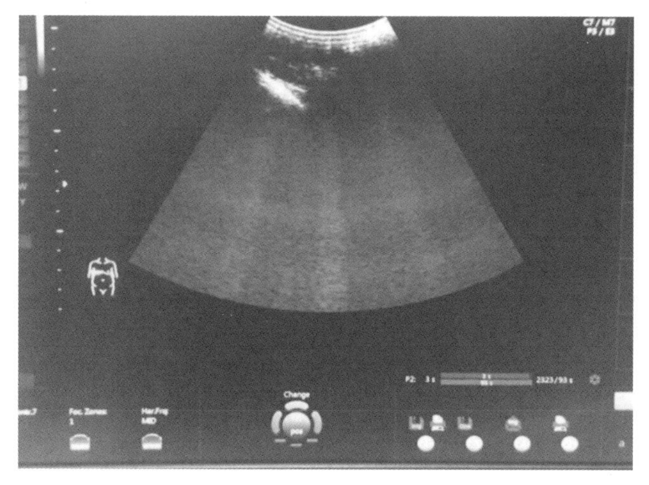

图1－5－13　使用S端子线环绕磁环后的二维腹部图像

【价值体现】

有效改善了二维腹部图像质量，防止漏诊、误诊，也提高了患者的检查效率，缩短了患者排队等待时间。

【维修心得】

彩超图像的电磁干扰来源隐蔽且复杂，要解决或者减轻干扰对图像的影响，首先需要查找干扰来源。干扰主要来源有电源、外设及其他辐射设备。针对电源的干扰可通过稳压器、电磁环方式解决；针对外设的干扰可通过电磁环方式解决；针对其他辐射设备的干扰可通过彩超设备下铺铁丝网（推荐导磁性能更好的铜网），再将彩超背面的接地端子与铁丝网有效连接解决。

（案例提供　绍兴市妇幼保健院　章旭峰）

第2章 放射类设备

2.1 概 述

放射科作为医院重要的医技部门,是一个集检查、诊断、治疗于一体的综合性科室,许多疾病都需要依靠放射科的放射类设备来达到辅助诊断和明确诊断的目的。放射类设备种类繁多,主要包括CT、DR、C型臂X线机、医用直线加速器、数字减影血管造影设备等。放射类设备结构复杂且精密度高,因此,临床工程师和放射技术人员需要不断学习新知识和新技术,以应对工作中出现的多种挑战。本节将从放射类设备的基本原理、功能模块、临床应用及发展演变等内容分别对其展开介绍。

2.1.1 CT设备

2.1.1.1 基本原理

CT(computed tomography)即计算机体层成像设备,是目前放射科检查中应用较多且较为重要的医疗设备之一。平扫CT和增强CT由于具有检查方便、诊断精确等优点,目前已成为常规的影像学检查方法。根据所采用的射线不同,CT可分为X线CT(X-CT)和γ线CT(γ-CT),我们通常所说的CT主要指X-CT,这也是临床上应用最广的CT,本书后文中所说的CT即指X-CT。

在CT检查中,被准直器处理过的X线束穿透人体被检查部位具有一定厚度的层面,衰减后再由探测器接收。探测器接收到的信息通过光-电转换器转变为电信号,再经模数转换器转为数字信号,最终输入计算机系统进行储存和处理。计算机系统可以根据图像重建法计算出断层矩阵中每个像素的密度值并组成数字矩阵,再以灰阶形式在监视器上进行显示,即我们看到的 CT 图像。

2.2.1.2 功能模块

CT 主要由以下三部分组成:①数据采集系统,包含 X 线高压发生器、X 线管、准直器、滤过器、探测器、扫描架、扫描床、前置放大器及接口电路等;②计算机及图像重建系统,其可将扫描收集到的信息数据进行储存,并可进行图像重建运算及图像处理等;③图像显示、记录和存储系统,可将计算机处理、重建后的图像显示出来。

2.2.1.3 临床应用

CT 图像具有特殊的诊断价值,目前已被广泛地应用于临床。其主要应用包括以下几方面:①胸部病变,对肺部创伤、感染、肿瘤等有较高的诊断价值;②神经系统病变,可用于诊断颅脑损伤、脑肿瘤、脑梗死等;③心血管系统病变,可用于动脉瘤、心包肿瘤、心包积液等的诊断;④腹部器官病变,可清晰显示实质性脏器如肝、胆、胰、脾、肾等;⑤盆腔脏器病变,适合卵巢、宫颈、子宫、膀胱、前列腺等诊断;⑥骨与关节病变,可用于骨折及各种骨关节疾病的诊断;⑦肝脏病变,肝 CT 检查对早期肝硬化的诊断灵敏度较高。

2.2.1.4 发展演变

1895 年,德国科学家威廉·康拉德·伦琴(Wilhelm Conrad Roentgen)发现 X 线,为 CT 的诞生打下了基础。1917 年,奥地利数学家约翰·拉东(Johann Radon)提出并证明了可以通过不同方向上的投影来重建三维物体图像的理论。1963 年,美国物理学家科阿兰·麦克莱德·马克(Allan MacLeod Cormack)找到了用 X 线投影数据来重建图像的数学方法,并成功地将其应用于简单的 CT 模拟装置,开启了 CT 成像技术的研究。1967—1972 年,英国工程师戈弗雷·纽波尔德·亨斯菲尔德(Godfrey Newbold Hounsfield)应用投影重建图像理论,成功地研制了第一台 CT 扫描仪。由于对 CT 扫描研究的贡献,科马克(Allen Cornack)和亨斯菲尔德(Codfrey Hounsfield)共同获得了 1979 年的诺贝尔生理学或医学奖。1972 年,CT 扫描仪在英国 EMI 公司正式问世,它的问世标志着放射诊断学从此进入 CT 时代。

由于所使用的 X 线束的不同及 X 线管和检测器运动形式的差异,因此,CT 主要经历了五次换代:第一代 CT,采用单束平移—旋转扫描方式;第二代 CT,采用窄扇形束平移—旋转扫描方式;第三代 CT,采用扇形束旋转—旋转扫描方式;第四代 CT,采用旋转—静止扫描方式;第五代 CT,采用静止—静止扫描方式。

2.1.2 DR 设备

2.1.2.1 基本原理

随着放射影像技术的发展,以 X 线平板探测器为代表的数字化 X 线摄影技术逐渐被应用于临床,常规 X 线摄影技术跨入数字化时代。DR(digital radiography),即数字 X 线摄影系统,是一种直接将 X 线光子通过平板探测器转换为数字化图像的 X 线设备,即广义上的直接数字化 X 线摄影。其工作原理为:X 线穿过人体检查部位投射到探测器上,由探测器将其影像信息直接转化为数字影像信息并同步传输到采集工作站上,然后利用工作站的医用专业软件进行图像的后处理。DR 可分为直接数字 X 线摄影(direct DR,DDR)和间接数字 X 线摄影(indirect DR,IDR)。

2.1.2.2 功能模块

目前,市场普遍使用的 DR 主要由 X 线发生器、X 线探测器、采集工作站、图像显示器等组成。X 线发生器用于生成 X 线,目前大多数 DR 采用中高频 X 线机,其工作频率为 20~100kHz,采用自动曝光控制。X 线探测器是 DR 的关键部件,其主要功能是将 X 线模拟信号转换为数字信号并送至采集工作站,常见的 X 线探测器有非晶硒平板探测器与非晶硅平板探测器等。采集工作站主要发挥图像处理器的作用,承担着灰阶变换、图像滤波降噪、测量等各种运算处理的任务。图像显示器主要用于呈现图像,再将图像通过显示屏显示。

2.1.2.3 临床应用

DR 设备凭借着成像速度快、曝光剂量低、密度分辨率高、图像质量好、动态范围大以及后处理功能强等优势,在骨关节、胸部、腹部及头颈部等部位的摄影成像方面应用广泛。

2.1.2.4 发展演变

自1972年CT成像技术问世以来,关于影像数字化的研究就一直在持续推进。1980年,北美放射学会(Radiological Society of North America,RSNA)首次展出了数字成像的DR系统,自此,关于DR的研究及其相关产品的开发开始大量出现。我国DR设备最早由安健科技研发。安健科技成立于2002年,专注于X线设备的研发和生产,并于2004年成功研制出了第一台国产DR。此后,优秀的国产DR企业如雨后春笋般出现,并逐渐打破了进口设备的垄断,实现了DR行业的国产化。此外,临床实际需求催生了移动DR的出现。移动DR是DR产品的一个子类,是对人体的头部、四肢、胸腔、腰腹部等多部位进行摄影的移动式X线诊断设备,具有可移动性高、操作灵活、摆位方便、占地面积小等优势。它主要由主机、立柱、球管、准直器、高压发生器、驱动电机和成像系统等组成,适用于病房、急诊室、手术室、ICU等床边拍片。

2.1.3 C型臂X线机

2.1.3.1 基本原理

C型臂X线机(简称C臂机)作为常用的手术室设备,普遍应用于各类骨科手术中。C臂机利用其C型机架上的X线球管产生X线,X线首先经滤线栅滤除散射线,随后穿透患者被检查部位到达影像增强器的输入屏,经影像增强器增强及光学系统处理后到达电荷耦合器件(charge coupled device,CCD)摄像机,转变成视频信号,再经模数转换后送到图像处理系统进行处理。图像处理系统将处理后的图像显示在双屏显示器上。

2.1.3.2 功能模块

C臂机主要由高压发生器、X线电视系统、C型机架、控制台和显示器等部分组成。高压发生器用于控制X线球管,为了方便移动,C臂机的高压发生器多采用组合式高频变压器机头;X线电视系统主要包括X线球管、影像增强器和CCD摄像机等,X线球管负责产生X线,影像增强器用于采集图像,两者分别安装在C型机架的两端,使X线的中心始终对位在影像增强器的中心;C型机架支持各种运动以适应临床的使用;控制台主要用于设置透视和摄影的曝光时间等相关参数;显示器用于显示成像结果。

2.1.3.3 临床应用

C 臂机凭借其便携、实时的优势成为手术中不可或缺的图像引导设备,在医院诊疗过程中发挥着十分重要的作用。小型 C 臂机主要用于骨科、外科等手术,例如在骨科手术中,小型 C 臂机可为术中定位、手术复位和内固定等方面提供实时的影像资料。大型 C 臂机(DSA 血管机)主要应用于全身血管疾病的诊断和治疗,例如神经外科造影减影、血管外科造影减影等。

2.1.3.4 发展演变

自从伦琴发现 X 线并于 1896 年研制出第一支 X 线管以来,各种 X 线设备相继出现。C 臂机亦经历了半个多世纪的发展。20 世纪 30 年代末至 40 年代初,早期的 C 臂机没有图像显示装置,只能采用手持式的荧光透视装置工作。20 世纪 50 年代,影像增强器问世,医用 X 线电视系统取代了以往的暗室 X 线透视。20 世纪 60 年代,为了适应不同的 X 线特殊检查,C 型管头支持装置问世。它主要由支架、L 臂(横臂)和 C 臂三部分组成。根据支架结构的不同,C 臂可分为落地式 C 臂和悬吊式 C 臂。到了 20 世纪 90 年代,随着 CCD 成像技术的发展,国外各大公司开始推出 CCD 医用 X 线影像增强器电视设备,该设备逐渐取代传统的真空管式电视摄像技术。2000 年以来,数字化成像设备陆续发展,平板探测器取代了传统的屏胶成像模式,有效提高了图像质量。如今,C 臂机正逐渐向着低剂量、高分辨率、三维成像等方向发展。

2.1.4 医用直线加速器

2.1.4.1 基本原理

目前,医用直线加速器中使用最为普遍的是医用电子直线加速器,因此,这里将主要讨论医用电子直线加速器的相关维修案例。

医用电子直线加速器是一种为放射治疗提供符合临床治疗要求的 X 线或 E 线辐射束的医用治疗装置。该加速器主要利用微波电磁场把电子沿直线轨道加速到较高能量,进而产生电子线或 X 线。医用电子直线加速器具有足够大的输出量,能够同时满足不同深度肿瘤的治疗需要。医用电子直线加速器的加速方式有两种，分别为行波加速方式和驻波加速方式，因此，医用电子直线加速器可分为行波电子直线加速器和驻波电子直线加速器。

2.1.4.2 功能模块

医用电子直线加速器的主要结构包括加速及束流系统、微波功率源及传输系统、真空系统、温度控制系统、电源及控制系统、辐射系统和剂量监测系统等。

(1)加速及束流系统：加速系统由加速管、电子枪等部件组成。加速管是直线加速器的核心部分，电子在加速管内通过微波电场加速。电子枪为直线加速器提供被加速的电子。行波电子直线加速器的电子枪的阴极由钨或钍钨制成，驻波电子直线加速器的电子枪则由氧化物制成。束流系统由聚焦线圈、偏转线圈等组成。

(2)微波功率源及传输系统：微波功率源有磁控管和速调管两种。行波电子直线加速器和低能驻波电子直线加速器使用磁控管作为微波功率源，中高能驻波电子直线加速器使用速调管作为功率源。微波传输系统主要包括隔离器、波导窗、取样波导、输入输出耦合器、三端或四端环流器、终端吸收负载、频率自动稳频等部分。

(3)真空系统：为了避免被加速的电子与空气中的分子相碰而损失能量，一般使用离子泵作为真空系统保持直线加速器的真空状态。

(4)温度控制系统：主要通过恒温水冷系统带走微波源等发热部件产生的能量，调控加速器内部件的工作温度。为保证系统恒温，需要一定的水流压力和流量。

(5)电源及控制系统：电源主要为加速器供电，而控制系统用于控制设备的运动状态，包括手控盒、键盘、马达等部件。

(6)辐射系统：按照治疗需求对电子束进行X线转换和均整输出，或直接均整后输出电子射线，是加速器的关键部件之一。

(7)剂量监测系统：主要对加速器的辐射剂量进行监测，监测系统的稳定与准确是实现临床治疗效果的重要条件之一。

2.1.4.3 临床应用

目前，放射治疗仍然是肿瘤治疗的主要技术手段之一。医用电子直线加速器具有广泛的放疗适应证，可用于头颈、胸腔、腹腔、盆腔、四肢等部位的原发或者继发肿瘤的放疗，以及手术残留肿瘤的术后或手术前肿瘤的术前放射治疗等。

2.1.4.4 发展演变

放疗技术的发展历程与其他医学技术相比历史较短,但伴随着计算机技术和物理生物技术的进步,放疗技术的发展突飞猛进。1895 年伦琴发现 X 线,1896 年贝克勒尔发现放射性核素铀,1898 年居里夫人发现放射性核素镭,这些 19 世纪末 20 世纪初物理学上的伟大发现为后来放射治疗的发展奠定了基础。1951 年,第一台钴 60 远距离治疗机问世,开创了高能放射线治疗深部恶性肿瘤的新时代。钴 60 所产生的 γ 射线具有较强的穿透力,深部剂量高而皮肤剂量低,适用于治疗较深部位的肿瘤。1953 年,世界上第一台医用电子直线加速器在英国投入临床使用,并在兼具 X 线深部治疗机和钴 60 治疗机优势的同时有更广泛的应用。该直线加速器的临床应用标志着放射治疗已形成一门完全独立的学科。1975 年,我国引进了第一台医用电子直线加速器;两年后,第一台国产医用电子直线加速器投入临床试用。从此,我国开始进入放疗技术高速发展的时代。而今,随着影像技术的发展,放射治疗已经全面进入影像引导放射治疗时代。

2.1.5 数字减影血管造影设备

2.1.5.1 基本原理

数字减影血管造影(digital subtraction angiography, DSA)术是医学影像学中,继 X 线、CT 之后的又一项新技术,是一种通过计算机把血管影像上的骨与软组织影像消除以突出血管的成像技术。该技术将常规血管造影术、计算机及图像处理技术相结合,当前已取得突破性的进展。数字减影血管造影设备的基本原理是将注入造影剂前后拍摄的两帧 X 线图像经数字化输入计算机系统,通过将两幅图像相减和再成像把血管造影影像上的骨与软组织影像消除以获得清晰的纯血管影像。通俗地讲就是将造影剂注入需要检查的血管中,使血管“显露原形”,然后通过系统处理,使血管显示更加清晰,便于医生根据血管图像进行诊断或进行手术。

2.1.5.2 功能模块

DSA 的设备主要由以下几部分组成:①X 线机部分,包括 X 线发生器、影像增强器、光学系统、电视摄像机、监视器等;②机械系统,包括机架和病床;③影像数据采集系统;④计算机系统。另外,高压注射器在 DSA 的应用过程中也是必不可少的辅助设备。

DSA 的 X 线机部分通常具有较大的功率(一般在 80kW 以上),且多采用逆变高频高压发生器来保证管电压的平稳输出,其目的是使 DSA 参数设定后的每幅图像感光量均匀一致。同时,这也要求 DSA 的球管具有较大的输出功率和较高的阳极散热率。

机械系统中的机架通常采用 C 臂,其通过托架安装在立柱或 L 臂上。托架的安装方式也有固定和运动两种,根据安装部位又可以分为落地式和悬吊式两种。DSA 对机架的要求是在病人不动的情况下,能完成对其身体各部位多个角度的透视、摄影检查及介入操作。由于机架在运动过程中一直围绕着病人且影像增强器还可单独做升降运动,所以影像增强器及相关部件上都安装有安全保护装置。为方便临床使用,机架通常具有角度记忆、体位记忆等功能。而导管床是一张高度可调、具有浮动床面且可透 X 线的床。

影像数据采集系统主要接收模数转换模块或平板探测器输出的数字信号,并通过一些特殊的算法来实现实时降噪的目的。

计算机系统主要负责控制整个 DSA 系统和图像处理功能,通过不同的采集方式和不同的算法,可以实现时间减影、能量减影和混合减影等功能。

2.1.5.3 临床应用

DSA 设备主要应用于心血管、脑血管及全身各部位血管造影检查及介入治疗。

2.1.5.4 发展演变

DSA 在血管相关疾病的临床诊断中具有十分重要的意义。要了解 DSA 的发展历程,还需了解血管造影术的历史。与其他放射设备一样,DSA 的发展离不开 X 线。1923 年,德国医生通过将造影剂注入血管,利用 X 线实现了人体四肢动静脉造影。此后,随着血管造影技术和电子计算机技术的发展,血管造影术逐渐成为临床有关疾病诊断和鉴别的重要手段。20 世纪 70 年代,美国的查尔斯・米斯特塔(Charles Mistretta)采用模拟存储装置,应用时间和能量的混合减影法,成功从透视影像中分辨出微弱的碘剂信号,显著提高了造影效果。1980 年,美国威斯康星大学和亚利桑那大学成功研制出了 DSA 并将其正式投入临床使用。经过多年的发展,DSA 在成像速度、图像清晰度、自动化程度和智能化程度等方面都取得了明显的进步。近年来,DSA 宏观的发展趋势逐渐开始向专用化转变,例如单向的 C 臂系统主要用于全身的血管造影,而双向的 C 臂系统则主要用于心脏及大血管的造影。

2.1.6 其他放射类设备

除了上述这些常见的放射类设备以外,医院放射科一般还配备其他一些放射设备,比如数字胃肠机。数字胃肠机是检查胃肠道疾病的 X 线诊疗设备。

本节通过对几大常见放射类设备的论述,旨在使读者对放射类设备有了一定的了解。随着各类放射设备的不断更新,设备更加集成化、智能化,只有了解每类设备的基本原理和结构,才能更好地完成对其的日常使用和维护保养工作。

2.2 CT 故障维修案例

2.2.1 GE BrightSpeed 硬件部分停止扫描

设备名称	CT	品牌	GE	型号	BrightSpeed
故障现象	CT 在扫描工作时突然报错:硬件部分停止扫描。设备照片见图 2-2-1。				

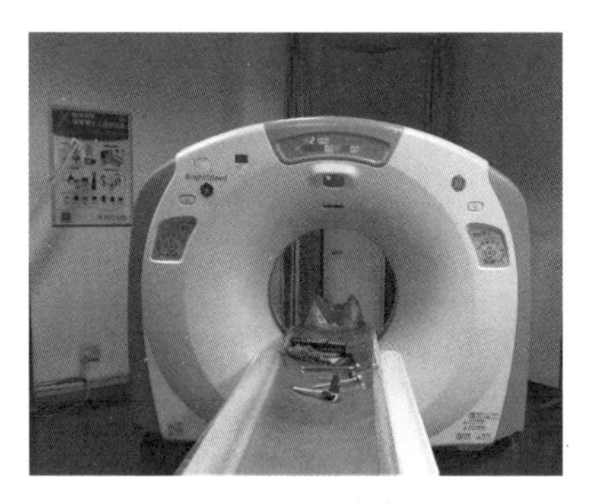

图 2-2-1 CT 整机正面

【故障分析】

首先进行一次模拟曝光,发现定位像曝光时扫描中断并伴有报错。点击维修按钮,打开 HOME 页,发现“spits”项数值达到 137,说明机器有高压打火现象。

【故障排除】

查看“View Log”,在相应的扫描中断时间节点发现有一项报错为(60 - 0313)“Inverter Max. ILR current detected”(在“inverter”串行谐振电路中检测到最大电流),该报错为打火故障报错,引起该报错的原因大致方向有五个:①高压逆变;②高压油箱;③高压电缆开裂或高压电缆插头打火;④球管(假如管套打火还会伴有 0324H 的“errorcode”);⑤“Tube TNT database”偏移。

【解决方案】

(1)先运行“resetTNTdatabase:saveRUNTIMEParameters”→“UploadTNTdata”→“resetTNT”→运行“Filament Cal”→检查“FilamentCal”数据结果是否在“Spec”内(FIT < 10,delta < 14),如果失败,则进入高压诊断测试步骤。

(2)降低曝光参数,例如降低 kV 至 80kV,进行几组重复曝光;如果“error”依然存在,选择“Inverter”短接测试,如果测试通过进入步骤(4)。

(3)做“Inverter”短路测试,测试高压电源逆变器功能(见图 2 - 2 - 2),该测试是在没有将“HV Tank”连接到逆变器的情况下进行的,因此不会产生 X 线。在测试期间,阳极旋转和灯丝驱动未激活,此测试需要手动操作。如果测试通过,则可以排除逆变问题。“Inverter short circuit”步骤:在断开机架电源,接好短路线之后,打开“120VAC”和“HVDC”开关,“ResetGantry”,进入“Service”→“diagnostic”→“Geberator Tool - JEDI”→“Inverter short circuit”,如果测试失败,则考虑更换 PPC kV 控制板或逆变器。

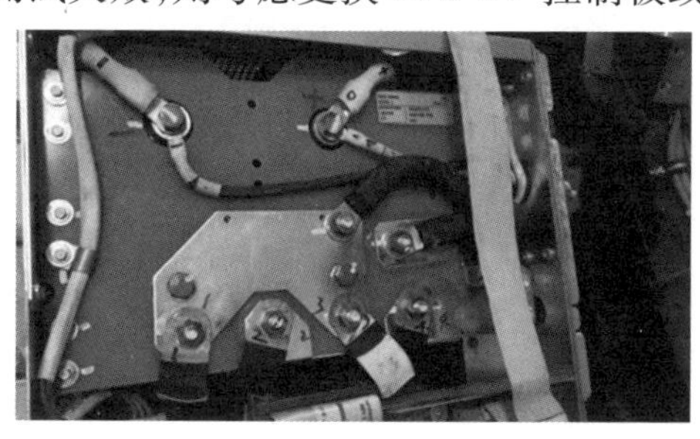

图 2 - 2 - 2　逆变器示意(划圈处为短接点)

(4)空载高压测试:首先在不移除高压电缆的情况下运行 NOLOADHV 测试,“Service”→“diagnostic”→“Geberator Tool - JEDI”(JEDI 油箱见图 2 - 2 - 3)。

图 2-2-3 JEDI 油箱

NO LOAD kV 测试

测试条件：

80kV 1000ms 数次；

100kV 1000ms 数次；

120kV 10000ms 数次；

140kV 60000ms 数次。

对 80kV，100kV，120kV，140kV 依次进行测试，如果本次测试失败，则执行移除高压电缆的情况下运行 NO LOAD HV 测试，测试步骤如下。

1）从 Tank 处分别拔出阴阳极高压电缆，在确认高压电缆（见图 2-2-4），在绝缘油和高压油井插槽（图 2-2-5）完好的情况下，注入高压油至油井深度的 2/3处以上，重复执行 NO LOAD kV 测试。本次测试全部通过，说明 HVTank 没有高压打火发生，执行步骤 2）。

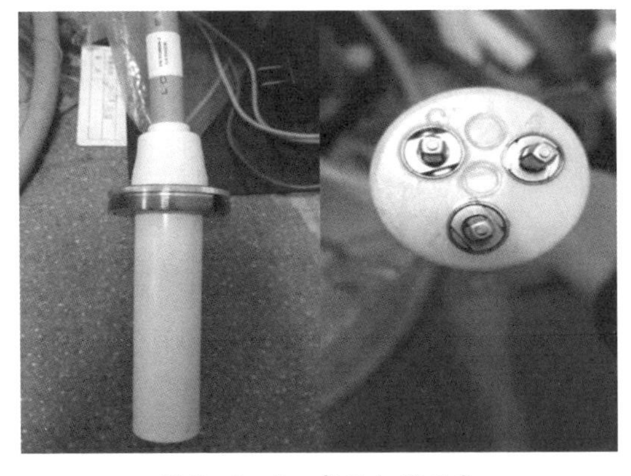

图 2-2-4 高压电缆示意

图 2-2-5 高压油井插槽示意

2）从 Tube 处分别拔出阴阳极高压电缆，在确认高压电缆、绝缘油和高压油井插槽完好的情况下，注入高压油至油井深度的 2/3 处以上，将高压电缆浸入油井中(注意不要把高压电缆插得太深,只要井口有油溢出即可),并规定好重复执行"NO LOAD kV"测试。如果本次测试失败,进入步骤3);如果本次测试全部通过,说明"Hemit Tank"没有发生高压打火,在不移除高压电缆的情况下运行"NO LOAD HV"测试,如果结果显示失败,则基本可以确定是球管的问题。

3)从"HemitTank"(见图2-2-6)处分别拔出连接Tube阳极的高压电缆,在确认高压电缆、绝缘油和高压油井插槽完好的情况下,注入高压油至油井深度的2/3处以上,重复执行"NO LOAD kV"测试。本次测试失败,建议更换"HemitTank"。

图2-2-6 "HEMIT"油箱

【价值体现】

CT曝光时发生高压打火现象,如果直接联系厂家或第三方公司过来维修,从工程师到现场判断打火位置并确定需更换的配件,至少需1~2天。医院工程师在第一时间自行找出打火原因所在,缩短了1天以上的停机时间。

【维修心得】

(1)通过View Log和HOME页的"spits"数值均可判断CT是否有打火现象。

(2)掌握逆变器、"JEDI"油箱和"HEMIT"油箱的测试步骤,均可应用于判断其他故障中。

(3)要找到故障发生的正确的时间节点和故障发生的最初的"errorcode"。

(案例提供 诸暨市人民医院 袁望)

2.2.2 GE BrightSpeed 系统检测过温

设备名称	CT	品牌	GE	型号	BrightSpeed
故障现象	设备提示系统温度过高："The Data Acquisition System Has Detected An Over Temperature Condition"。设备照片见图 2-2-7。				

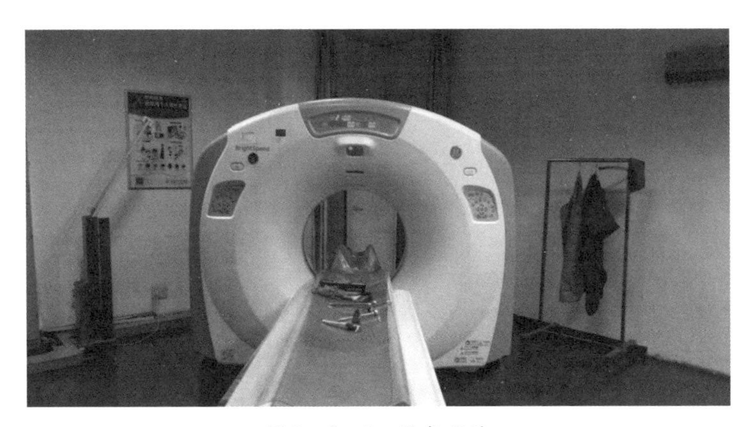

图 2-2-7 设备照片

【故障分析】

(1)询问操作医生报错时间，打开"View Log"，根据操作医生提供的时间查看日志，找到报错信息。

(2)具体报错信息为"The Data Acquisition System Has Detected An Over Temperature Condition. All ADB Power Has Disabled Until A Hardware Reset Performed."根据该报错，基本可以判断 DAS 温度过高。

【故障排除】

(1)点击右显示器维修选项，再选择"HOME"页查看温度，发现 DAS ADB temperature 温度值达到 69.31℃。

(2)推断 DAS 温度过高报错的原因是，温度传感器检测到 DAS 温度过高，将信号传给控制板，控制板再将信号传给主控台，产生错误信息。操作医生重启后，错误信息被清零，而且重启一般耗时 10 分钟左右，这时 DAS 温度有少许下降，因此又可以扫描几个病人，直到温度过高再次被温度传感器检测到。

综上所述,我们只要将 DAS 的温度恢复正常即可将故障修复,而 DAS 的主要散热部件为散热风扇和探测器里的滤网。

【解决方案】

(1)我们将床降到最低位(方便机架前盖移出)后关机,然后将机架的侧盖打开,再移除机架顶部两侧带风扇的盖板(风扇电源线),将支架与前盖固定,解开信号线和五处卡扣后将前盖移出,DSA 位置见图 2-2-8。

(2)将 DAS 部分的散热风扇模块拆除后,可以看到里面有三张滤网(见图 2-2-9)。清理散热风扇(可以用软毛刷和吹风机),将三张滤网水洗后晾干。

图 2-2-8 DAS 模块示意(设备 6 点钟方向)

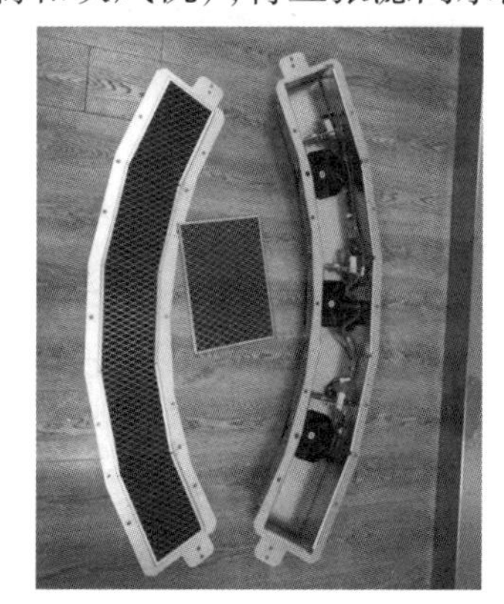

图 2-2-9 滤网及散热风扇

(3)将机架恢复原状,开机,试运行扫描一切正常,操作医生正常使用,使用期间监测其温度变化,全天温度正常,判断故障排除。

【价值体现】

(1)这次维修总耗时约 2 小时,机器停机约 2.5 小时后恢复正常。联系厂家或第三方维修公司过来维修,耗时将近 1~2 天。对比之下,此次维修在时间上节约了 1 天以上。

(2)这次维修未更换配件,联系厂家或第三方维修公司需支付维修费,而 CT 的维修费在 5000 元以上。因此,此次维修在费用上节约至少 5000 元。

【维修心得】

通过此次维修,总结以下心得。

(1)将"View log"和"HOME"页内容配合分析,锁定问题更精确。

(2)应掌握拆机步骤,了解机架内部结构。

(3)定期清洁滤网和散热风扇,并将其纳入 CT 预防性维护工作中,有效提高 CT 开机率。

(案例提供 诸暨市人民医院 袁望)

2.2.3 西门子 SOMATOM Definition AS 间歇自动连续检查序列失败

设备名称	64 排 CT	品牌	西门子	型号	SOMATOM Definition AS
故障现象	开机检查失败,或出现环状伪影,多次大关机或重启设备后恢复正常。错误代码“CT_DMS_147”。设备照片见图 2-2-10。				

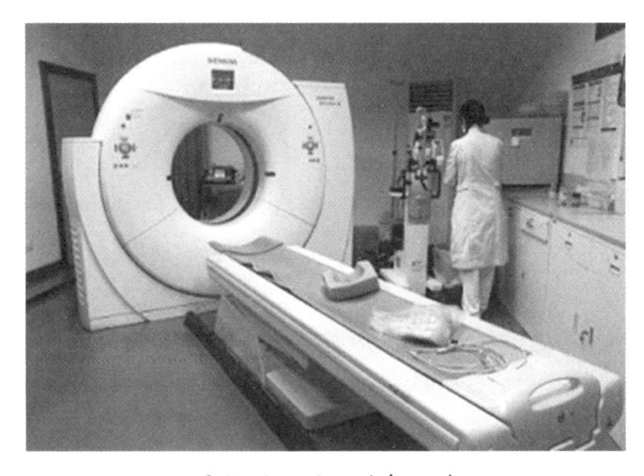

图 2-2-10 设备照片

【故障分析】

目前,高档 CT 故障自我诊断软件已十分成熟,只要计算机本身在工作,出现故障时,故障自我诊断软件一般会有不同类别的错误代码及其含义提示。

(1)查找故障之前,应先排除故障的人为因素和环境因素,检查机房温湿度及设备操作按键等。

(2)进维修模式查看错误代码信息并进行解读。

(3)在利用 CT 工作探测器采集的原始数据重建影像数据过程中,所有探测器模块均参与扫描的原始数据采集,靠近两侧边缘的模块问题对扫描野中心区域的图像并不会产生影响，将故障产生伪影的探测器模块边缘化，使其不参与重建图像工作，消除其影响。

【故障排除】

DMS 有严格的自检测及保护功能，如果有探测器模块（简称 Module）出现故障，则会出现警告或报错。检查机房空调及温湿度计，发现环境温湿度正常（正常温度范围 18～24℃，相对湿度范围 40%～60%），排除设备操作按钮故障后，进入维修模式查看系统日志。

进入“Service”程序，查看“Event Log”（“Option”→“Service”→“Local Service”→“Event Log）Filter”为“Default，Domain”→“Application，severity”→“Warning”和“Error，Specify time range”选择最近一天或者报错或出故障的时间区间，“Message Limit”→“1000”。发现故障时间有多条“warning ID：147 source：CT_DMS，message Text：（E A1 02 93 41 14 21 00）FEE Module defective”（见图 2－2－11）。

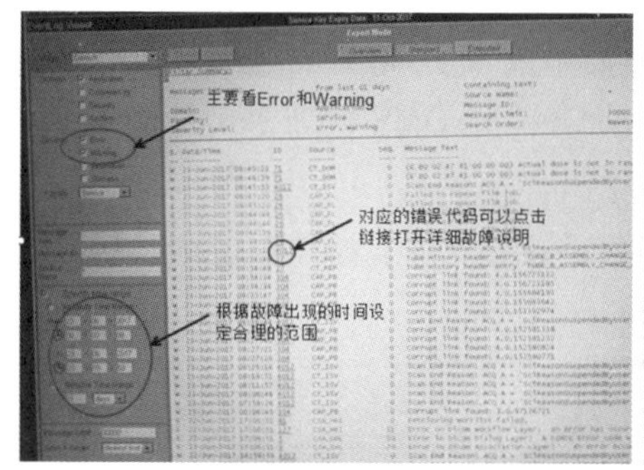

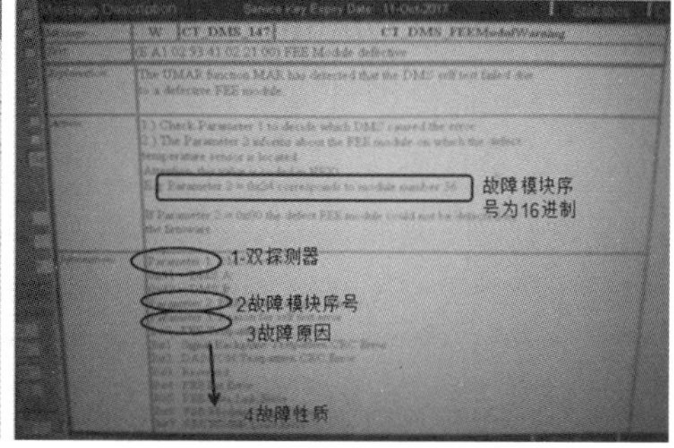

图 2－2－11　故障分析及报错信息

上述故障代码中，括号内倒数第四个数字指示 DMS，该案例为单源机型（针对双源机型 41 代表 DMS A、42 代表 DMS B）；倒数第三个数字指错误模块序号 14 代表第 20 块模块故障出错（该数字为 16 进制，如：24 代表第 36 块模块）；倒数第二个数字指自检错误原因 21 代表温度过高。因此，判断机器的出错原因为第 2 块 Module 温度过高，需要更换。

【解决方案】

维修时间由故障模块位置决定，需要 1.5～3 小时。扫描完最后一个病人后至少需要等待 5 分钟让机架散热冷却。冷却后通过按控制盒上的 COMP/ON 按键使机架断电。在 PDC（电源分配柜）里按 S1 开关来关闭机架电源，再关闭总断路器(见图2-2-12)。等待至少2分钟,让储存的能量有足够的时间释放,然后用万用表测量电源柜输出到机架的电路电压是否降为0。

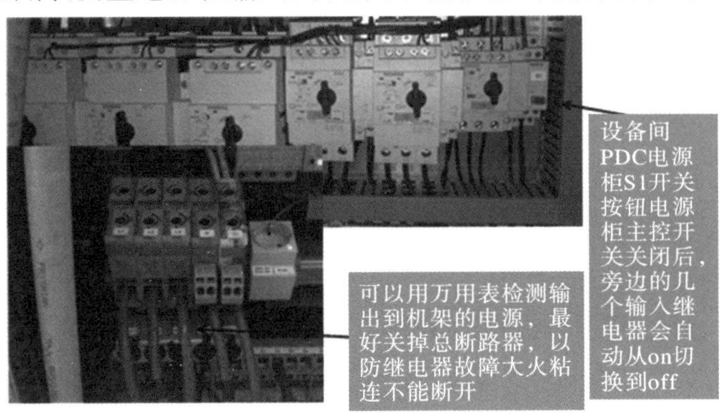

图2-2-12 维修操作前确保断电

在电路电压降为0后,用TX-30的梅花内角,松开CT机架顶部和左右两侧环形处的三个锁扣,此时将CT机架的前盖向外拉出,用支撑杆将机架前盖撑起,再拆除机架底部前盖,拿掉环形树脂玻璃圈,这样机架前面部分就全部打开了(机架隐藏螺丝的位置见图2-2-13①②③)。把DMS顺时针转到6点钟位置,用安全螺栓固定以确保其不会意外转动。移除DMS位置处左右两块平衡金属块,卸下DMS的铝合金前挡板,再移除铝合金盖板,可以看到46个探测器模块依次排列(见图2-2-14)。将DMS转到12点钟位置并固定,通过模块金属底座上的序号,找到故障的DMS Module。

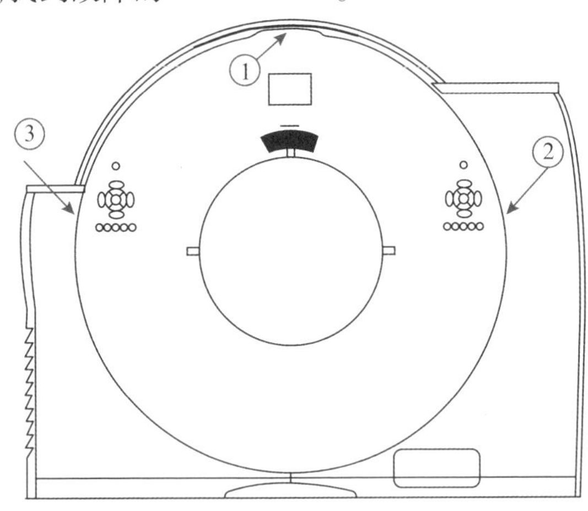

图2-2-13 机架隐藏螺丝位置

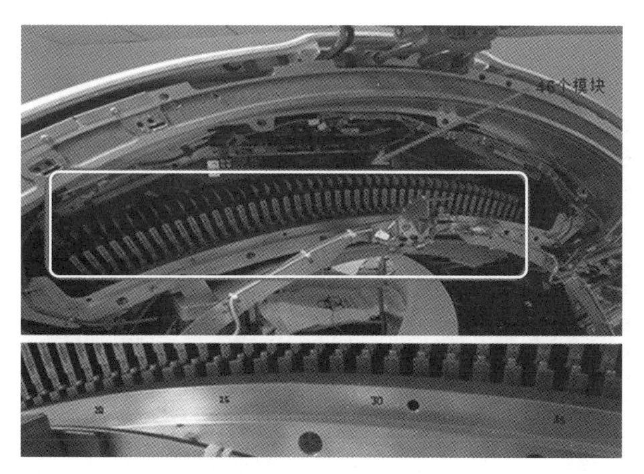

图 2-2-14　探测器模块示意

每个探测器模块由数据排线与电源线连接，并通过探测器模块两边两颗螺丝固定在机架上面（见图 2-2-15）。拆除 Module 上的数据排线和电源线，拆掉模块两侧的螺丝（靠近检查床侧的螺丝在上侧，另外一颗在环形检查圈中间往上），抓住金属部分将模块拉出。将新模块插入并固定到对应的模块位置上后拧紧固定螺丝，用力矩扳手将左右两边的梅花螺丝均拧到 3.7Nm，连接板子上的数据排线和电源接头，最后装上铝合金盖子及其前挡板，装好两块金属配重板，金属配重板的紧固螺丝需要紧固到 80Nm。移除安全插栓，用手顺时针旋转机架，检查是否有异响。如果正常，复位机架前盖。关上总继电器，关上 PDC 柜上的继电器（F2、F3、F5、F6 继电器先逆时针拨至 0，再顺时针拨至 1，F11 向上推闭合），待系统自动进入 stand by 状态。

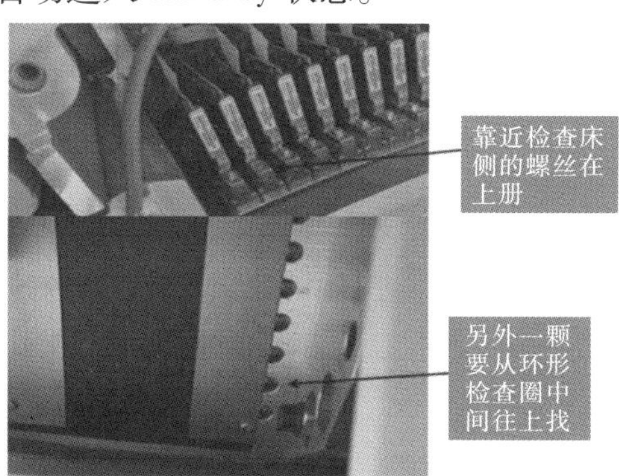

图 2-2-15　探测器模块的连接线及固定螺丝位置

重新进入维修模式“Local Service”→“Tune Up”→“FRU replace”，机器会自动检测出被更换的硬件并替换修正参数，将所有的选项勾选后按“go”，自动完成该功能，其间只需要按机器提示操作即可，具体的参数选择界面见图 2-2-16。

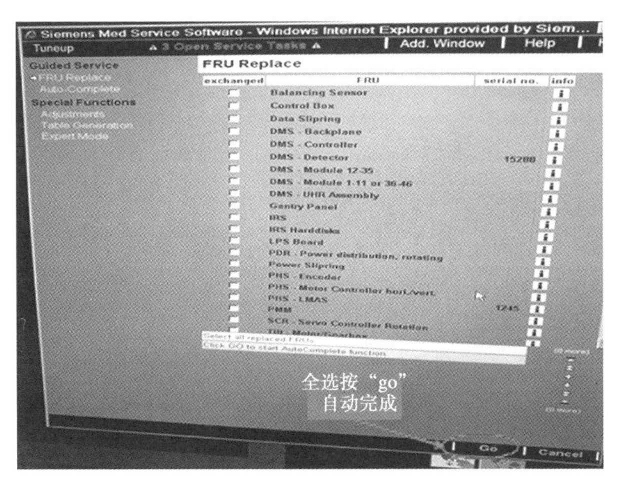

图 2-2-16　参数选择界面

【价值体现】

“Module”常见故障现象有两种，一种是做开机检查失败，另一种是出现环状伪影。对于保修用户，如果故障模块在探测器中心区域，尤其是有瑕疵的“Module”在中心区域（18～29）位置，为了确保图像质量最优，把现存的完好的“Module”移到中心区域原故障“Module”被移除的位置，将新的“Module”安装在中心的12个位置之外（越靠两侧越好，这样可以使探测器中心位置性状相似图像质量更佳）。

对于没有买保修的用户，遇到环形伪影故障，可以把有“warning”报错或测试性能偏差较大的“Module”转移到2号位置或45号和46号位置（左边1号位置一般作为自检参考“Module”，因此要注意避开它）。将较差性能的“Module”移到两侧，基本可以消除伪影影响，而无需更换Module，部分过热报警在移动到46号位置时能正常稳定工作，节省维修费。

【维修心得】

对于高端的CT探测器基本模块化减少维修成本，尤其对于探测器模块故障引起的环形伪影，如果不能通过设备本身系统参数校准消除伪影，则可以通过上述处理把故障的模块边缘化。故障引起伪影的探测器模块越靠近中间，其环形伪影圆圈越小，反之，边缘化后伪影圆圈最大化，离开病人成像区域，也就不会对工作产生任何影响。

（案例提供　温州市中心医院　陈庆双）

2.2.4 飞利浦 Bralliance16Slice 无法扫描报错“resources allocation for scan failed”

设备名称	CT	品牌	飞利浦	型号	Bralliance16Slice
故障现象	CT 程序可以打开,但是无法扫描,报错“resources allocation for scan failed”。设备计算机界面见图 2 -2 -17。				

图 2 -2 -17　设备计算机界面示意

【故障分析】

按下扫描键,报错“resources allocation for scan failed”(见图 2 -2 -18),提示资源分配错误,初步判断为存储保存问题。切换到重建柜计算机界面,打开我的电脑,发现 F 盘消失,退回我的电脑,按管理界面,进入磁盘管理,发现 Disk3 已经“Unallocated”,其他存储盘(Disk1、Disk3、Disk4)状态正常,还另外显示一个“Missing”状态未知盘。考虑故障大概率出在五个磁盘之中。

【故障排除】

扫描程序可以进入,排除了系统盘故障。通过逐个排除法对四个存储盘进行检查,将存储盘置换到其他普通电脑上进行读取,发现重建柜存储盘 sata2 接口位置的硬盘无法读取,其余可以正常读取,因此,判断该硬盘已经损坏(见图 2 -2 -18)。

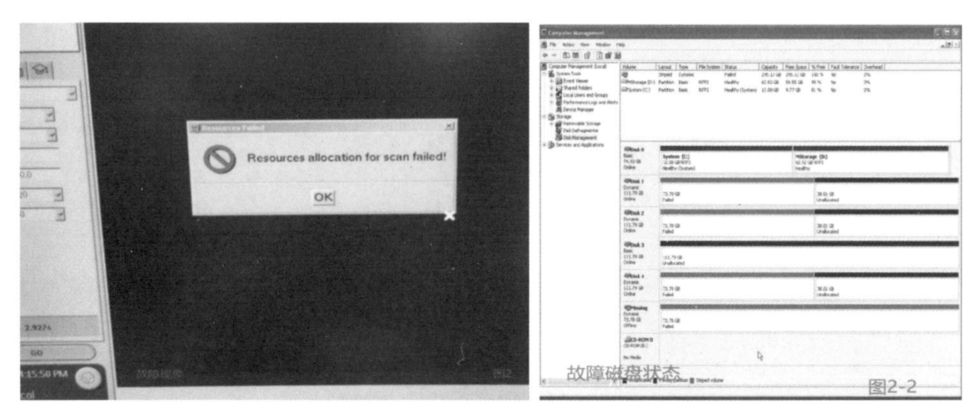

图 2-2-18　磁盘故障示意

【解决方案】

咨询厂家工程师后了解，飞利浦 16 排该系列重建柜（见图 2-2-19）存储盘是由四个硬盘组成一个阵列（见图 2-2-20），属于 RAID0 类型，该种阵列需要四个磁盘互相备份存储，从多个磁盘上同时读取数据，因此，需要选择同转速同容量的 sata 接口的硬盘，考虑到稳定性，以及读取效率，选择跟 CT 服务基站一样的磁盘，即希捷 Barracuda 系列的 12 代，160GB，7200 转速，串行接口。（见图 2-2-21 和图 2-2-22）

接上新买来的硬盘后，按以下步骤进行安装操作。

（1）取消原来的磁盘阵列，进入管理界面，先把“Missing”磁盘删除，再把另外三个组成的“mstorage”虚拟盘删除卷。磁盘下面均显示“Unallocated”即表示该步骤已经成功。

图 2-2-19　重建柜计算机示意

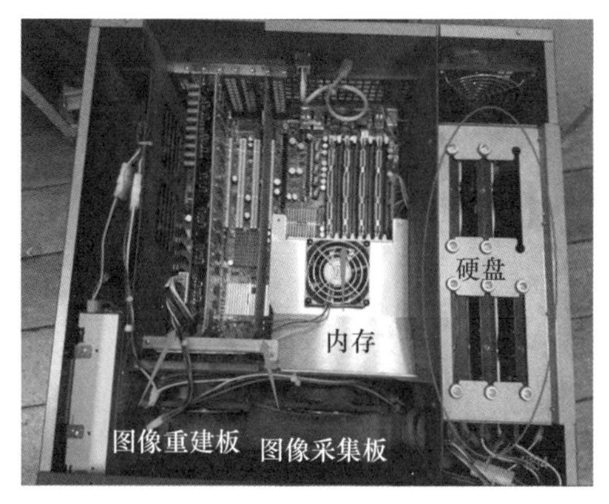

图 2-2-20　计算机硬盘位置示意

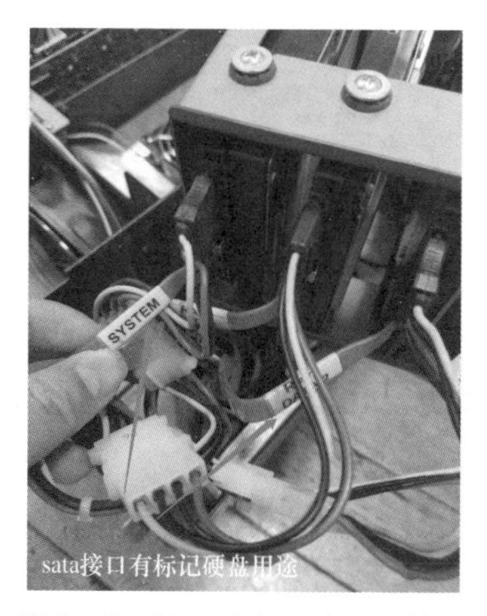

图 2-2-21 硬盘及其 sata 接口示意

图 2-2-22 拆除下来的故障硬盘

(2)点击“CIRS installation”进行 CIRS 的重新安装,重新进行磁盘阵列,完成后,进行磁盘测试程序,点击“disk test procedure”,查看 F 盘下面有没有名为 Rawdata 的文件夹,若无,则自己创建一个。

(3)选择“service”,在里面找到“CIRS Supervisor Service”,打开以后把“startup type”改成“Automatic.”,下面的“service status”改成“start”,再“apply”,“OK”。

(4)接下来切换到 CT 扫描程序的电脑应用界面,进入“Philips_Service”界面,点“O Level_ Service”,选择“Create Test Raw Data Set”,然后退出后查看 F 盘 Rawdata 文件里面是否有一个 400. 开头的文件。若有,则表示已经安装成功。(修复后的磁盘阵列状态示意见图 2-2-23)

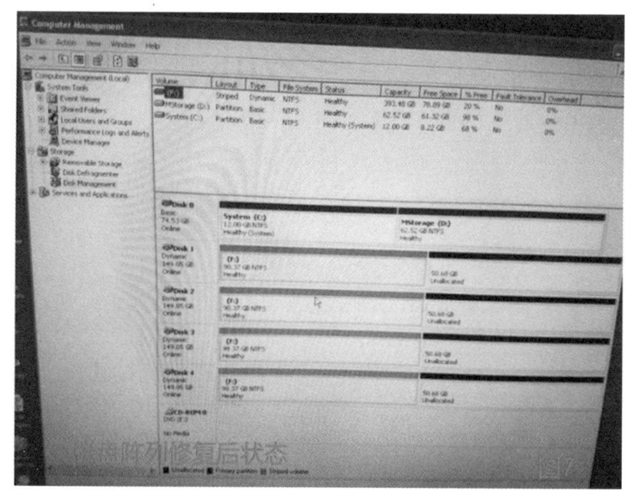

图 2-2-23 修复后的磁盘阵列状态

安装完毕，CT 即可正常扫描。

【价值体现】

节约了维修配件费 2 万元和服务费 5000 元，缩短停机时间 3 天。

【维修心得】

医院工程师不能认为大型设备只能通过厂家工程师来维修，要树立起维修信心。一些系统故障只是 sata 连接线故障、硬盘供电线故障、硬盘供电电源故障和硬盘本身故障等普通电脑故障，只要多与厂家工程师沟通，找到问题根源，就可以自行解决。

（案例提供　宁波市医疗中心李惠利医院　陈兵宇）

2.2.5 西门子 SOMATOM EMOTION 滑环故障，滑盘火花

设备名称	16 排螺旋 CT	品牌	西门子	型号	SOMATOM EMOTION
故障现象	滑环打火。				

【故障分析】

CT 滑环故障的指向性非常明确，滑盘处有时可见明显的火花，拆下机壳后此类故障现象肉眼清晰可见。手动打磨维修存在打磨难度大、打磨不均匀、维修后碳刷容易出现异常磨损等困难（见图 2-2-24）。滑环故障维修难度较大。

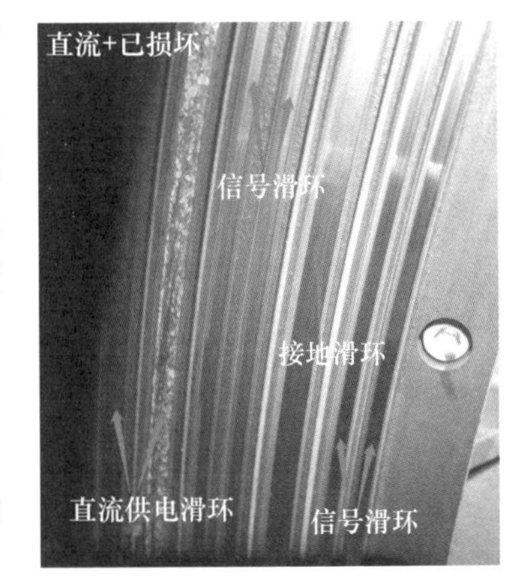

图 2-2-24　受损滑环

【故障排除】

将磨制油石装入碳刷组，对滑环进行自动打磨。

【解决方案】

磨制一块与故障滑环对应的碳刷等大小的油石，用精心磨制好的油石替代碳刷组(6 片碳刷)中的一片碳刷，利用限位弹簧控制油石与坑洼铜盘接触打磨厚度，利用游标卡尺将打磨厚度精确控制在 12 个丝(0.24mm)。开机测试机器受馈电是否正常。待开机后设备测试正常。机器运转时油石自动打磨滑环，通过油石限位装置将打磨厚度控制在 0.24mm，修复过程中的滑环见图2－2－25。在不影响病人检查的前提下约用一个星期时间自动修复故障滑环，修复后的滑环光亮平滑如新(见图 2－2－26)。

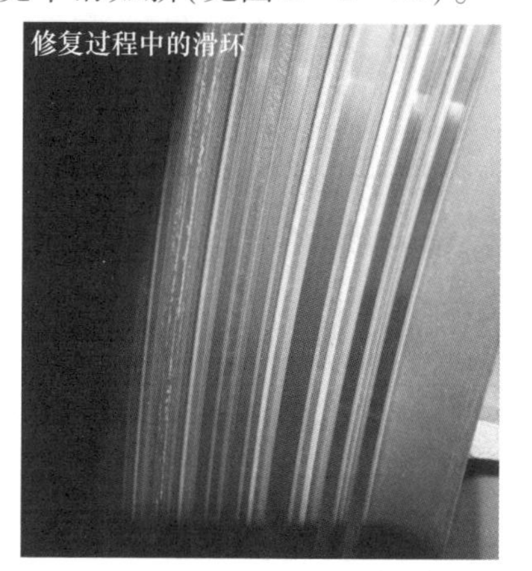

图 2－2－25　修复过程中的滑环

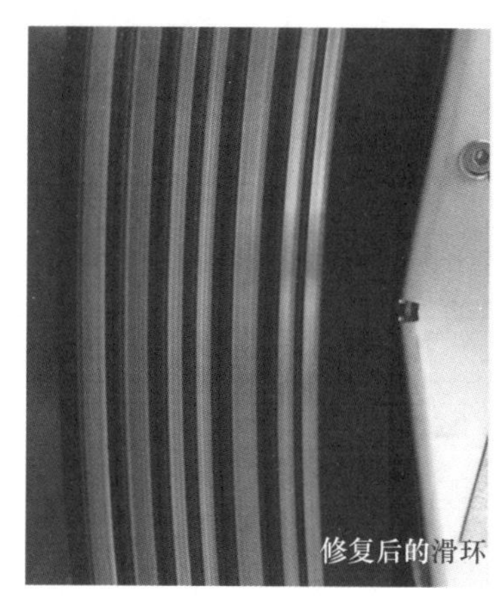

图 2－2－26　修复后的滑环

需要特别说明的是，选取的油石必须具有与碳刷接近的导电性能。如果油石不具备导电性能，则将其装入替代碳刷后，滑环中的一道不能正常送电，使机架不能正常进入“stand by”状态。另外，需要强调的是，利用油石替代碳刷具有一定风险，主要是机架自动旋转打磨过程中会产生大量碎屑，当这些碎屑触碰到其他滑环道时，可能会引起第二次滑环打火。若采用此种维修方案修复滑环故障，则需要控制好打磨厚度并在打磨过程中及时使用吸尘器清理碎屑。

【价值体现】

针对铜盘凹坑不超过基层 2/3 的 CT 滑环故障，我们提出了一套维修新途径，实现了不停机修复滑环故障，节省了近 8 万元维修费用。

【维修心得】

本案例通过创新思维，在了解设备原理的前提下，通过自制维修工具，在不停机的情况下修复了 CT 滑环故障，为今后类似故障维修开辟了一条新的途径。希望本案例能为同行解决 CT 滑环故障提供经验。

（案例提供　浙江省台州医院　范明利、陈仁更）

2.3　DR 故障维修案例

2.3.1　飞利浦 Digital Diagnost 束光器照射野指示灯不亮

设备名称	DR	品牌	飞利浦	型号	Digital Diagnost
故障现象	束光器(collimator)照射野指示灯不亮，但可以正常曝光。				

【故障分析】

DR 束光器照射野指示灯不亮。查看激光定位灯及照射野指示灯的灯泡均正常。

束光器原理：整个束光器包含了 LA 控制板、四个遮光叶片及驱动马达、激光定位灯、标尺、散热风扇等部件。其中，照射野指示灯的电源由电源板(UAN1)提供的，电压为 12V，照射野指示灯的延时控制功能集成在 LA2 板上(束光器电路见图 2－3－1，UAN1 电源示意见图 2－3－2)。

【故障排除】

查看束光器 LA2 控制板上指示灯，发现 H11 红灯闪烁，由于 Digital Diagnost 系列 DR 各子系统之间采用 Mini System Bus 总线控制方式，因此怀疑是 LA2 控制板故障导致通信报错。但更换 LA2 控制板后，重启开机，故障依旧，照射野指示灯仍然不亮。排除了 LA2 控制板引起的故障。

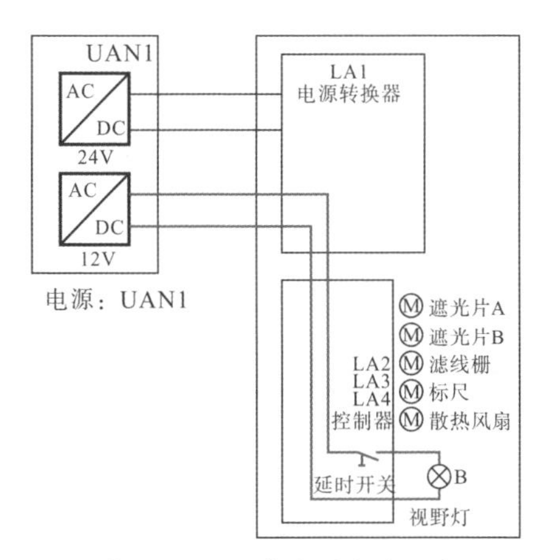

图 2－3－1　束光器电路示意

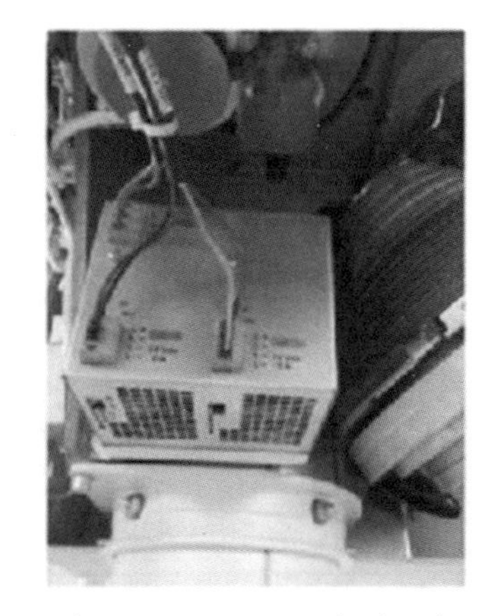

图 2－3－2　UAN1 电源示意

检查灯泡供电的 UAN1 电源板。当未开启照射野指示灯时，测量 LA1 电路板（见图 2－3－3）上的 X4.1 和 X4.3 的供电电压，为 12V，当开启照射野指示灯后再次测量，X4.1 和 X4.3 两端的电压直接下降到 2.8V，约 15 秒之后，其两端的电压又恢复到 12V，故判断 UAN1 电源板发生故障。

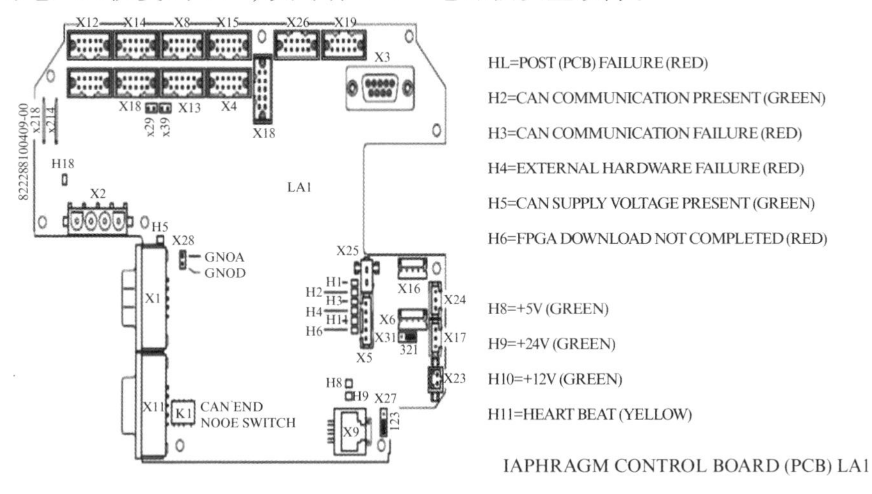

图 2－3－3　LA1 电路示意

【解决方案】

更换 UAN1 电源板，照射野指示灯正常点亮，DR 恢复正常。

引起束光器照射野指示灯不亮的常见原因还有：①跟踪（tracking）电机的链条刮破 UAN1 电源板电源线。②束光器的灯泡质量差。

【价值体现】

“照射野指示灯不亮”是飞利浦 DR 机的常见故障,引起该故障的原因很多。这次维修过程中,我们利用积累的维修经验和维修技巧,又快又准地锁定了故障根源,高效高质地完成了维修任务。

本维修案例中的电源故障,一般的处理方法是联系厂家维修,厂家的人工费用在1万元左右,且还需电源配件费2万元。现在,我们自己找出了故障,联系的第三方维修公司报价在1万元以下,共节省2万元的维修费用。

【维修心得】

对于临床医工人员来说,掌握一定的设备理论知识,具备一定的排除故障能力,充分利用生产商提供的操作维修手册,加强设备的日常维护与管理,对提高设备的完好率和使用率,以及确保设备的安全性和有效性具有重要意义。

(案例提供　中国科学院大学宁波华美医院　胡海勇)

2.3.2 飞利浦 Digital Diagnost 曝光指示灯无法亮起,球管面板显示系统无法启动

设备名称	DR	品牌	飞利浦	型号	Digital Diagnost
故障现象	设备不能曝光,且曝光指示灯不亮,球管面板上显示“system has not startup, power again or call service”(系统无法启动,重启或呼叫服务)。				

【故障分析】

针对系统无法启动,先进入控制台主机的服务界面,检查“CAN monitor”界面,查看整个系统中通信是否正常。结果发现只有一个“CAN(RADDIBU)”的通信正常,其他都无法通信(CAN 通信见图2-3-4)。

【故障排除】

(1)经检查,发现高压发生器指示灯正常,继电器 K1 可吸合。打开床底盖板,发现胸片架控制板(bucky controller)上 H2 黄灯常亮,怀疑高压发生器后端

的 CAN 通信故障。

（2）打开整个床体的面板，在底部发现了新鲜老鼠粪便，初步检查电缆，没有发现其被老鼠啃咬过的痕迹。使用万用表分别测量工作站到高压发生器、高压发生器到胸片架控制板之间 CAN 总线的通断，没有发现短路或断路的情况。分析后认为故障点可能在高压发生器和胸片架控制板之间，也可能在胸片架控制板和 SI 主板之间。一般胸片架控制板故障较多，因此从胸片架控制板开始检查。

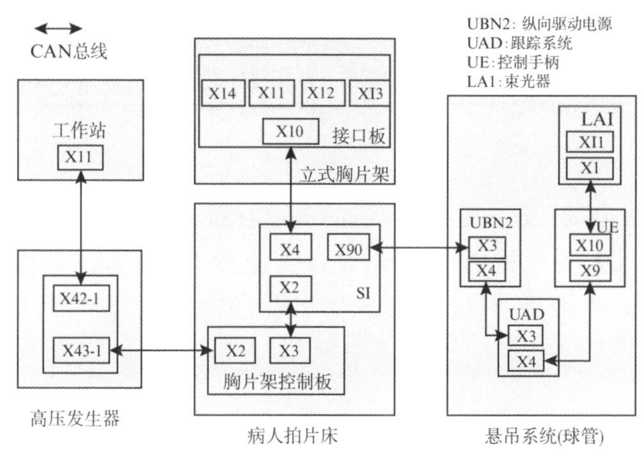

图 2-3-4 CAN 通信

（3）测量胸片架控制板 X3 的第 9 脚，电压为 13.46V，正常。排除胸片架控制板故障（图 2-3-5 为胸片架控制板示意）。

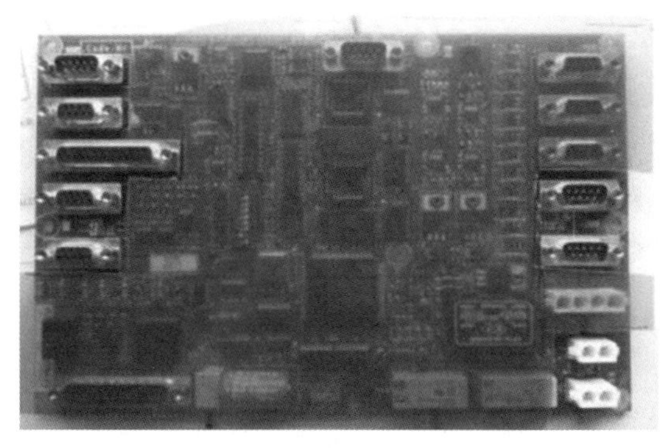

图 2-3-5 胸片架控制板示意

（4）再次检查高压发生器，测量在背板上的 X44（function programming plug，函数编程插头）二极管及短接情况，正常。测量 X45（高压发生器 CAN 终端，generator CAN termination）上 CAN 终端电阻为 130Ω，正常。

（5）检查胸片架控制板下端的 SI 主板。将 SI 主板上的 X4 和 X90 分别断开,重启设备后,故障现象依旧。断开胸片架控制板上 X3,重启设备,故障依旧。怀疑原因为 SI 主板故障,替换 SI 主板后,故障依旧,没有发现故障点。

(6)鉴于机房里有老鼠出没,根据以往经验,此现象类似 CAN 通信短路,再次检查线路,发现高压发生器到胸片架控制板的 CAN 总线一隐蔽处的绝缘层被老鼠咬破。

【解决方案】

发现 CAN 总线的 CAN_L 线路与地线短路,用绝缘胶带把电缆线缠好。重新整理线缆,开机发现胸片架控制板上 H2 灯闪烁,调试设备后可正常曝光。

【价值体现】

"系统无法启动"是飞利浦 DR 机的常见故障,引起该故障的原因很多。本维修案例如果由厂家工程师来完成,预计需花费 2 万元左右的维修费用,且维修时间较长。这次维修中我们充分利用积累的维修经验和维修技巧,又快又准地锁定了故障点并予以解决,很好地体现了医院工程师的价值。

【维修心得】

这次故障由鼠患引起。医院后勤部门要加强环境管理,大型医疗设备机房应根据实际情况,考虑一定的防鼠措施,防止老鼠侵入。

(案例提供　中国科学院大学宁波华美医院　胡海勇)

2.3.3　飞利浦 Digital Diagnost 胸片架曝光故障,球管面板显示"trans not locked"

设备名称	DR	品牌	飞利浦	型号	Digital Diagnost
故障现象	机器使用胸片架拍片时,经常无法曝光。球管面板上的"SYSTEM"指示灯没有显示,按下球管面板上面的"TEST"键,面板提示"trans not locked"。				

【故障分析】

根据面板提示,判断故障应该发生在横向导轨锁止(catch)部位。检查横向导轨上的锁止开关 S1 ~ S6,发现均正常工作。推断故障可能发生在信号的传输线路上(锁止开关线路见图2－3－6,锁止开关实物示意见图2－3－7)。

+24V
XI: 02
S3
XI: 03
S4
XI: 04
S5
Diver
XI: 05
UAE
Catch
S6
XI: 06
S2
XI: 07
S1
CachX
Diver：驱动模块
UAE:横向托架感应锁止总成
UAE:Sensing catch assembly
transversal carrige

图2－3－6　锁止开关S1～S6线路

图2－3－7　锁止开关

【故障排除】

(1)拔下"CtrolHandle"的X1线缆插头,测量插头X1到锁止开关S1～S6之间的通路,均正常,初步排除了线路的问题。

(2)经过多次试验,发现当球管跟踪胸片架到离地面110～120cm时,常出现"SYSTEM"指示灯没有显示,系统无法曝光的现象。且这个现象仅出现在从上往下运动时,从下往上运动时没有发生。

(3)在球管运动的状态下,再重新测量插头X1到锁止开关S1～S6的通路,发现球管从上往下运动时,S3 信号线有断路现象。因此可以断定,故障的根源就在从 CtrolHandleX1 到锁止开关 S3 信号线。

(4)观察球管上面的蛇皮管弯折处外皮有磨破痕迹,断定由于长期频繁上下移动球管,造成蛇皮管内信号线出现断裂现象。

【解决方案】

从蛇皮管里找出断线,将信号线重新连接后用焊锡加固,再使用绝缘胶带缠绕并恢复原样,故障彻底解决。

【价值体现】

“trans not locked”是飞利浦 DR 机的常见故障,引起该故障的原因很多。如果本维修案例由厂家工程师来完成,预计需花费 2.5 万元左右的维修费用,且维修时间较长。这次维修中我们充分利用积累的维修经验和维修技巧,又快又准地锁定了故障点并予以解决,很好地体现了医院工程师的价值。

【维修心得】

对于临床医工人员来说,掌握一定的设备理论知识,具备一定的排除故障能力,充分利用生产商提供的操作维修手册,加强设备的日常维护与管理,对提高设备的完好率和使用率,以及确保设备的安全性和有效性具有重要意义。

(案例提供　中国科学院大学宁波华美医院　胡海勇)

2.3.4 赛德科 SM－50HF－B－D－C 轮柱松动,旋转轴承破损

设备名称	移动 DR	品牌	赛德科	型号	SM－50HF－B－D－C
故障现象	床边机移动后,PVC 地板有划痕。设备照片见图 2－3－8。				

【故障分析】

通过观察,发现左前轮晃动,无法自由地进行 360°旋转。检查发现前轮轮柱松动,无法紧密固定。

图 2-3-8　设备照片

【故障排除】

打开设备外壳检查前轮固定柱发现原有的旋转轴承破损,造成前轮晃动,轮子尚好。旋转轴承分别是平面推力滚针轴承和圆锥滚子轴承并使用圆螺母固定。经卡尺测量,平面推力滚针轴承(见图 2-3-9)外径 60mm,内径 40mm,厚度 3mm;圆锥滚子轴承(见图 2-3-10)外径 42mm,内径 20mm,厚度 15mm。根据尺寸,确定平面推力滚针轴承为 AXK4060,圆锥滚子轴承为 32004/P5。圆螺母(见图 2-3-11)测量直径 32mm,需要采购钩形圆螺母扳手 M32(见图 2-3-12)固定。

图 2-3-9　平面推力滚针轴承

图 2-3-10　圆锥滚子轴承

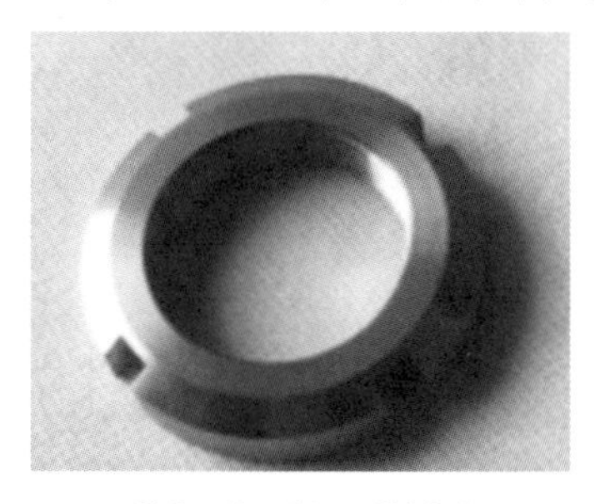

图 2-3-11　圆螺母

图 2-3-12　钩形圆螺母扳手 M32

【解决方案】

原配件和代用配件都是工业级，可以替换使用。更换后移动前轮，运行正常。

【价值体现】

前轮松动故障是赛德科移动DR常见故障故障，厂家常用更换前轮的方法解决，报价约为1.5万元/套。此次维修中我们仔细地观察了设备构造，准确地测量了相关参数，有效地找到了替换品，仅用100多元就完成了此次维修任务，很好地体现了医院工程师的价值。

【维修心得】

在维修中仔细观察、细心拆卸，详细记下复杂的拆卸步骤(可以用手机拍下细节过程)，使安装时有据可查。对于没把握的故障，应多联系厂家工程师，避免造成损失。

（案例提供　玉环市人民医院　林翔坤）

2.3.5 赛德科SM－50HF－B－D－C设备无法曝光及推动

设备名称	移动DR	品牌	赛德科	型号	SM－50HF－B－D－C
故障现象	设备无法曝光并且无法推动，开机提示蓄电池电压低。设备照片见图2－3－13。				

【故障分析】

赛德科移动DR靠8块蓄电池提供推动助力，30块蓄电池提供曝光电力。开机提示蓄电池电压低以及相关的故障现象，设备无法曝光且无法推动，可能是电源输入故障、蓄电池老化无法蓄电以及充放电控制板故障等导致。

图2－3－13　设备照片

【故障排除】

根据故障分析的几种可能,逐次检查排除,步骤如下。

(1)连接电源,观察到充电指示条无指示灯,开机后设备屏幕黑屏。初步判断供电线路不通,断开电源,打开设备外壳,检测电源线及空气开关状态。若是电源插头松动,则需要更换电源插座;若是空气开关故障,则需要更换对应的空气开关。

(2)连接电源,观察到充电指示灯正常。若充电半天后充电指示条显示充满,则开机运行,检查相关功能状况。若再启动设备依旧显示助力电池或曝光电池指示条最低限,故障现象依旧,则需要先断开电源,打开设备外壳,检测设备电池。曝光电池由 30 块 EVH12150f2 12V 15AH(6 - DZM - 12)的铅酸电池组成,助力电池由 8 块 FIAMM 12FGH36 12V 9AH 的铅酸电池组成,2 节电池串联进行充电。测量电压,充电电压 28V,充满电时电压应该为 27.6V,如果断电后电池电压只有 20V,而通电后输入电压有 28V,则判断电池故障。铅酸免维护电池寿命一般 3~5 年,使用 5 年后需要更换,更换电池时,先对设备进行通电再断开电池连接,若断电拔电池容易对设备内部的充电板造成电压冲击并导致瞬态抑制二极管(简称 TVS 管)击穿。

(3)在步骤(2)中若检测到电池无电压,且充电输入电压为 0V,则在通电情况下断开电池连接,查看电池组,检查内部 F10A 保险管情况,若保险管故障则更换保险管。

(4)此次故障在前面步骤中测量到电池组电压正常,但充电电压有问题,检查位于设备前端输入电源空气开关上方的充电电源板(见图 2 - 3 - 14),该电源板是开关电源,四个模块组成,每个模块输出电源 28V,最终输出电压 28V、56V、84V、112V,根据电路板画出电路图(见图 2 - 3 - 15),根据电路图指示,电源输入后经过开关变压器 T1,再经过 MC33341 电源电池充电器监管控制芯片,通过对比输出电压和电流大小来调整。测量输入电压,DC 310V,但输出电压 0V,将 D9 的 TVS 管(SMCJ30A)拆出,测量正反向通断,发现均导通,正常情况下正向导通电压 0.6V,反向不导通。更换 TVS 管后,上机测试输出电压 28V,正常。

至此,故障得以排除。

图 2-3-14　充电板

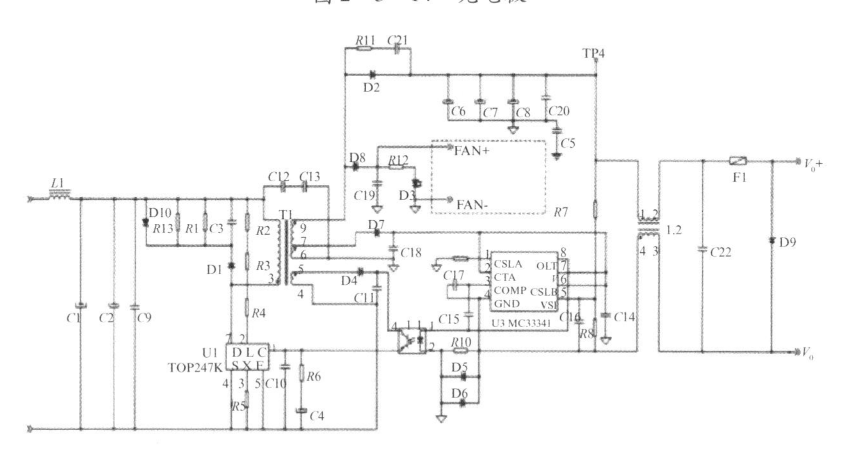

图 2-3-15　充电板电路

【解决方案】

电池原配件和代用配件都是工业级，可以按原有品牌或同规格替换使用，更换设备蓄电功能正常。充放电控制板根据电路图（见图 2-3-15）进行原件替换，维修后使用正常。

【价值体现】

无法蓄电是移动 DR 常见故障，引起故障的原因一般是电池老化或充电板故障,这次维修中,我们合理地利用已有的维修经验和积累的维修技巧,更快更准地锁定了故障根源,高效地满足了临床对设备的使用需求。本维修案例中的故障,一般的处理方法是联系厂家更换电池或充电板,厂家报价曝光电池 3.5 万元,助力电池 1.5 万元,充电板 3 万元。现在我们深入寻找故障,发现只是 TVS 管损坏,而 TVS 管市场价每个仅数元,订购后自己更换,可节省 3 万元的维修费用。曝光电池市场价 200~300 元/个,助力电池 100~200 元/个,自行更换可以节约 2 万~3 万元的维修费用。

【维修心得】

熟悉设备和电路原理,先易后难,在维修中仔细观察细心拆卸,遇到复杂的拆卸时详细记下拆卸的步骤,可以用手机拍下细节过程,使安装时有据可查。

(1)移动 DR 由于采用铅酸电池,因此每次使用后应及时充电,避免电池过度放电。

(2)每次使用后应整理好平板探测电缆线避免缠绕。

(3)设备维护人员加强对电池保养,使用 5 年应及时更换。

(案例提供　玉环市人民医院　林翔坤)

2.3.6　GE Definium 6000 卧位曝光故障,指示灯异常闪烁,系统报错

设备名称	DR	品牌	GE	型号	Definium 6000
故障现象	①卧位无法进行曝光;②卧位的平板探测器连接指示灯不断异常闪烁;③出现“卧位平板故障”报错。				

【故障分析】

根据故障现象和报错信息(见图 2-3-16)初步判断该故障由平板探测器和工作站连接失败所引起。将平板探测器的连接线重新插拔,并检查其他连接处是否正常后,故障仍然存在。进入设备的维修模式,对卧位的平板探测器电源进行测试,发现其电源输出(24V、19V、12V、5V、-5V 等)均为 0,拆开床板找到平板探测器的电源盒(见图 2-3-17),其各种电压输出指示灯均不亮,用万用表测量电源盒的供电,有正常的 110V 电压输入,故确定为电源盒故障。因厂

家报价该电源盒价格较为昂贵(10 万),所以进行自主维修。

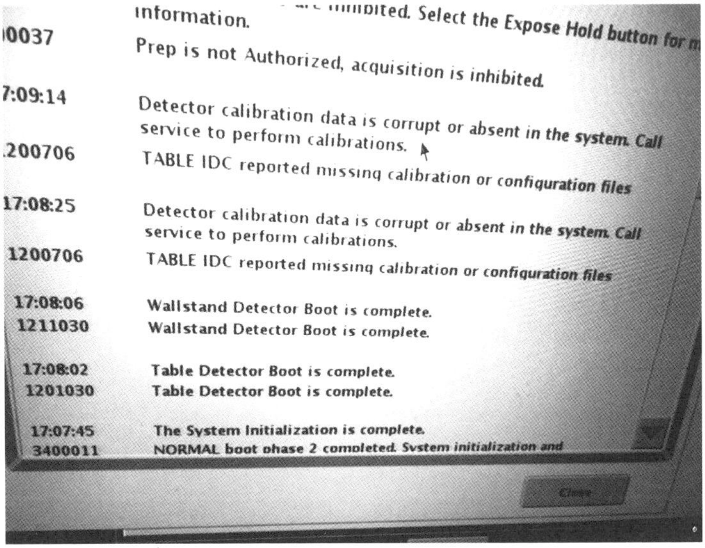

图 2－3－16　设备报错信息

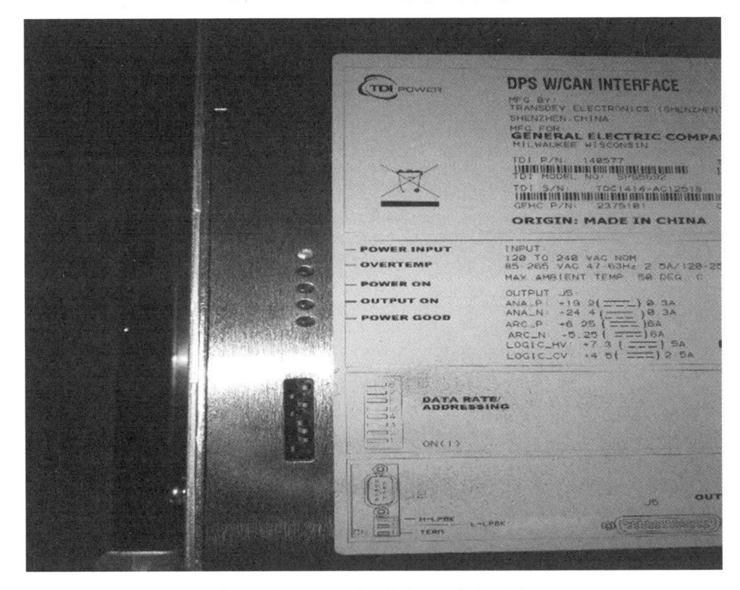

图 2－3－17　电源盒及其指示灯

【故障排除】

因为在设备维修模式中对电源盒的检测结果是几组不同电压均无输出,信号灯均不亮,但输入电压 110V 正常,所以判断故障原因为电源盒电路故障。将电源盒拆开，共有七块电路板组成（见图2-3-18）：一块供电功率转换板，将输入110V电源进行功率转换，输出110V；一块主电路板与其余五块相连，其主要实现110V输入电压的转换，并给其他电路板提供不同的输入电压；一块控制信号输入和信号指示灯板，控制各种电压的输出；四块电压输出板，分别为24V和19V(0.3A)、5V(6A)、7V(5A)、4.5V(2.5A)四组。

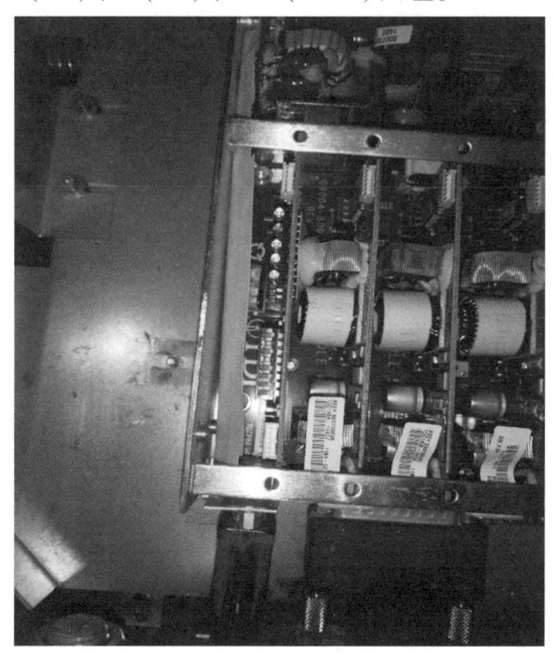

图2-3-18 电源盒内部电路板

用万用表测量功率转换电路板的输出电压，其输出正常，观察到直接连接主电路板的风机在供电正常情况下也不转动，且测量到由主电路板供给各种电压输出板的电压为零，故确定故障点在主电路板上。对主电路板电路进行分析和测量，发现一盒状的保险丝（见图2-3-19）断路，将其更换后，重新接通电源，数秒后，主电路板上一450V，4.7μF的电容和功率转换板上两陶瓷保险丝烧坏。

图2-3-19 盒装保险丝示意

【解决方案】

因为一高压电容和两保险丝同时烧坏，所以初步判断故障原因是电路短路。将所有电路板用酒精擦干净，并去除部分电路的锈渍，更换烧坏的电容和保险丝,重新接入电源,各电压输出正常,指示灯正常工作。在设备的维修模式中对电源进行自检,发现各个电压输出均正常,平板探测器的连接指示灯正常,并可以进行此方位的拍摄,故障排除。

【价值体现】

放射设备的维修虽然比较复杂,但也是有迹可循的,厂家维修价格昂贵,自助维修可以节约大额资金。该型号 DR 较为常用,该例典型故障的维修可为以后类似故障的处理提供经验。

【维修心得】

维修是一个发现问题并解决问题的过程,只有准确分析判断故障原因,精确定位故障点,对症下药,才能高效地排除故障。设备的维修模式可以检测设备的很多状态,对于维修有很大帮助,除此之外,设备上的指示灯点亮情况不同对应不同的故障,对其准确的分析判断有助于故障的排除。

(案例提供　浙江大学医学院附属儿童医院　向思伟)

2.3.7 岛津 MUX－100D 传感器探测报错,连接断开

设备名称	移动 DR	品牌	岛津	型号	MUX－100D
故障现象	开机显示报错"传感器:探测错误(－5101)"。进入系统,提示"所有的传感器都有故障,或连接已被断开。"(见图 2－3－21)。设备照片见图 2－3－20。				

图 2－3－20　设备照片

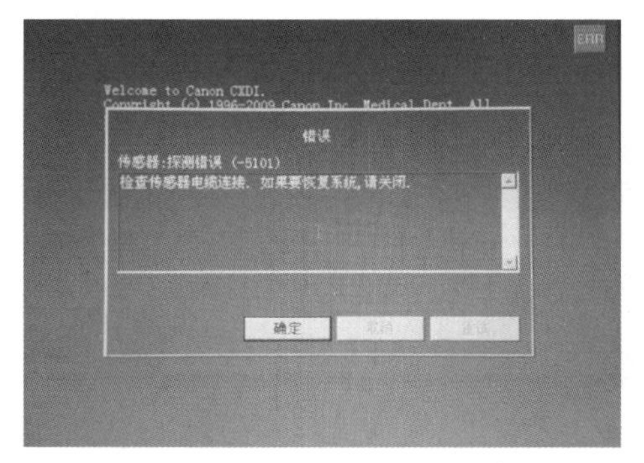

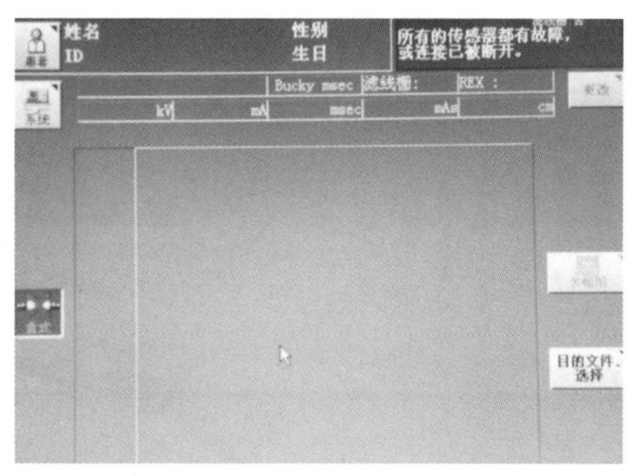

图 2-3-21　故障信息

【故障分析】

移动 DR 的平板探测器通过一根长 4.5 米的连接线与平板电源盒直连,平板电源盒由移动 DR 电池供电,数据端与移动 DR 主机通过一根网线直连。分析造成该故障主要原因是平板探测器与主机连接出错,具体分析可能原因如下:①平板探测器故障;②平板探测器处连接线脱开;③平板探测器平板与电源盒连接长线缆中有断裂;④平板电源盒处连接线脱开;⑤平板电源盒故障(包括电源盒供电故障);⑥主机与平板电源盒之间连接故障;⑦主机故障。

【故障排除】

根据故障分析,连接线脱开的故障概率较高。平板探测器的连接示意见图 2-3-22。根据以往经验,将平板探测器放在固定 DR 上进行拍片,进而通过 DR 拍摄的图像来判断平板探测器上的连接线是否脱开(见图 2-3-23)。经过拍片判定,确为探测器处的通信线接口脱开(见图 2-3-24)。

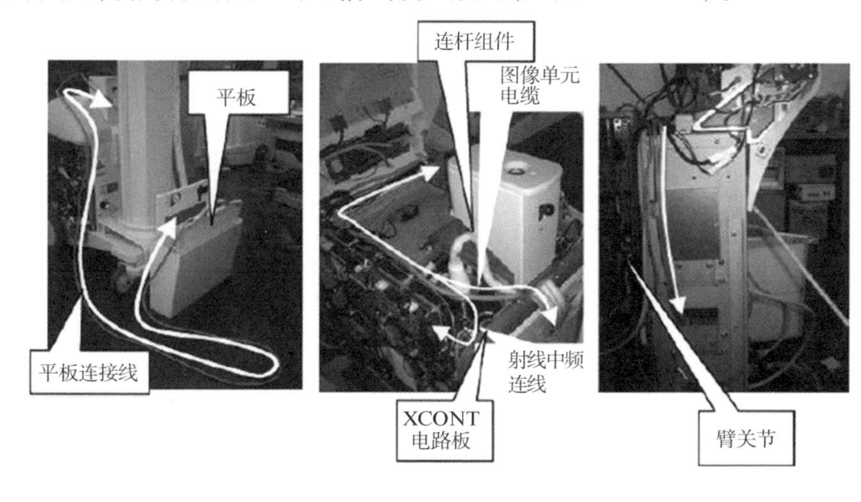

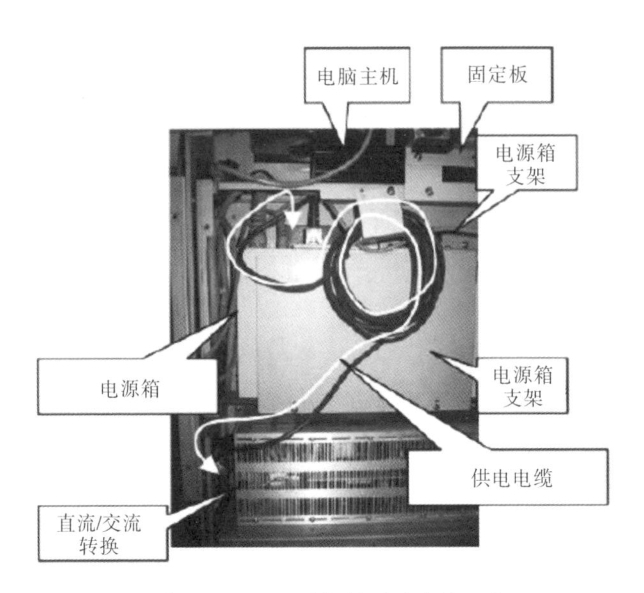

图 2－3－22　平板探测器连接示意

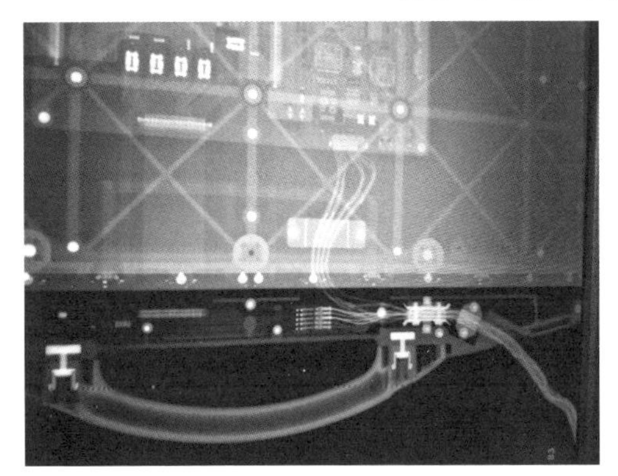

图 2－3－23　DR 拍片故障检测

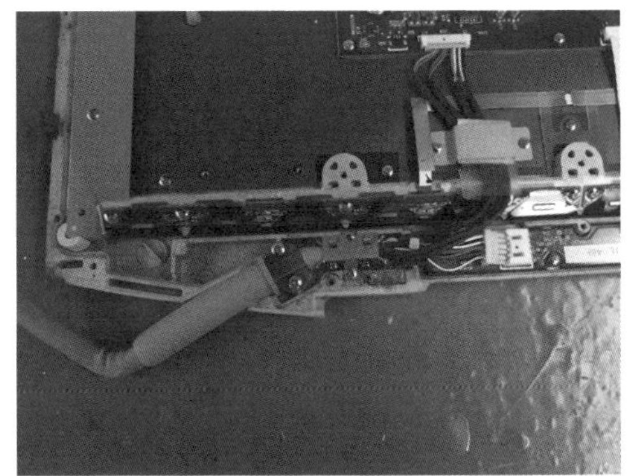

图 2－3－24　实际故障示意

【解决方案】

拆开平板后重新连接数据通信线插口，并且紧固，重新开机后报错消除，故障解除。

【价值体现】

开机报错是岛津移动 DR 的常见故障，引起该故障的原因有很多。此次维修中我们合理地利用已有的维修经验和积累的维修技巧，更快更准地锁定了故障根源，高效地满足了临床对设备的使用需求。本维修案例中的故障，一般的处理方法是联系厂家上门检测维修,一般需要更换连接线,而连接线报价是2万元/根。现在我们深入寻找故障原因,发现只是连接处线脱开,不需要更换配件,节省了几万元的维修费用,大大缩短了设备停机时间。

【维修心得】

医疗设备的维修是个逐渐积累的过程,也是个精细化的过程,维修人员要有耐心、细心、恒心和信心,做个真正的有心人。此次维修不仅提高了自己的业务水平,而且给医院提高经济效益,体现医工的价值。

(案例提供　浙江大学医学院附属邵逸夫医院　郭展瑞)

2.3.8　东软 NEUSTAR X 线高压发生器错误(E601)

设备名称	DR	品牌	东软	型号	NEUSTAR
故障现象	正常开机、曝光,主控显示:请联系服务工程师,X 线高压发生器错误(E601)。(嵌套系列故障,随着故障逐步排除,其后陆续报 E301、E201。)				

【故障分析】

报错提示高压发生器故障。自绘功能模块逻辑(见图2-3-25)因自检阶段就发生了报错,故暂不考虑曝光时才运行的球管本身及高频发生电路部分,重点分析球管相关的旋转阳极、灯丝驱动电路板(简称球管驱动板),得知兄弟单位有同型 DR,联系测试,直接高效确认球管驱动板故障,排查发现功率器件可控硅损坏,更换后确认球管驱动板正常,后续自检显示球管灯丝故障,在择优、寻找排除球管故障过程中,找到现成球管,研究克服两球管差异,顺利实现球管替代,排除所有故障。

【故障排除】

(1)在高压发生器柜球管旋转阳极、球管驱动板上端,排查发现 F2、F3 熔断,更换保险丝,开机重启,自检完成后,主控显示:"请联系服务工程师,X 线高压发生器错误!(E301)",见图2-3-26。

(2)球管驱动板上未发现电阻、电容、排线有明显破损、异常;板上 TP1~

TP9 电压正常，指示灯 V1～V13 无异常（见图 2－3－27）。将球管驱动板带到兄弟医院同型 DR 上测试，同样报 E301；集中精力排查球管驱动板，熔断保险 F2、F3 附近，检测发现可控硅 V34、V35 已经损坏，更换后到兄弟医院同型 DR 上测试，球管驱动板恢复正常。

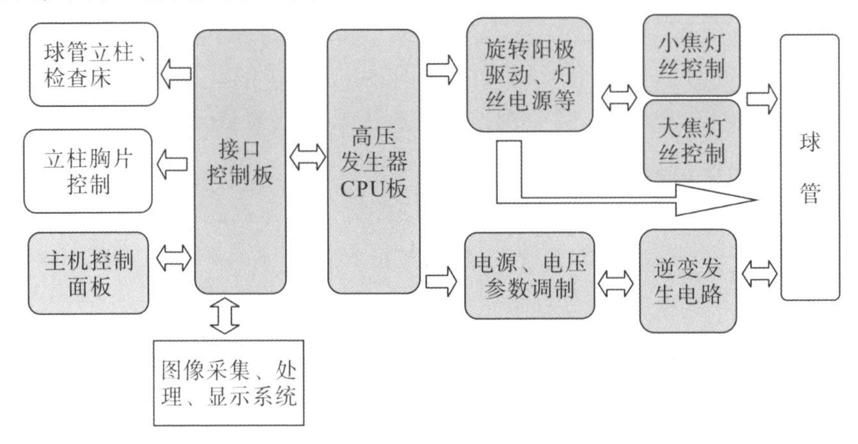

图 2－3－25　自绘 DR 功能示意

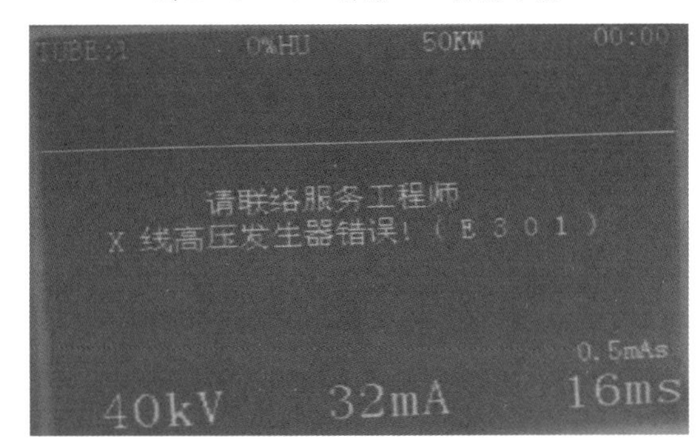

图 2－3－26　更换 F2、F3 保险后主控报错信息

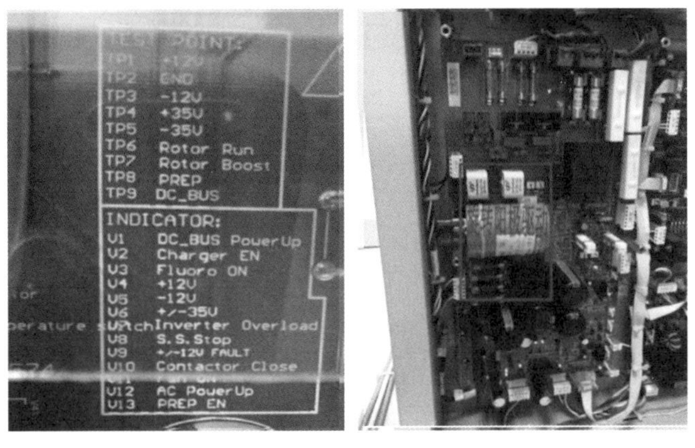

图 2－3－27　球管驱动电路板及指示灯信息

(3)将恢复正常的球管驱动板装回设备,开机启动,主控显示:“请联系服务工程师,焦点不可用!(E201)”,见图2-3-28;进一步继续球管检测,确认灯丝数值异常(确认是否为大小焦灯丝互搭)。

图2-3-28　球管焦点报错E201

(4)球管RO 1750最低价格12万元,对比购买管芯更换、异地购买二手球管、购买替代管芯更换等方式,最后选择在本地寻获闲置同牌SRO 33100。

(5)飞利浦球管RO 1750与SRO 33100对比研究(见图2-3-29),球管硬件并无差异,仅转速不一样。进一步研究发现,转速差异由旋转阳极绕组抽头组合方式不一样导致(见图2-3-30)。

• 安装者请将球管数据记录于此:

球管型号	RO 1750	SRO 33100
小焦点	0.6	0.6
大焦点	1.2	1.2
阳极速度	3000r/min	9000r/min
阳极直径	13mm	90mm
阳极角度	13°	13°
阳极热容量	300kHU (220kJ)	300kHU (220kJ)
最大电压	150kV	150kV
最大连续热耗散	350W(旋转阳极)	450W(旋转阳极)
组件最大热容量	1.25 MHU	1.25 MHU

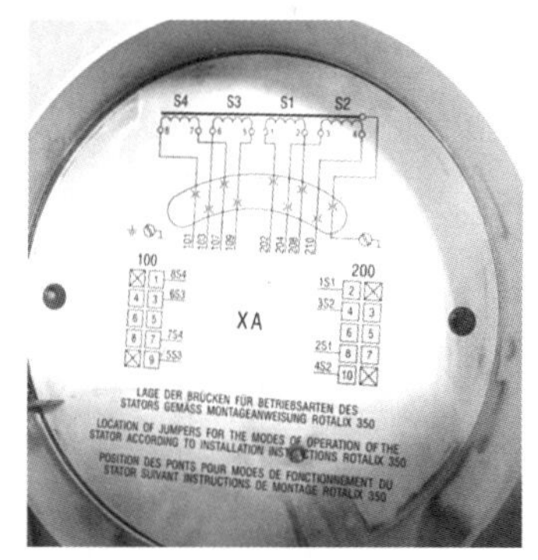

图2-3-29　两款球管参数对比　　图2-3-30　旋转阳极绕组接线组合指示

(6)按照RO 1750绕组连接方式,把SRO 33100装回,开机自检,一切正常,选择曝光,图像清晰呈现(见图2-3-31)。

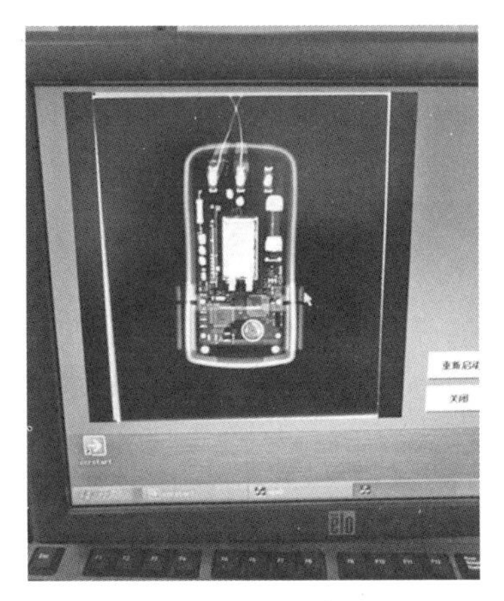

图 2-3-31 DR 正常曝光图像

【解决方案】

逐步排查,逐步推进:系列故障排除过程中,协调到兄弟医院同型 DR 上测试,起到了重要对比提示作用;确认球管故障后,排查对比选择合适方式,最终克服两款球管间差异,核心部件顺利替代成功。

【价值体现】

在没有厂商支持、没有资料图纸情况下,不断研究,以最有效方式、极低成本排除或解决中型放射影像装备的重要功能部件、核心件故障。

【维修心得】

(1)这是一例中型放射影像装备高频 DR 核心功能高压发生相关电路系列故障,无厂商技术支持,无资料图纸,困难很大。工程师现场维修,不仅是对技术的考验,而且是对意志、心态的考验。

(2)整个维修过程中,得到台州医工同行的鼓励与帮助,比如协调到兄弟医院测试,进行球管参数的确定、方案的选择等,效果良好。这种医工协同、互助的形式应该得到鼓励和提倡。

(3)经历一次非常有难度、有技术含量的维修历练,获得成就感,各方面收获将会非常大。

(4)这种回顾性文字、图片的总结,对今后维修工作启发极大,案例分享,互鉴互学,更是另一种经验学习积累方式。

(案例提供　台州市第一人民医院　吴新来)

2.3.9 飞利浦 Optrmus 球管大灯丝频繁烧毁，使用寿命短

设备名称	双板 DR	品牌	飞利浦	型号	optrmus
故障现象	我院购买的两台飞利浦双板 DR，在完成装机并投入使用的 8 个多月间，先后发生了"烧灯丝"的故障，更换的新球管使用寿命也均不超过 9 个月，不到 2 年时间更换了四个球管。				

【故障分析】

厂家的数位工程师先后对两台机器进行了十多次检修，对机器的供电、高压发生器进行检测，均未发现问题，其间对机器的软件也进行了升级，依旧未解决球管灯丝易烧坏的问题。根据厂家工程师检修时的测量数据，分析如下：高压发生器供给球管的管电压及灯丝的加热电流稳定可靠，排除了高压发生器输出不良引发故障的可能，因此，问题的焦点落在了机器的曝光条件上。

（1）数据采集 ：随机抽某一时间段的 20 次投照数据，把投照条件列表并进行分析，结果见表 2－3－1。

（2）以表 2－3－1 中的第 10 次和第 6 次投照为例进行对比分析，在该投照条件下得到灯丝加热电流值。查该球管灯丝发射特性 U_f/I_f 曲线（见图 2－3－32）。根据灯丝发射特性曲线，得出第 10 次投照膝关节（55kV、882mA）拍片时的灯丝加热电流是 6.3A，6 号病人胸片（77kV、829mA）拍片时的灯丝加热电流是 6.03A。用同等毫安的电流拍片，电压值越低，需要灯丝的加热电流越大。

表 2－3－1　20 次随机投照条件统计

序号	部位	电压 /kV	曝光剂量 /mAs	曝光时间 /ms	电流 /mA
1	脊椎	77	11.9	40	297
2	脚	50	0.7	2.8	250
3	手	52	0.9	3.4	264
4	肘关节	55	1.1	3.7	297
5	胸片	81	3.9	4.9	795

续表

序号	部位	电压/kV	曝光剂量/mAs	曝光时间/ms	电流/mA
6	胸片	77	3.9	4.7	829
7	胸片	81	3.9	4.9	795
8	脚侧	52	1.1	1.4	785
9	手腕	52	0.9	3.4	264
10	膝关节	55	1.5	1.7	882
11	脚踝	52	0.9	1.1	818
12	胸片	81	3.9	4.9	795
13	胸片	77	3.9	4.7	829
14	手腕	52	0.9	3.4	264
15	手腕	52	0.9	3.4	264
16	手腕	50	0.7	8.0	875
17	骨盆	77	7.9	9.4	840
18	胸片	81	3.9	4.9	795
19	颈椎	77	11.9	40	297
20	尾椎	77	9.9	11.8	838

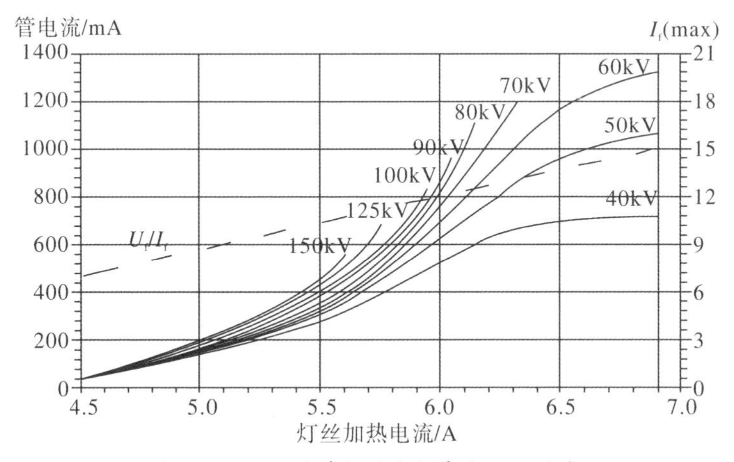

图 2-3-32 球管灯丝发射特性 U_f/I_f 曲线

(3)重新用第10次投照条件进行曝光,用示波器测量得到灯丝加热电流和阳极高压:灯丝加热电流的测量值是6.2A,阳极高压测量值52.8kV。灯丝加热电流的测量值与查灯丝发射特性 U_f/I_f 曲线图得出的数值(6.3A)基本一致。

曝光时的阳极高压测量值与设定值(55kV)基本吻合。

(4)根据投照数据与机器特性进一步分析:表2-3-1的20次曝光中,使用小于60kV低电压投照的四肢片有10次之多(这是我院以骨科为中心的特点)。这10次曝光的灯丝加热电流也偏高(6.2A),接近于灯丝允许的最大加热电流(6.9A),灯丝在大电流作用下,会过度且不均匀蒸发。该X线机曝光模式有多种,如本机所用的带有自动曝光控制(automatic exposure control,AEC)的电压持续下降负载模式,和用AEC技术的"kV-mAs"模式、"kV-mA-s"模式及"kV-mAs-s"模式等。本案例中第10次曝光的膝关节部位,曝光模式默认为"kV-mAs"模式,这是一个恒定负载双因数模式,在这个模式下电流和时间的比例是固定的,医生只能同比例增加或减少曝光剂量。

(5)在平板X线摄影系统中,一般管电压(kV)数值间接表示X线的质,又称硬度,管电压越高质越硬,穿透能力越强,在低电压时X线穿透力弱,光子与人体的相互作用以光电效应为主,产生的图像对比度好,数字图像后处理系统可以通过对比度增强和显示窗宽、窗位的调整,将信号表现出来,图形的动态范围大,细节更加丰富。因此,在保证X线穿透力的情况下,DR的生产厂家会尽量在应用软件中设置并使用较低的电压值进行摄影;曝光剂量代表着X线的量,为减少运动伪影,在电流和时间的比例配比上,厂家更倾向于使用大电流和短时间进行摄影。

【故障排除】

综上所述,造成屡烧大灯丝的故障原因有:①四肢部位的低电压摄影偏多(医院特色,无法改变的因素);②该类摄影的模式是"kV-mAs"双因数模式,厂家在该模式中设置的电流偏大、时间偏短(用户无分别调节电流和时间比例的权限,建议厂家对此进行修改),两个因素叠加,是造成球管灯丝加热电流过大,引起灯丝过度蒸发、过早损坏的主要原因。

【解决方案】

根据上述分析,与厂家工程师团队充分沟通,由应用专家进入EVA数据库修改应用程序,对易引起该故障的四肢投照部位的默认电压值、电流与时间比例,以及投照模式进行了合理修改,做到了既保证图像质量不受损,又保证灯丝不过度蒸发。例如:第10次曝光(膝关节)由"kV-mAs"二因数模式改为"kV-mA-s"三因数模式,电压由过去的55kV增加到64kV,曝光时间由过去的1.7ms增加到30ms,管电流由过去的882mA降低到178mA,实际测量投照时的灯丝加热电流为5A。经多次摄影实验，更改摄影条件后图像质量依旧上佳，图像层次分明，符合临床的诊断要求。以此为蓝本，修改了曝光程序中的所有低电压、高电流的四肢部位曝光参数，更改参数后的球管连续使用了三年余，未再发生烧灯丝现象，问题得到圆满解决。

【价值体现】

两台机器一年可以节省三个球管的使用费用，价值约50万元，缩短停机时间十余天。

【维修心得】

医用X线装置烧球管灯丝的故障，大都由灯丝加热电流过大引起，但引起该类故障的原因各不相同，要仔细甄别。在维修工作中要尊重但不要拘泥于厂家的原设计，维修工程是机器再次完善的过程，维修工程师要善于不断地发现问题—改进—再发现问题—再改进，不断地完善设备的原硬件和软件设计，使维修工程上升到一个更高的层次。

（案例提供　浙江省杭州市萧山区中医院　于乃群）

2.4　C臂机故障维修案例

2.4.1　飞利浦BV Libra间歇性无显示及伪影

设备名称	C臂拍片机	品牌	PHILIPS	型号	BV Libra
故障现象	使用过程出现间歇性无显示及伪影				

【故障分析】

C 臂机使用过程中图像产生伪影或不显示(如图 2－4－1 所示),主要可能的故障部位有影像增强器、CCD、DFI 图像处理器、大电缆连接线等部分,其中,影像增强器、CCD、DFI 图像处理器等部分相对大电缆部分来说故障率偏低,大电缆线作为连接线缆,在实际使用中暴露于环境中,因此故障率较高。上述部分任何一个地方出现故障,都会直接影响到图像显示质量。

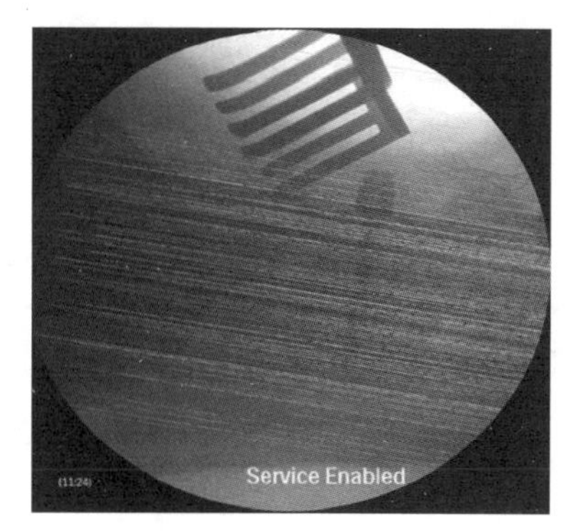

图 2－4－1 图像伪影

【故障排除】

观察后发现连接图像处理部分和 C 臂的大电缆部分外皮有被压痕迹,为了确定故障点我们可以通过下列方法进行测试。

首先把摄像头端的外盖打开,找到 XTV8 的 WK3 板,把板上的跳线 W1 由 2－3(VICA)放到 1－2(TEST)上,把跳线由 W2B(BLOCK)放到 W2A 上(STAIRCASE)(见图 2－4－2)。再把 DFI 前盖打开,把视屏线接头由 DFI 的 X6(XTV)接到 X7(VCR)上,见图 2－4－3。按下“Mobile viewing”控制面板上的键(VCR replay,见图 2－4－4),此时显示器上就会显示条状测试图像。摇动大电缆,显示器上再次重现故障现象

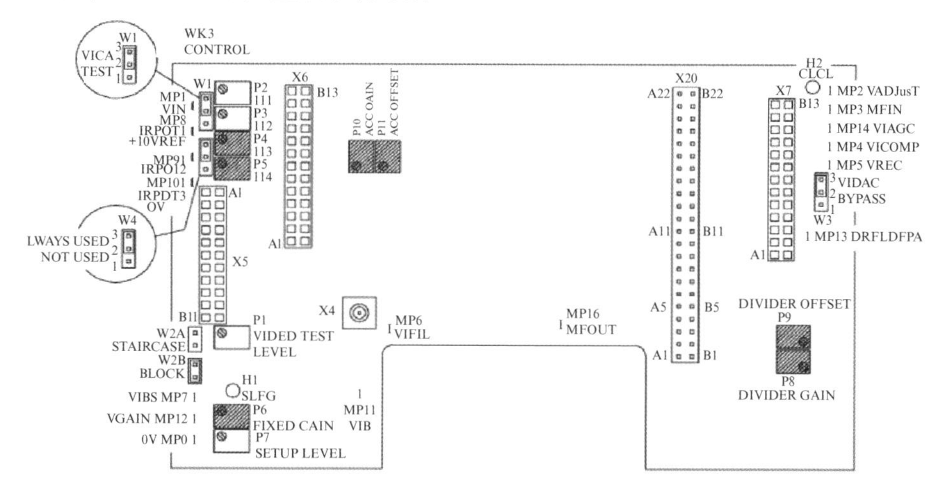

图 2－4－2 WK3 板结构

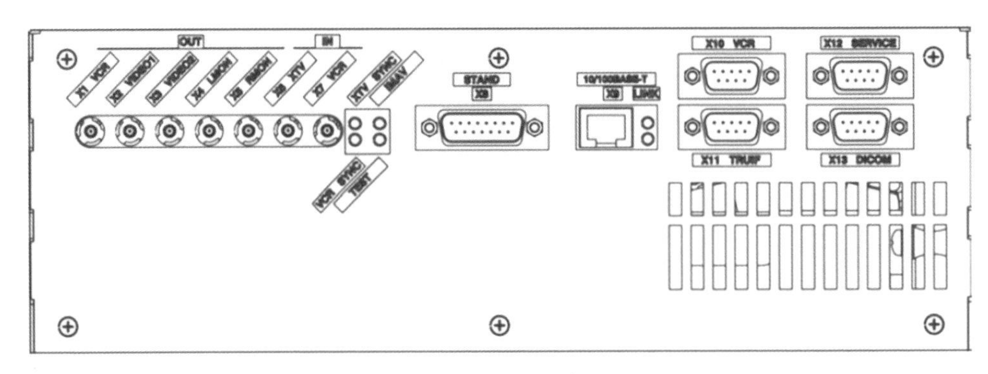

图 2-4-3　DFI 尾部插口

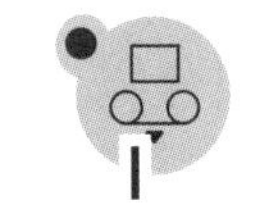

图 2-4-4　VCR replay 示意

【解决方案】

更换大电缆,故障排除。

【价值体现】

由电缆线引起的故障为 C 臂机常见故障,本次维修通过条状测试图像快速排查确定故障点,更换大电缆后排除故障,大大缩短设备的停机时间。

【维修心得】

C 臂机在临床越来越普及,其较为常见故障为电缆线引起的故障,我们认为这与该设备的结构、线缆质量、后期维护密切相关,外表包含绝缘层的电缆线内部很脆弱,在某些恶劣环境中长时间使用、碾压后即会出现上述故障,因此,只有维护与使用相结合,注意各种设备的结构特点,才能将设备故障率控制在合理的范围内。

(案例提供　温州医科大学附属第二医院　戴思舟)

2.4.2 奇目 EXPOCCOP8000C－ARM 曝光灯亮无图像

设备名称	C 臂机	品牌	奇目	型号	EXPOCCOP8000C－ARM
故障现象	无论采用脚踏或者手动曝光的方式，均出现曝光灯亮、但没有图像的现象。故障照片见图 2－4－5。				

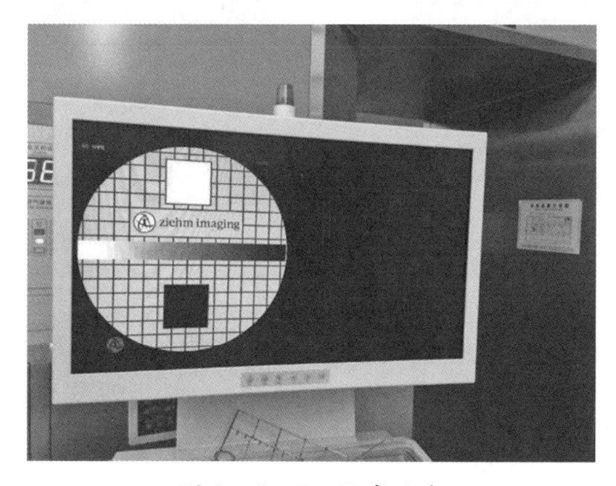

图 2－4－5　故障照片

【故障分析】

C 臂机主要由影像增强器、遮光器、CCD 摄像机、X 线球管、电源及控制部分组成。C 臂机的主要原理是：高压控制部分接收到脚闸开关的激活信号，并将信号供给组合球管高压初级电压和灯丝初级电压，球管产生 X 线，X 线经人体后进入影像增强器，影像增强器把 X 线点亮的荧光屏亮点的亮度提高上千倍并显示在视窗上，CCD 摄像头再把影像增强器视窗上的影像转换成电信号，一路输送到图像处理系统，图像处理系统把处理后的图像显示在监视器上，另一路输送到高压控制部分，用于控制 X 线的剂量，从而使图像始终保持最佳亮度。

【故障排除】

本着“先外后内、先简后难”的原则，结合经验，最有可能造成此类故障的原因是信号传输部分（电缆 P0 线）故障：在日常使用过程中，C 臂机经常被移动,在移动过程中曾多次拆卸电缆,很容易造成电缆P0线连接问题。中间排针脚内缩(见图2-4-6),容易造成接触不良。用万用表测量包括旁两边火线地线零线的通断,发现中间排列B1针脚不通,且C6、C7连线也不通,将其拆开后整个针脚内缩或断裂,可以确定此次故障原因是电缆P0线接触不良造成的传输问题。

图2-4-6 电缆针脚内缩

下面简要介绍此类故障其他部件的检修方法。

(1)电源部分:由于曾将16A插头改为10A插头,或许是某处保险丝熔断引起电压不足或者某处断开引起故障。

处理方法:用万用表测量电源通断,并且测量保险丝有无熔断现象,判断电源部分是否故障。

(2)控制部分:可能因为多次按压手柄曝光按键造成其中微动开关连接铜丝处接触不良,引起曝光时间不充分导致故障。

处理方法:将手曝部分拆开,用万用表测其通断,以判断控制部分是否故障。

(3)球管部分:可能因球管曝光时间过长、次数过多而造成球管损坏,出不了射线。

处理方法:使用射线检测装置,在按下曝光的瞬间检测其射线量,根据故障现象,观察按曝光键时指示灯点亮的清晰程度,结合以上两个现象判断球管是否出现故障。

(4)影像增强器部分:影像增强器需要高压电源(high - voltage power supply,HVPS)供给光电阴极、聚焦电极和阳极等电压才能正常工作,因此,影像增强器的HVPS可能出现小高压问题,使得影像增强器不能将X线转换为可见光而引起的故障。

处理方法:用万用表测量 HVPS 的测试点电压(test point,TP)后与厂家维修手册 TP 范围值对比,确定数值是否在正常范围内,以此判断影像增强器是否正常。

(5)CCD 部分:若 CCD(charge coupled device)摄像头或 CCD 控制部分发生问题,会使得 CCD 摄像机将可见光转换为电信号失败,从而引发故障。

处理方法:将 CCD 拆开后让其暴露在可见光下,并且把机器的电压和电流设置为最低,将球管放在手术床下面,影像增强器在手术床上面,把暴露的 CCD 放置在影像增强器的滤栅上,在操作人员和球管之间放置铅版。在按下曝光键的瞬间,观察影像增强器的输出屏上是否有清晰的影像显示,以此判断 CCD 的故障情况。

【解决方案】

(1)将一端电缆拆开(见图 2-4-7)。

(2)拆开电缆后 B1 金属针脚与塑料卡口脱落,C6、C7 针脚连线断裂(见图 2-4-8)。

图 2-4-7 拆开电缆

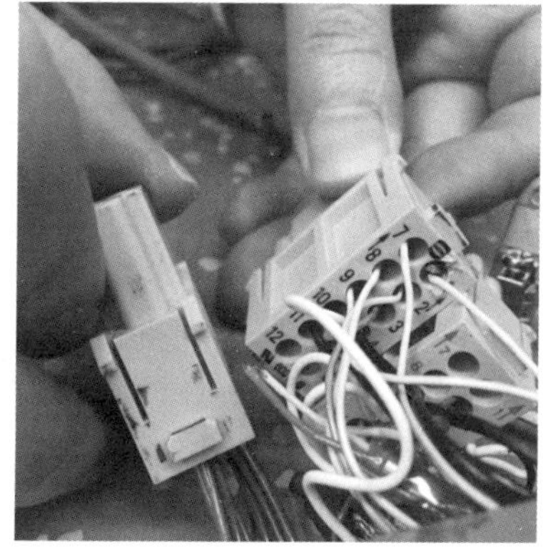

图2-4-8 B1 金属针脚与塑料卡口脱落及 C6、C7 针脚连线断裂示意

(3)向厂家借其电缆的针脚连接图及各个针脚对应的功能部分示意(见图 2-4-9),根据实际情况结合示意,发现其中 B1 号针脚通断检测不通过,将其剪断后重新连接。因为这种针脚卡口和里面基本固定死,想要将残留部分取出只有强行将其用硬物挑出,可是这样挑出后基本不可能再将其放入并重新固定,经过反复思考后,决定用电烙铁直接焊接的方法进行维修,并且图 2-4-8 中黄色和紫色线断裂,根据图 2-4-9 所示分别是 C6 和 C7 号针脚处。用电烙铁和焊锡丝往针孔里面注满焊锡,使得断裂头线可以在焊锡变硬的瞬间插入,

达到固定针孔与针脚连接线的目的。完成以上三个针脚的连接后，再用万用表测量，电缆线全部为通。

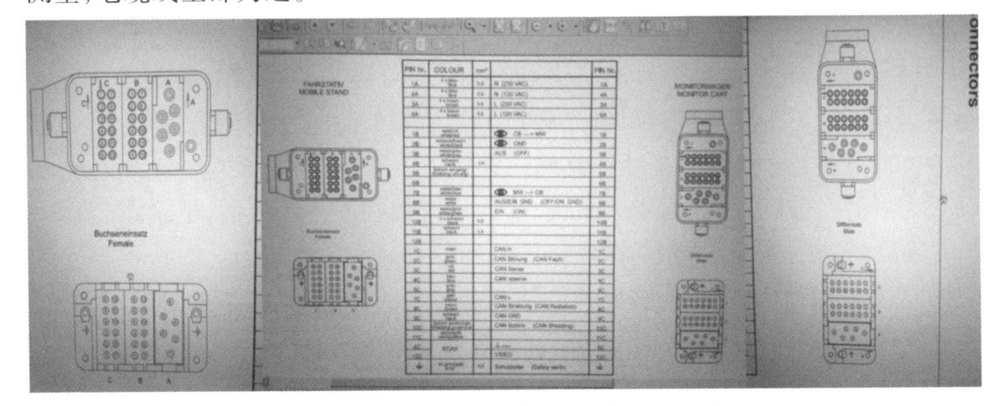

图 2－4－9　各个针脚对应的功能部分示意

（4）将电缆重新连接上机器，再次开机曝光，此时曝光成功，且显示屏不再出现“黑白电视”情况，但是又有新的问题出现：只要一开机，曝光灯就一直保持工作状态（见图 2－4－10）。该曝光灯还起到报警灯的作用，此时发亮并不代表有射线的报警，而是机器自身报警，考虑到报警灯是手术室医护人员规避射线的主要判断依据，存在一定的安全隐患，决定再次维修。

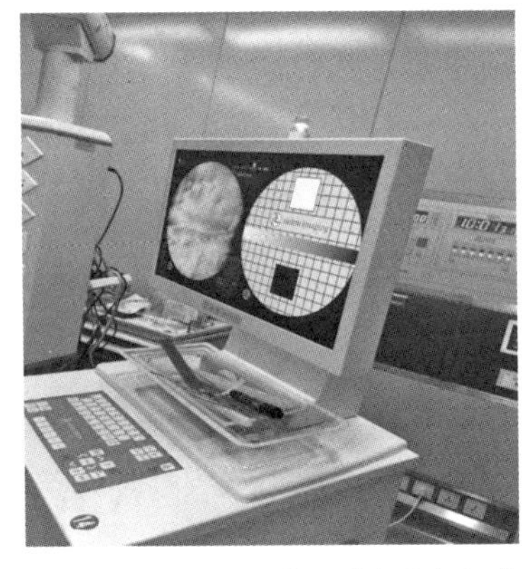

图 2－4－10　二次故障示意（曝光灯常亮）

（5）重新查阅以上电缆连接的维修手册，发现灯亮问题可能还是出在 P0 线上，再次将其拆卸开（见图 2－4－11），发现灯亮多数是 B1、B2、B7 及 C8、C9 针脚的连接问题。而且根据之前维修飞利浦电缆的经验，电缆的针脚仅仅连通是不够的，理论上每根接线在连通的情况下还需要保证其阻值小于 2Ω。于是再用锉刀和砂纸打磨已氧化的针脚、针脚“MALE”和“FEMALE”连接处。

（6）再次将电缆安装好，重新开机检测：开机无误，曝光无误，且在使用过程中曝光灯不持续工作,曝光瞬间曝光灯亮。

(7)该机器使用一切正常且无任何故障问题,多次开关机且使用一段时间后仍无问题,由此可以判定完成维修且维修成功(见图2-4-12)。

图2-4-11 B1、B2、B7和C8、C9针脚示意

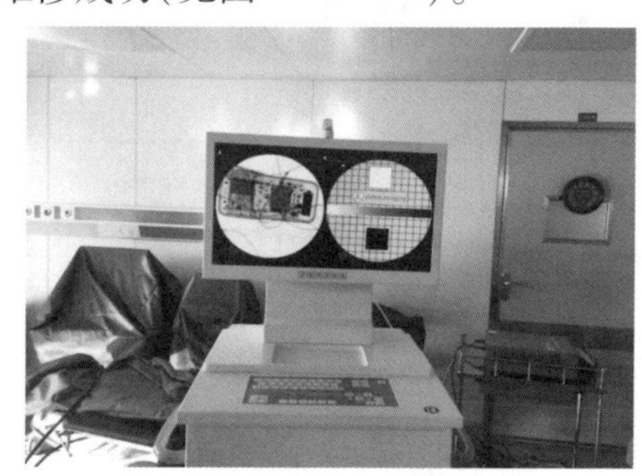

图2-4-12 完修后设备正常运行

【价值体现】

电缆线断裂是C臂机的常见故障,引起该故障的原因很多,主要与临床使用过程中来回搬运机器、不适当插拔有关。这次维修中合理地利用已有的维修经验和积累的维修技巧,更快更准地锁定了故障根源,高效地满足了临床对设备的使用需求。本维修案例中的故障,一般的处理方法是联系厂家更换大电缆,厂家对大电缆报价为3万元/条。现在通过深入寻找故障,发现只是电缆的针脚内缩和磨损严重,通过自主维修,可节省维修费用数万元,并且大大缩短了设备停机时间。

【维修心得】

首先,需要熟练掌握C臂机的工作原理,其次,在维修过程中应该具备"由简入深"的逻辑思维。在具体的维修过程中应参照厂家维修手册,逐步进行排查,在整个过程中需要加强对安全性的考虑。

(案例提供 瑞安市人民医院 吴灵昊)

2.4.3 GE OEC 7900 自动跟踪时间长,曝光图像延迟且不清晰

设备名称	C 臂机	品牌	GE	型号	OEC 7900
故障现象	设备 KV 调节自动跟踪时间过长,踩踏脚踏曝光按钮屏幕闪现 5~6 秒后才出现曝光,且图像明显不清晰。设备照片见图 2-4-13,故障照片见图2-4-14。				

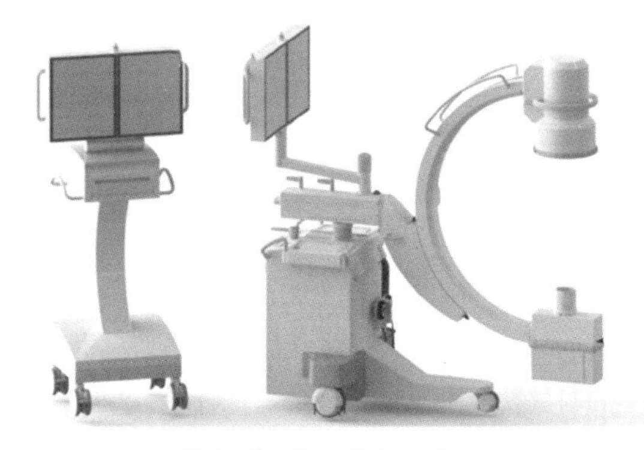

图 2-4-13　设备照片

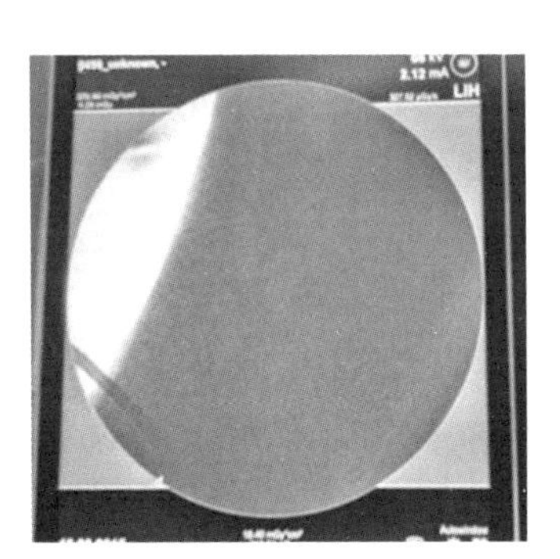

图 2-4-14　故障照片

【故障分析】

自动调节 KV 曝光模式下,图像模糊且设备没有报错,于是切换为人工调节 KV,将其调节为 40kV 时图像曝光与设备自动调节无异,将其调节为 80kV 时,设备曝光失败并有报错,系统报错见图 2-4-15。

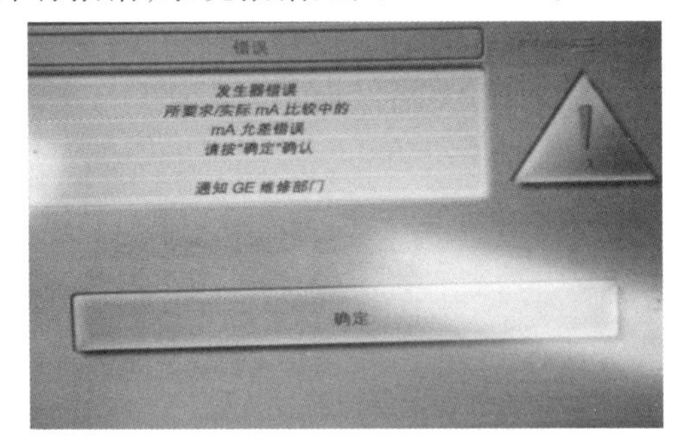

图 2-4-15　系统报错

根据系统曝光控制示意(见图 2-4-16),调节多次,可初步判断设备故障可能发生在 CCD 或者球管之中。

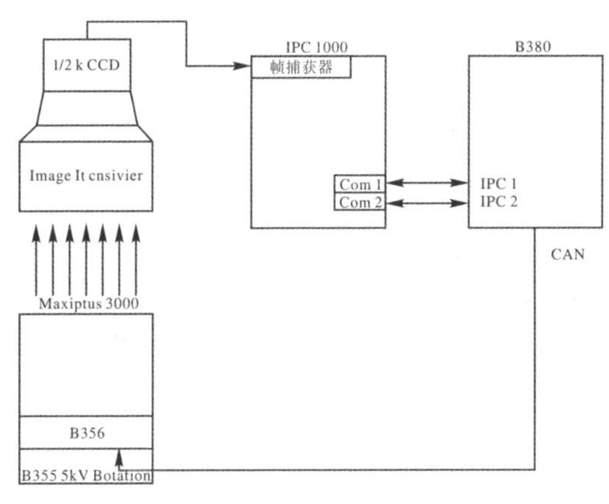

图 2－4－16　自动曝光控制示意

【故障排除】

(1)CCD 故障排查分析

拆除 CCD,断开其与影像增强器的连接,让其可以单独工作成像、取一明显物体放置在 CCD 摄像头前进行图像放射操作,发现屏幕上方有图像呈现,可以排除 CCD 故障的情况。

(2)球管故障排查分析

球管故障可通过测量不同部分的数值进行判断。

根据报错"mA 允差错误",通过测量如图 2－4－17 所示的 B352 短接口的数值进行判断。具体操作为拔出电路板白色短接头,将欧姆表指针调至直流电流挡,使设备进行正常曝光,测量其 mA 反馈值,为 0.2mA,而正常反馈电流应在 0.2mA ±0.01mA,因此反馈值在正常范围内,排除因电流反馈错误导致设备故障。

排除电流反馈错误后,调节电压到 40kV,测量球管反馈电压的大小,具体操作为将欧姆表指针调至电压挡,将指针放置 TP3 点与 TPGND 点(见图2－4－17),测得电压为 3.9V,在曝光球管测量反馈电压 4V ±0.2V 正常范围内,因此,可以基本判断反馈电压正常,排除电压异常导致的系统报错。

排除反馈电压与反馈电流部分故障后,测量 B350 电路板,将欧姆表调至电阻挡,将欧姆表两指针放置于 B350 T1 上下两点测量电阻值,具体测量点见图 2－4－18。测量结果为 540Ω,根据设备原理(见图 2－4－19)可得出 T1 上下两点正常数值应在 700Ω 附近,测量结果异常,因此可以基本判断设备故障发生在球管 B350 电路板上。

图 2-4-17 B352 电路板示意

图 2-4-18 B350 电路板示意

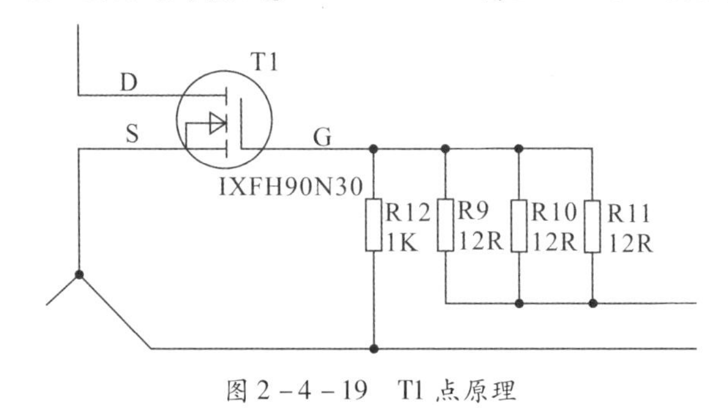

图 2-4-19 T1 点原理

根据上述分析排除法,得出设备故障原因为球管电路板 B350 故障。

【解决方案】

根据分析确定球管电路板 B350 故障,因该设备仍在保修期内,为保障医院利益,联系厂家,根据保修合同直接更换球管。

【价值体现】

C 臂机作为手术室使用的影像设备,是医生的“眼睛”,因此,对设备本身的拍摄和成像质量要求非常高。在发生故障时,快速有效地确认故障原因及需更换的配件,免除厂家工程师到场确认原因再定配件所耗的时间,可以有效缩短维修时间,保障手术室使用需求;另外,即使设备不在保修期内,精准确认故障原因和及时更换配件,可以减少医院的维修支出。

【维修心得】

在日常维护中应严格按照定期的维护与保养方案实施,以提升设备开机率,减少故障发生。结合我院 C 臂机维修经验,一旦故障发生,应立即确认故障表现,逐一排除可疑点,将复杂的问题明朗化。当然,我们也离不开厂家工程师的帮助,设备科工程师与厂家工程师的有效沟通能让维修工作事半功倍。

(案例提供　象山县第一人民医院　王非)

2.4.4　上海康达 KD－C500 内部错误报错,按键失效

设备名称	C 臂机	品牌	上海康达	型号	KD－C500
故障现象	在曝光过程中,机器的曝光状态小显示屏报“INVERTER FAULT”,图像显示器无图像显示,机器所有的按键处于失效状态。关闭电源,重启机器,选择手动曝光模式后,把电压和电流值调到最低进行曝光,故障依旧。				

【故障分析】

根据报错信息“逆变器故障”,应该重点检查机器的逆变器,当然,逆变器的负载部分——高压发生器和 X 光球管如果不正常工作,也可能造成逆变器的异常或损坏,故逆变器的负载部分是否正常也在重点考虑范围之内。由于该 C 臂机使用的是组合式 X 光球管,其故障检查和维修工艺较复杂,因此,本着“先易后难”的维修原则,应首先检查机器的逆变器部分是否存在故障。

逆变器是用于驱动和控制组合式 X 光球管组件的装置,由于该机未提供逆变器电路图,因此只能根据逆变器电路板上的元器件型号、功能和布局,推导出逆变器的工作流程,进而判断逆变器是否损坏。本机的逆变器共有两块板子,编号分别为 S18 和 S19;计算机把曝光参数和曝光控制信号传递给逆变器,使其产生固定的 40kHz 的脉冲宽度调制(pulse width modulation,PWM)信号,控制四个绝缘栅双极型晶体管(insulated gate brpolar transrstor,IGBT)模块分两组工作在开关状态,即 IGBT 模块 Q1、Q4 和 Q2、Q3 轮流导通,根据每次曝光设置的球管所需的电压值,输出与之相对应占空比的脉冲电压,加到组合管头组件里的高压变压器的初级,在次级的阳极线圈和阴极线圈上产生交流高压,通过倍压整流,形成直流正、负高压,分别加到 X 光球管的阳极和阴极,作为球管产生 X 线的工作电压。取样电阻对高压和管电流进行取样,并反馈给逆变器板,调整 IGBT 的输出脉宽,形成闭环控制。

【故障排除】

根据印刷电路板上走线，以 IGBT 为核心，对 IGBT 驱动板(S18)做出大致的判断：首先用电阻法和电压法测量 S18 板上给 IGBT 提供触发信号的电源，变压器 T1、T2 和 T3 及其整流滤波部分正常，驱动信号的四个隔离光耦 OC1～OC4 和振荡电路 LM7555 未发现异常，用电阻法测量四个 IGBT 场效应管也均正常。在踩下曝光脚开关的瞬间，用数字万用表在场效应管的栅极可以测量到一个 0.6V 左右的电压信号，同时在高压变压器的初级，也就是 IGBT 的输出端(引线标号为 X 和 Y)可以测量到一个 16V 左右的电压信号(数字万用表的显示值)，说明逆变器在曝光开始的瞬间有驱动电压输出。由于现场无示波器，因此只能靠数字万用表上十几伏的电压显示来判断 IGBT 是否能导通和截止，并以此大致判断逆变器的好坏。

通过以上分析判断，基本排除逆变器损坏，故障应该出在组合球管部分，最大的可能为因组合式球管里的某个零件故障引发逆变器保护。拆下管头的保护罩，发现该组合球管是 IMD 公司生产的，在厂家开发文档上查到的故障指示灯提示信息，证明判断正确。该开发文档提示：机器在曝光状态下，当代表 kV + 和 kV - 反馈信号不平衡的 kV 信号高于预定值时，所有操作将被终止，同时 LED Ld2 将被点亮(见图 2-4-20)。拆开组合球管，把变压器油倒入干净容器内备用，取出高压组件，测量高压变压器的初、次级线圈的电阻、正负高压取样电阻及球管，未发现异常。当测量四组高压硅堆(每组由九个高压整流二极管串联构成，每个高压二极管为符合耐压要求，也是由多个二极管串联组成的“小”硅堆)时(实物见图 2-4-21)，发现其中有六个高压二极管反向电阻异常，阻值只有八百多兆欧(正常的高压二极管反向电阻阻值应该为无穷大)。为验证高压二极管的整流能力，用一个 24V 的变压器与单个高压二极管组成半波整流电路，测量其输出端电压，好的二极管半波整流输出电压在 17V 左右，坏的二极管半波整流输出电压为 14～15V，也就是说，坏的高压二极管整流后的输出电压比好的高压二极管输出的直流电压低 2～3V。

图 2-4-20　故障灯 LED2 Ld2 亮起

图 2-4-21　高压整流硅堆

【解决方案】

购买新的高压二极管，更换后组装好该组件，然后进行干燥和真空注油等处理。组合式球管的真空注油过程比较复杂，在医院内部修理组合式球管，由于无真空注油设备，因此需要经过如下步骤处理，以达到满意的维修效果。

（1）将清洁后的球管组件和管套同时置入干燥箱内，加热至 75℃左右，保持 2 小时，待组件冷却后把组件安装到管套内，拧紧组件和管套之间的固定螺丝，使之处于密封状态，只保留球管的出线窗口作为真空注油通道。

（2）重新将球管整体置入干燥箱内加热 1 小时，取出球管并在球管的出线窗口覆盖一块 PVC 软质水晶板（又称软玻璃），在软玻璃上插两个 50mL 注射器针头，针头的外端各连接 PVC 透明软管，用止血钳控制管路的通断。

（3）在注油管截止的情况下开启真空泵，在压力达到负 0.1MPa 的情况下保持抽真空 30 分钟，在继续抽真空的情况下，松开注油管上的止血钳，让变压器油注入球管内，透过透明软玻璃，观察到变压器油基本注满后，停止抽真空注油,按压球管的缩涨器皮囊,排气后安装球管出线窗口组件。

把修好的组合球管装机,试机正常,机器修复。

【价值体现】

本次维修缩短了维修工期,锻炼了工程师的维修技术,节约了维修资金3.8万元。

【维修心得】

高压发生器原理见图 2-4-22,其中 T1 是高压变压器,T3 和 T2 分别是大、小焦点灯丝变压器,T1 的正边(次级)交流电压经硅堆 D1、D2、C1、C2 倍压整流后加到球管的阳极,负边的交流电压经硅堆 D3、D4、C3、C4 倍压整流后加到球管的阴极,即大、小焦点灯丝之间的公共点引线,故灯丝工作在低交流电压(灯丝加热电压)高直流负电位状态。阳极和阴极高压分别经 R1 和 R2(均为 200MΩ)引出,送到分压取样电路,当检测电路检测到分压取样电路反馈的 kV 信号不平衡值高于预定值时,终止所有操作并报出错误信息。造成本次故障的原因是硅堆 D1、D2 内的六个高压二极管性能不良,整流能力下降,造成输出到阳极的电压变低,即正、负高压失衡。该高压二极管的型号是 HV37-08。

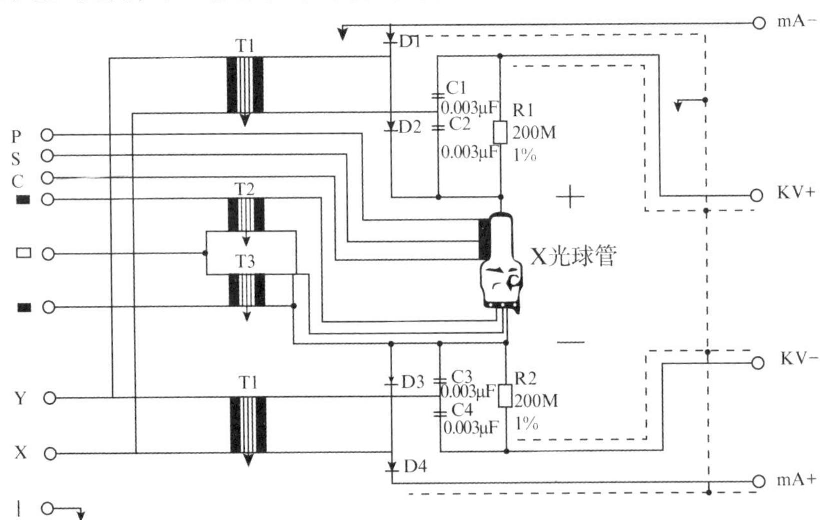

图 2-4-22　组合式球管原理示意

(案例提供　杭州市萧山区中医院　于乃群)

2.4.5 西门子 ARCADIS AVANTIC

设备名称	C 臂机	品牌	西门子	型号	ARCADIS AVANTIC
故障现象	故障前期 C 臂机能启动工作,但一天会有数次报错;之后 C 臂机无法启动,此时电脑控制端仍能开机但没有任何显示。				

【故障分析】

前期偶发故障:C 臂机能正常启动和使用,但是在使用过程中会出现 C 臂端面板报错的情况,故障发生频率为一天两三次,根据 C 臂机操作人员描述,静置 10 分钟或者重启机器,故障可以解除。

最终停机故障:电脑控制端开机正常,C 臂端无电源、不工作,控制面板上没有任何显示。检查紧急停止按钮,状态正常。

可能的原因有以下三种。

①C 臂端与图像处理工作站连接问题(检查连接线状态是否有接触不良、断开和短路情况)。

②图像处理工作站系统故障,软件问题(查看故障日志,重装系统)。

③电源板故障,C 臂端供电问题(检查保险丝是否熔断,继电器、电容或者 MOS 管是否烧毁等)。

【故障排除】

本着“由简到繁”的原则进行检查,具体步骤如下。

(1)检查图像工作站和 C 臂端的连接线缆接头是否有接触问题,并多次插拔尝试是否可以正常开机,无果。

(2)进行重装系统,依然是只有图像工作站正常启动,C 臂端毫无动静,只有在插电的时候会有“啪”的一声(C 臂端继电器吸合的声音)。

(3)拆开图像工作站和 C 臂端的连接线缆接头,稍微拨动里面的细线检查连接状态,正常。

(4)拆开图形工作站底部的总电源箱,检查另一端连接,也无异常发现。

(5)检查电路板上所有的保险丝,均完整。

以上检查均未发现异常。该 C 臂机比较新,仅使用一年多,此次是出保后第一次较大的故障，电询西门子官方售后没有得到理想答复。根据经验分析，怀疑为某处断路，不是严重问题，因此，决定自己研究电路图(见图2-4-23)，尝试找出问题所在。

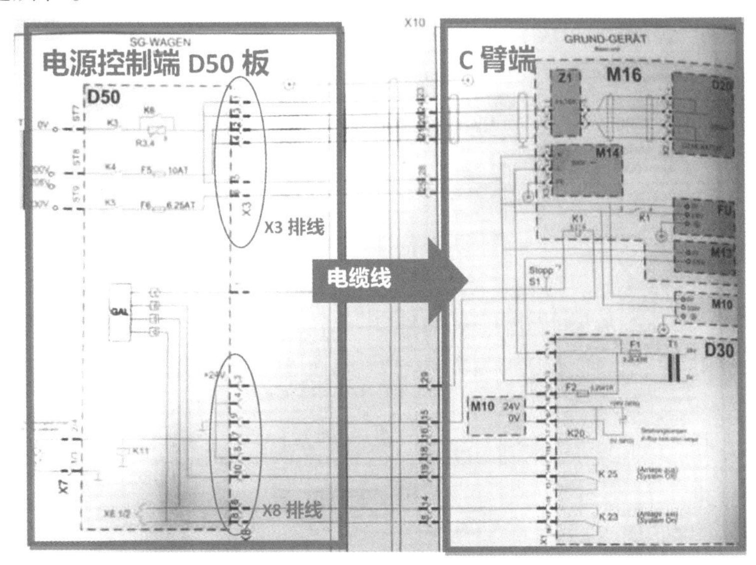

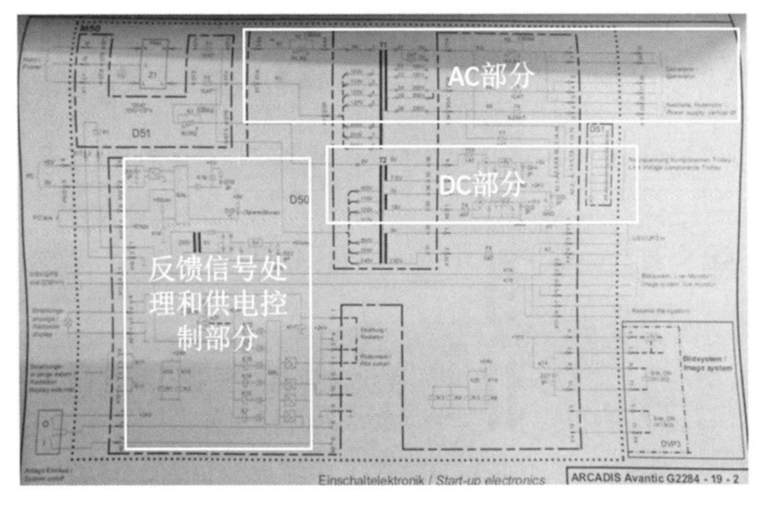

图2-4-23 设备电路

从整体结构上开始分析整个系统的电源结构(见图2-4-24)。总电源位于图形工作站的下方，由前置电源板 D51、电源滤波器 Z1、电源板 D50、多级输出变压器 T1 和多级输出变压器 T2 组成。C 臂端为二级电源，包括电源总成 M16、电源滤波器 Z1、电源电路(控制高压发生器)D20、电路电源组 M14、变频器 FU、TV 电源 M13、24V 直流电源 M10，总电源控制板 D50 大致可以分为三个部分，即交流 AC 部分、直流 DC 部分，以及反馈信号处理和供电控制部分。发现该电路板依靠 22 个继电器的层级关系，控制各种电压、交变电源输出，保证整个设备的供电安全。

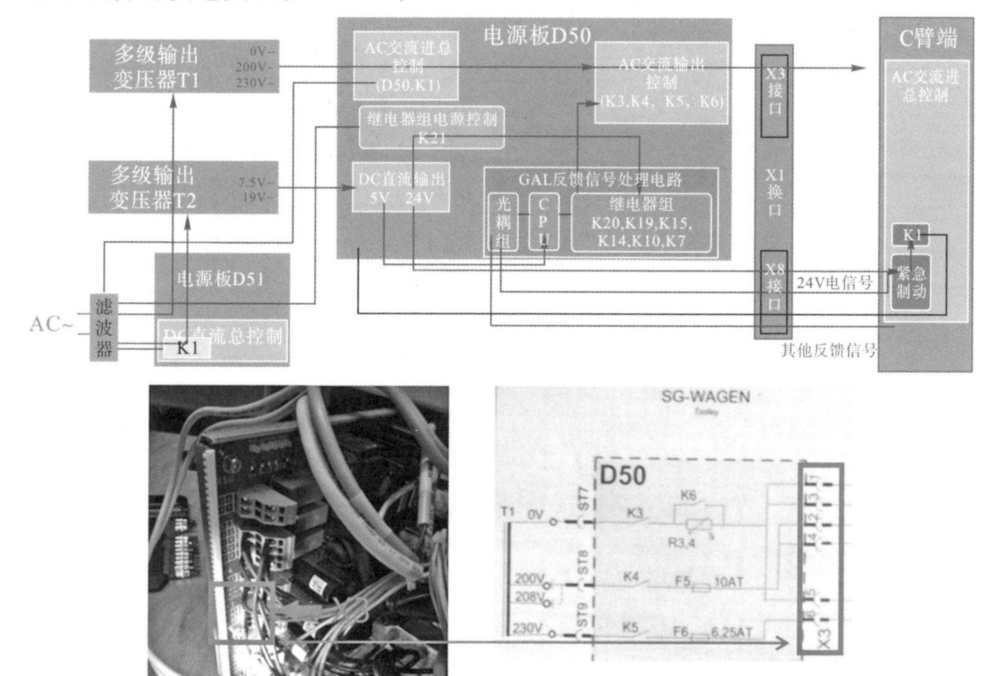

X3.6提供230V电压

X3.4和X3.2提供200V电压

X3.1和X3.3、X3.5均为内部地

图 2-4-24　系统电源结构以及电路

大致推断如下：D51. K1 →K1，K21 →（K20，K19，K15，K14，K10，K7）→（K3，K4，K5，K6）接口板 D30，以及急停控制电路。

开机后万用表测量 X3 各接口皆无电压输出。检查 T1 多级输出变压器输出是否正常。结果：变压器端电压输出皆正常。DC 电压皆正常。因此，判断为 K3、K4、K5 的控制出了问题。

【解决方案】

经过分析，猜想是线缆接头（见图 2-4-25）出了问题，导致无法接收反馈信号。加上分体式的机型在转运过程中会出现拉扯，大大提高了接头出现故障的概率。因此，重新拆开接头，仔细检查了各导线，结果发现 X10.1（24V 直流电源侦测脚）和 X10.8（空）已经“皮连肉不连”，验证了猜想。

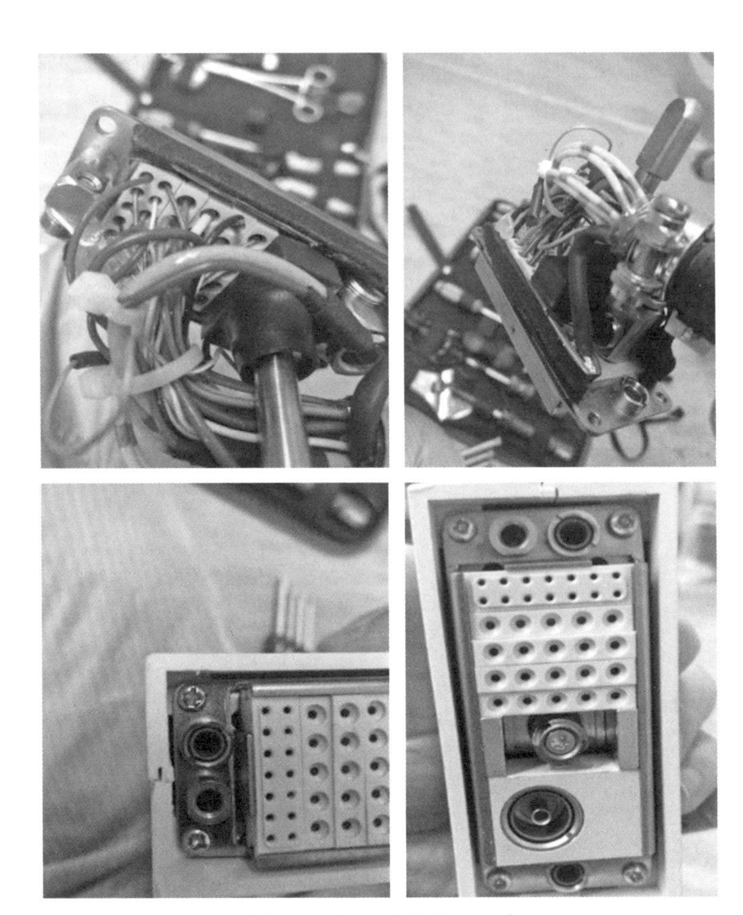

图 2-4-25　线缆接头示意

由于该类型接头是工业压制的，断裂以后无法直接将线插回去，因此只能用细导线和焊锡方法将触点引出，再与断线重新连接，再加上热熔胶进行保护，防止导线摆动。同时，用钢制螺丝（见图 2-4-26）替换了接头上原来拧了两次就坏的铝合金螺丝，并将线缆固定在 C 臂端的把手端，减少接头附近线的扯动。

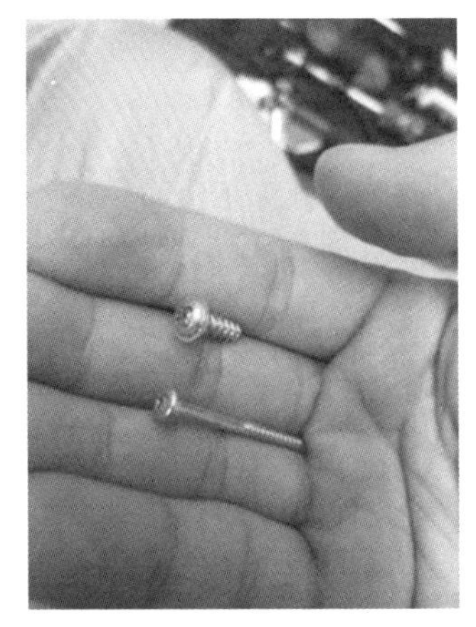

图 2-4-26　固定用钢制螺丝

【价值体现】

官方维修需要花费 6000 元，工程师手动维修有效降低了维修成本，提高了工作效率。

【维修心得】

此次故障反映了分体式移动C臂机并不适合在多个手术室中转运使用，在连接线缆没有经过保护和加固的情况下，最优的使用方式是在一个手术室中，仅在小范围移动和调整C臂机。

西门子这款C臂机的接头外壳和螺丝材质差强人意，为避免故障再次发生，建议临床部门减少分体式移动C臂机的转运次数或者不转运使用。加强对C臂机操作人员的培训，注意分体式移动C臂机的连接线缆和接头的保护。建议采购过程中根据使用要求进行选择，如果一定要在多个手术室中移动使用，则选择一体式移动C臂机。建议厂家改进连接线缆的材料，不要使用容易断裂失效的塑料材料保护束线。

（案例提供　浙江大学医学院附属邵逸夫医院　张镇峰）

2.5 直线加速器故障维修案例

2.5.1 瓦里安 Clinac iX 6X 能量挡工作中 UDR1、UDR2 联锁

设备名称	直线加速器	品牌	瓦里安	型号	Clinac iX
故障现象一	加速器6X能量挡治疗过程中突然出现UDR1、UDR2联锁，且联锁不能消除。				

【故障分析】

UDR1、UDR2联锁是指实际剂量率小于设定剂量率的80%。加速管高压不够、电子枪电流过小、主闸流管功能衰减等都有可能造成该联锁出现。进入维修模式选择6X能量挡，设置好剂量率、跳数及时间，“Beam On”后发现加速器没有出束时的“滴滴”声，随即出现UDR1、UDR2联锁。查看出现联锁时的机

器参数，发现 HVPS I 和 PFN V 的值几乎为零，用示波器连接控制柜的 HVPS I 和 PFN V 测试口，发现无信号波形输出，说明高压未输出到 De－Qing 电路和脉冲形成网络 PFN，故障应该发生在电源输入前端。

【故障排除】

图 2－5－1 为维修电路图。瓦里安加速器电源输入分 Mode A 和 Mode B 两路，Mode A 对应低能量挡的 X 线和电子线。Mode B 对应高能量挡的 X 线和电子线。在维修模式下选择 10X、16MeV 两挡能量分别出束，发现设备能正常工作。选择 6X、4MeV、6MeV、9MeV、12MeV 出束时都出现 UDR1、UDR2 联锁。Mode A 和 Mode B 选择由电路中的 K3、K4 两个相同的继电器控制，机器断电后拆下 K3、K4 两个继电器，用万用表测量 K3 继电器的控制线圈阻值无穷大，已经断路，而 K4 线圈阻值为 820Ω，属于正常值，说明是 K3 继电器损坏（见图 2－5－2），故障点找到。

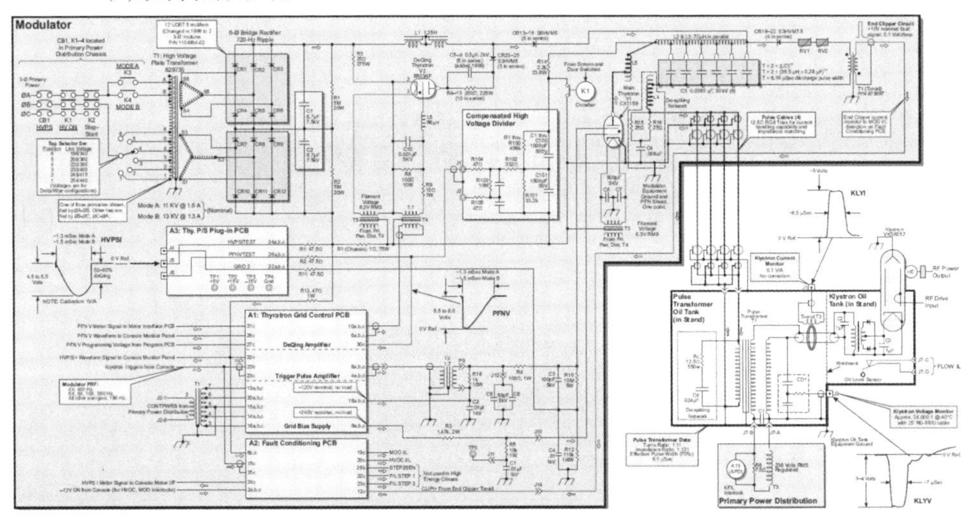

图 2－5－1　维修电路

图 2－5－2　损坏的继电器

【解决方案】

因为平时较少用到高能量挡治疗，故暂时将 K4 替换到 K3 位置，装好后开机，灯丝预热完成后，选择 6X、4MeV、6MeV、9 MeV、12 MeV，各档分别出束正常。订购新的 K3 继电器并安装到位，恢复 10X、16MeV 两挡能量的正常使用。

设备名称	直线加速器	品牌	瓦里安	型号	Clinac iX
故障现象二	加速器调强治疗过程中时常有某个治疗野出现 UDR1、UDR2 联锁的情况，但转动机架换另外一个治疗野时联锁消除，能继续治疗。				

【故障分析】

首先判断闸流管（见图 2－5－3）有是否问题，拆开调制柜右侧盖板，拉出盖板上的开关拨杆，使主闸流管“Keep Alive”，用万用表测量主闸流管的灯丝为交流 6.33V，栅极电压为直流 18.35V，都在正常范围内，说明主闸流管正常工作。测量 De－Qing 闸流管的灯丝电压为交流 6.41V，正常工作。考虑到联锁偶尔出现，无规律可循，怀疑可能是机器某个地方存在接触不良的现象。进入维修模式，选择 6X 档能量边转机架边出束，360°重复出束几遍，发现机架在 220～250°区间内出现多次 UDR1、UDR2 联锁，说明故障和机架角度位置有关。

图 2－5－3　调制柜主闸流管

【故障排除】

拆开机架前面盖板,发现机架中间有数十根电缆被一个卡环固定包扎,机架旋转的时候电缆连接电路板一端跟着旋转,但是卡环固定处基本不动,因为距离较短,所以造成电缆出现扭结现象,可能使某根电缆内部的细线拉扯后接触不良(见图2-5-4)。将卡环松开后,机架边旋转边出束,转了十圈只出现两次UDR1、UDR2联锁,且角度无规律,肯定了之前的判断。接下来寻找故障电缆。查看图2-5-5发现,连接立架"Auxiliary Electronics Chassis"和机架"Gantry Patch Panel"之间的W32、W13、W15三根电缆都有可能为故障电缆。继续查看资料发现W32的20脚走的是一个"GUNDLY CONT"的逻辑信号,高电平时通过控制柜的"Timer Interface"板产生的DLGNTRIG脉冲驱使Gun Driver产生一个枪脉冲延迟信号,造成枪脉冲与RF能量脉冲不一致,此时加速器不能出束;低电平时通过"Timer Interface"板产生KLY I脉冲,驱使枪脉冲与RF能量脉冲一致,此时加速器就能正常出束。用万用表测量W32的J2、J42的(电缆中的20号线),发现转动线缆时有时通有时不通,说明该线缆接触不良,故障在W32的20号线。W13、W15、W32电缆的部分信号走向见图2-5-5 。

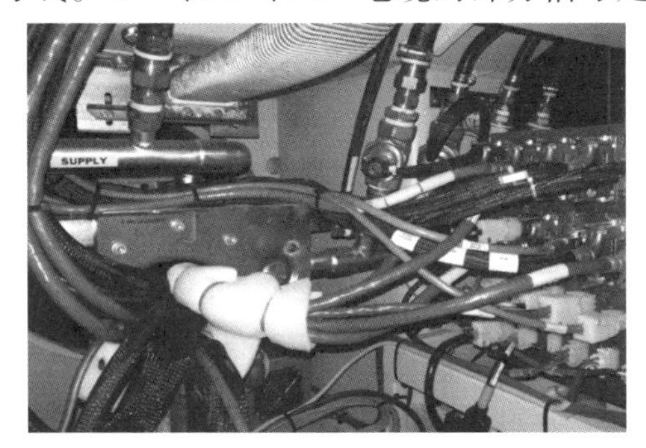

图2-5-4 穿机架电缆

【解决方案】

通过外接一根细线将J2、J42连通,开机预热后360°多圈出束,未出现UDR1、UDR2联锁,加速器使用多天都正常,故障解决。

【价值体现】

加速器故障如等厂家工程师上门维修,不仅维修费用高昂,而且故障判断加配件运送更换所需时间长。而加速器作为肿瘤治疗设备,发生故障时会造成等待治疗的病人心理上的焦虑,时间拖得越久病人情绪越焦虑,给临床工作的开展带来的压力也越大。院内工程师及时解决设备故障不仅能给医院节约维修费用,给临床工作给予支持,而且能给病人带来心理安慰,缩短其住院时间。

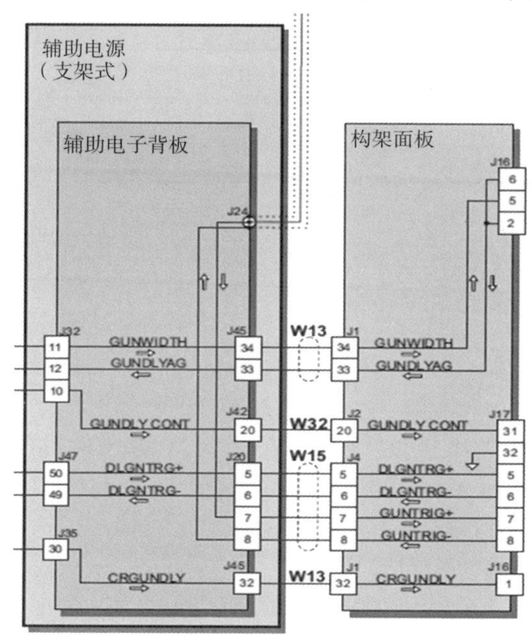

图 2-5-5　W13、W15、W32 电缆的部分信号走向

【维修心得】

(1)加速器结构复杂、子系统多,需掌握放疗物理、电子电路、机械、微波等知识。

(2)要善于利用设备技术资料、维修模式、与厂家工程师沟通等方式分析故障点。

(3)维修时要注意高压、射线、重物等潜在危险对人体可能造成的伤害。

(4)维修时不能破坏加速器的一些重要参数,以免治疗时对患者造成重大伤害。

(5)学会部分技术性能参数的校准,并让物理师验证。

(6)做好维修笔记,以便日后参考。

(案例提供　丽水市中心医院　毛燕正)

2.5.2 瓦里安 Clinac iX "MLC"联锁

设备名称	直线加速器	品牌	瓦里安	型号	Clinac iX
故障现象一	使用中 MLC 叶片突然不动,出现"MLC"联锁,MLC 超级终端软件中提示:"leaf B26 is sticking"。				

【故障分析】

根据提示是 MLC 叶片与叶片之间粘连导致卡住了。

【故障排除】

将机架转到 180°,小机头转到 0°,关闭 X、Y 方向的钨门,防止有东西掉进机头里,拆开小机头外壳,拆下金属挡板及软电位器板"softpot",确定存在叶片之间粘连的情况。MLC 叶片实物见图 2-5-6。

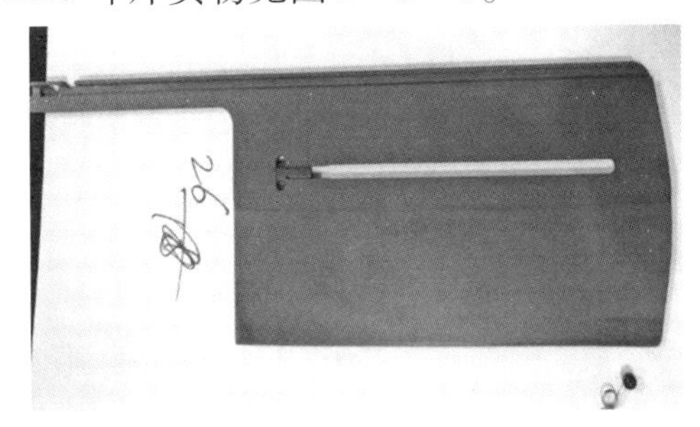

图 2-5-6 MLC 叶片实物

【解决方案】

拿下叶片上的小球"Wiper",通过手动操作将叶片取下,用无菌纱布片蘸无水乙醇将叶片表面及运动滑槽仔细清洁干净并用专用硅脂进行反复均匀地擦拭,最后将叶片装回,让 MLC 重新自检,故障提示消除。

设备名称	直线加速器	品牌	瓦里安	型号	Clinac iX
故障现象二	使用中出现“MLC”联锁，其中一片叶片转动缓慢，超级终端中提示：“leaf B23 stalled or not at planned position”（见图2－5－7）。				

【故障分析】

根据提示，故障原因为叶片失速或未到计划位置，查看当天MLC自检结果，其中有：“leaf B23 backlash is 0.351”（正常情况 <0.200），“Backlash”高于正常值一般是由T－NUT的内螺纹磨损造成间隙。

```
2018/01/02 15:22:40.562 Info  Leaves with backlash over 0.200
                        Leaf A11 backlash is 0.201
                        Leaf A13 backlash is 0.213
                        Leaf A15 backlash is 0.204
                        Leaf A19 backlash is 0.228
                        Leaf A26 backlash is 0.203
                        Leaf A40 backlash is 0.220
                        Leaf A49 backlash is 0.207
                        Leaf B16 backlash is 0.205
                        Leaf B20 backlash is 0.203
                        Leaf B23 backlash is 0.351
                        Leaf B33 backlash is 0.211
                        Leaf B35 backlash is 0.259
                        Leaf B45 backlash is 0.232
                        Leaf B48 backlash is 0.218

Touch Test Results
Leaf Gaps in mm (+ = gap | - = overlap)
Half of the gap is applied to each leaf
    1      2      3      4      5      6      7      8      9     10
====== ====== ====== ====== ====== ====== ====== ====== ====== ======
  0.02   0.00  -0.01  -0.01   0.03  -0.01  -0.01   0.10  -0.01   0.03
 -0.02  -0.02  -0.02  -0.02  -0.02  -0.02  -0.04   0.14  -0.02  -0.01
 -0.02  -0.02  -0.01  -0.02  -0.01  -0.01  -0.01   0.00  -0.02   0.09
  0.00   0.10  -0.01  -0.01  -0.02   0.05  -0.03   0.06  -0.01   0.00
 -0.02  -0.01  -0.05   0.01  -0.04   0.13   0.01  -0.01  -0.02   0.04
  0.11  -0.01  -0.02   0.07   0.01   0.02   0.02   0.02  -0.01   0.01
Minimum gap  -0.05  (Leaf 43)
Maximum gap   0.14  (Leaf 18)
Average gap   0.01
2018/01/02 15:23:09.601 Touch Test Completed
2018/01/02 15:23:09.602 Calibrating Secondaries
2018/01/02 15:23:24.905 Testing Secondaries
2018/01/02 15:23:33.105 Secondaries Initialized
  +--------------------------------------------------------------------+
  |    Servicing leaf drive train recommended   See messages above     |
  +--------------------------------------------------------------------+
2018/01/02 15:23:33.538 MLC initialized successfully
2018/01/02 15:23:33.538 release MLCX_IL_INITIALIZING
2018/01/02 15:23:33.538 MLC ready for treatment
2018/01/02 15:23:53.751 Dyn download 14 fields done.
2018/01/02 15:24:09.458 ASSERT  MLCX_IL_ORG_B_TAIL_EXPOSED
2018/01/02 15:26:04.861 release MLCX_IL_ORG_B_TAIL_EXPOSED
2018/01/02 15:27:05.114 System in treat     Gantry=240.0 DoseFraction=0.00000
2018/01/02 15:27:47.565 System not in treat Gantry=240.0 DoseFraction=0.48360
2018/01/02 15:28:17.518 Leaf B23 Stalled or not at planned position
2018/01/02 15:28:48.017 Leaf B23 Stalled or not at planned position
2018/01/02 15:29:18.520 Leaf B23 Stalled or not at planned position
2018/01/02 15:29:48.971 Leaf B23 Stalled or not at planned position
```

图2－5－7　MLC超级终端提示

【故障排除】

拆机更换该叶片的T－NUT（见图2－5－8），进行MLC自检，查看B23叶片的backlash值是否小于0.200，最后开机验证MLC是否走动正常。

图2－5－8　T－NUT实物

【解决方案】

更换 B23 叶片的 T－NUT 并进行 MLC 自检。

设备名称	直线加速器	品牌	瓦里安	型号	Clinac iX
故障现象三	使用中出现“MLC”联锁，其中一片叶片转动缓慢，提示：“leaf A13 could not find touch position，leaf A13 PWM was high(95)”。				

【故障分析】

根据提示是叶片脉冲调制宽对(PWM)值过高，正常范围全宽叶片 PWM≤14，半宽叶片 PWM ≤22。PWM 是通过控制固定电压的直流电源开关频率，从而改变负载两端的电压，达到控制要求的一种电压调整方法，在电机调速方面应用较广，MLC(见图 2－5－9)出现 PWM 值过高提示一般为电机马达故障。

图 2－5－9　MLC 实物

【故障排除】

对照加速器配套的叶片马达分布图找到 A13 叶片驱动马达，将其更换为新马达，然后进行 MLC 自检，通过自检再进行治疗验证 MLC 走动正常。MLC 叶片结构见图 2－5－10。

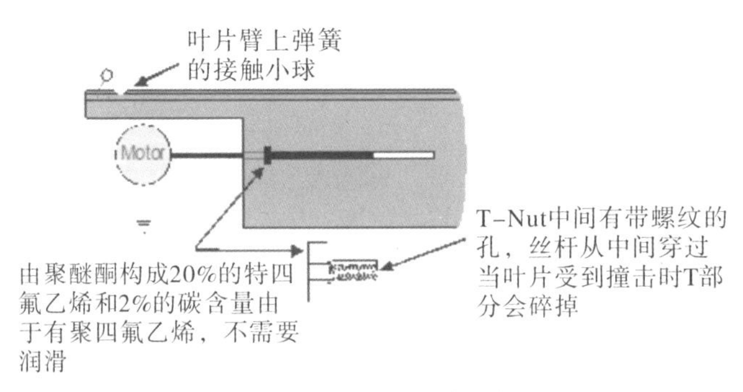

图 2－5－10　MLC 叶片结构

【解决方案】

更换 A13 叶片驱动马达(见图 2-5-11)并进行 MLC 自检。

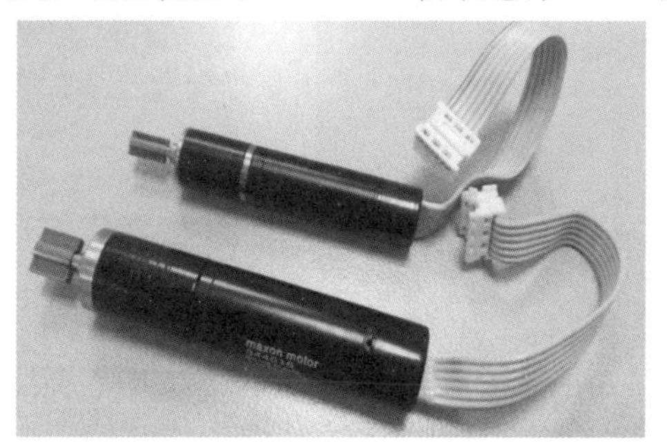

图 2-5-11　MLC 马达实物

设备名称	直线加速器	品牌	瓦里安	型号	Clinac iX
故障现象四	使用中出现“MLC”联锁,提示:“Secondary check failed because of problems with the following leaf,leaf B31 exceeded max deviation error”。				

【故障分析】

根据提示判断为叶片次级反馈位置超出了正常的偏离值。

【故障排除】

对调驱动马达,将 B31 的马达对调到 B30,自检并进行治疗验证,查看是否出现 MLC 联锁并提示 B30 叶片故障,故障未转移到 B30,说明马达正常(如故障转移到 B30,则可判断是马达故障,应及时更换马达),故障依旧是 B31,则说明软电位器板 softpot (见图 2-5-12)上 B31 那道因使用磨损严重导致次级反馈数据不准确,需更换 softpot 板。

【解决方案】

更换 softpot 板并进行 MLC 自检,自检通过,使用后故障未出现。维修现场见图 2-5-13。

图 2-5-12 softpot 板示意

图 2-5-13 维修现场

设备名称	直线加速器	品牌	瓦里安	型号	Clinac iX
故障现象五	使用中出现“MLC”联锁，提示：“CrgB trajectory deviation of 2.289mm at Crg Pos = -87.7，Limit = 2.000”。				

【故障分析】

根据提示是 Carriage B 轨道偏离值超出了正常范围（正常值≤2.000）。

【故障排除】

首先对调 Carriage A 与 B 的驱动马达，并进行自检，自检通过，MLC 使用两天后又出现同样故障，说明不是马达问题；接着对调 A 与 B 的“Motor driver”和“Head transervice”板，自检也通过，但是使用了一个星期后又出现同样故障，说明“Motor driver”和“Head transervice”板正常；最后对调 A 与 B 的“Secondary feedback”板，进行自检并使用，发现故障提示转到了“CrgA”，说明“Secondary feedback”有故障。图 2-5-14 展示了 MLC 的通信。

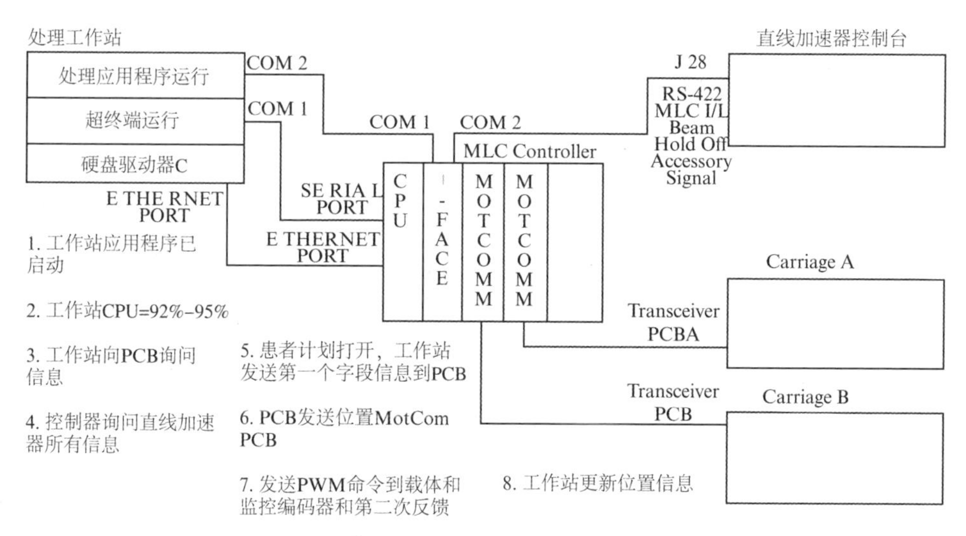

图 2－5－14　MLC 通信示意

【解决方案】

更换“Secondary feedback”（见图 2－5－15）并进行 MLC 自检，使用后正常。

图 2－5－15　Secondary feedback 板

【价值体现】

加速器作为大型高精尖肿瘤治疗设备，发生故障时如得不到及时维修会对病人的治疗连续性造成很大影响，也会给临床工作的开展造成很大压力。院内工程师熟悉设备性能结构，熟练掌握维修技能，及时地解决设备故障不仅能给医院节约大量的维修费用，给临床工作给予支持，而且能减小病人的心理压力，缩短其住院时间。

【维修心得】

（1）出现 MLC 联锁时，要善于利用“Hyper Terminal”查看报错信息，根据信息定位故障。

（2）做好维修记录，总结归纳，提高维修效率。

（3）MLC 的运动频率是加速器里最高的，其部件易磨损，因此可配备一些常用零件，如 T－NUT、马达、“wiper”、“softpot”板等。

（4）MLC 的 A、B 两面零件可以互换，有些故障可以用替换法准确排查。

（5）做好 MLC 的预防性维护（一年一次），将 backlash 值大于 0.200 叶片的 T－NUT 进行更换，全宽叶片 PWM 值大于 14 及半宽叶片 PWM 值大于 22 的叶片优先进行清洁，如测试后仍大于正常范围则进行马达更换。预防性维护可以大大降低 MLC 的故障率。

（6）MLC 结构紧凑精密，维修时要小心仔细，以防将零件、工具等掉落在小机头里。

（案例提供　丽水市中心医院　毛燕正）

2.5.3 瓦里安 Clinac iX 切换能量档 CARR、FOIL 联锁

设备名称	直线加速器	品牌	瓦里安	型号	Clinac iX
故障现象一	切换不同能量或者使用时切换不同能量档时出现 CARR、FOIL 联锁。				

【故障分析】

CARR 联锁是指滤板转盘（carrousel，见图 2－5－16）的位置对于所选模式无效，控制台计算机和滤板转盘控制器之间无法通信；FOIL 联锁是指滤板转盘锁销不在原位。滤板转盘上分布着多个均整器，加速器不同能量档所产生的 X 线或经过散射箔产生的电子线需要经过均整器的滤过修正才能产生满足常规放疗所需的剂量分布。滤板转盘通过紧贴滤板转盘边缘的五个位置开关

(position switch)S1、S2、S4、S8、S16编码产生的BCD码来识别相应的PORT,加速器选择能量时,控制台输出命令编码,马达带动滤板转盘开始旋转,五个位置开关读取的位置信息和命令所给信息一致时,锁销(pin)就会插入孔位,滤板转盘停止旋转,使均整器回到正确的位置。位置开关接触不良、滤板转盘马达驱动电源异常、"Carrousel Mode & Bmag"板故障、锁销的前级控制电路、控制信号线缆接触不良都有可能产生CARR联锁和FOIL联锁。

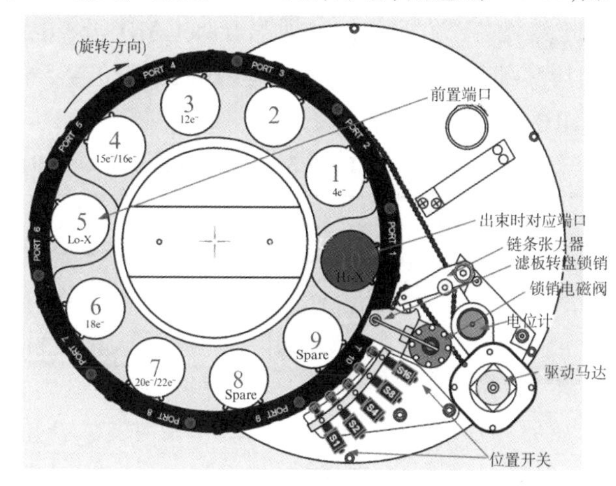

图2-5-16　滤板转盘结构

【故障排除】

故障出现时,拆开机架外壳,拆掉小机头上的挡铅,查看滤板转盘,发现锁销不在对应的位置,切换其他能量滤板转盘能旋转,但是锁销均不能插入相应孔位。首先考虑加速器使用多年,一些部件位置可能会出现偏差,进行CARR校准,但是每次锁销均不能插入孔位,校准失败。接着检查转盘,转盘能旋转,马达的驱动电源+24V也正常。用万用表逐个测量五个位置开关,接触良好。转动机架并切换能量,发现某些角度切换能量时联锁可以消除,而且锁销可插入到正确孔位。结合之前的联锁说明,考虑控制台计算机和滤板转盘控制器之间控制信号或反馈信号通信出错。加速器治疗时机架会频繁转动,而立架是固定的,两个部分中间有十多根电缆穿过,电缆在机架部分会随大机头转动,长时间使用将使电缆内部电线因拉扯扭结而造成接触不良。通过转动机架检查发现部分角度联锁可以消除,说明穿过机架中间的某根电缆可能存在问题。

查看技术手册,发现滤板转盘部件控制信号通过W29电缆连接到机架接线板,信号在机架接线板通过W32电缆连到辅助电源柜,再通过W2电缆连接到控制台计算机。因为机架在治疗时转动频繁,被固定在其中的十几根电缆线很容易互相扭结拉扯,造成内部细线扯断,所以判断W32电缆故障可能性最大。W32电缆在机架接线板上的接口为J42,在辅助电源柜接线板上的接口为J2,W32电缆的内部走线与滤板转盘相关的信号见表2-5-1,五个开关位置编码不同，则组合对应的锁销插在不同的能量挡位。联锁出现时，用万用表测试电缆两端线的通断，发现第五脚 CARPOS8 电缆内部走线不通，说明该信号不能与其他四个组合寻找到确切的锁销位置，导致能量挡位不能选择，从而报 CARR 联锁、FOIL 联锁。

表 2－5－1　W32 电缆内部走线与 CARR、FOIL 联锁相关的信号

J42 针脚号	信号	信号含义
1	CARPININ	检测滤板转盘(carrousel)锁销(pin)插入孔位时的电平
2	CARPOS1	检测 S1 开关是否到位的电平
3	CARPOS2	检测 S2 开关是否到位的电平
4	CARPOS4	检测 S4 开关是否到位的电平
5	CARPOS8	检测 S8 开关是否到位的电平
6	CARPOS16	检测 S16 开关是否到位的电平
36	NC	空置信号

【解决方案】

找到 W32 电缆中空置信号(not connected，NC)的 36 号线先测试该线通路良好，再将该线两头分别跳接到 J2、J42 接口的第五脚。重新连接好 W32 电缆，开机后切换能量，发现没有出现 CARR 联锁、FOIL 联锁，锁销准确插入对应的孔位，转动机架多次切换能量检测都未出现联锁，故障排除。

设备名称	直线加速器	品牌	瓦里安	型号	Clinac iX
故障现象二	内循环水压偏低，调高水压后突然出现 FLOW 联锁，尝试降低水压再升高，联锁不能消除。				

【故障分析】

FLOW 联锁是指内循环冷却水流速低于限值或者速调管脉冲变压器油位过低。FLOW 联锁由机架的“Gantry Patch Panel－12V”电压引出，经过机架的四个流量开关(四个流量开关串联)，分别检测不同部位的水流速度，然后又连接到偏转磁体的四个温度开关，再经过立架的辅助电源柜后板，通过 W65 连到“Mother PCB”，经过 W27 串联到速调管的油位开关，再接到立架上的两个流量开关(3gal/min、5gal/min)，最后通过 W2 接到机房控制柜的“CRDIO PCB”，由该板子检测联锁是否发生(见图 2－5－17)。

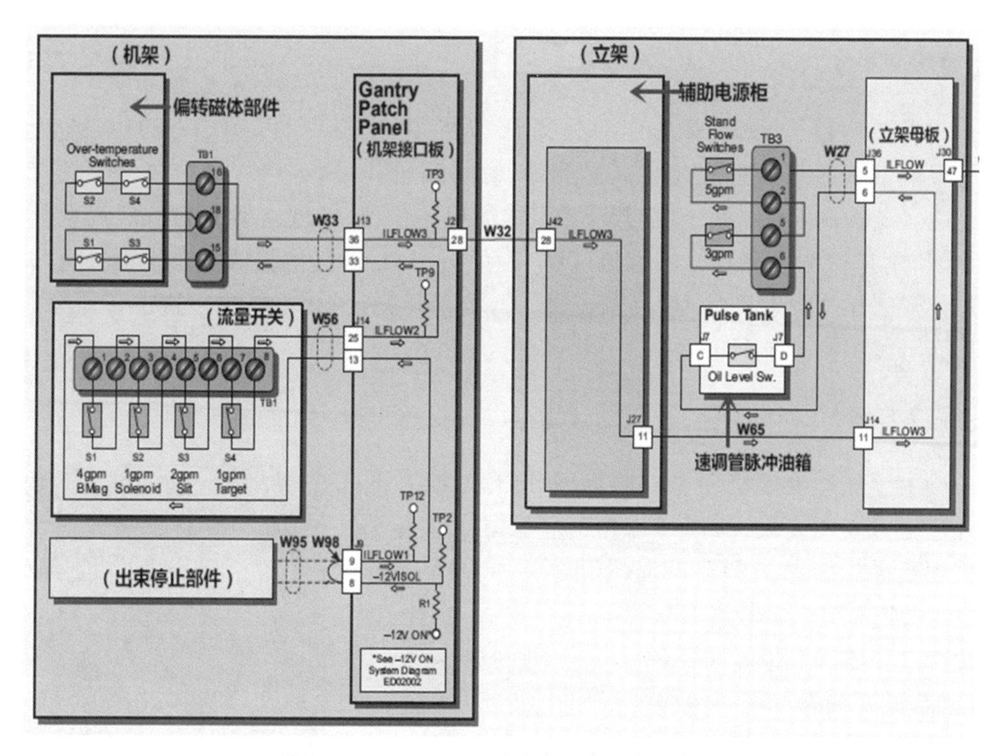

图 2-5-17　FLOW 联锁在加速器中的走向

FLOW 联锁的原因有：①内循环水水温过高；②水流速度过低；③水流量开关故障；④水泵故障；⑤水质差，水流不畅；⑥水压低；⑦速调管油箱液位低或油位开关故障；⑧偏转磁铁温度过高等。FLOW 联锁是在调节了水压后立即出现，因此首先考虑内循环水水温过高，排除偏转磁体的四个温度开关及速调管的油位开关故障。接着检查外循环水冷机工作状态，各参数正常，加速器水泵工作正常，内循环水水温 40℃，水压 76psi，均处于正常范围内。

内循环水流速度由立架上的两个流量开关（3gal/min、5gal/min）和机架上的四个流量开关（两个 1gal/min、一个 2gal/min、一个 4gal/min）串联，共同检测，每个开关检测不同管路里的水流速度，其中任何一路流速过低都会出现报 FLOW 联锁。该流量开关的原理是：当管道中的流量大于磁性流量开关的启动流量时，磁性阀芯在流体压力作用下移动，触发干簧管触点吸合，从而使电路接通；当流量降低至启动流量以下时，磁性阀芯在重力作用下离开干簧管触点位置，使触点失去磁力分开，恢复初始状态，电路断开。

【故障排除】

当加速器内循环水工作时用万用表测量测试点 TP2、TP12 的电压，为 –12V，测到 TP9 的时候电压几乎为零，说明流量开关 S1 ~ S4 中的某一个没有接通。继续用万用表测量各个开关引线的接通情况，发现立架上的 5gal 流量开关（作用是检测速调管冷却水流速度）阻值近 1kΩ，而其他阻值都小于 2Ω，说明 5gal 流量开关触点接触不良，未导通。干簧管开关密封，不能进行进一步维修，只能考虑更换该流量开关。

【解决方案】

由于加速器停机会影响临床工作开展，而配件到达至少需要 2 天，所以考虑暂时将损坏的流量开关短接进行旁路。旁路该流量开关后，FLOW 联锁消除，加速器连续出束 1000MU，观察水温、水压，变化都在正常范围内，加速器实时监测的电压值、电流值，该两值也未出现偏差，说明内循环水流速正常并能正常冷却相应部件，未对加速器正常使用产生影响。临时处理掉 FLOW 联锁后，订购了一个新的 5gal 流量开关（见图 2 – 5 – 18）并进行了更换，更换时要注意将内循环水水泵关闭，水压降到零，更换完成后 FLOW 联锁消除，加速器正常工作。

图 2 – 5 – 18　流速开关实物

【价值体现】

在偏远地区，厂家工程师上门维修条件困难，配件运送更换往往需要两三天时间，而加速器作为肿瘤治疗设备发生临床使用较为紧张。院内工程师通过检测技术解决设备故障问题，在节约了医院维修费用的同时，也缩短了设备的停机时间。

【维修心得】

（1）要对加速器的复杂结构有深入的了解，充分利用设备的技术资料。

（2）对加速器的部分技术性能参数的校准要有基本的认识，要与厂家工程师充分沟通。

（3）维修时要注意高压、射线、重物等潜在危险。

(4)维修后要记录维修过程,便于日后参考。

(案例提供 丽水市中心医院 毛燕正)

2.5.4 瓦里安 Trilogy HWFA 联锁致治疗中断

设备名称	直线加速器	品牌	瓦里安	型号	trilogy
故障现象	治疗过程中出现 HWFA 联锁,导致治疗中断。设备照片见图 2-5-19。				

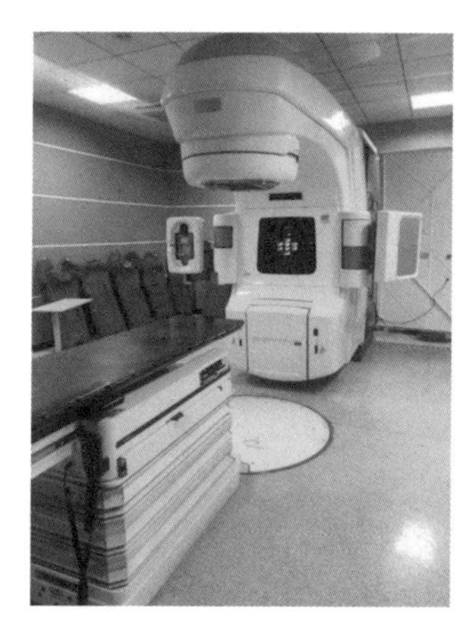

图 2-5-19 设备照片

【故障分析】

引起 HWFA 联锁的原因可以归纳为:①初、次级 pro 通道不匹配;②初、次级或参考 pro 通道电压误差大;③电源电压误差太大;④DAC/ADC 回路电压不匹配;⑤CPU 发出"Beam on"命令时没有产生 HVON(高压)信号。

【故障排除】

在出现 HWFA 联锁后,先进入"通信模式",找到并选中此联锁后进入查看当时机器各项参数,在最后一页系统提示"X1 primary/2nd mismatch",返回前面查看位置数据,发现 X1 的 pro 的电位器电压值为 9V,因而触发联锁。退出"通信模式",进入"维修模式"通过 interlock 命令旁路掉 HWFA 仍不能使小机头旋转,进入机房观察发现,在给小机头旋转指令时,小机头依然不动,用手能小范围内左右推动小机头。

【解决方案】

打开小机头，卸下转盘外的铅块，发现部分驱动小机头的链条已脱离轨道。松开小机头的 pro/spro（即主/次）电位器（见图 2－5－20），使链条展开并能自由调节。将机架旋转至 180°后依次将链条重新布置在轨道上并调整好微动开关，转动 pro 的电位器来调节 pro 的读数，当其显示为 0 时将电位器固定，用同样的方法调节 spro 的电位器。但在使用前必须进行校准：首先将机架和小机头调至 0°，调节治疗床的位置，使其距离灯在床面上投影在 100 的位置，铺上坐标纸使其与十字叉丝投影对齐；进入“维修模式”，选择“校准选项”，找到“数值修改”项，按“Enter”进入“读出校准”选项，选中小机头。依据页面提示，依次在 135°、90°、45°、315°、270°、225°这六个位置通过观察视野投影来调节小机头，调节并保存六个位置数据后，同时按住手控盒上“Shift”和“Enter”键，回到“校准选项”，选择“将数据写入磁盘”，结束操作后退出“维修模式”，机器恢复正常治疗（具体操作流程见图 2－5－21）。

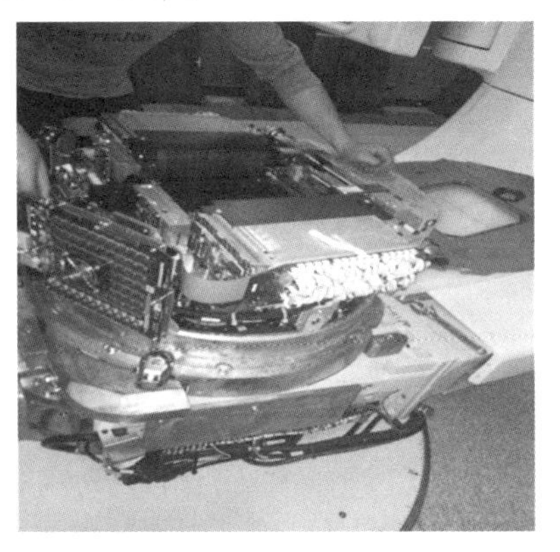

图 2－5－20　小机头电位器

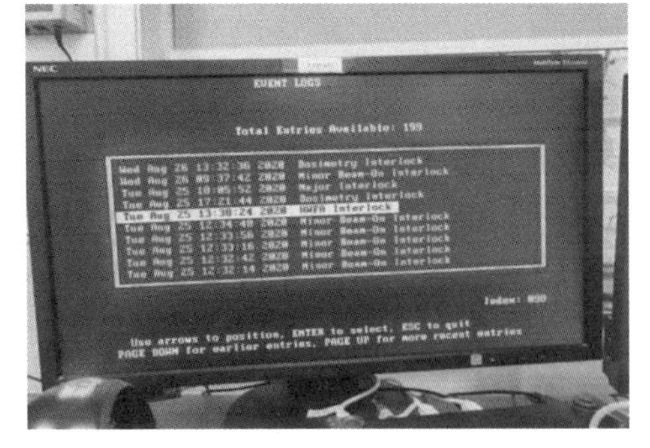

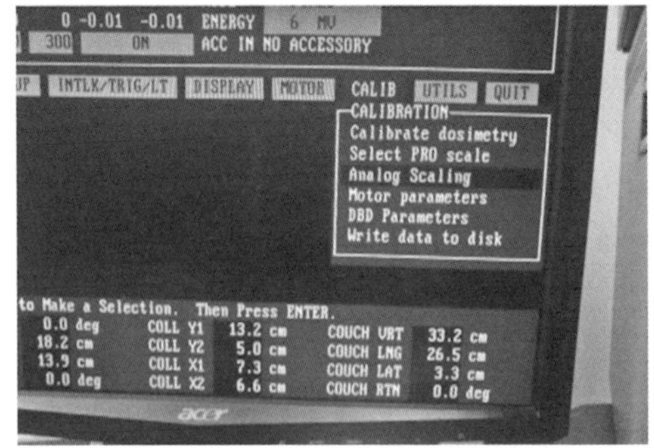

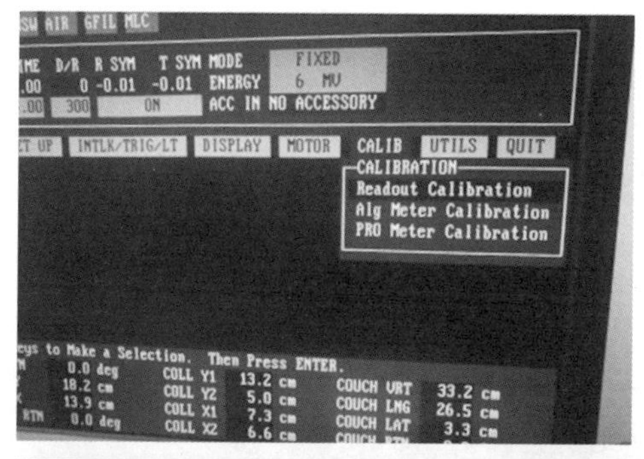

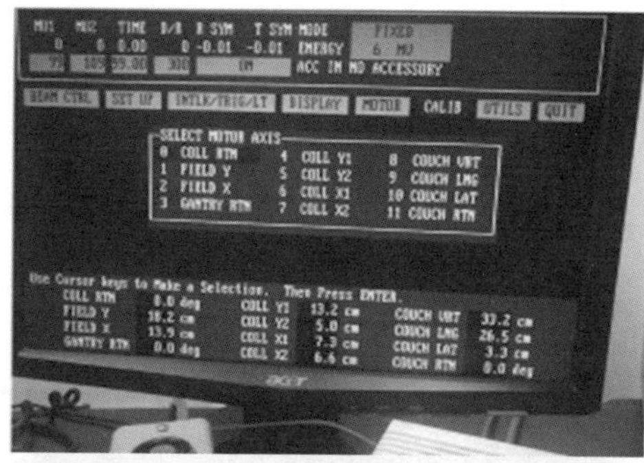

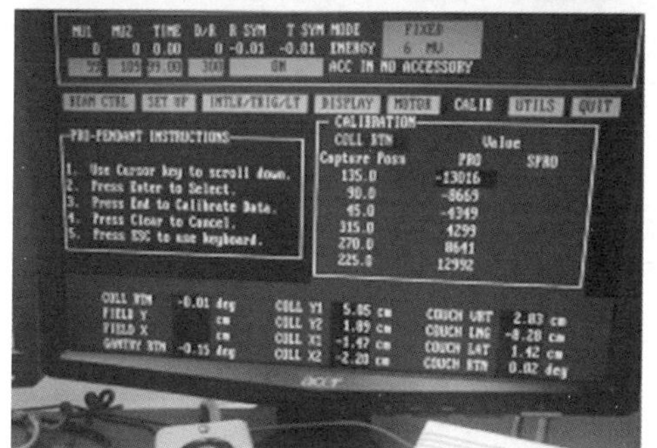

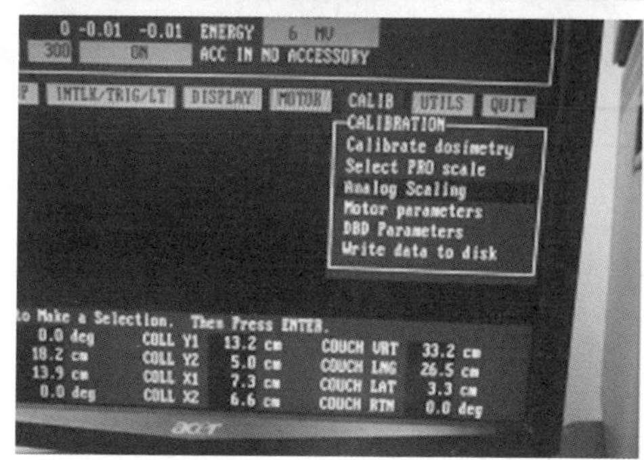

图 2－5－21　维修模式操作流程

【价值体现】

缩短设备停机时间 8 小时。

【维修心得】

HWFA 是一个加速器的硬件方面的主要联锁，机架、小机头及铅门等出现问题都可引起此联锁，因此，出现 HWFA 联锁后应先进入“通信模式”查看具体故障原因，再进行相应处理，可以节约时间。

（案例提供　温州市中心医院　谢华臣）

2.6 DSA故障维修案例

2.6.1 飞利浦 Alura XperFD10 开机故障

设备名称	DSA	品牌	飞利浦	型号	Alura XperFD10
故障现象	机器无法开机。设备照片见图2-6-1。				

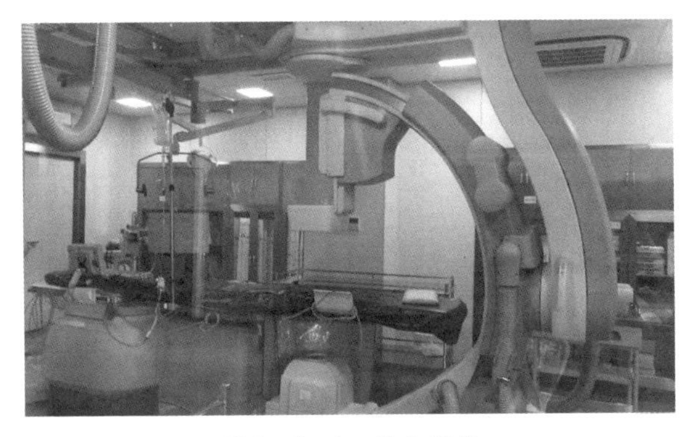

图2-6-1 设备照片

【故障分析】

根据报修现象基本考虑为电源故障。要排除电源系统的故障,应先检查墙上给整机供电的过流保护器是否处于“ON”状态,然后根据具体的故障现象检查系统柜上的“F1”断路器(开关正常的工作位置为垂直位)是否工作正常。上述检查无异常后再进行机内电源检修。

【故障排除】

根据分析,逐次检查排除故障的几种可能。

(1)综合故障现象情况,本着“先机外,后机内”的原则,先检查操作是否妥当,发现没有问题,然后由外而内,检查仪器的供电情况,排除外部供电引起的故障。

(2)"先简单,后复杂",打开 M 柜的 NP 系统,除电源指示灯 L1、L2、L3 和 ON 亮以外,该柜内所有板上的电源指示灯均不亮。检查发现,M 柜的供电及相应的保险丝均正常,怀疑其低压供电系统故障,该柜的低压电由 D08 电源系统供给,查其背后的 5V 没有输出电压,证明是该电源系统故障导致整机不能启动。

(3)打开该电源系统,肉眼即可看到该系统的 DC-DC 变换部分电路板上一个贴片的无极性电容下面的电路板出现了碳化现象,检查该电容,发现已经击穿短路,分析是由于该器件发热致使电路板碳化(见图 2-6-2)。

图 2-6-2　故障照片 电路板碳化现象

【解决方案】

排查后确认是无极性电容下面的电路板出现了碳化现象,造成电容击穿短路,首先清理碳化点,因相同型号的电容不好找,先利用板子上相同的电容测量出电容的容量为 10μF,然后用两个容量 20μF 的电解电容串联后即可代用原来的电容。经上述维修处理后,设备恢复正常。

【价值体现】

DSA 属于大型设备,它价值高,通常用于介入手术,因而该设备一旦发生故障将使手术产生较高的风险,因此,维修人员需熟悉 DSA 系统的方框图,知道故障板的位置,这样设备故障时不仅能进行应急维修,而且能在极短的时间内排除故障;更要掌握预防性维修的技巧,降低设备故障的发生率,减少设备的停机时间和维修成本。

【维修心得】

医疗设备其预防性维修非常重要,我院根据医疗设备的风险等级,制定了预防性维修的频度，一类控制目录一个月一次，二类控制目录三个月一次，三类控制目录半年一次。只要 PM 到位，不仅可大大降低 DSA 系统的故障率，从而减少医疗风险，而且可以延长设备的使用寿命，这些都是我们设备保障工作重要的一环。

（案例提供　原浙江医院　蒋益钢）

2.6.2 飞利浦 Alura XperFD10 机架系统运动缓慢

设备名称	DSA	品牌	飞利浦	型号	Alura XperFD10
故障现象	机架系统运动缓慢。设备照片见图 2－6－3。				

图 2－6－3　设备照片

【故障分析】

机架系统运动缓慢，显示器上显示如下信息："Reduced speed, bodyguard blocks high speed movement, Warning: bodyguard faulty, move at own risk Clean bodyguard"，考虑到影响机架运行速度主要有两个原因：①机架系统不在工作范围之内；②病人防撞系统（body guard）启动。

【故障排除】

根据故障分析的几种可能，逐次检查排除

（1）综合故障现象情况，本着"先机外，后机内，先简单后复杂"的原则，先检查操作是否妥当等的原则进行检查。机架系统工作图见图 2－6－4，工作区域是血管造影机的正常工作区域，停放区域是设备使用之后停放的位置。其中，HEP 位和 LEP 位分别是头侧和脚侧的运动极限位置，PP 位是设备不用时的停放位置，WP1 和 WP2 之间的位置是设备设计的真正工作区域，在这个工作区域内，机架正常运动，一旦移出这个区域，为了防止碰到其他设备或患者，机架的各种运动都会变得非常缓慢，以给使用者留出更换的反应时间，因此，在使用设备时如果发现机架的各种运动突然变缓，首先应检查机架是否在工作区域内，具体位置可以通过天轨上贴的标签进行判断。本故障案例中机架位置处于工作位。

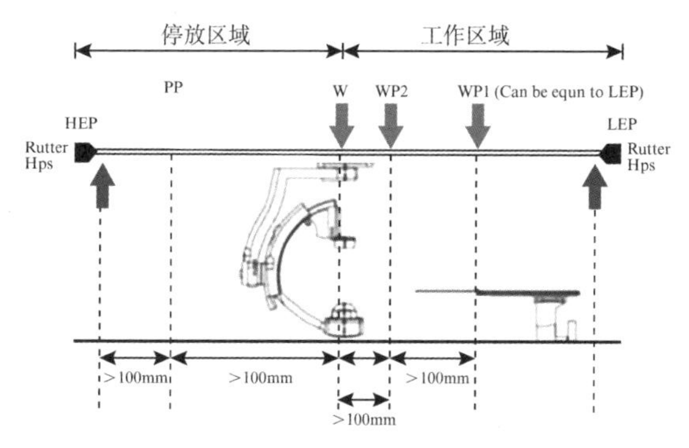

图 2－6－4　机架系统工作示意

（2）排除病人防撞系统启动，该系统主要装配在 X 线管球及探测器（平板）外壳，这两部分在朝向病人移动时，在距离病人大约 10cm 的时候，移动速度开始明显变慢，在距离病人 1cm 的时候，C 臂停止移动。先检查滤线栅固定的好坏，防碰撞传感器对于滤线栅的震动较为敏感，如滤线栅的一角没有固定好，则一旦 C 臂运动滤线栅就会产生震动，引起其运动忽快忽慢。检查滤线栅发现固定正常，球管及探测器周围也没有障碍物，仔细查看发现探测器外壳表面有箔纸标签，撕掉后机架系统正常工作。

【解决方案】

排查后确认是探测器外壳表面的箔纸标签造成故障，将其撕掉后机架系统正常工作。

【价值体现】

DSA 属于大型设备，它价值高且往往用于介入手术，因而该设备一旦发生故障将会使手术产生较高的风险，该例故障主要是由于保养不当引起。工程师应掌握预防性维修的技巧，严格按 PM 计划执行，降低故障发生率，缩短设备的停机时间，降低维修成本。

【维修心得】

医疗设备预防性维修非常重要，应结合常见的故障现象和维修经验进行维护。在进行 DSA 系统的预防性维修时可从以下六个方面重点来开展。

(1)病人防撞系统的 PM。检查管球外壳、探测器外壳上是否有少量液体(血液、药液等)，如果有，可以用棉布或纱布擦干；是否有相关手术用的消毒巾、床单垂落在管球外壳及探测器外壳上；是否有心电导联线、导丝或其他设备缆线垂落在管球及探测器上；在管球及探测器附近是否存在其他障碍物(比如防护铅帘、心电消融设备等)；在管球及探测器外壳表面上是否有金属标签(比如箔纸标签等)。

(2)检查温湿度。要求手术间温度保持在 20～30℃，相对湿度在 40%～60%，这样可以最大限度保障病人防撞系统的正常运行，降低其故障率。工程人员要培训医务人员日常关注以上两步。

(3)DSA 冷却系统的 PM。

1)球管部分的冷却系统，检查油冷系统的油液位及散热片除尘(用小刷子扫除灰尘；灰尘特别严重时，可以使用吸尘器清理)。油冷系统的液面检查方法：①确保机器已完全关机。②从油箱中取出油尺。③用纱布擦除油尺上面残留油。④将油尺插入油箱中，不要固定油箱盖。⑤再次从油箱中拔出油尺。⑥检查油尺油位，油位必须保持在最小刻度与最大刻度之间。⑦当油位在最小刻度附近时应及时添油，最小刻度与最大刻度之间大约相差 1.1L 油，确保加入正确的油："Oil Shell S3 ZX－IG"(随机留一桶备用油)。

2)平板探测器的冷却是通过冷却装置实现的，检查冷却液面的高低是保养时的重要一环，检查平板探测器冷却装置右侧的透明的检查窗口，可以看到冷却液当前的液面，在检查窗口里有上下两条横线，液面往上不能超过最高的横线，往下不能低于最低的横线，如果液面低于最低横线，则需要添加冷却液。

(4)设备控制柜的 PM。

1)对所有机柜的清洁：打开所有机柜的盖板，对机柜内部进行清洁，检查各电缆是否有破损，检查所有电缆的接头是否固定良好，特别检查 E 柜的高压电缆和机柜内部外部地线的连接。

2)对 M 柜的清洁：对主控电脑的风扇进行特别的清理，提高其散热能力。

3)对 E 柜高压控制柜的清洁：清理高压逆变器、旋转阳极控制板和机柜后面风扇上的灰尘,检查高压发生器里的油量。

4)对 R 柜的清洁:清理机械运动控制主机的两个风扇。

(5)做好软件的备份。为了方便以后维修时能快速解决故障,分别对 M 柜内“PC BOX”内的两个硬盘(系统硬盘和图像硬盘),以及 R 柜内 PC 机箱内的控制机械运动的硬盘进行克隆备份,以备不时之需。

(6)检查各机械运动的情况,对明显机械运动比较呆滞的部位和有机械噪声的部位,在机械接触部位的导轨上、下用白油清洗后,加上一层润滑脂。

(案例提供　浙江绿城心血管病医院　蒋益钢)

2.6.3　飞利浦 Alura XperFD10 机架系统运动缓慢,曝光故障

设备名称	DSA	品牌	飞利浦	型号	Alura XperFD10
故障现象	机架系统运动缓慢。				
故障现象	透视和点片均不能曝光,显示器报错“fluoroscopy/exposure failed, please retry Detail info”。设备照片见图 2-6-5。				

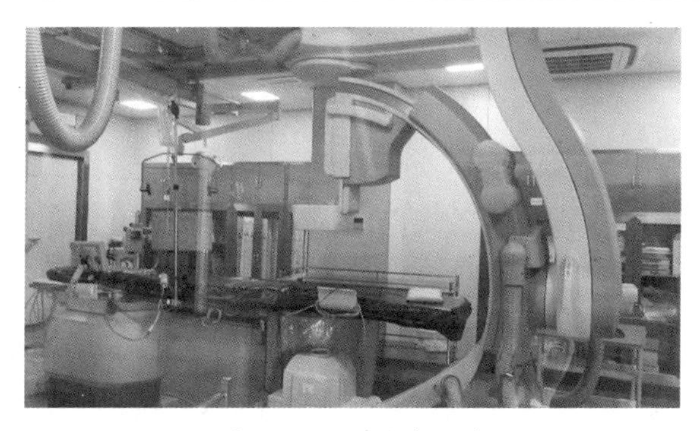

图 2-6-5　设备照片

【故障分析】

综合故障现象情况,本着“先机外,后机内;先简单,后复杂”的原则,通过检查整个曝光回路,发现 K1 继电器未吸合。

【故障排除】

控制电路如图 2-6-6 所示,该继电器由 EN100 上的继电器控制,检查后发现该继电器未吸合,根据电路图检查控制电路,查到 CUBE 板上的光耦,对其重点检测,在其输入端加一 1.2V 电压,测其输出端电阻,发现仍为无穷大,说明光耦失效。

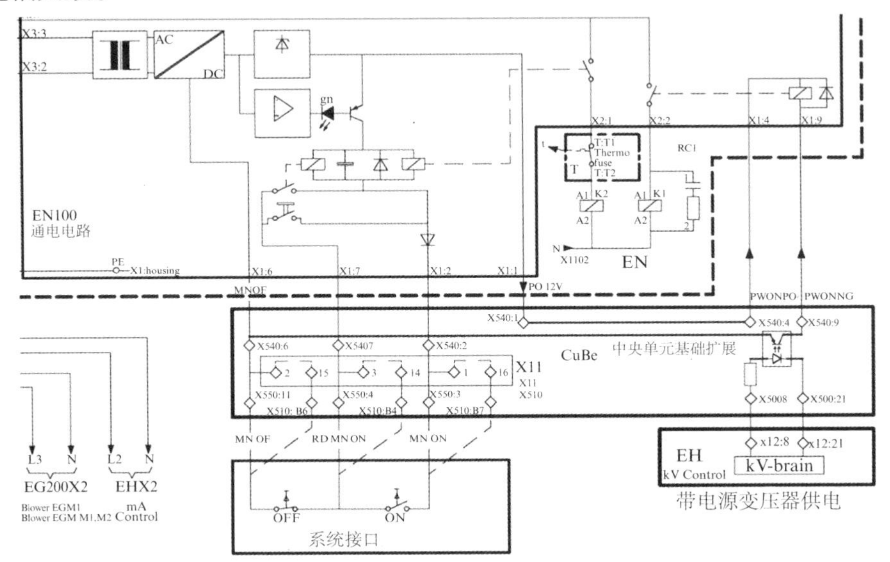

图 2-6-6 控制电路

【解决方案】

更换该光耦后系统工作恢复正常。

【价值体现】

此次维修利用了以往积累的维修经验,在检查和熟悉整个曝光回路后,迅速找到了故障根源。长期积累的维修经验可以帮助我们更快地为临床解决问题,缩短设备的停机时间,降低维修成本。

【维修心得】

合理地利用维修经验和积累的维修技巧可以帮助我们更好、更快捷地解决问题。

(案例提供 浙江绿城心血管病医院 蒋益钢)

2.6.4 飞利浦 Alura XperFD10 曝光故障，“TUBE DEFECT”

设备名称	DSA	品牌	飞利浦	型号	Alura XperFD10
故障现象	透视和点片均不能曝光，自检状态下显示器报错“TUBE DEFECT”。设备照片见图2-6-7。				

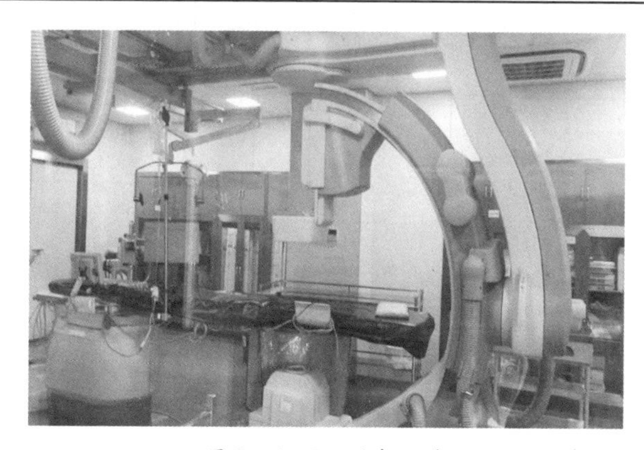

图2-6-7 设备照片

【故障分析】

综合故障现象情况，本着“先机外，后机内，先简单后复杂，先检查操作是否妥当”的原则进行检查。电脑系统的报错的原因可能是球管本身的原因也有可能是球管外围电路的原因，分析该故障的原因主要有以下四个：①逆变器故障；②高压发生器故障；③“EZ CUBE”板故障（见图2-6-8）；④球管本身故障（因更换球管代价大，更换时间长，必须完全诊断明确后才可考虑更换球管）。

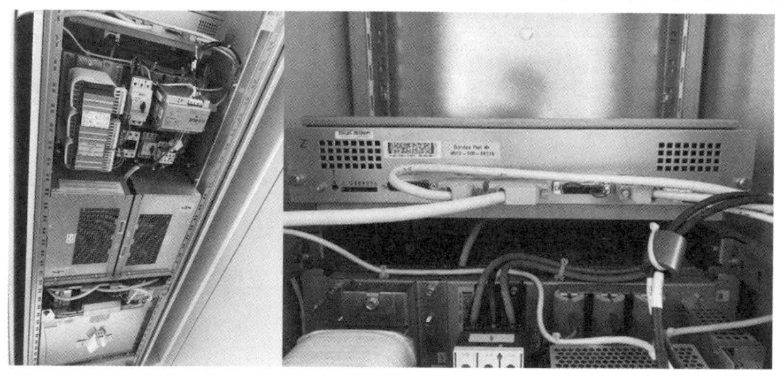

图2-6-8 E柜和EZ CUBE板示意

【故障排除】

根据故障分析的几种可能,逐次检查排除。

(1)检查逆变器(见图2-6-9):在三相电源断开的情况下测试EQ和E2Q的静态电压,分析数据后认为逆变器没有故障,测试结果见表2-6-1。

图2-6-9 逆变器EQ和E2Q

表2-6-1 逆变器EQ和E2Q静态电压测试值

测试点	2Q	1Q
Gate4(NNG4X) - EMITTER4(NNE4)	-9.45	-9.48
EMITTER4(NNE4) - DC SUPPLY_ 4	16.48	16.48
DC SUPPLY3 - EMITTER3(NNE3)	16.49	16.52
EMITTE3(NNE) - GAE3(NNG3X)	-9.48	-9.51
GATE2(NNG2) - EMITTER2(NNE2X)	-9.48	-9.49
EMITTER2(NNE2) - DC SUPLY2	-16.53	16.48
DC SUPPLY 1 - EMITTER(NNE1)	16.54	16.51
EMITTER 1(NNE1) - GATE 1(NNG1X)	9.52	-9.5
NNE4 - NNC3	-23.02	-23.05

(2)检查高压发生器:利用示波器,将双通道的示波器分别接于EHX11/24和EHX12/25,用一节1.5V的电池通过一个开关连接高压发生器的X1001/X1002,在开关通断的瞬间分别测到如图2-6-10所示波形,通过分析波形认为高压发生器和球管基本没有故障。

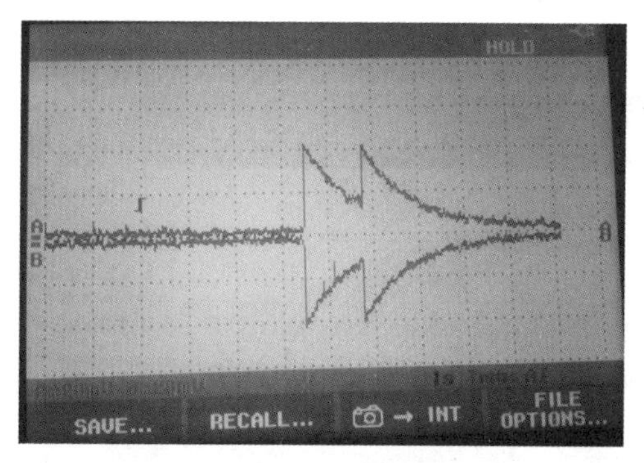

图 2－6－10　示波器显示波形

（3）检查“EZ CUBE”板：通过分析该电路板，用稳压电源进行加电实验，最后测试到一 5V 的直流模块有问题，更换后系统工作正常。

【解决方案】

更换 EZ CUBE 板上一 5V 直流模块后，系统工作恢复正常。

【价值体现】

造成 X 光不能曝光的原因有很多，且维修难度大、时间成本高。此类故障一般的处理方法是联系厂家进行维修，但由于大型设备故障停机给临床带来的损失及工作量极大，因此此次尝试自己深入寻找故障。经检查发现此次故障只是一 5V 直流模块有问题，且更换后系统恢复正常。本次维修大大节省了维修成本，缩短了设备停机时间。

【维修心得】

只要有分析电路的能力，充分运用各种维修工具（如示波器、高压表、摇表、LCR 表等），熟悉系统的框图，就有可能在不用维修密码和维修软件的情况下修复大型设备，而且维修速度也将加快。

（案例提供　浙江绿城心血管病医院　蒋益钢）

2.6.5 飞利浦 Alura XperFD10 透视不曝光

设备名称	DSA	品牌	飞利浦	型号	Alura XperFD10
故障现象	透视不能曝光,报错信息“fluoroscopy failed,please retry Detail info”,但点片状态下能瞬间曝光。设备照片见图2-6-11。				

图2-6-11 设备照片

【故障分析】

该机的X线发生器主要由E柜(见图2-6-12)内的“EZ CUBE”板(KV/MA波形的发生和控制)、EN部分(系统强电控制部分)、NT24板24V稳压电源(系统低压电源供应部分)、EQ/E2Q部分(逆变器高压发生器初级电源供应)、EG高压次级(高压发生器)及EY部分(旋转阳极控制等)组成。因此只能逐级由外而内进行检查。

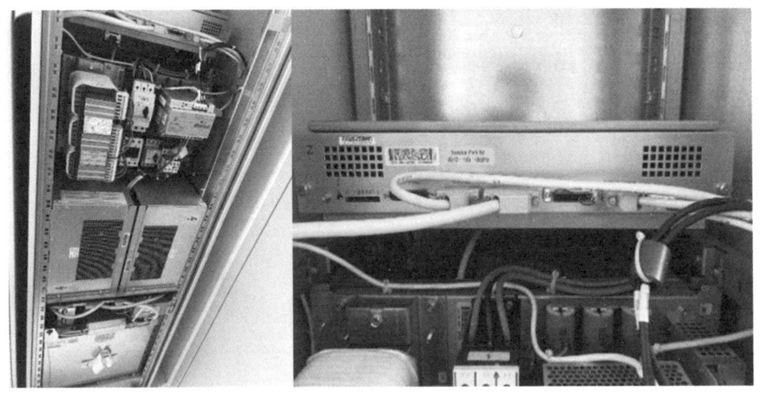

图2-6-12 E柜和EZ CUBE板示意

【故障排除】

综合故障现象情况，本着“先机外，后机内”的原则，先检查操作是否妥当，发现没有问题，再由外而内，检查仪器的供电情况，发现继电器 K1/K2（见图 2-6-13）均吸合，24V 电源供电正常；“先简单，后复杂”，查看工作指示灯，根据故障现象重点打开 E 柜查看 KV/MA 板的指示灯，主要是 H800 和 H900，指示灯状态见表 2-6-2，正常情况下指示灯在该电路板自检时会先亮 3 秒，然后闪烁，最后常亮，自检发现该电路板正常；在曝光状态下用示波器分别测量 EQ、E2Q 的 X1001/2、X1003/4 波形，发现能瞬间测到 X1003/4 的波形，但测不到 X1001/2 的波形，分别测 EQ 的输入波形，测试点在 X1 的 20 和 1 以及 X1 的 21 和 2；在曝光状态下能瞬间测试到如图 2-6-14 所示的波形，但瞬间消失。

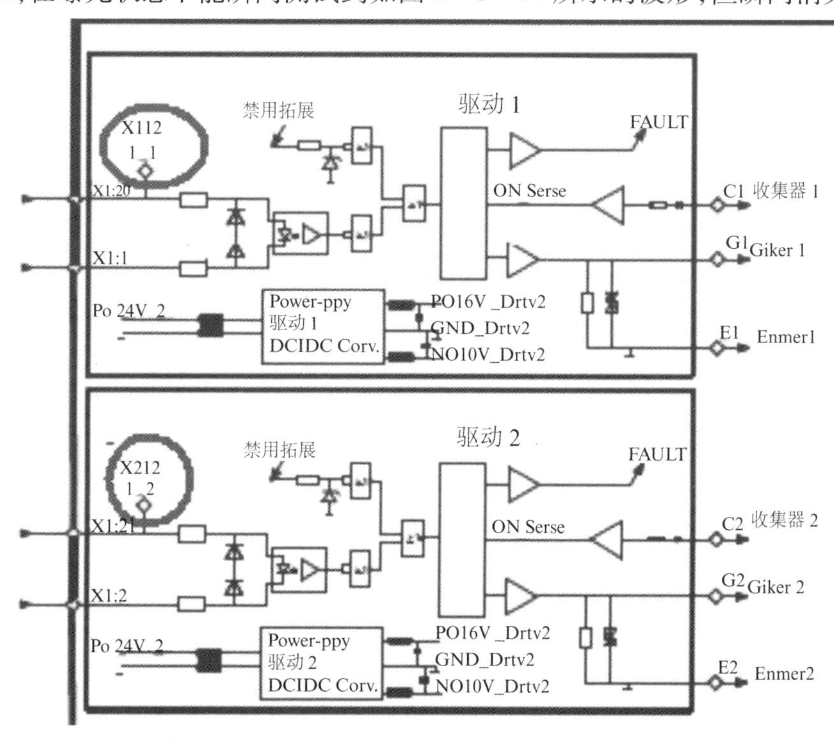

图 2-6-13　继电器电路

表 2-6-2 H800 和 H900 状态指示灯

序号	指示灯状态		对应系统状态
1	常亮	初始化启动阶段	硬件开始初始化
2	常亮		CPU/输入,输出初始化
3	常亮		应用软件初始化
4	连续闪烁		CAN 总线连接
5	熄灭		系统启动完成,工作正常
6	常亮		启动阶段完成后系统有致命性故障,RAM/ROM 等自检失败
7	闪烁一次		自检失败,警告性故障

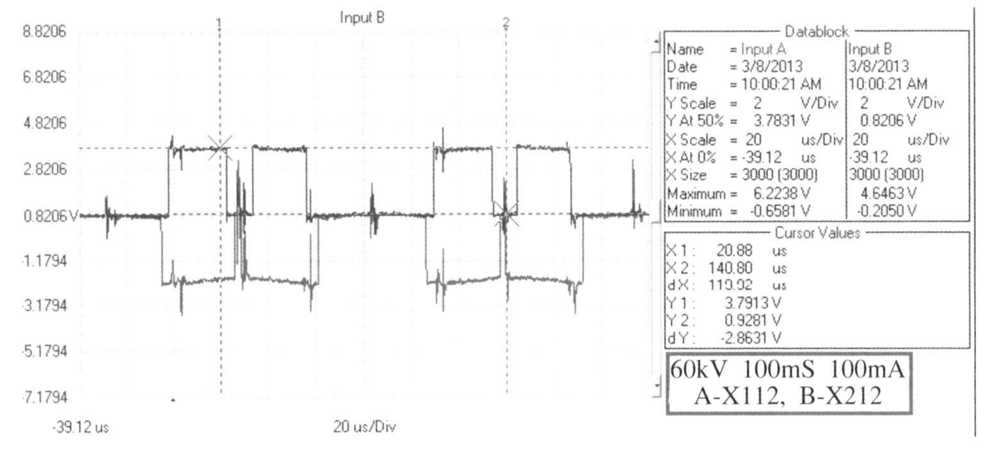

图 2-6-14 示波器波形

初步分析可能由 IGBT 管 FF 600 R 12 KF 4 瞬间击穿导致直流 550V 瞬间短路引起短路保护,切断曝光所造成。

【解决方案】

更换同型号 IGBT 管后系统正常工作。

【价值体现】

此次维修利用了以往积累的维修经验,通过检查和熟悉整个曝光回路,借助示波器观察波形,分析故障为 IGBT 管击穿所致。长期的维修经验可以帮助我们更快地为临床解决问题,缩短设备的停机时间,降低维修成本。

【维修心得】

只要我们大致熟悉 X 光的曝光顺序，配合示波器的使用，就可以解决这类看似复杂的故障。

（案例提供　浙江绿城心血管病医院　蒋益钢）

2.7　放射类设备其他故障维修案例

2.7.1　GE Optima 360 自动扫描失败，机架指示灯异常

设备名称	磁共振	品牌	GE	型号	Optima 360
故障现象	自动扫描失败，机架指示灯异常。				

【故障分析】

从错误日志（见图 2－7－1）中可以看出梯度放大器电源没有供上，Z 轴放大器出现问题，判断为梯度放大器电源或者梯度放大器出现故障。

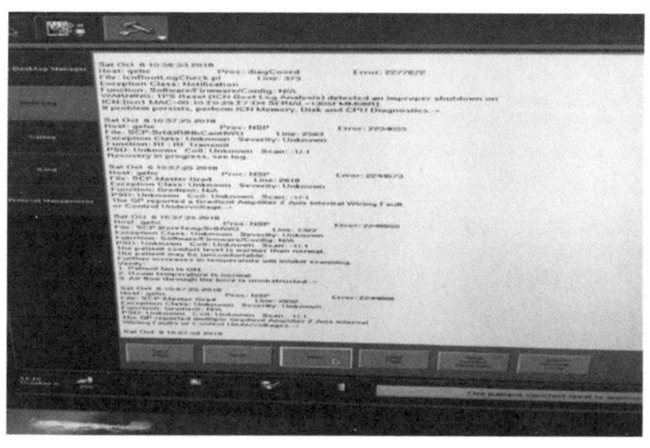

图 2－7－1　错误日志

【故障排除】

关机，等机架放电10分钟后重启。重启后故障仍然存在，去机房查看机架，观察机架各种信号灯，开机运行几分钟后，等梯度放大器电源上电，X轴和Y轴指示灯正常，而Z轴只有一盏指示灯亮（见图2-7-2），判断梯度放大器电源应该工作正常。

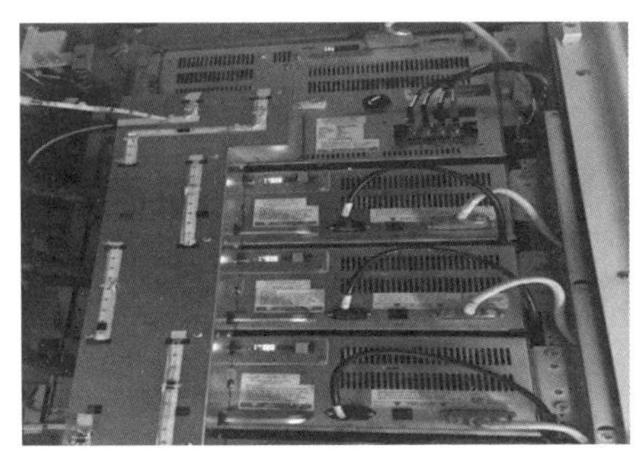

图2-7-2 指示灯错误示意

在PC端输入用户名登录后，错误提示“X，Y，Z Axis gradient error detected; recovery in progress”，故怀疑Z轴放大器出现问题，为了进一步确定，将Y轴放大器与Z轴放大器互相对换。断电后先拆下左边白色检测湿度的传感器排线，卸下水冷管子，拆下Y轴、Z轴电源与信号排线，抽出Y轴放大器（因为放大器比较笨重，所以可在下方垫一只木箱子，将其抽出来放木箱上搁置一会）。用同样方法抽出Z轴放大器，将两只放大器位置互换，插上电源跟排线，接上水冷管子，检查无误后开机。

每个梯度放大器都有对应的空气开关，分开上电就能判断出故障的放大器。开机启动后报错代码由Z轴变成Y轴，确定为Z轴放大器出现故障。

【解决方案】

在确定问题出现在Z轴后，还原Y、Z位置，拆开Z轴放大器，发现主板上有管子击穿（见图2-7-3），是一对功率放大器。联系第三方维修，告知故障，他们的工程师带上对应的配件，赶到医院更换，更换后正常开机。整个过程历时4小时，当天晚上顺利完成先前延误的检查，未对第二天检查造成影响。维修过程的照片和维修后指示灯正常显示的照片见图2-7-4和图2-7-5。

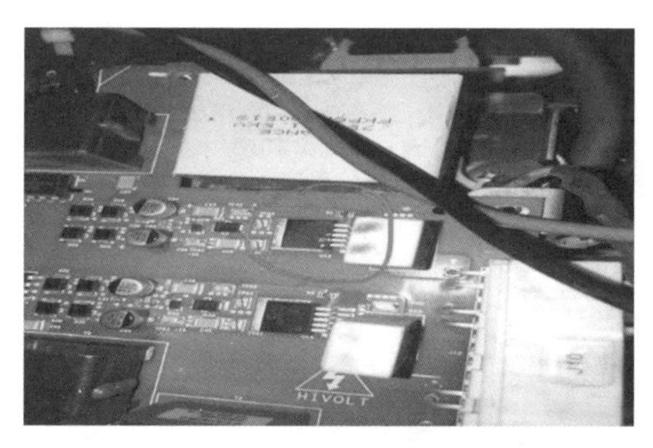

图 2-7-3　Z 轴放大器管子击穿

图 2-7-4　维修过程照片

图 2-7-5　维修过后指示灯正常

【价值体现】

快速确定了故障点，节约了维修时间，提高了工作效率。

【维修心得】

此次故障为我院第一次遇见放大器故障问题，首先猜想故障原因为电源问题。经观察机架后发现 Z 轴放大器指示灯与正常情况下有出入，将其与在日常正常工作录下的指示灯运作情况进行对比，迅速判断故障源。X 轴、Y 轴、Z 轴放大器为同一放大器，只是接入位置不一样，如有故障可以互相对调，更加容易判断故障点位置。图 2-7-5 为正常情况下 X 轴、Y 周、Z 轴梯度放大器与梯度放大器电源正常工作时候指示灯运作。

此外，VRE 模块和射频放大器也是容易损坏的部件，平时需及时做好清尘、加冷媒等保养工作。

（案例提供　浙江省诸暨市中医医院　刘建宝）

2.7.2 西门子 Avanto/Aera 第一级 SAR/反射系数过高

设备名称	磁共振	品牌	西门子	型号	Avanto/Aera
故障现象	第一级 SAR/反射系数过高。				

【故障分析】

比吸收率(specific absorption ratio,SAR)是在扫描过程中,人体部位的射频能量吸收率。SAR 监控分为两部分:第一部分为扫描前根据输入病人信息和检查部位进行序列中最大射频能量和平均射频能量的评估,如果超出 SAR 标准,则需要修改序列参数;第二部分为扫描过程中实时监测并计算射频能量峰值和平均值,一旦超出标准,则中断扫描。

监测原理(SAR 实时监控见图 2-7-6),扫描中射频能量 Pf、Pr、CV 参与实时监测计算。根据吸收能量 W = 发射能量 W1 - 反射能量 W2 - 激发能量损耗 W3,W3 通过"Pick up coil"耦合值进行计算。如果需要固定翻转角的能量,射频 W2 越大,则需要的 W1 越大。扫描过程中 SAR 监控与发射能量 PF、反射 PR 密切相关,因此,发射回路任何环节出现反射过高都会引起超 SAR 问题。

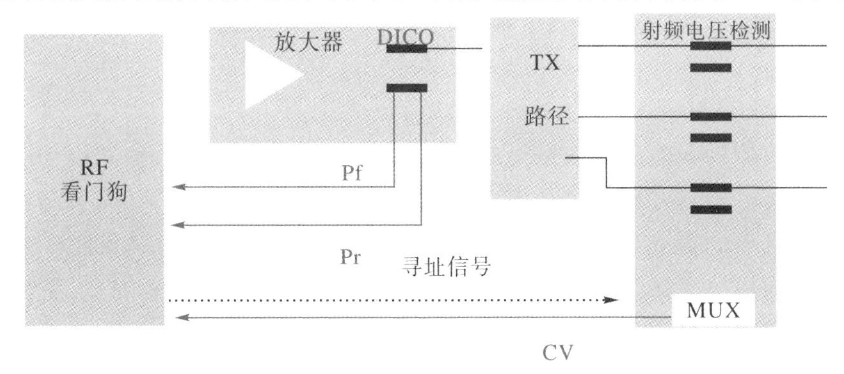

图 2-7-6 SAR 实时监控

▲ 故障现象一:序列预扫描前,弹出对话框,要求必须修改层数、TR 时间、翻转角等参数,否则不能扫描。目前全球大多数国家采用 IEC 标准,作为本国 SAR 标准。IEC 标准中,病人体重是 SAR 计算的主要依据,SAR = 吸收射频能量(W)/体重(kg),操作技师输入体重过轻会严重影响 SAR 阈值计算。

▲ 可能原因一:参数不当。

IEC 标准处于不断迭代变化中,选择与设备软硬件相适应的 IEC 标准尤其重要。此外参数修改,如回波链长度、TR 时间、RF pulse mode、翻转角等不合适等都会引起超 SAR。其中,翻转角能量(W)和发射电压(VOLT)关系为:W = VOLT × VOLT/50。翻转角越大,所需发射电压越高。另外,SAR 是一段时间的累积值,延长 TR 时间、缩短回波链长度都是降低 SAR 的方法,但是这些方法将延长扫描时间,在磁共振扫描中通常难以接受。

▲ 可能原因二:环境温度过高 。

SAR 监控阈值与外界温度紧密相关,当环境温度高于 24℃时,温度每升高 1℃,SAR 限值约降低 0.5W/kg。一些医院病人不多时,为了省电等原因而关闭空调,这样不仅会造成设备因所处环境温湿度难以保持而损坏,还会造成扫描时出现超 SAR 问题。

▲ 故障现象二:序列已经开始扫描,突然出现需要修改参数的弹框,之前相同序列,相同参数未出现此现象。

若非自发射线圈,大多数此类问题是由 BC 射频曲线异常造成,以我院 AVANTO 1.5T 磁共振为例,通过 option →service →local service →testtool →BC 的路径,来测量发射体线圈频率 - 反射因数曲线(见图 2 - 7 - 7)。磁体中心频率 63.651MHz,其射频曲线中 Reflection Factor 最小值出现在 63.6MHz 附近,即磁体中心频率与 Reflection 最小值重合,此时反射能量 W2 最小。如果射频曲线出现异常 W2 增加,系统就会随之增加发射功率 W1 以达到激发人体的目的,此时往往造成 SAR 的超标。

▲ 故障现象三:完全不能扫描,同时伴有"RF watchdog error, Reflection too high"等射频报错出现,见图 2 - 7 - 8。

【故障排除】

当遇到超 SAR 问题时,应从易到难进行排查,首先确定是否有操作相关问题,输入的病人体重是否偏轻,序列参数是否有问题,房间温度是否达标。确定操作无误后,明确所用线圈是否为自发射,若为自发射线圈,则故障排查较为简单。排查自发射线圈本身或发射线阻值是否异常。若为体线圈,需通过射频测试,先进行"BC tuning"和"BC power loss"测试,然后由信号回路从小到大依次展开查找问题。

反射

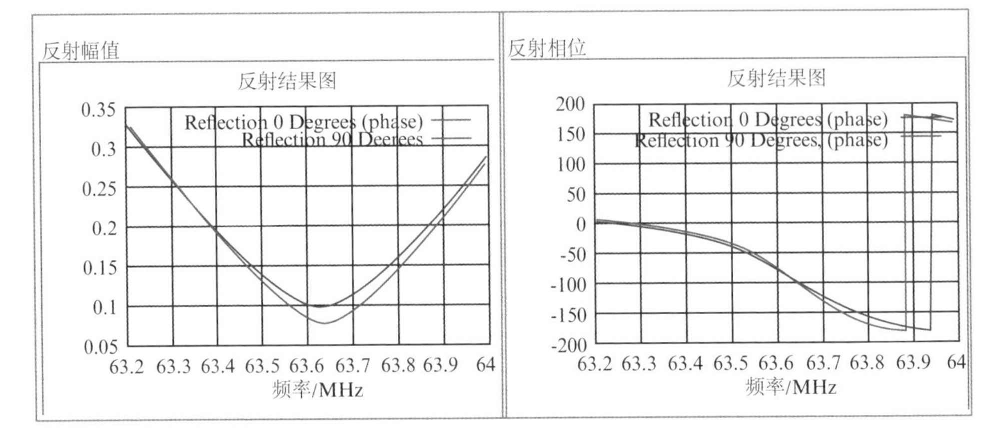

反射

	频率（最小值）				系数（最小值）				相位（系统频率）			
	Value	Low Spec	High Spec	Unit	Value	Low Spec	High Spec	Unit	Value	Low Spec	High Spec	Unit
0 deg	63.63	63.50	63.85	MHz	0.10	0.00	0.30		-77 .99			deg
90 deg	63.63	63.50	63.85	MHz	0.08	0.00	0.30		-74.92			deg
Delta	0.0	-100.0	100.0	kHz								

图 2－7－7　AVanto 射频曲线

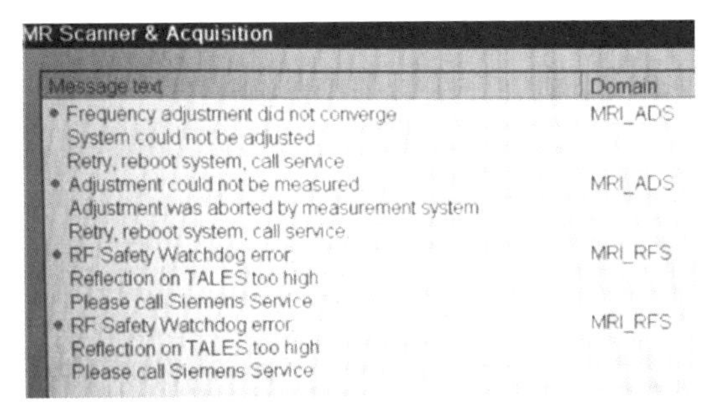

图 2－7－8　射频报错

【解决方案】

(1)检查环境因素,包括设备间空调制冷效果是否良好,温度是否严格控制在 24℃以下,病人磁体洞内通风是否调至最高。

(2)注册新病人,体重选择标准 70kg,使用西门子原始序列“SIEMENS - Default Protocol”中“TSE”、“SPAIR”、“FLAIR”等长回波链,高翻转角序列进行扫描,若原始序列未出现超 SAR 的情况,则考虑为修改序列问题。

(3)通过路径“Local Service”→“configuration”查看所选择 IEC 标准,如 IEC、IEC02、IEC95。若在初始配置中选错适用标准,则使用过程中会经常出现

SAR 超标。

（4）BC 射频曲线调整见图 2－7－9（调节电容）BC 上有三个可调电容 T1 为 0°调节电容，T2 为射频 90°，TD 为 0°和 90°去耦合电容，如果“Transmission”位于－12dB 和 0dB 之间则需要进行调节 BC 在梯度线圈的位置。T1 顺时针旋转主要降低 0°衰减频率，T2 顺时针旋转主要降低 90°衰减频率。

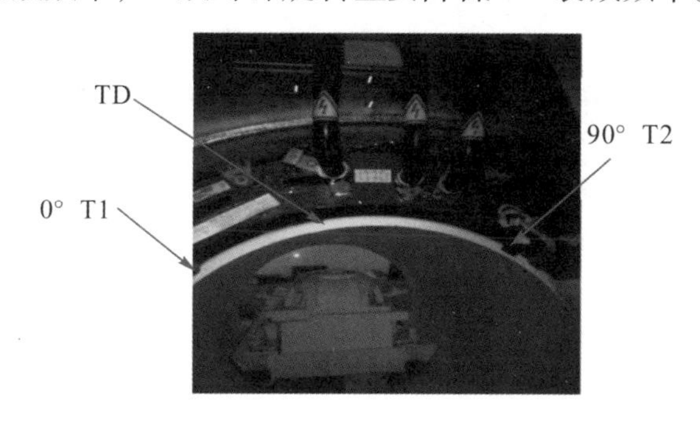

图 2－7－9 调节电容

（5）“pick up coil”故障中 30dB 衰减部分容易出问题，重新对此部分进行简单处理可解决问题。“BCCS”问题中由于自身切换异常，只有更换“BCCS”模块解决问题。此外，发射线路中接线松动、放大器功率部件自身故障等都会出现超 SAR 不能扫描现象，此类问题需要设备工程师解决。

【价值体现】

能够缩短超 SAR 序列的扫描时间，降低 SAR 警告频率。射频曲线调整减少对机器射频放大器的损坏。

【维修心得】

通过此次维修，深入了解了超 SAR 带来的问题。超 SAR 极大地影响了设备的日常使用，SAR 超标，轻则需要修改扫描参数，重则导致磁共振宕机，影响扫描时间和图像质量。此次维修也同时反映出外界环境（温湿度）的稳定对设备正常运行的重要性。

（案例提供 浙江大学医学院附属第二医院 王宏杰）

2.7.3 上海三叶 XG501 球管大灯丝频繁烧毁,使用寿命短

设备名称	摇篮遥控 X 线机	品牌	上海三叶	型号	XG501
故障现象	我院早期购买的一台上海医疗器械厂生产的 500mA 摇篮遥控 X 线机,主要用于病人的透视和拍片。该机屡次发生烧球管大灯丝的现象,更换新 X 线球管后也只能使用 5~6 个月。				

【故障分析】

仔细研读该机的灯丝加热电路(见图 2-7-10),以大灯丝 200mA 摄影为例加以分析:该机由磁饱和稳压器提供 X 线管灯丝加热电路提供稳定的加热电压和电流,磁饱和稳压器(WY)输出(-142)→大灯丝加热变压器初级(DJB1)→冷高压保护变压器(LLB)→空间电荷补偿变压器(233、243)→毫安选择开关(223)→毫安调节电阻(2SR-DFJ6-176)→磁饱和稳压器公用端子为一个回路,大灯丝变压器得电,灯丝开始加热。从电路图也可以看出,灯丝的预热电压和它的曝光电压相同。机器在待机时,灯丝仍然以曝光时的电压加热,而不是降压预热。重新装配新的球管,连接好高压电缆等线路,开机观察,无论机器在预热状态还是在曝光状态,灯丝亮度都无变化,验证了该机的球管灯丝预热电压和曝光电压相同的判断。

【故障排除】

"屡烧灯丝"的原因已经明确,尝试通过增加了一个灯丝预热降压电路来解决这一难题(见图 2-7-10 虚线部分):从 176 这一点把 176 和公用端之间的连线断开,串接一只 100W、200Ω 的线绕可调电阻,在电阻的两端并联一副继电器的常开触头 J1,继电器 J 的线圈与摄影接触器的线圈 SC 并联,接好电路。当按下曝光按钮时,SC 和 J 同时得电,SC 的触头与 J1 同时闭合,灯丝由预热状态进入加热状态。旋转阳极启动,经 0.8s 延时等一系列曝光准备动作后,电子控时电路触发主可控硅导通,高压发生器初级线圈通过主可控硅、接触器 SC 触头得电,X 线产生。曝光结束后,线圈 SC 和线圈 J 同时失电,J1 打开,灯丝进入降压预热状态。

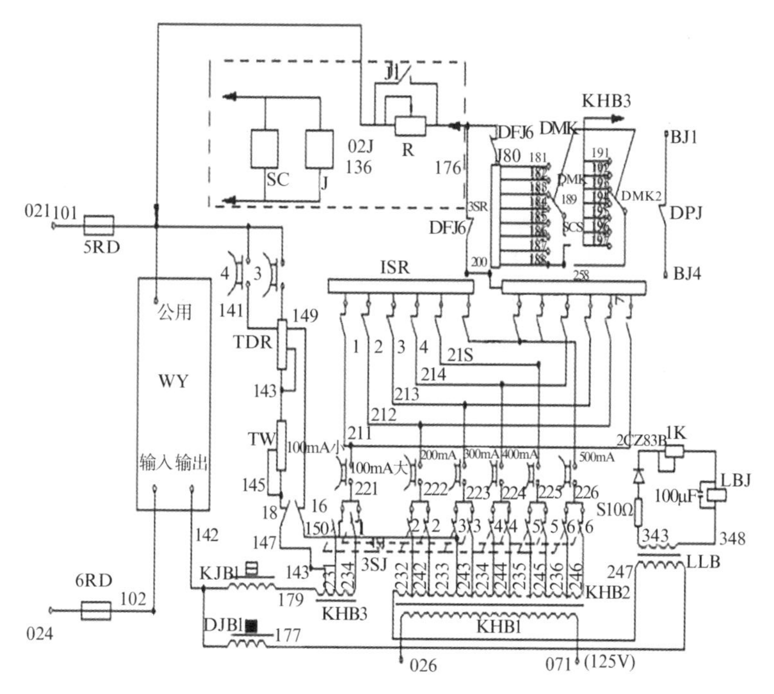

图 2-7-10　设备灯丝加热电路示意

【解决方案】

本例维修利用了旋转阳极启动的 0.8s 延时，以及其他曝光准备动作的时间对灯丝进行全电压加热，待机时利用可变电阻降压为灯丝预热。经实验，调整可变电阻的阻值在 50Ω 左右，灯丝预热时，各电流挡灯丝的发光亮度均有明显下降，曝光时为耀眼的白光。顺手微调 2SR 各个电流挡的阻值校正摄影电流值，满足曝光时设定的电流量，对新更换的球管进行高压训练后交付使用，经三年多的运行，未再发生烧灯丝的现象。

【价值体现】

通过改进，延长球管的使用寿命，每年节省近 10 万元的球管更换费用。本改进方法对厂家设计 X 线机也有一定的借鉴和指导意义。

【维修心得】

兄弟医院有一同为上海医疗器械厂生产的 XG211 型 200mAX 线机，在 2013—2014 年间也发生了与我院的 XG501-500 mA X 线机同样的故障。通过把待机时灯丝降压电路的继电器线圈与准备继电器 SFJ 线圈并联，这一问题得以解决。

上述的案例均是由待机时的灯丝的预热电压过高引起的。有资料显示，用钨丝制成的阴极射线管，灯丝加热电压每提高 5%，灯丝的寿命将减少一半。因此，建议厂家对该类别的机器进行改进，降低灯丝待机时的预热电压，使球管灯丝的使用寿命有效地延长。

（案例提供　浙江省杭州市萧山区中医院　于乃群）

第3章 呼吸类设备

3.1 概 述

3.1.1 呼吸机原理与结构

3.1.1.1 呼吸机基本工作原理及分类

呼吸机是重要的生命支持类医疗设备,被广泛应用于急救复苏、重症监护、手术麻醉、短期或长期需要机械辅助通气的病人(包括家用)等多种场景。作为辅助病人机械通气的设备,呼吸机的主要功能是呼吸支持和呼吸治疗。呼吸是肺内空气与周围空气交换的过程。辅助病人机械通气时,呼吸机在吸气相时由体外提供机械正压驱动,使病人气道和肺泡产生压差而吸气,而在呼气相时撤去体外机械正压,使病人胸廓及肺弹性自然回缩,肺泡与气道因被动性正压差而呼气,整个呼吸周期通过"相关正压力差"完成。呼吸机可以帮助病人增加肺通气量,使肺间歇性膨胀,通过增进氧合、降低二氧化碳潴留的方式,最终改善病人的呼吸。

目前常用的呼吸机均采用气道正压的方式进行机械通气,即本文描述的呼吸机,其常见的分类方式有:①按应用场景分,有医院ICU呼吸机、急救呼吸机、转运呼吸机,以及麻醉系统呼吸机、家用呼吸机等;②按适用对象分,有成人呼吸机、儿童呼吸机、新生儿呼吸机;③按通气界面分,有有创呼吸机(通过气管插管或气管切开套管通气）和无创呼吸机（通过面罩、鼻罩、喉罩通气）；④按通气频率分，有常频呼吸机和高频呼吸机等。当然，很多呼吸机（例如 ICU 呼吸机）具有高频通气模式、无创通气模式，以及适合所有年龄段病人的通气模式等，因此，目前呼吸机通常按应用场景进行分类。

3.1.1.2 呼吸机基本结构

呼吸机的基本结构见图 3－1，其组件包括：①气源；②空氧混合单元；③控制单元；④吸气通道；⑤呼气通道；⑥监测单元；⑦呼吸回路；⑧湿化装置（湿化器与雾化器）。

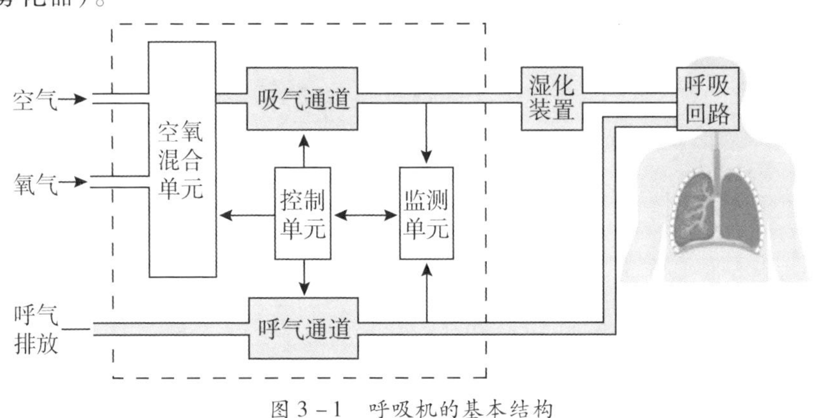

图 3－1 呼吸机的基本结构

1. 气源

呼吸机需要通过氧气和空气驱动，其中，氧气通常由医用中心供氧系统或者氧气钢瓶提供；空气通常由中心供气系统或者医用空压机提供。所有气源都需要减压和调压后才能连接呼吸机。还可以采用涡轮气动的方式，直接将环境中的空气抽入呼吸机，作为气源供应。

2. 空氧混合器（驱动装置）

呼吸机的辅助机械通气是让病人吸入一定量的空氧混合新鲜气体，目前主流的有创呼吸机通常采取以下三种方式中的一种来实现给病人提供混合新鲜气体。

（1）高精度比例电磁阀：减压阀将高压氧气和空气在供气模块调节到适合的压力，吸气动力装置由两个高精度比例电磁阀或一个高精度比例电磁阀结合机内储氧罐组成。控制系统根据预调的氧浓度、潮气量、吸气流速和吸气时间等参数将控制信号传输给电磁阀，高精度比例电磁阀根据设定参数输出混合的新鲜气流。

（2）步进电机带动活塞泵：高压氧气和空气减压后进入气体比例阀，气体比例阀输出预调的混合气体到储气腔，控制系统根据预调的氧浓度、潮气量、吸气流速和吸气时间等参数控制步进电机的动作，带动活塞泵上下或前后移动，以调整气体的比例，最终将混合新鲜气体提供给病人。

（3）涡轮机：内置涡轮机将管路输入的高压氧气减压气流与在设备环境中直接采集的空气进行混合，控制系统根据预调的氧浓度、潮气量、吸气流速和吸气时间等参数将控制信号传输给涡轮机，涡轮机根据设定参数抽取两种气体，然后将混合新鲜气体提供给病人。

3. 控制单元

控制单元主要用于设置呼吸机的相关参数（如通气潮气量、通气频率、吸呼比、气道压力、吸入氧浓度等）及选择相关的通气模式。按照不同的控制原理，控制单元可分为气控和电控（包括微处理机控制）。

（1）气控：呼吸机无需电源，通过气动逻辑实现对潮气量、呼吸频率和吸气时间等参数的控制，虽然控制精度不高，较难实现复杂功能，仅能提供必要的简单控制，但在一些特定的场合（如用于在担架等转运过程中使用急救呼吸机）仍旧很有必要。

（2）电控（包括微处理机控制）：采用模拟和逻辑电路进行控制（包括微处理机控制）的呼吸机即为电控呼吸机。电控呼吸机控制参数的精度高，能实现较复杂的通气方式。微处理机控制是目前呼吸机主流控制方式，其能在不改变呼吸机硬件的前提下通过升级控制单元的软件，优化呼吸机的性能、升级呼吸机的新功能。

4. 吸气通道

吸气通道的作用是将稳压后的空气和氧气混合后送入病人肺部。

集中供应的氧气（或钢瓶里初步减压的氧气）经过滤器后进入气体稳压装置，把2.7～6.0bar（bar为压强单位，1bar = 100kPa）的气体压力降到0.05～0.40bar（不同的呼吸机该范围也会有些不同）的低压稳定状态，然后进入比例电磁阀。集中供应的空气（或者呼吸机气泵产生的压缩空气）以同样的方法降压稳压后进入比例电磁阀。通过设置氧浓度参数，将比例电磁阀里0.05～0.40bar（不同的呼吸机该范围也会有些不同）的纯氧和空气以一定比例混合后达到所需要的氧浓度，然后将混合新鲜气体输送给病人。

5. 呼气通道

呼气通道的作用是配合呼吸机作呼吸动作，使气体只能从此回路呼出而不能吸入。该通道一般在吸气相时关闭，将呼吸机的新鲜气体全部输出给病人；

吸气末,呼气阀一般仍继续关闭,产生屏气。呼气相时打开呼气阀,在气道压力低于设置的呼气末正压(positive end - expiratory pressure,PEEP)值时,呼气阀部分关闭,以实现呼气末期在呼气通道维持设定的正压。

呼气阀分为主动呼气阀和被动呼气阀两种,由实现相应功能的阀组成,如呼气阀、PEEP 阀、呼气单向阀,或者相应的功能组合阀。主动呼气阀允许在吸气相需要时适度开放,以更符合当代的机械通气理念。而 PEEP 阀除了可由呼气阀兼任外,还可设置单独的 PEEP 阀,这种 PEEP 阀通常采用弹簧结构。呼气单向阀大多数由 PEEP 阀和呼气阀兼任,必要时还会装上一个单向阀,以防止重复吸入呼出气体或自主吸气时产生负压压力误触发。

6. 监测单元

使用呼吸机时,要注意对病人的相关呼吸和生理参数及呼吸机的运行进行监测,因此,呼吸机的监测单元越来越受到关注。呼吸机监测单元的主要功能是监测病人通气状况及呼吸机的设备状况。呼吸机常配有的监测单元通常包含压力监测、流量监测、氧浓度监测等。

7. 呼吸回路

呼吸回路由吸气端和呼气端两大部分组成。吸气端结构为双管呼吸管中的一根呼吸管连接呼吸机气体输出口至湿化器,另一根呼吸管连接湿化器与病人近端的 Y 型管。呼气端结构为一根呼吸管连接贮水器与呼出阀,另一根呼吸管连接 Y 型管与贮水器。

8. 湿化装置(湿化器与雾化器)

湿化器的主要作用是对呼吸机送出的干冷气体进行湿化和加温,以模拟并保持人体正常呼吸时呼吸道的潮湿与温暖,降低气道分泌物黏稠度并促进排出痰液。如长时间使用呼吸机,保持气道湿化能有效预防呼吸道的继发感染,减少呼吸道水分的损失。

雾化器的主要作用是增加湿化效果,也可以雾化药物来实施治疗。雾化器内放置可雾化药物或蒸馏水,可利用压缩气源作动力将药物或水剂进行雾化,然后将其经由吸气端输送给病人进行呼吸治疗。

3.1.1.3 呼吸机通气模式

呼吸机通气模式决定了一个机械通气周期内呼吸机的控制参数、切换参数和一些辅助控制参数,决定了机械通气周期内病人呼吸是如何切换、限制和完成的。例如通过通气控制参数压力、容量或两者双控来实现吸气相和呼气相之间的切换。常见的通气模式包括基本通气模式,如 CMV、A/C、SIMV、PS、CPAP

等,以及高级通气模式,如适应性支持通气(ASV)、成比例辅助通气(PPS)、双水平或双相气道正压(BIPAP)等。

3.1.2 呼吸机的临床应用

呼吸机的临床应用通常是为了抢救生命或支持延续生命,为危重症的病人争取更多时间。呼吸机可以帮助病人恢复正常的呼吸功能,为疾病的诊疗赢得时间,并能在一定程度上治疗肺部疾病。呼吸机没有绝对的禁忌证,如未经引流的气胸和肺大疱等均属于相对禁忌证,尤其是针对急性呼吸衰竭病人,抢救生命始终是救治的第一要素。

随着技术的进步,呼吸机的临床适应证得到了进一步的扩展。目前,呼吸机在医院的临床应用场景主要包括以下三种:①支持或辅助治疗呼吸系统的疾病,包括肺不胀、肺水肿、肺部感染、哮喘等。②外科术后,维持正常的呼吸功能,减少病人呼吸做功,有利于病人恢复。③适用于睡眠呼吸暂停者,通过一定的正压通气解决其上气道的堵塞情况。当然,临床上很多科室使用的呼吸机具有很多组合功能,不仅通气模式多样化,而且能通过有创通气模式和无创通气模式的组合来实现序贯治疗的需求。

3.1.3 呼吸机的发展

1907 年,德国德尔格公司设计推出了最早的简易供氧呼吸器 Pulmotor,在之后的 100 多年里,呼吸机得到了迅速的发展。1934 年,第一台气动限压呼吸机 Spiropulsator 问世。1951 年,瑞典的恩格斯托姆医疗公司成功研制出了定容式呼吸机,可以用于呼吸衰竭病人的治疗。1964 年,电动呼吸机开始投入应用,标志着呼吸机进入了精密的电子时代。20 世纪 80 年代开始,计算机技术引入现代呼吸机,使得呼吸机开始具备记录、监测、报警等多种功能。

目前,呼吸机主要围绕“早期鼓励病人自主呼吸、更快撤机、更少机械通气并发症”等问题,开始更多地关注通气模式、人机界面和监测及数据管理等方向的发展。例如开发先进的新通气模式(包括 ICU 呼吸机集成适合所有年龄段病人机械通气需求、无创通气模式、高频通气模式和特殊撤机模式等)和更简洁高级的人机图形界面(包括智能肺显示和 360°重要警报可视等),以及不断改善提高全面监护功能、呼吸机的远程监控和警报集成系统等。此外,在病人同步通气的自主呼吸触发控制方面引入了基于人工智能工具如模糊逻辑、专家算法系统、人工神经网络的智能触发系统,而不再只是常规的压力或流量(容量)触发。目前,呼吸机病人数据与病人电子病历的集成已是发展主流,呼吸机的远程控制也已实现。

3.2 呼吸设备传感器维修案例

3.2.1 德尔格 EVITA 4 "FiO_2 过高"报警

设备名称	呼吸机	品牌	德尔格	型号	EVITA 4
故障现象	使用过程中报错"FiO_2过高",重新定标、更换氧电池后报警仍然存在。故障照片见图 3 -2-1。				

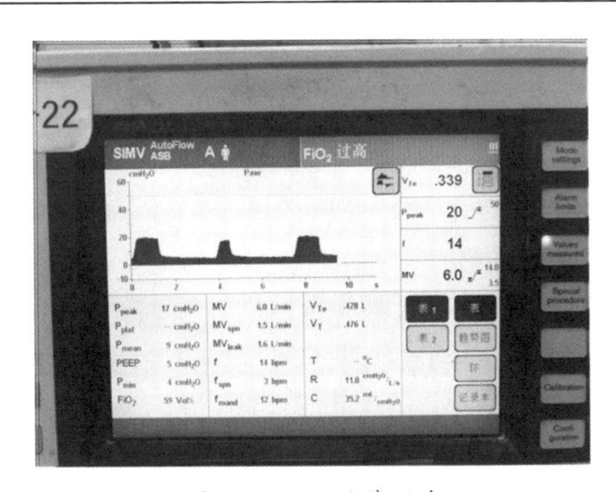

图 3-2-1 故障照片

【故障分析】

EVITA 呼吸机氧气的定标气路图主要包括:空气气路和氧气气路,三通阀 Y1.1、Y1.2,气阻 R1.3、R3.1 与 Y3.2、Y3.3 组成的工字阀,氧电池 R3.1(见图

3-2-2)。

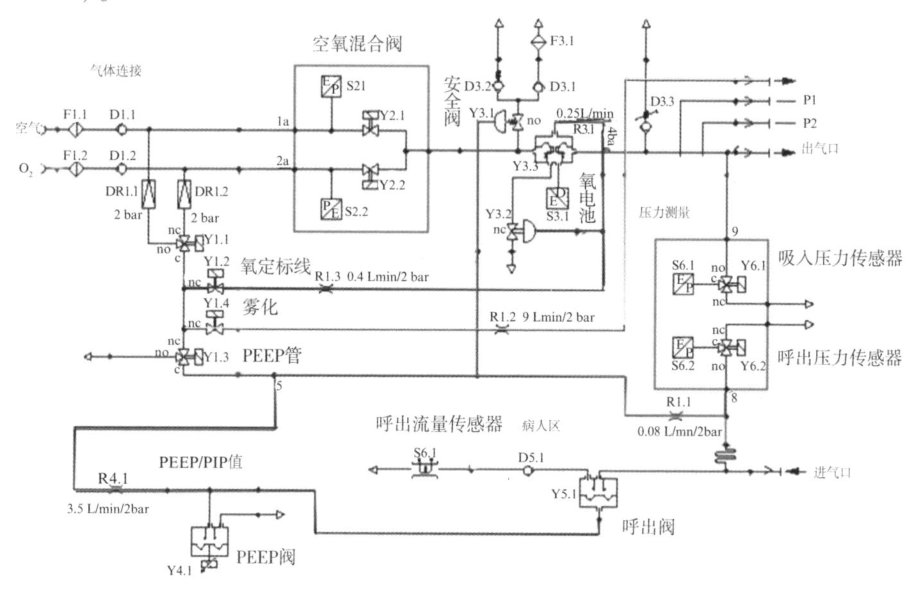

图3-2-2 氧定标气路

氧浓度监测原理为电化学法,定标方式为手动100%浓度氧定标。出现氧浓度监测值偏高一般为定标不准,若重新定标后故障仍然存在,则可能的原因有:①氧电池失效;②管路漏气;③氧气源浓度不达标;④传感器PCB板故障;⑤其他原因。

【故障排除】

根据故障分析的几种可能,逐次检查排除。

(1)更换全新的氧电池,再定标,设置氧浓度值为45%,监测值为75%,报警依然存在,说明氧电池可能未失效。

(2)用吸气保持法排查泄漏后,发现系统回路不存在漏气。

(3)用气体分析仪检测,排除气源问题:设置氧浓度100%,送气一段时间后,气体分析仪显示值为99.8%;设置氧浓度70%,送气一段时间后,气体分析仪显示值为70.6%;设置氧浓度40%,送气一段时间后,气体分析仪显示值为40.4%;设置氧浓度21%,送气一段时间后,气体分析仪显示值为21.9%。结果表明氧气源浓度正常。

(4)用替换法确认传感器PCB板正常。

(5)更换整个吸气阀(包括定标舱)后故障消除,故判断故障出现在吸气阀模块。

【解决方案】

厂家工程师提供的维修方案为更换吸气阀模块，报价约为20000元，吸气阀模块第三方报价也需要8000元。为了节约成本，决定尝试自行探索修复。拆开整个吸气阀发现内部有两个阀膜片，其中一个在定标舱内部，控制100%氧气的进入。通过透光检查，发现膜片有破损，花费十几元在网上采购匹配膜片并进行更换，更换后进行测试，“FiO_2过高”报警消除，故障修复。吸气阀实物与示意见图3－2－3。

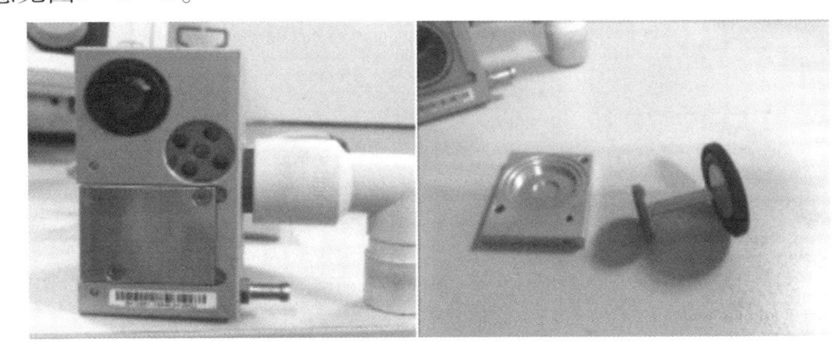

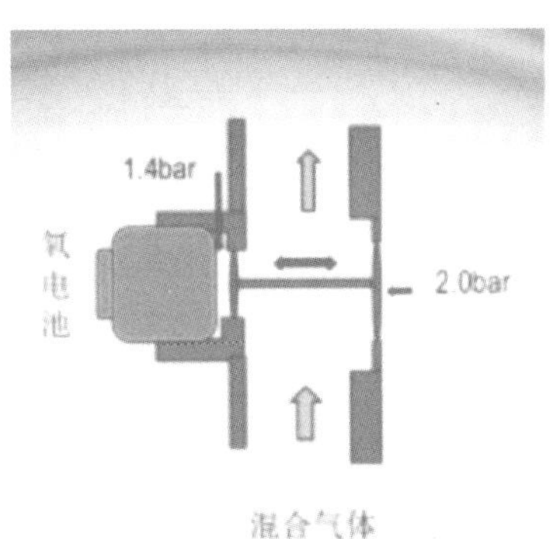

图3－2－3　吸气阀实物与示意

【价值体现】

呼吸机功能全面，内部模块繁多，气路电路错综复杂，很多工程师虽然能看懂电路，但是面对实物却是一头雾水。造成氧浓度偏高的原因很多，我们最初也只能进行“模块化”判断，为了进一步探索模块内部构造，同时为了节约成本，我们拆开了整个吸气阀，最终用很少的费用解决了故障，解除了该呼吸机的安全隐患，也鼓舞了身边工程师自行解决医疗设备故障的决心。

【维修心得】

呼吸机内部模块多,气路电路错综复杂,临床工程师在加强学习、读懂电路图的前提下,还要提高动手能力,多拆敢拆,不要被厂家工程师的“模块化”维修模式所迷惑。

(案例提供　温州医科大学附属第一医院　秦龙江)

3.2.2　CareFusion SiPAP E33 报错、无法工作

设备名称	婴儿呼吸机	品牌	CareFusion	型号	SiPAP
故障现象	自检出现 E33 报错,无法使用。				

【故障分析】

SiPAP 呼吸机是我院新生儿重症监护室使用较多的一种呼吸机。E33 错误代码由无法自动归零压力传感器引起,该故障会导致在使用过程中压力读数偏差较大,使设备无法正常使用。

【故障排除】

呼吸机开机时会进行内部自检,当其检查到某部分故障时,会出现相应的报错,并禁止设备继续使用。呼吸机内部自检出现 E33 报错,故障提示呼吸机无法自动归零,即在压力为零时,压力传感器读数不为零。

进入维修模式尝试校准,进入方法:拆开机器外壳,将主控制板上的维修模式排式开关6(排成开关共六个,编号1~6)打开,开机后即可进入维修模式(见图3-2-4)。

进入维修模式,选择压力校准(见图3-2-5),首先将外部病人压力管路和机器断开,校准0cm水柱,然后接入病人管路,调节呼吸机供气流量,直至压力区显示10cm水柱,确认10cm水柱压力。发现压力均可校准成功,但当返回使用模式时,继续出现 E33 报错,需要进一步对其进行维修。压力传感器无法自动归零,且校准失败,说明传感器板存在故障,拆开传感器板,进一步分析。

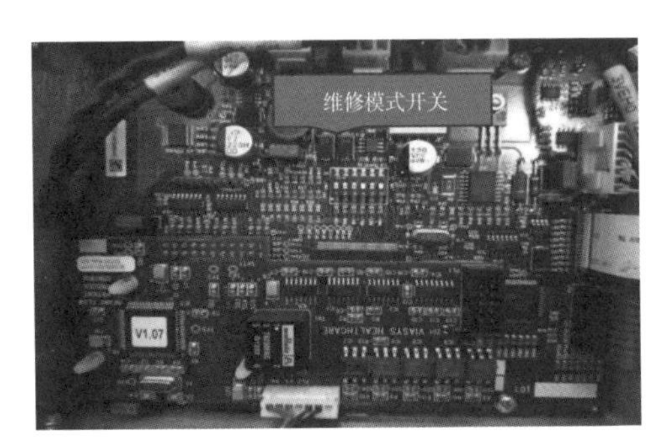

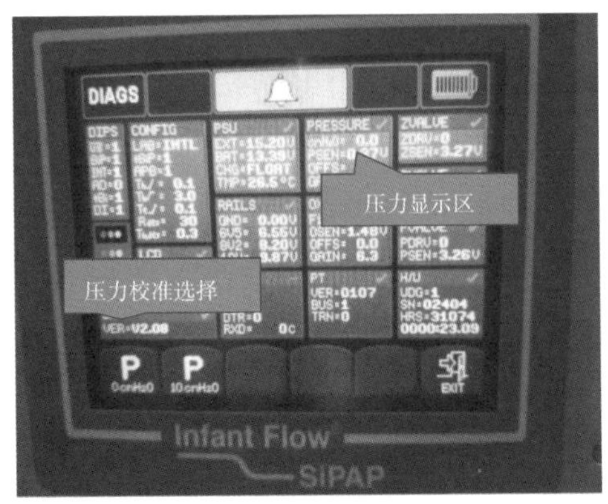

图 3－2－4　维修模式开工　　　　图 3－2－5　压力校准选择

压力传感器在开机自动归零时，通过一个归零的电磁阀和大气连接，实现零压力，故怀疑该电磁阀故障，更换新的电磁阀后，重新进入维修模式进行压力校准，正常开机后故障现象依旧，故怀疑是压力传感器故障。压力传感器和归零电磁阀示意见图 3－2－6。

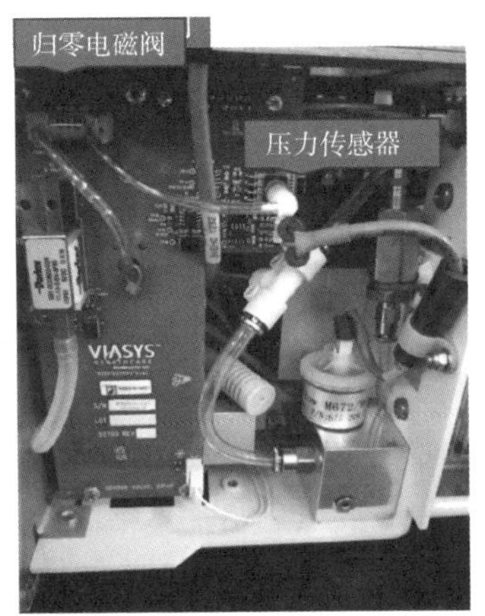

图 3－2－6　压力传感器和归零电磁阀示意

【解决方案】

更换相同型号的压力传感器后，进入维修模式进行校准，校准通过，使用模式下正常开机后，报警消除。用“FLUKE”气流分析仪对呼吸机进行检测，压力检测通过，至此，故障彻底排除。

【价值体现】

厂家维修需要更换内部传感器板，费用较为昂贵且维修周期较长，严重影响临床使用。自主维修能节省大额维修费用，极大限度缩短维修时长，提高设备的利用率。

【维修心得】

巧妙利用设备的维修模式，可以进行多方面的故障排查，为工程师维修提供更多便利。维修设备完成后需要用检测设备进行检测，确保设备的安全性和可靠性。

（案例提供　浙江大学医学院附属儿童医院　向思伟）

3.2.3 泰科 PB 840 流量传感器自检不通过，频繁重启

设备名称	呼吸机	品牌	泰科	型号	PB840
故障现象	机器不能正常使用；厂家检测后反映，机器经常重启在使用过程中，需更换主板才能解决故障；我们的工程师通过查看故障日志（维修模式下进一步进入 EST 程序）后发现是因其呼出流量传感器检测不能通过而造成机器不能正常工作。设备照片见图 3－2－7。				

【故障分析】

该系统的电路部分主要由直流电源供应后备电源（backup power supply，BPS）、母板（card cage）BD CPU PCB、数据钥匙系统（datakey subsystem）、analog interface PCB，图形界面（graphical user interface，GUI）、吸气电路（inspiration electronics PCB）和呼气电路（exhalation PCB）等模块组成（见图 3－2－8）。

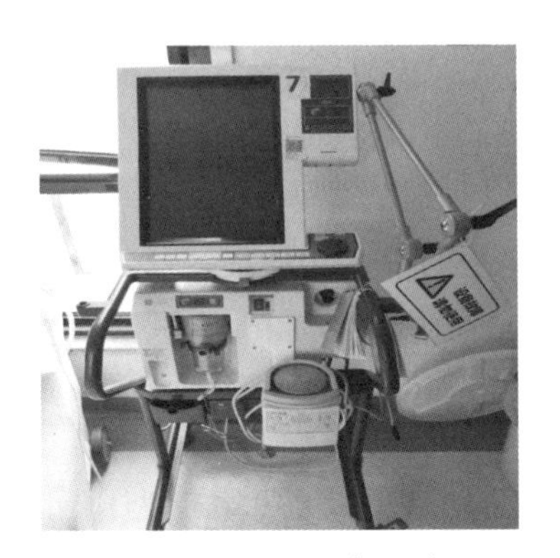

图 3-2-7 设备照片

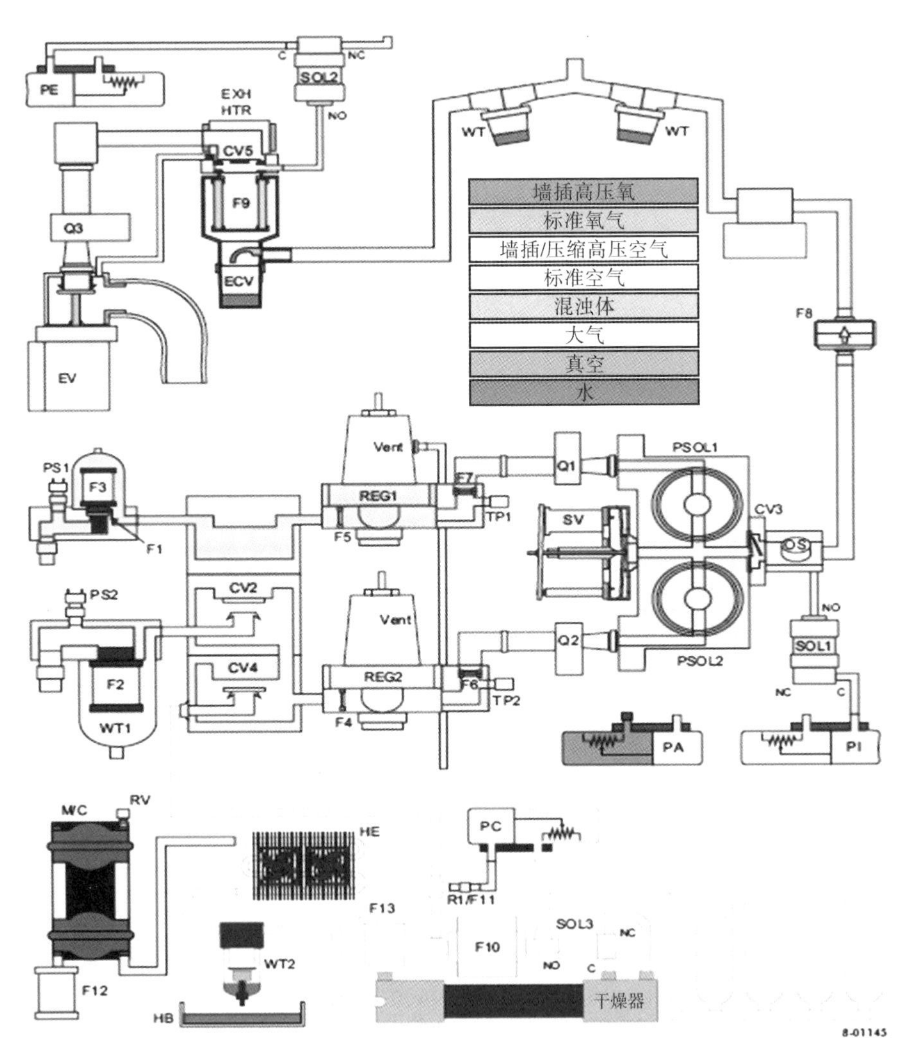

图 3-2-8 呼吸机结构原理

本着“先机外，后机内”的原则，排除了操作以及外部管路引起的故障；运用了“仪器本身的故障和代码告知法、系统的启动过程显示法、软件诊断法”，进入 840 的维修模式，检查湿化罐容量大小的设置，无误，进行流量传感器和呼出阀的校准、定标，没有效果。

维修模式下进一步进入 EST 程序检查，发现其呼出流量传感器(见图3-2-9)检测不能通过。主要原因是流量传感器的检测值已经超出精度范围，使得呼吸机停止工作。运用“感官法”，发现流量传感器上有细微的杂质，通过分析，我们认为传感器故障的主要原因是呼吸机使用过程中 ICU 病人的呼出分泌物沉积，污染了传感器内的晶体热膜丝，造成传感器灵敏度下降，从而造成测量误差。

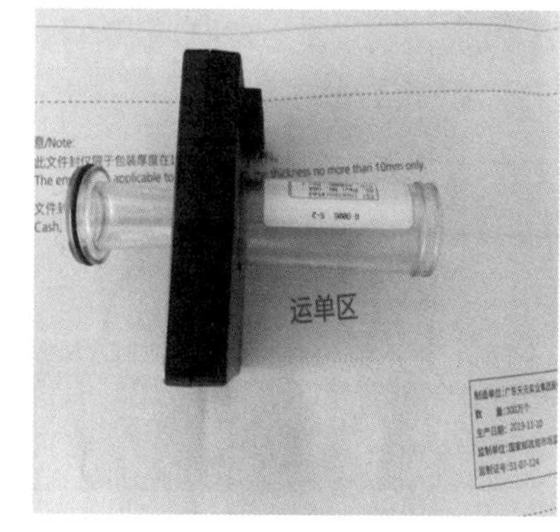

图 3-2-9　流量传感器示意

【故障排除】

最简单直接的维修方法的是联系厂家更换新的流量传感器，但这种方法需花费近 2 万元。于是，我们尝试自己维修。

采用蒸馏水冲洗的方法，用蒸馏水冲洗流量传感器的热膜丝部分，冲洗时注意对内部电路板的干燥处理。但此效果不理想。经过反复试验，我们采用了流量传感器超声波清洗的方法，发现该方法可以将附着在流量传感器上的污染物彻底清洗干净，如此，不仅解决了故障，还为医院节省了近 2 万元维修费。

在维修的过程中考虑到共性问题，也顺便对两个呼入流量传感器进行了同样的处理，期望可彻底解决该类问题。

【解决方案】

采用了流量传感器超声波清洗的方法。

【价值体现】

低成本解决了设备故障，缩短了设备停机时间，为医院节省了成本。

【维修心得】

在临床使用中发现外科 ICU 使用的几台 PB 840 呼吸机潮气量的设置值、显示值、测量值明显不一致。在治疗中潮气量不正确有可能影响治疗效果，存在安全隐患,也会使具体使用操作机器的医务人员产生心理压力。

分析影响潮气量准确性的因素有:①没有定期校准,包括流量传感器和呼出阀的校准、定标;②湿化罐容量大小的设置;③外部管路的因素。为了排除以上因素,我们对几台呼吸机的流量传感器进行了相应的处理,使得这几台呼吸机恢复了正常工作。

(案例提供　浙江绿城心血管病医院　蒋云飞)

3.2.4 德尔格、泰科、MAQUIT 热丝式/热膜式/超声式流量传感器损坏/流量偏差

设备名称	呼吸机的流量传感器	品牌	德尔格、PB、MAQUIT	型号	热丝式、热膜式、超声式
故障现象	流量传感器损坏或流量偏差。				

【故障分析】

(1)吸入端进水进油,可能的原因是气源不纯(气源含有杂质或含有水分)、油性真空泵致使空气中含有油污,造成吸入端流量传感器受损。

(2)呼出端流量传感器损坏,可能的原因是呼出端没有呼出过滤器保护或呼出过滤器使用时间过久,造成呼出流量数据偏差。

(3)使用药物雾化功能,雾化时药物颗粒进入呼出端,造成呼出端流量传感器损坏。

(4)呼吸机内部电子元器件损坏,造成流量传感器损坏或者数字偏差。

(5)对流量传感器清洗消毒方法不当,造成流量传感器损坏。

【故障排除】

(1)加装呼出端过滤器,阻挡呼出管路水汽和患者呼吸喷出废液。工程师巡检时应注意观察供气管道的供气质量,若出现粉末、水汽则必须及时排除。

(2)主机呼出端和吸入端必须加装过滤器保护,过滤器使用时间必须得到有效控制。

(3)呼吸机尽量不使用药物雾化功能。

(4)定期对呼吸机性能检测,及时排除故障。

(5)规范执行流量传感器的清洗消毒。

【解决方案】

德尔格呼吸机的热丝式流量传感器需要避免重力损坏热丝,维护方法有:①加装呼出端过滤器阻挡呼出管路水汽和患者呼吸喷出废液;②清水冲洗,75%乙醇溶液浸泡半小时,自然晾干1小时;③用环氧乙烷气体消毒;④轻取轻放,以免纤细的热丝被重力损坏。

PB 840呼吸机的热膜式流量传感器需要定期校准来保持精度,在呼吸机内部不需清洗和消毒,需要定期SST和EST校正偏差。

MAQUIT呼吸机的超声式流量传感器需要呼出端有效隔离污物,维护方法有:①加装呼出端过滤器阻挡呼出管路水汽和患者呼吸喷出废液;②清水冲洗,75%乙醇溶液浸泡半小时,自然晾干1小时;③用高温高压灭菌消毒或环氧乙烷气体消毒。

图3-2-10展示了热丝式流量传感器的工作原理。

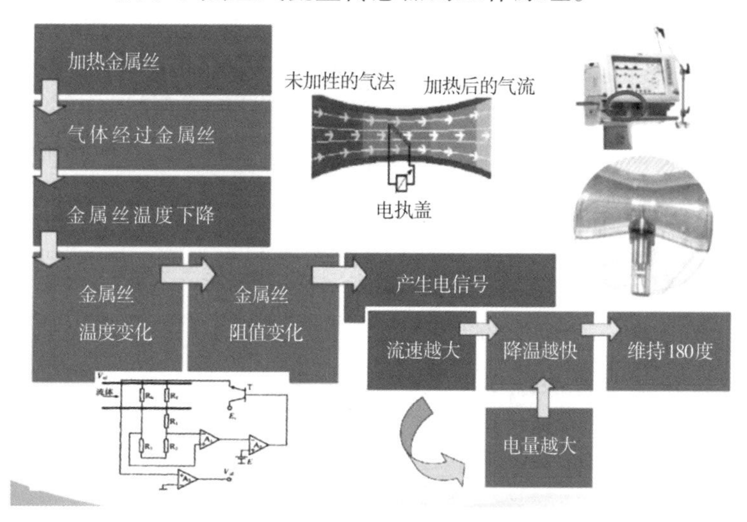

图3-2-10　热丝式流量传感器原理

【价值体现】

节约维修配件费及维修服务费,减少停机时间。

【维修心得】

流量传感器对氧气、空气的气体流量和流速进行精确测量和监控，将气体流量转换成电信号传递到呼吸机主 CPU 完成信号处理，实现对呼吸机的潮气量、分钟通气量和气体流速等主要工作参数的实时监测。

流量传感器的热丝式、热膜式和超声式工作原理不同，但只要根据各自的性质认真开展自检和清洗，就均能确保流量和流速的精准。

（案例提供　嘉兴市第二医院　高华敏）

3.3 呼吸设备湿化器故障维修案例

3.3.1 费雪派克 MR850 加热丝连接判断故障

设备名称	湿化器	品牌	费雪派克	型号	MR850
故障现象	开启湿化器电源，自检结束后只有温度探头指示灯闪亮；连接加热导丝和温度探头后，加热丝指示灯亮起，加热盘和加热丝均不加热。				

【故障分析】

从故障现象可知，湿化器对加热丝的识别出现错误，未连接加热丝时湿化器判断为已连接，连接加热丝时湿化器判断为未连接。

【故障排除】

拆开湿化器发现电源电路板上运放芯片 347 周围有发热痕迹（见图 3－3－1），怀疑该芯片过热烧毁，更换同型号芯片后故障排除。

图 3－3－1　电源电路板上芯片 347 发热烧毁

【解决方案】

更换 347 运放芯片。

【价值体现】

通过分析总结呼吸机湿化器在使用中的常见故障,我们能发现该设备在使用过程中存在的易发故障点,对易发故障点采取相应预防措施,就可减少同类故障的发生。

【维修心得】

呼吸机湿化器主要通过模拟人体正常呼吸时的呼吸道湿化功能湿化吸入气体来配合呼吸机使用,达到呼吸支持和治疗的效果,如果呼吸机湿化器出现故障,将直接影响患者治疗效果,故障严重时甚至会对患者造成伤害。呼吸机湿化器相对于其他医疗设备,结构较为简单,但是由于使用环境的原因,进水风险较高,同时,它又是加热设备,温度较高也会缩短其各类芯片的使用寿命。

对设备常见故障的总结分析,以及对设备易发故障点进行相应的预防措施,可以大幅减少设备故障的发生次数。

（案例提供　浙江大学医学院附属第一医院　楼理纲）

3.3.2 费雪派克 MR810 开机红灯闪烁

设备名称	湿化器	品牌	费雪派克	型号	MR810
故障现象	机器开机红灯闪烁。				

【故障分析】

MR810 湿化器有故障提示功能,接上电源后,长按温度调节按钮,等待几秒后温度调节指示灯亮起,发现中间指示灯常亮,根据故障对照示意(见表3-3-1)判断为加热盘初级热敏电阻故障。图 3-3-2 和图 3-3-3 分别为初级热敏电阻和次级热敏电阻的故障还原示意。

表 3-3-1 故障对照示意

温度调节指示灯	感叹号指示灯	错误描述
○ ○ ○	●	微型处理器错误,需更换 PCB 板
● ○ ○	◎	按钮错误。查看按钮是否正确安装
○ ● ○	◎	加热盘初级热敏电阻错误(短路或断路) 查看热敏电阻是否工作正常,否则更换
● ● ○	◎	加热盘次级热敏电阻错误(短路或断路)查看热敏电阻是否工作正常,否则更换
○ ○ ●	◎	周围温度传感器情误(短路或断路)查看加热丝连接线是否工作正常,否则更换
● ○ ●	◎	水罐识别传感器锗误(短路或断路)查看加热丝连线是否工作正常,否则更换
○ ● ◎	◎	加热丝继电器错误(短路或断路)PCB 板坏,请更换
○ ◎ ○	◎	加热控制三极管错误(加热丝 三极管或加热盘三极管矩路或昕路)请更换 PCB 板
○ ◎ ◎	◎	加热丝硬件保护电路错误,对保护电路维护,或更换 PCB 板
◎ ◎ ◎	◎	未通过出厂测试,需要返回“Fisher&paykel healthcare”

注:○ 指示灯关;◎ 指示灯闪烁;● 指示灯亮。

【故障排除】

维修过程见图3－3－2与图3－3－3。

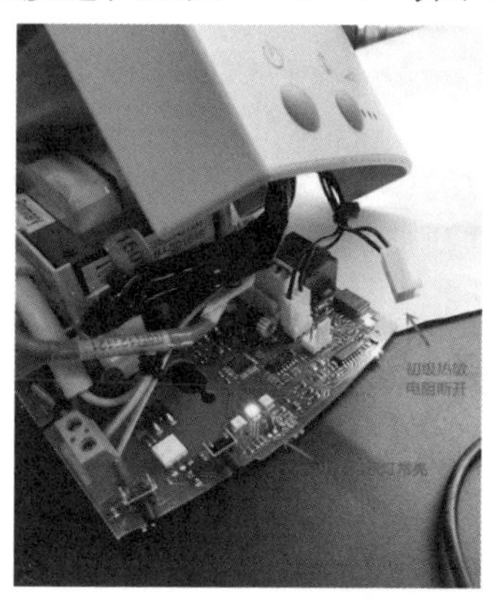

图3－3－2　初级热敏电阻故障还原示意

图3－3－3　次级热敏电阻故障还原示意

【解决方案】

更换加热盘初级热敏电阻。

【价值体现】

通过故障对照示意较快速地解决了热敏电阻问题引起的故障。

【维修心得】

维修之前，尽可能搜索更多的维修资源，包括翻阅说明书、查看操作说明、联系厂家工程师、网上搜寻资料、逛维修论坛等，只有事先做足准备，才能做到更好更快进行有序维修。

（案例提供　杭州市中医院　陆一滨）

3.3.3　费雪派克 MR810 无法开机，无指示灯亮

设备名称	湿化器	品牌	费雪派克	型号	MR810
故障现象	接电源后开机无反应，指示灯均不亮。				

【故障分析】

错误代码中无此类信息,需从电源查起。

【故障排除】

电路分变压器前级部分和变压器后级部分,还有加热丝和温度保护开关接在220V电路中。检查电路板保险丝均正常,拆开加热盘部分(见图3-3-4),发现温度保护开关一头接线断开。

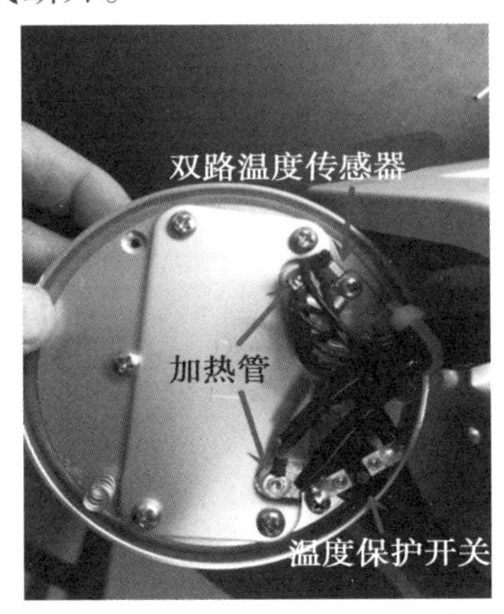

图3-3-4 加热盘结构示意

【解决方案】

重新焊接温度保护器后故障解决。

【价值体现】

此类故障较多,若熟悉此类故障的检修过程则可以快速找到并解决问题。

【维修心得】

若开机无反应,则应从供电电路和保护电路查起,这种方法一般能快速找到问题所在。

(案例提供 杭州市中医院 陆一滨)

3.3.4 费雪派克 MR810 电路板进水，开机红灯常亮

设备名称	湿化器	品牌	费雪派克	型号	MR810
故障现象	湿化器电路板进水，开机后红灯常亮。				

【故障分析】

根据错误代码分析故障为微型处理器错误，或者电路板需维修。

【故障排除】

图 3－3－5 为进水的电路板示意。

刷洗板子。由于继电器底部容易积水并腐蚀双面板电路，尤其是细小焊孔不易发现，所以需将继电器拆下清洗并检查板子（见图 3－3－6）。肉眼并未发现明显铜箔线断开。

图 3－3－5 电路板进水严重

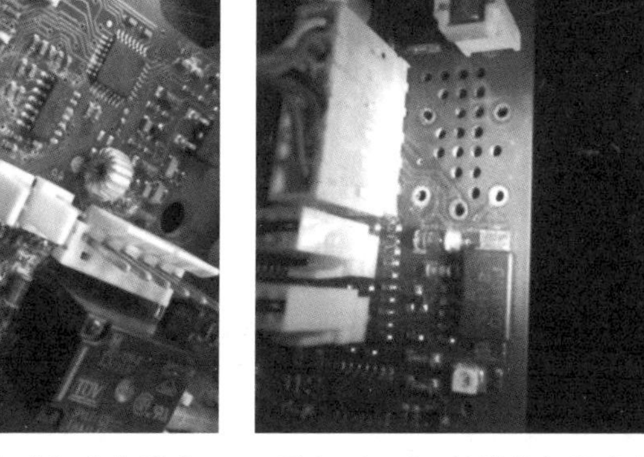

图 3－3－6 拆掉继电器清洗

用万用表进行测量。变压器次级 22V 正常，半波整流后电压正常，稳压器 5V 输出正常，处理器电源脚（3 脚、5 脚、21 脚为电源负脚，4 脚、6 脚、18 脚为电源正脚）没电，则说明中间有细小电路被腐蚀断开，经检查为焊孔断开。

【解决方案】

飞线后故障解决，注意要进行电气安全检测，性能测试正常后恢复使用（见

图 3－3－7)。

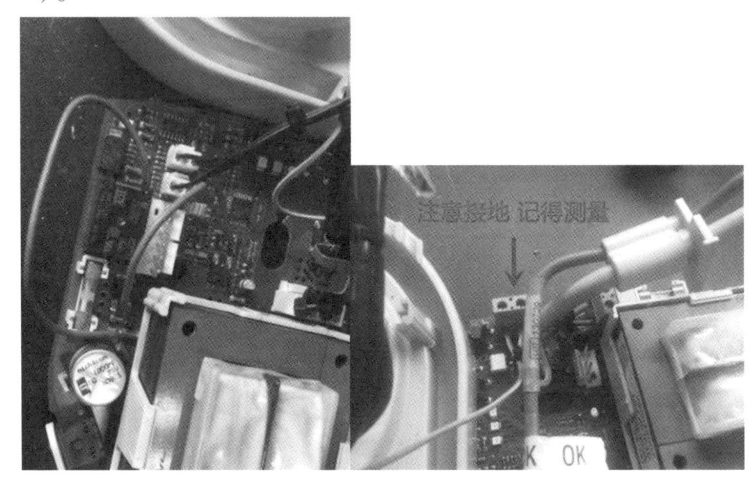

(a)飞线　　(b)电气安全监测

图 3－3－7　飞线以及电气安全检测

【价值体现】

修复主板，节约费用，快速恢复使用。

【维修心得】

使用水电结合的设备时一定要注意安全，不单是机器的安全，更要注意使用时操作人员和病人的安全。

湿化器温度传感器或温度保护开关选择不当，有可能导致加热过高，对病人造成损伤；接地不当，也可能在操作中引发触电事故，这在仪器使用说明中也明确提出。类似的水电结合设备还有雾化器、熏蒸床、电动吸引器等，在使用这些设备的过程中同样需要将电气安全置于首要位置。

(案例提供　杭州市中医院　陆一滨)

3.4 呼吸设备电路板故障维修案例

3.4.1 迈科维 SERVO－s 无法关机

设备名称	呼吸机	品牌	迈科维	型号	SERVO－s
故障现象	按开关键,无法关机。				

【故障分析】

按开关键无法关机,怀疑开关回路存在问题,根据 SERVO－s 结构图,了解开关机信号回路,逐步排除故障可能原因。

【故障排除】

(1)初步判断是电源开关损坏。

(2)怀疑是电源的关机信号通路故障。

(3)拆下电源控制板,发现由于风扇对着电源控制板直吹,所以该板卡背面积灰严重。清理灰尘后,又发现电源管理板有氧化腐蚀现象。

【解决方案】

PC1863 板上有一路线路断路,跳线连接后机器能正常工作(见图3－4－1)。

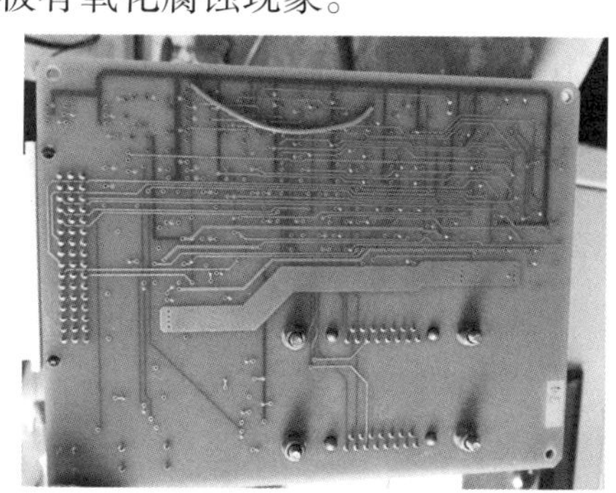

图 3－4－1　PC1863 板腐蚀断路

【价值体现】

节约了维修费,同时发现了该型号机型存在的故障隐患,可以针对该故障隐患及时调整预防性维护计划。

【维修心得】

积累维修经验，发现一些潜在故障点，就可以有效预防故障的发生。

（案例提供　浙江大学医学院附属第一医院　楼理纲）

3.4.2　泰科 PB840 使用中停机，显示设备故障报警

设备名称	呼吸机	品牌	泰科	型号	PB840
故障现象	设备在使用过程中突然停机，并出现程度最高的报警（三个红色"！"号），屏幕显示"device failure"。设备照片如图 3－4－2 所示。				

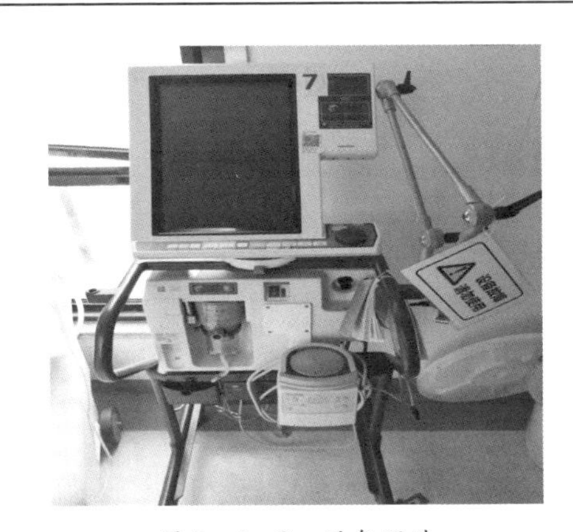

图 3－4－2　设备照片

【故障分析】

该系统的电路部分主要由直流电源供应后备电源（BPS）、母板（card cage）BD CPU PCB、数据钥匙系统（datakey subsystem）、"Analog Interface PCB"，图形界面（GUI）、吸气电路（inspiration electronics PCB）和呼气电路（exhalation PCB）等组成，见图 3－4－3。

检测发现故障并非由操作不当引起。根据"由外而内，先简单后复杂"的原则检查仪器外部管路系统和各个接口的地方，排除漏气因素。检查管道和吸入、呼出过滤器，均没有发现问题。

用强力吹风机清除仪器的灰尘，用 WD40 清洁剂清洁电路板的接插件，做

EST 程序。一系列操作后发现接上模拟肺仪器能够正常工作，但 1 小时后又出现同样的报警，此时故障代码为“ZB0086，DT0002”，提示为初始化时 BD CPU 板通信中断。

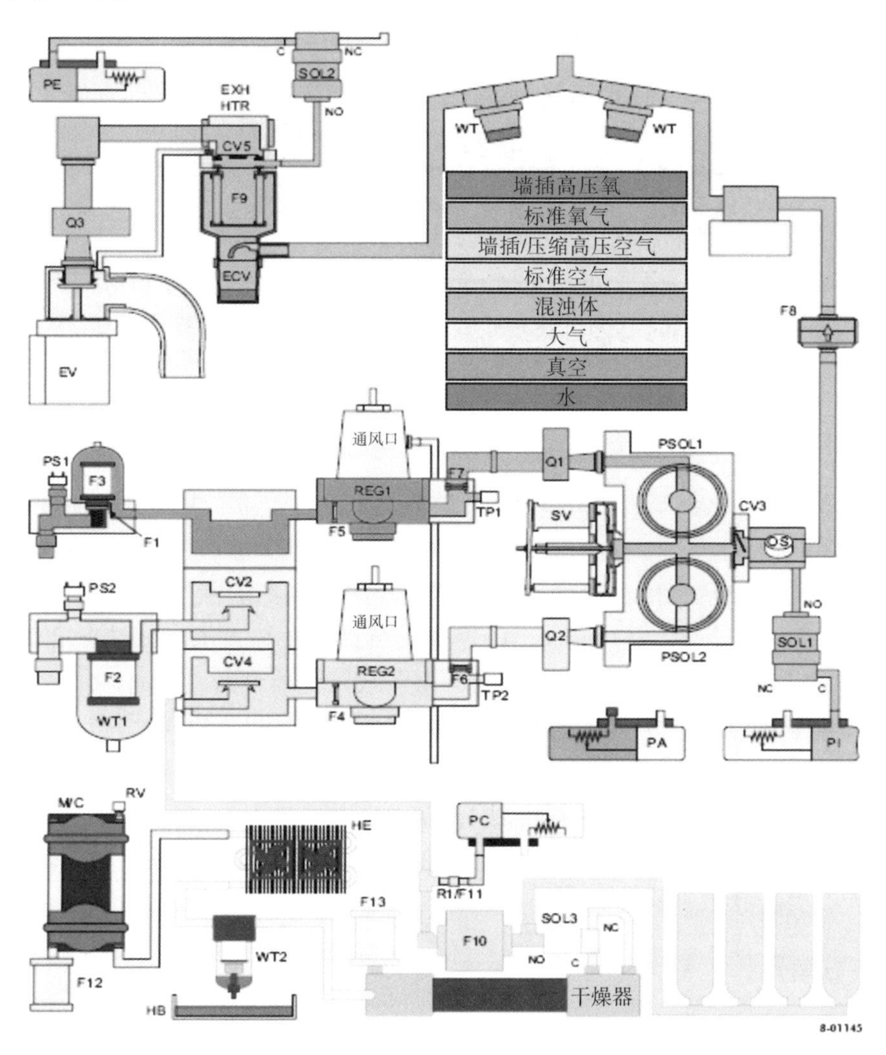

图 3－4－3　呼吸机原理示意

为了确诊我们采用了替换法，用同型号的机器上相同软件版本的 BD CPU（见图 3－4－4）替换原故障电路板。重做 EST 程序，检测通过后接上模拟肺显示仪器能够正常工作，为了确认故障已排除，让故障机连续工作 10 小时，没有出现故障现象。要注意的是，后级电路若是存在短路性故障，则有可能会损坏替代物，因此，必须保证故障机电源测试点的电压正常，排除仪器短路性故障后才可以用此法。

图 3-4-4 BD CPU 板

【故障排除】

在确认故障区域后,给 BD CPU 板接上共地的 5V 和 12V 电压,通电 10 分钟后先用“感官法”来检查:即直接通过“望、闻、问、切”的方法来诊断仪器的故障。“望”指用眼睛直接寻找可疑的故障元器件;“闻”指用嗅觉直接感触到有异味的故障点;“问”指直接向仪器的操作人员询问故障发生时的情况和现象;“切”指用通过手直接去触摸以感触所怀疑的故障元器件的温度高低。

在断电的情况下逐一触摸可能出现故障的元器件和芯片,特别是大功率的晶体管和集成块。当触摸到 RAM 芯片(型号为 A42MX16)时,明显感到该芯片温度过高,将该芯片更换后仪器可以工作正常。

“感官法”是在进行芯片级维修时最基本最简单的方法,善于利用该方法将会大大提高故障维修的效率。

【解决方案】

更换 RAM 芯片(型号为 A42MX16),维修成功后故障机连续工作 10 小时,没有出现类似故障现象。

【价值体现】

低成本解决了设备故障,缩短了设备停机时间,为医院节省了成本,体现了医工部的价值。

【维修心得】

采用替换法修复电路板要给故障板加电时，一定要小心谨慎，加电的原则是不能高于额定电压（特别是对有短路故障的电路板），若找不到电源接口，可直接将电源的正负极焊接在相应的电解电容正负极上，一般 12V 电源可焊接在耐压为 25V 的电容上，5V 电源可焊接在耐压为 16V 的电容上。

（案例提供　浙江绿城心血管病医院　蒋云飞）

第4章 监护和输注类设备

4.1 概 述

4.1.1 监护类医疗设备

监护类医疗设备主要用于对人体主要生理参数进行实时、连续、长时间的监测,通常还具有生理参数的存储、显示、分析等功能。可监测的人体主要生理参数包括心电信号、心率、血氧饱和度、血压、呼吸频率、体温、脑电信号、肌电信号等。监护类医疗设备可以用于了解并实时关注病人的生命体征,并对超出设定范围的生理参数发出报警。

监护类医疗设备的常见类别有以下两种。

(1)按监测功能,可以分为床边监护仪、中央监护仪、颅内压监护仪、动态心电监护仪、胎儿监护仪、睡眠监测仪等。

(2)按监测方法,可以分为无创监测、有创监测及特殊参数(如麻醉气体)监测。

4.1.1.1 设备基本原理

监护类医疗设备由各种医用传感器和计算机系统构成。各种生理参数信号由医用传感器采集转换成电信号,经多路模拟处理系统处理后送入计算机系统进行显示、报警记录等,其基本结构框架见图4-1。

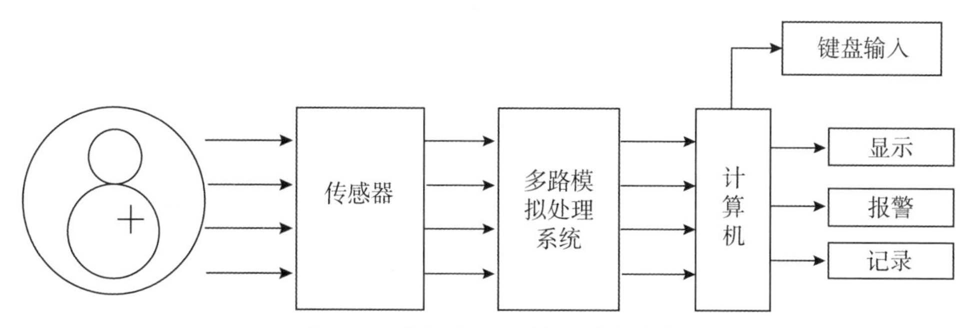

图 4-1　监护类医疗设备的基本结构

(1)信号检测部分

信号检测部分包括各类医用传感器和电极。医用传感器是监护系统的基础,病人所有生理状态的参数信息都是通过传感器获得的。因此,对这些医用传感器的要求是能长期、稳定地测出被检参数,且与人体有良好的生物相容性。

(2)多路模拟处理系统

多路模拟处理系统的作用是放大传感器获得的信号,减弱干扰信号以提高信噪比,实现采样、调制、解调和阻抗匹配等功能。“放大”是信号处理的第一步,根据参数和传感器的不同,放大电路也各不相同,性能也不同。用于测量生物参数的放大器的性能要求比普通放大器更高。

(3)计算机系统

计算机系统是监护类医疗设备发展的重要部分。计算机系统包括信号的存储、分析及诊断,具体功能包括以下几点。

1)阈值比较:将监测结果与阈值进行比较,若超出正常范围即进行声光报警,如心律失常等。

2)计算:根据监测结果计算一些间接参数。例如根据心电图的波形来计算心律。

3)分析:例如对心电信号进行分析,识别出心电信号的 P 波、QRS 波群和 T 波等,根据分析算法确定极限,区分心动过速、心动过缓、期前收缩、漏搏等多种心律失常。

4)建模:建立被监视生理过程的数字模型,以规定分析的过程和指标,使仪器对病人的状态进行自动分析和判断。

(4)信号的显示、报警和记录模块

信号的显示、报警和记录模块包括以下功能:①数字或表头显示,展示心率、血氧、血压等被监护的生理参数;②屏幕显示被检测参数随时间变化的曲线图,供医护人员分析参考;③用存储器记录数据,将被监测参数记录下来作为档案保存;④光报警和声报警等。

4.1.1.2 功能模块

(1)心电图(electrocardiogram,ECG)

心脏是血液循环的动力装置,心肌细胞的周期性电化学活动使心脏发生周期性机械收缩。心脏的每一个心动周期都伴随着生物电位的变化,生物电位的变化可传达到身体表面的多个部分。

多参数监护仪一般能监护3个或6个导联,即标准Ⅰ、Ⅱ、Ⅲ导联及加压导联aVR、aVL、aVF,并能同时显示多个导联波形,也可直接显示心律。部分监护仪可以同时监护12个导联的心电信号。多参数监护仪可以对心电波形进行分析,提取心电波形和心律失常事件等信息。

(2)无创血压(non-invasive blood pressure,NIBP)

无创血压测量的常用方法是振荡法(或示波法)和电子柯氏音法,其中振荡法的应用尤为广泛。振荡法的原理是将袖带充气至完全压迫动脉血管后缓慢放气,随着袖带压力逐渐减小,动脉血管将出现完全阻闭—渐开—全放开的变化过程。在此变化过程中,动脉血管壁的搏动将导致袖带内的气体产生振荡波,这种振荡波与动脉收缩压、舒张压和平均压存在对应关系,见图4-2。

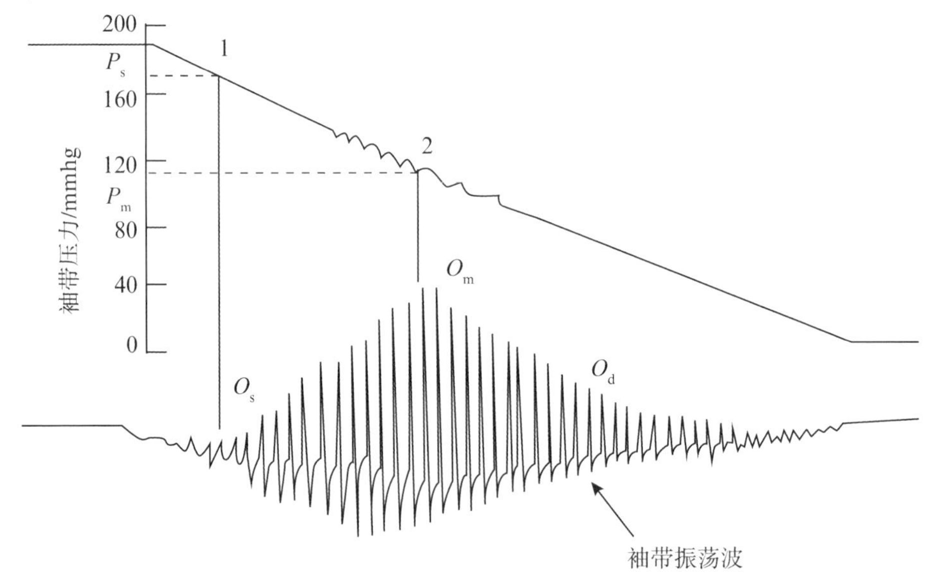

图4-2 振荡法测量原理

(3)血氧饱和度(peripheral capillary oxygen saturation,SpO_2)

血氧饱和度(SpO_2)是血液中氧合血红蛋白(HbO_2)的容量占全部可结合

的血红蛋白(Hb)容量的百分比。因此,通过检测血氧饱和度可以对肺的氧合能力及血红蛋白携氧能力进行估计。正常人的动脉血氧饱和度≥98%,静脉≥75%。血氧饱和度是衡量人体血液代谢氧能力的重要生理参数,极具临床意义。

血氧饱和度探头通常夹在患者手指上,探头上壁固定两个并列放置的发光二极管(LED),根据血红蛋白和氧合血红蛋白对光的吸收度不同的特点,发出波长为660nm红光和940nm红外光;下壁有一个光电探测器,用于接收透射过手指动脉血管的光信号,然后通过光电转换及计算即可得到 SpO_2 值。此外,光电信号的变化规律和心脏的搏动一致,因此通过信号的周期性还能确定心率的快慢。

(4)呼吸频率(respiratory rate,Resp)

多参数监护仪中测量呼吸频率一般采用胸阻抗法。人在呼吸时胸廓的运动会造成人体电阻的变化,变化量约为0.1~0.3Ω,称为呼吸阻抗。监护仪一般通过心电电极,用10~100kHz的载频正弦波恒流向人体注入0.5~5.0mA的安全电流,再在相同的电极上采集呼吸阻抗变化的电信号,从而形成了展示呼吸状态的动态波形图,并提取出呼吸频率参数。

(5)体温(temperature,Temp)

体温的测量一般采用负温度系数的热敏电阻作为温度传感器。将热敏电阻接在惠斯通电桥的一个桥臂上,通过测量电路的输出值来计算温度。体温探头一般分为体表探头和体腔探头,分别用来监护体表和腔内温度。体表体温一般测量腋下,体腔温度一般测量口腔或直肠。测量体温时,必须使人体与温度传感器接触一段时间(3~5min),达到热平衡之后,湿度传感器才能真正反映实际体温。

(6)其他参数

其他生理参数还有呼吸末二氧化碳(end - tidal carbon dioxide,$PetCO_2$)、有创血压(invasive blood pressure,IBP)、心排血量(cardiac output,CO)、呼吸力学(respiratory mechanics,RM)和脑电双频指数(bispect ral index,BIS)等。

4.1.1.3 临床应用

床边监护仪是放置在病床边与病人连接在一起的监护仪器,能够对病人的多种生理参数或状态进行连续的监测,并予以显示报警或记录;中央监护仪又称中央监护系统,它由主监视器和若干床边监护仪组成,通过主监视器可以控制各床边监护仪的工作,可同时监护多个监护对象;动态心电监护仪(遥测监护仪）是病人可以随身携带的小型监护仪，可以在医院内外对病人的心电参数进行连续监护，供医生进行非实时性的检查；颅内压监护仪是用来连续测量人体颅内压（intracranial pressure，ICP）的医用设备，能在早期发现术后可能发生的颅内并发症——出血或水肿，并及时作出必要的处理；胎儿监护仪的测试项目则主要包括胎儿心律、宫缩压力、胎动，用于评估胎儿在分娩期前的健康状况。

4.1.1.4 发展演变

监护类医疗设备的发展，可追溯至1962年，当时，北美建立了第一批冠心病监护病房（coronary care unit，CCU）。此后，随着监护类医疗设备的迅速发展，目前监护类医疗设备除具有生命体征监护及报警功能外，还在监护质量及医院监护网络方面有了进一步的提高，以更好地满足临床监护、药物评价和现代化医院管理的需要。

（1）参数内容：早期的监护类医疗设备只能适时地监测病人的主要生命参数，如ECG、NIBP、SpO_2、Temp等；在随后的发展中，开始出现可以实现对有创血压、心排血量、特殊麻醉气体等参数连续监测的监护类医疗设备，并在ICU、CCU、麻醉科等临床科室中应用非常广泛。

（2）显示工艺：显示内容由最早的数字显示，发展到数字、波形和报警同屏显示。在监护仪屏幕工艺方面，由最初的LED显示、阴极射线显像管（cathode ray tube，CRT）显示，发展到液晶显示。目前较为先进的为彩色薄膜场效应晶体管显示，拥有高分辨率和清晰度，在任何角度都能完整地观察监护参数和波形，并能够保证长期高清晰、高亮度的视觉效果。

（3）分析功能：随着集成电路的快速发展，监护设备在体积越来越小巧的同时，其具备的分析功能也越加齐全。目前，监护仪已发展到拥有强大的软件分析功能，如心律失常分析、起搏分析、ST段分析等，并可根据临床需求对趋势图表进行回顾，信息存储时间长，信息量大。

（4）联网功能：随着通信网络的快速发展，单机监护模式已经无法满足大量病人信息的处理和监测。通过中央监护网络系统，将多台监护仪联网，可以极大提高工作效率。特别是在夜间医护人员较少的情况下，通过联网系统可以同时监测多个病人。通过智能分析及报警，每个病人都能得到及时的监护和治疗。同时，中央监护系统通过与医院网络护理系统联网，将病人的相关监测资料汇总存储，运用大数据技术整理分析，可以对病人进行更好的诊断和治疗。

（5）操作方式：最初医院应用的监护仪操作方式为按键，操作也比较烦琐，监护仪体积也比较大。随着技术的提高，现在的操作方式已由按键式发展到触屏式,再到目前最为流行的旋转鼠标钮的操作方式,操作方便快捷的同时,也更加符合临床的应用。

4.1.2 输注类医疗设备

输注类医疗设备是利用机械驱动力,准确控制输液滴数或输液流速,保证药物剂量安全、精准地进入病人体内的一种专用医疗设备,也叫作输注泵。

输注类医疗设备的常见类别有以下两种。

(1)输液泵:主要用于常规输液,通常为大容量和较高流速的静脉输注。

(2)微量注射泵:适用于微量精确注射给药的场合,其最低流速一般可以达到0.1mL/h,注射器常用规格为10mL、20mL、30mL和50mL。结构上分为单通泵、双通泵、三通泵,以及更多通道的组合泵。另外,根据临床的特殊需要,还有一些专科泵,如用于输注营养液的鼻饲泵、用于麻醉靶控的麻醉泵(TCL泵)、用于止痛的镇痛泵、用于胰岛素注射的胰岛素泵等。

4.1.2.1 主要设备原理与功能模块

(1)输液泵

输液泵利用其蠕动泵有规律地挤压输液管路,致使管路发生弹性形变,从而不断地向病人输注液体。在输液泵工作过程中,通过温度检测电路(集成温度传感器)检测液体温度(部分型号),通过超声波气泡电路检测输液过程中是否存在气泡,通过开门检测电路确认泵门是否关闭,以及通过阻塞检测电路(集成阻塞传感器)检测输液通路是否阻塞。若发现异常机器会及时报警。输注营养液的鼻饲泵原理与输液泵类似。输液泵结构见图4-3。

(2)微量注射泵

微量注射泵的螺母(推头)与注射器的活塞相连。注射泵工作时微机系统发出脉冲信号控制步进电机工作,丝杆由步进电机带动旋转,由螺母(推头)将丝杆的旋转运动转变为水平运动,推动注射器的活塞来进行药物注射。调节电机的旋转速度,可以控制螺杆的旋转速度,从而调整注射器活塞的推进速度,达到精准给药的目的。微量注射泵主要结构见4-4。

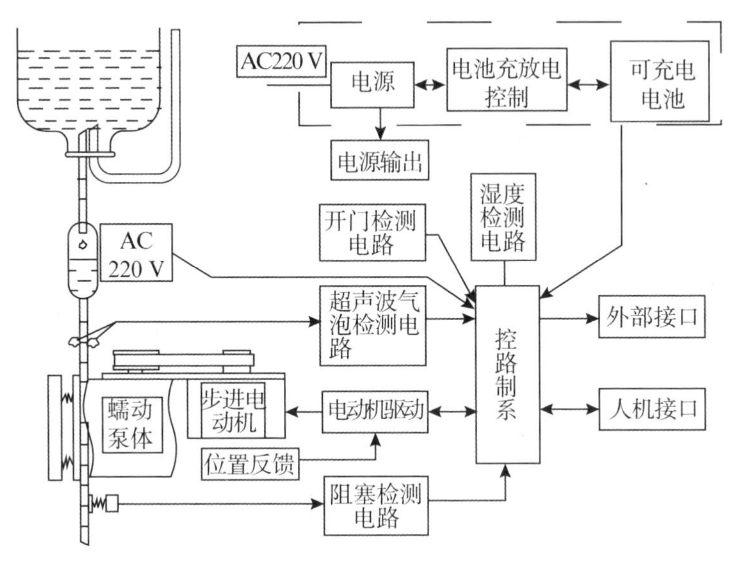

图 4-3 输液泵结构

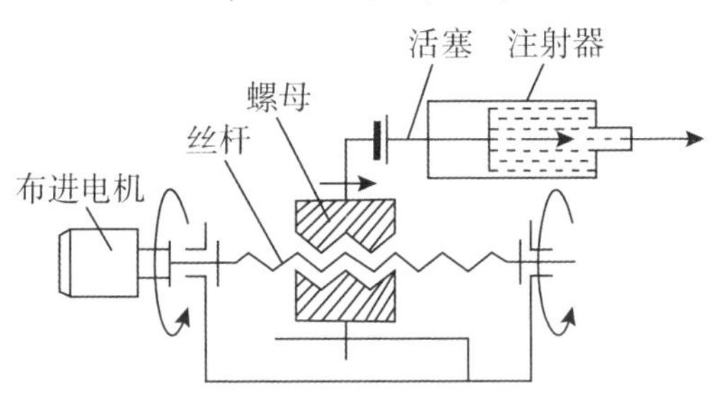

图 4-4 微量注射泵结构

综上,输注泵是光、机、电一体化的产品,通用的功能模块见图 4-5。

图 4-5 输注泵功能模块

4.1.2.2 临床应用

(1)输液泵

临床实际应用中,输液泵工作模式主要分为两种:容积控制和滴数控制。

容积控制模式只测定实际输入的液体量,不受液体的浓度、黏度及导管内径的影响,输注剂量准确,目前临床多采用此模式。滴数控制模式利用控制输液滴数来调整液体输入量,可以准确计算滴数,但因液滴大小易受输注溶液的黏度、导管内径的影响,故液体输入量不够精确。临床上在应用升压药物、抗心律失常药物、婴幼儿静脉输液或静脉麻醉等时需要严格控制输液量和药量。

(2)微量注射泵

微量注射泵输注流速平稳、精确,速率调节最小单位一般为 0.1 mL/h。因其体积小、可蓄电、易携带的特点,在临床急救及日常护理中被广泛使用,特别是需要将少量药液精确、微量、均匀、持续地泵入病人体内的情况(例如血管活性药物的泵入),是病房中常见的医疗设备之一。临床使用时系统会自动识别 10~50mL 的注射器,但注射器品牌需要手动选定。

4.1.2.3 发展演变

国外对输注泵的研制较早,如日本、美国、德国等国家于 20 世纪 80 年代就进行了输注泵的研制,而我国大约在 20 世纪 90 年代中期才开始研制。目前,输注泵的发展主要有以下几个方面的趋势。

(1)与医院信息系统 HIS(hospital information system)的结合

在大多医院中,输注泵目前仅仅是作为输液设备使用。而在输液过程中,病人的生理参数随时会发生改变,如不及时地获得这些特征参数,并对输液过程加以适当调整,就可能对病人的身体造成不良影响。通过把输注泵纳入输液管理系统(transfusion management system),再将输液管理系统融入医院信息系统,合理利用医院现有的已联网监护设备,把从这些设备得到的生理信息及时反馈给输注泵,可以使输注泵根据得到的生理信息及时调整输液速度,最终取得更佳的治疗效果。

(2)兼容核磁共振环境的输注泵

大约有 40% 的危重病人需要拔掉输液管,并待到病情稳定后方能进入磁共振室进行诊疗,这一过程可能延误数小时甚至数日的治疗时间。而对于必须使用非核磁兼容的普通输注泵的病人,需要使输注泵远离核磁环境,这通常要使用很长的输液管道与在核磁环境下的病人进行连接,导致诸多不便的同时,还会对输液的精度产生影响,浪费大量药液。目前存在的备选方案是在核磁环境下进行人工注射,但这同样存在输注精度低的问题。因此,目前对于兼容核磁环境的输注泵的研制仍有着迫切需求。

(3)智能型输注泵(smart pump)

目前,美国加利福尼亚州的玛丽医院采用了智能型输注泵,有效地减少了错误输注的发生。智能型输注泵有如下特点:①采用条码技术,针对病人所使用的药剂进行扫描，既可降低护理人员的劳动强度，又能降低人为出错概率；②自动计算剂量，减少人工操作步骤。通过软件和硬件实现对药物剂量、药剂浓度等的限制；③在静脉注射和其他高风险药物注射时，监控病人重要的生理信号，如血压、心率和呼吸等；④接入医院网络，实现实时监控功能和反馈功能。

虽然目前对各种新型输注泵的具体性能特点未做统一的规定，但是无论何种智能型输注泵，最重要的是要符合“安全、方便和可靠”的基本原则。

4.2 中央监护系统故障维修案例

4.2.1 迈瑞 Mec－1000 无屏显无交流指示灯，电池低电压报警/飞利浦 V24 开机黑屏

设备名称	监护仪	品牌	迈瑞	型号	Mec－1000
故障现象	接上交流电源，屏幕无显示，交流指示灯不亮，提示电池低电压报警，随后机器自动关机；未接交流电源，仍旧出现电池低电压报警，随后自动关机，即使给机器充电也无用。				

【故障分析】

屏幕无显示、交流指示灯不亮，说明机器电源未通，猜测可能是后端负载电路故障，电源板故障未能提供输入 AC 或输出 DC。

【故障排除】

拆开机器，插上电源线后开机，用万用表测得电源板输出口无电压，判断电源板故障。

【解决方案】

拆下电源板，闻到有焦味，目测电源板上的几个电阻烧坏，其中一个电阻是

为开关管的集电极提供电压反馈的脉宽调制芯片 UC3853d 反馈电路。猜想开关管、UC3853d 可能也已损坏，用万用表进行测量，证实了猜想。

将电阻、开关管、UC3853d 更换后通电测试，电源板有啸叫声，再仔细检查脉宽调频芯片 UC3853d 的周边元器件，发现给变压器副线圈供电的限流电阻损坏，更换后工作恢复正常。

设备名称	监护仪	品牌	飞利浦	型号	V24
故障现象	监护仪开机有反应，但立刻黑屏，如此重复。				

【故障分析】

开机有反应，但设备不启动。猜想：①电源板正常，主板有电压输入，但后级启动模块故障；②电源板故障，未能给主板提供电压。

【故障排除】

通电后用万用表测量主板供电接插口，无电压输出，考虑故障出在电源板上，猜想是某电子元件接触不良或电容容量变小引发故障。

【解决方案】

检查电路板，无明显电子元件脱焊及虚焊现象。排查电容原因，首先考虑是否为启动电容故障，在开关管附近寻找容量在 30μF 左右的电容，找到后将它从电路板上焊下来进行测量确认。测量确认故障是由于启动电容容量变小引起，更换该电容后，仪器恢复正常。

【价值体现】

在医疗设备维修过程中，设备黑屏或没有任何开关机反应是较为常见的故障现象。除屏幕、主板损坏等之外，电源板故障也是主要原因之一。如电源负载设备短路、主板电子器件老化而引起的短路和长时间电路板虚焊引起发热烧坏功率管等，都会造成电源板损坏。目前，主电路板的集成度越来越高，不易维修，而电源板通常可以成为维修的突破口，以实现快速的故障检测，减少维修费用支出。

【维修心得】

电源板损坏，不管是由设备负载短路还是自身元件断路引起，排查过程中首先要检查前级是否有300V直流电压输出，如有直流电压输出，则应该主要排查压敏电阻的好坏。后级电路中比较常见的故障有大功率二极管、电容被击穿，限流电阻、开关管烧坏还有脱焊等，测量各引脚对地的电压值和电阻值，若与正常值相差较大，则在其外围元件正常的情况下，可以基本确定该元器件损坏。检测时要细心排查才能发现问题的所在。

（案例提供　宁波大学医学院附属医院　应炯萍）

4.2.2 迈瑞 BeneVision 中央监护无法显示新接入监护

设备名称	中央监护系统	品牌	迈瑞	型号	BeneVision
故障现象	一台监护仪接入后，中央监护系统无法显示新接入监护仪。				

【故障分析】

导致故障可能的原因有：①床边监护仪故障而无监测信息输出；②网络配置问题；③网线损坏或连接故障等。

【故障排除】

（1）检查中央站系统设置，用户设置均正常。

（2）检查该床监护仪，运行正常，能正常显示相应的生命体征信息。

（3）查看网络线路，网线水晶头及网线本身无损坏，网线连接正常。

（4）检查该床监护仪的网络配置（系统和软件监护界面见图4-2-1），发现该监护本地IP地址设置正常，查看中央监护系统中所有监护上线情况发现该台监护仪为灰色，点开查看信息发现监护仪设置的连接中央站监护IP地址有误，修改（见图4-2-2）后中央监护显示正常（见图4-2-3）。

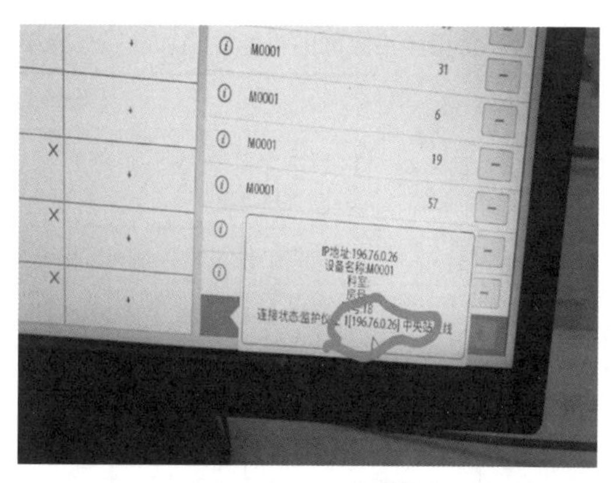

图 4-2-1　系统和软件监护界面

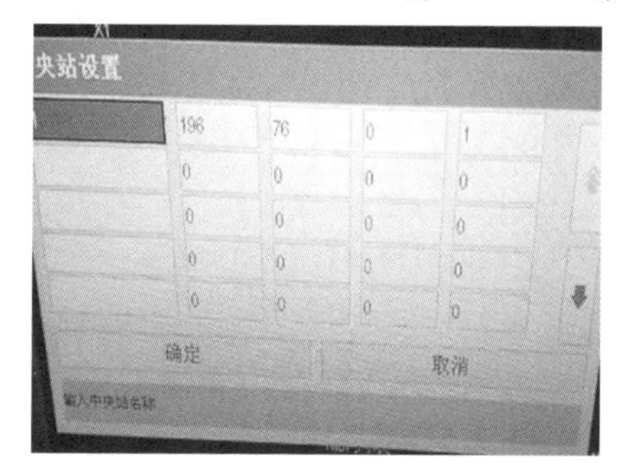

图 4-2-2　修改监护仪对应中央站 IP 地址

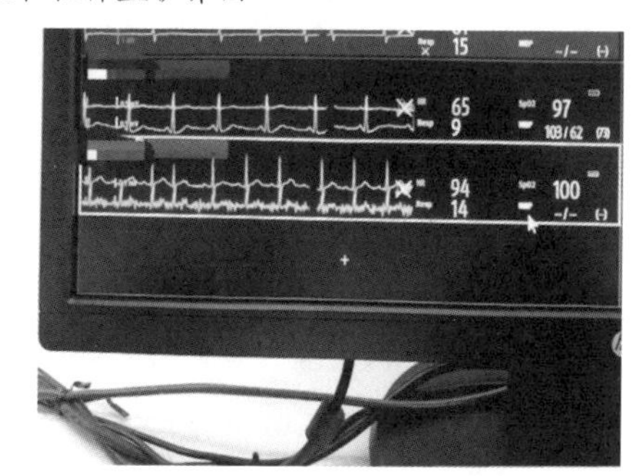

图 4-2-3　恢复正常界面

【解决方案】

重新修改 IP 地址后中央站显示恢复正常。

【价值体现】

迅速排除故障,确保设备正常运行。

【维修心得】

要深入了解设备的基本原理,根据发生的故障现象仔细分析其原因,并向临床使用人员了解故障发生时的细节及现象,客观评估现象并迅速排除故障,确保设备正常运行,达到事半功倍的效果。常见网络故障的可能原因和故障排除手段详见表 4-2-1。

表 4-2-1 常见网络故障的可能原因和故障排除手段

故障现象	可能原因	故障排除
有线网络无法连接	网线没有连接好	检查网络连接线是否连接好，或网线是否太长（不超过 50M）
	IP 地址没有设置好	检查网络内是否存在 IP 冲突，重新设置 IP 地址
	连接线故障	1. 检查接口板至主插板连接线是否连接好 2. 检查连接线/插头是否损坏
	接口板损坏	更换接口板
	主插板损坏	更换主插板
经常掉线或者断开网络连接	网线没有连接好	检查网络连接线是否连接好，或网线是否太长（不超过 50M）
已连接网络，但观察功能不能实现	网线没有连接好	检查网络连接线是否连接好，或网线是否太长（不超过 50M）
	观察的监护仪太多	一台监护仪只能同时被四台监护仪观察，多余的观察请求将得不到响应

（案例提供　浙江省人民医院　许珏）

4.3 睡眠监护系统故障维修案例

4.3.1 飞利浦伟康 Alice5 "REBOOT"故障日志

设备名称	多导睡眠监测仪	品牌	飞利浦伟康	型号	Alice5
故障现象	机器在使用过程中经常重启，通过查看故障日志，发现有频繁的"REBOOT"字样，使机器不能正常工作。设备照片见图 4-3-1。				

【故障分析】

图 4-3-1 设备照片

多导睡眠监测仪主要由传感器模块、接口板、主板、通讯板和电源管理模块组成，传感器采集病人的生理信号，再通过传感器电缆把信号携带到 Alice5 头盒。经前置放大后，把模拟信号转为数字信号，通过网线将数据传递给运行“SleepWare”应用程序的计算机。常见的故障现象是监测仪无法记录到数据，故障原因是导联线折断。

【故障排除】

根据故障分析的几种可能，逐次检查排除。

（1）综合临床和厂家反馈的情况，本着“先机外，后机内”的原则，排除操作引起的故障。

（2）采用“先软后硬”的方法，恢复事先备份好的软件，但是故障依旧存在。

（3）运用了仪器本身的故障和代码告知法、系统的启动过程显示法、软件诊断法等方法，利用机器内部主板上的显示接口外接显示器，开机后外接显示器显示了设备的启动过程，启动完成后显示登录信息，此时设备运转正常，但连续观察一段时间后发现外接显示器出现黑屏现象。

（4）显示器出现黑屏现象时首先怀疑主板故障，运用“最小系统法”，发现该机主要由三块板组成，即主板、通讯板、接口板。将与主板连接的另外两块板卡和硬盘全部脱离连接，通电试机，发现故障依旧，这样故障就定位到主板上了；运用“感官法”，发现主板有两个电解电容鼓包（见图 4-3-2），从而成功找到了故障原因。

图 4-3-2 电解电容鼓包

【解决方案】

排查后确认是电容故障,需要更换两个电解电容,所需电解电容的容量是6V/1000μF,从报废电脑主板上拆下两个无损坏的电解电容作为替换电容。由于该板是多层板,为了不破坏主板,采取了轻轻剔除两个损坏的电容而保留原两个电容引脚,将替换电容按正常的正负极要求焊接在原来的引脚上的方法,成功在不破坏主板的前提下更换了电解电容。

同时,由于该机的故障现象是反复重启,考虑到该设备地处一楼且靠近食堂,怀疑因潮气或有害气体影响而使电气接点氧化,导致接触电阻增大,引起该故障。为了彻底解决该问题,用 WD-40 清洁剂对该系统板卡之间触点和各组件之间的各种接插件(特别是那些提供电源的接插件)进行了处理,并对各板卡进行了防潮处理。

在维修的过程中还发现原来的散热风扇已经老化,为了提升可靠性,顺便替换掉了原来的风扇。为了延长风扇寿命,用12V 的风扇(见图4-3-3)代替原来的5V 风扇,并在 CPU 散热片上加装一个 12V 的风扇,期望可彻底解决该问题。

图4-3-3　加装的12V 风扇

【价值体现】

电解电容鼓包是主板常见故障,此次维修中我们合理地利用已有的维修经验和积累的维修技巧,更快更准地锁定了故障根源,高效地满足了临床对设备的使用需求。类似本案例中出现的故障,一般的处理方法是联系厂家更换电路板,维修报价是几万元。现在我们深入寻找故障,发现只是电解电容鼓包,从报废电脑主板上拆下两个无损坏的电解电容作为替换电容自己进行更换,极大节省了维修费用,同时缩短了设备停机时间。

【维修心得】

医疗设备的维修是个逐渐积累经验的过程，也是个精细化的过程，作为设备维修工程师，当设备故障发生时，要充分了解故障发生时的现象，然后抽丝剥茧找到故障的原因所在，并结合实际，运用所学知识，大胆实践，达到解决问题的目的。

（案例提供　浙江省人民医院　许珏）

4.4　肝素泵故障维修案例

4.4.1　NIKKISO Aquarius 肝素泵走速异常故障

设备名称	连续性血液净化装置	品牌	NIKKISO	型号	Aquarius
故障现象	肝素泵异常工作，50mL 注射器无故快速往前推注 5mL 左右。设备照片见图4－4－1，故障模块见图4－4－2。				

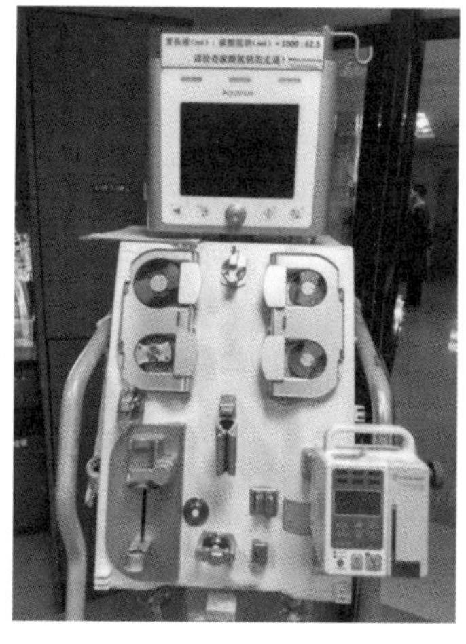

图4－4－1　设备照片

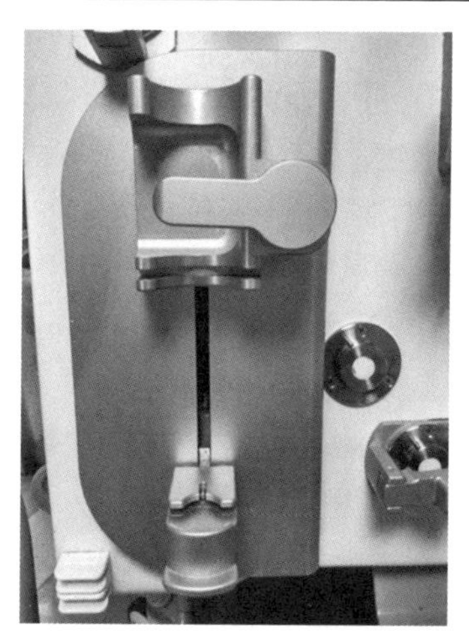

图4－4－2　故障模块

【故障分析】

肝素泵是连续性血液净化装置的一个功能模块,工作过程中注射器采用倒置安装方式,原理类似微量注射泵。根据现象描述,该故障属于走速异常故障,出现这类故障主要原因有:①注射器未正确安装;②注射器推杆拉钩破损;③传动机构螺纹磨损;④虹吸效应;⑤肝素泵控制电路故障;⑥其他。

【故障排除】

根据故障分析的几种可能,逐次检查排除(设备自检和管路连接示意见图4-4-3)。

(1)检查注射器安装情况:注射器正确安装。

(2)检查肝素泵模块的注射器推杆拉钩:未见破损。

(3)检查传动机构螺纹咬合情况:用手推注射器推头,正常状态螺纹咬合紧密不能被推动,传动机构螺纹咬合正常。

(4)排除虹吸效应:注射器横装条件下且拉钩破损或螺纹磨损条件下更容易产生虹吸现象,该机型肝素泵模块注射器为倒置安装,可以较好防止虹吸效应,故不考虑虹吸效应影响。

图4-4-3 设备自检和管路连接示意

(5)检查肝素泵控制电路:考虑到更换控制电路板比较麻烦,选择了更换整个肝素泵模块的方式,换上正常肝素泵模块,故障未排除。

(6)模块运行环境排查:观察故障发生时机,设备间接市电,开机自检成功,用后备电池供电(不接市电)移动到床边,此时显示屏处于黑屏状态(疑似关机状态),再次插上市电,开机程序界面参数设置保持原来状态,肝素泵上50mL注射器无故快速往前推注5mL左右,故障发生。

(7)检查电池性能

1)用常规测电压法核查电池性能,维修模式→断开市电→电压大于17V并可充电,未能测出电池故障。

2)断开市电,用电池供电2分钟后屏幕黑屏,正常电池维持工作15分钟左右。确认电池性能严重下降。

怀疑后备电池供电不足,造成设备进入假关机状态,重新开机后肝素泵工作异常。

【解决方案】

更换后备电池（LC－R061R3P×3 串联/18V 1.3Ah，见图 4－4－4），按照步骤（6）方法进行检测，肝素泵故障未再出现，故障解决。

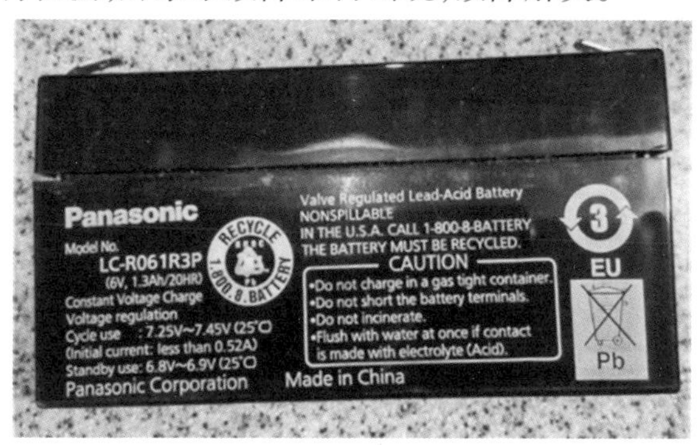

图 4－4－4　后备电池

【价值体现】

本次维修价值不表现在经济方面，而在维修思路拓展方面。我们在日常维修时主要可考虑两方面故障原因，一方面是本身硬件故障，另一方面是设备运行环境的排查。合理地利用已有的维修经验和积累的维修技巧，能更快更准地锁定故障根源，高效地满足临床对设备的使用需求。此次后备电池检查维修就属于设备或组件运行环境排查的范畴。

【维修心得】

对带后备电池的动力传递医疗设备，在测试电池性能时不能仅依据电压数值参数来评价电池的好坏，模拟工作状态放电测试是比较可靠的方法，如有可能，应定期更换电池（建议 2 年更换一次）。

（案例提供　浙江大学医学院附属邵逸夫医院　管青华）

第5章 手术麻醉类设备

5.1 概 述

随着科学技术的发展,新技术和方法不断地应用于医院的各种检查和治疗,而手术室作为治疗病人的重要场所,是医疗设备配置最密集的地方。从最早的手术床和手术器械到现在全电动手术床、LED无影灯,麻醉机到麻醉工作站,高频电刀到能量平台、4K超高清腔镜系统、钬激光系统,DSA到达芬奇机器人等等,耗资昂贵的各种专科手术室和一体化复合手术室也遍地开花。医学工程人员应该不断学习,以适应科学技术的发展。本章将对目前手术室里常见的几类麻醉类设备做一个简要介绍。

5.1.1 麻醉机

5.1.1.1 麻醉机原理与结构

1. 麻醉机基本工作原理及分类

麻醉机在工作中首先把高压气体[空气、氧气(O_2)、笑气(N_2O)等]经减压阀减压,得到所需压力且稳定的气体,再通过流量计、O_2-N_2O比例调控装置调节产生一定流量和比例的混合气体,使其进入呼吸管路;挥发罐将麻醉药物生成麻醉蒸气,并控制所需定量的麻醉蒸气进入呼吸回路,随混合气体一起输送给病人,含麻醉蒸气的混合气体被人体呼吸时产生的吸气负压吸入肺部,通过血液循环输送到人体各个器官，使器官在一定的时间内暂时失去知觉和各种反射，从而达到麻醉目的。

麻醉机的基本分类有以下三种。

（1）按功能结构，可以分为全能型麻醉机、普及型麻醉机和轻便型麻醉机。

（2）按流量高低，可以分为高流量麻醉机和低流量麻醉机。

（3）按使用对象，可以分为成人型麻醉机、小儿型麻醉机和成人小儿兼用型麻醉机。

目前国外麻醉机常用品牌有德国德尔格（Drager）、美国欧美达（Ohmeda）、德国西门子（Siemens）等，国内麻醉机常用品牌有深圳迈瑞、北京谊安等。

2. 麻醉机基本结构

现代麻醉机的基本结构可分为呼吸器、呼吸回路系统、麻醉气体挥发罐（蒸发器）、供气系统、残气收集系统和气体安全监测系统等，见图 5－1。

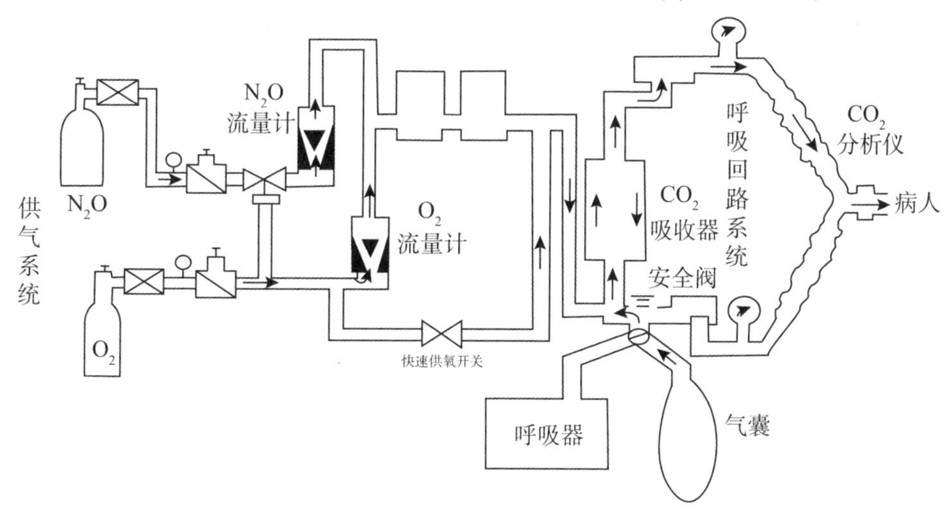

图 5－1　麻醉机的基本结构

（1）呼吸器

在麻醉过程中，呼吸器用于辅助和控制病人的呼吸，是麻醉机的必要组成部分，其结构见图 5－2。现代麻醉机中都配有机控和手控两种呼吸控制方式，可以通过机控/手控开关来进行切换。在手控方式中，呼吸回路与手控气囊接通，麻醉师通过手动按压气囊来控制病人呼吸；在机控方式中，呼吸器被接入呼吸回路中，按照设定好的呼吸模式（如 PCV、VCV、SIMV）和呼吸参数来帮助病人呼吸，简单来说就是通过机器来代替手动按压气囊，从而控制病人呼吸。呼吸器一般可分为气动气控、气动电控和电动电控三种，其中电动电控呼吸器最精准也最稳定，可以节省麻醉成本，而且在没有驱动气体的情况下，依然能够像呼吸机一样精确地控制病人呼吸，因此被越来越多的高档麻醉机所采用。

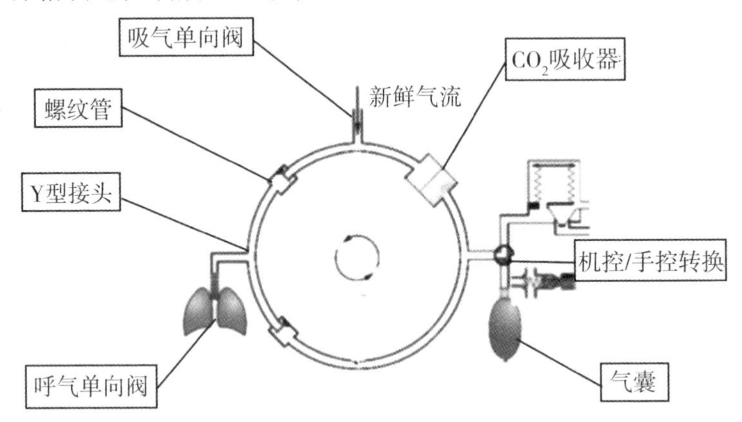

图 5－2　病人呼吸回路的基本结构

（2）呼吸回路系统

呼吸回路系统是麻醉机与病人相连的气路装置。它负责向病人输送麻醉混合气体，回收病人呼出的气体，并将多余的麻醉气体排入残气收集系统。该系统主要包括吸气阀、呼出阀、APL 阀、PEEP 阀、CO_2 吸收器和呼吸管路。呼吸回路系统主要有两种模式，一种为标准回路（也称立件回路），另一种为板式回路。板式回路主要是把标准回路中的六个部件集成在一起，这样做结构紧凑，使用方便，接口较标准回路减少，可以有效防止漏气。美国、英国生产的麻醉机均采用板式回路，而德国生产的麻醉机早期采用标准回路，后期也改用了板式回路。现代麻醉机的呼吸回路越加趋于紧凑化和集成化，大大减少了管路死腔和可拆卸的部件，在减少回路阻力的同时，还可以提高呼吸顺应性，降低气体泄漏的可能性，并且更易于拆卸、清洁和消毒。

（3）麻醉气体挥发罐（蒸发器）

麻醉气体挥发罐是麻醉机的重要组成部分，它的作用是将麻醉药物转换成麻醉蒸气并按一定量输入呼吸回路，给病人提供带麻醉蒸气的混合气体。随着微机和传感器的应用和发展，电控麻醉气体挥发罐逐渐应用于临床，其主要结构由蒸发室和旁路室组成，技术特点是在蒸发室的出口安置一个由 CPU 控制的电子流量控制阀，CPU 接收到蒸发罐浓度控制盘的信息后，根据蒸发室内的压力、温度和蒸发室、旁路室出口的流量计所提供的信息，以及接收到的气体监测所提供的信息，综合分析后精确地控制流量阀，以达到预期的麻醉药吸入浓度。电控麻醉气体挥发罐的使用，实现了麻醉药浓度控制自动化，减少了人为误操作的可能,提高了吸入麻醉的安全性。另外,麻醉气体挥发罐通常需要采用温度—气流补偿的方法来避免外界温度差异造成的输出浓度波动,保证在外界温度出现波动及麻醉气体挥发罐气流量过低(<250mL/min)或过高(>15L/min)的情况下,仍能稳定地输出麻醉蒸气。在低流量下,麻醉药的精确挥发更为重要,是准确实施低流量麻醉手术的基础。现在的主流麻醉机的麻醉气体挥发罐,如 Ohmeda Tec4、Drager Vapor19.1 型蒸发器,还有 Drager Vapor 2000 型,均能够保证在 10~40℃温度波动内的精确输出。质量优良的麻醉气体挥发罐应要做到任何位置无泄漏,目前,各型麻醉气体挥发罐常在麻药灌注口和挥发气输出口均会加装各种安全装置,以防止气体泄漏,保证操作人员的安全。因为各种麻醉药液的沸点、饱和蒸气压等物理特性不同,麻醉气体挥发罐需为其专用的设计,一般高档麻醉机都备有多个麻醉气体挥发罐接口,可接数个麻醉气体挥发罐。

(4)供气系统

供气系统包括压缩气瓶(或中心供气源)、压力表、压力调节器、流量计、减压阀和 N_2O-O_2 比例调控保护装置等。

麻醉机的供气方式有压缩气筒和中心供气源两种,供气种类有 O_2、N_2O、空气等(其中供气源气压范围应为 3.85~4kg/cm^2)。高压气需经减压阀减压,将高而易变的压力降为低而稳定的压力,供麻醉使用。在 N_2O 的基础上提供空气气源,可以减少全身麻醉时的并发症,提高麻醉的安全性。同时,供气系统配有各气源的流量计,以便低流量麻醉的实施。N_2O-O_2 比例调控保护装置可以保证输出的氧浓度水平不低于 25%,当 O_2 不足时,供气系统会自动切断 N_2O 的供给。由于麻醉机采用了精密的比例控制阀和电子气体流量传感器,因此,机器不仅能自动监测和控制各种气体的补给量,而且能像治疗用呼吸机那样自动控制补给气体浓度比例,并按照各种呼吸模式精准地控制病人的呼吸。

(5)残气收集系统

残气收集系统主要负责处理病人呼出的气体(CO_2 已经被吸收器吸收,主要是多余的麻醉气体),保证排出的气体对环境空气没有污染,确保手术工作环境的洁净,避免危害医务人员的健康。残气收集系统包括残气收集装置、输送管道、连接装置、残气处理管。清除残气方式主要有管道通向室外化学吸附、真空泵引等,目前普遍使用含活性炭等吸附材料的过滤器对残气进行净化处理。

(6)气体安全监测系统

气体安全监测系统包括低氧压自动切断装置及各种压力、容量和浓度监测部件和故障报警装置。该系统实时监测设备的多项参数,如呼吸回路中气体流量、气体压力、呼吸次数、吸入端氧浓度和呼气末 CO_2 浓度等，由微电脑控制、处理和显示各项数据，同时，报警装置全程实时监控。气体安全监测系统将测出数值和压力波形显示给麻醉师，麻醉师根据相关信息对麻醉机进行参数调整。

5.1.1.2 临床应用

麻醉机主要应用于术中麻醉和监护，以消除患者手术疼痛，保证患者安全和手术顺利进行。目前也应用于无痛胃肠镜的检查中。

5.1.1.3 发展演变

随着工业技术的飞速发展，麻醉机越来越电子化、集成化和智能化，其各个部件结合紧密，协作配合工作。特别是麻醉工作站，具有友好的用户界面、全方位的病人生理参数监测、集成化的呼吸管路、高性能的呼吸器、精确的电控气体输送系统、强大的病人麻醉管理系统等诸多优点，逐渐开始在临床上普及。它的普及和应用将会使医院的麻醉技术飞速发展，使医院可以在降低成本的同时，提高麻醉质量，减少病人的痛苦，提高工作效率，给医院带来巨大的经济利益和社会效益。

5.1.2 高频电刀

5.1.2.1 设备基本原理

由于人体组织是导体，所以电流能通过人体组织并产生各种不同的效应。如：直流电会引起离子在组织中的迁移而产生化学效应；低频交流电通过人体组织时，会引起人体的神经肌肉刺激，即法拉第效应；高频交流电通过人体组织时，会将电能转变为热能，即热效应。高频电刀（又称为高频手术器）就是利用高频电流通过人体组织产生的热效应来工作的。在有效电极尖端产生的高频高压电流与肌体接触时，因接触面积小、电流密度大而产生大量的热量，使得细胞液蒸发而破裂，这种现象就叫作电切；在短时间内产生较大的热量，使细胞液受热丢失、细胞凝固，这种现象则叫作电凝。电切和电凝分别可以起到切割和止血的作用。高频电刀主要有三种形式：火花式振荡电刀、电子管振荡电刀、固体振荡式电刀。高频电刀一般使用0.3～5.0MHz的振荡频率。

5.1.2.2 功能模块

高频电刀一般由电源模块、低压电源、振荡电路、功率输出模块、电切/电凝选择等单元组成，见图 5－3。电源模块包括电源变压器等，低级输入 220V，次级输出包括高压和低压两路；振荡电路包括振荡线圈、电容、电子管或晶体管等，其功能是产生高频电流；功率输出模块包括晶体管（电子管）及输出功率调节电路，其作用是将高频电流进行功率放大并将其输出到电刀部件；电切/电凝选择单元主要是选择临床需要的电切和电凝的功率，通过专用电刀手柄，完成人体组织的切割和凝固。

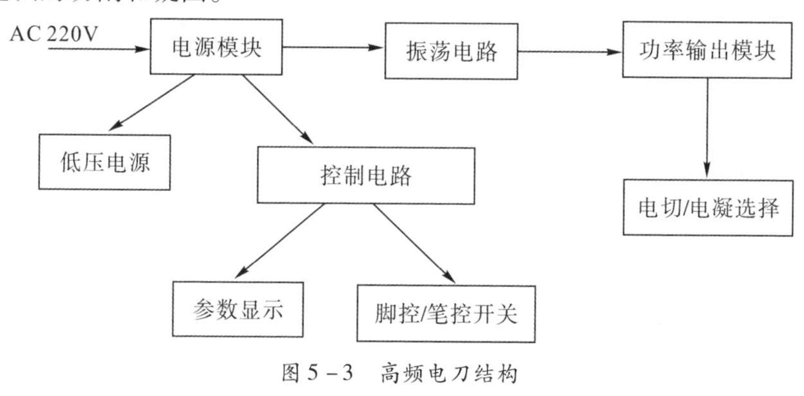

图 5－3　高频电刀结构

5.1.2.3 临床应用

高频电刀可应用于各种传统的外科手术，包括脾切除、甲状腺切除、肝脏切除、肺切除、痔疮切除、胃切除、肾脏切除等。

5.1.2.4 发展演变

高频电刀的发展方向包括更高的峰值电压、更低的电流，以及更高的安全性和稳定性等。更高的峰值电压可以取得更好的切割和止血效果，有效减少电刀对组织造成的损伤；而较低的电流和功率对病人的危险性小，可以保证手术的安全性。此外，极板监测、系统自检、漏电控制、瞬间放电等新技术的应用同样提高了高频电刀的稳定性和可靠性。

电外科是一个持续发展的领域。如今，高频电刀采用闭环控制回路来调节输出电压和电流，以使得有效电极在不同阻抗的人体组织移动时保持输出功率恒定，这种“自适应推荐方法”的高频电刀对正在使用的传统电外科设备是一个重要的改进。另外，高频电刀在血管闭合和蛋白质融合方面具有十分重要的作用，组织相互作用的持续研究表明了高频电刀在组织融合和消融方面的潜在应用发展空间，如果运用更加优化的电外科能量传输方法，未来可能出现成功的肺软组织和血管的缝合技术。

5.1.3 钬激光

5.1.3.1 设备基本原理

钬激光是以钇铝石榴石（yttrium aluminum garnet，YAG）为激活媒质，掺敏化离子铬（Cr）、传能离子铥（Tm）、激活离子钬（Ho）的激光晶体（Cr：Tm：Ho：YAG）制成的脉冲固体激光装置产生的新型激光。它是波长 2.1μm 的脉冲式激光，是目前众多外科手术用激光中最新的一种。钬激光产生的能量能使光纤末端和结石之间的水气化，并通过中间形成的微小气泡，将能量传至结石，完成结石的粉碎，在此过程中水会吸收大量能量，因此可以有效减少对周围组织的损伤。

钬激光在激光发生器中产生，Ho：YAG 激光晶体与泵浦灯（氙灯）同置于一个聚光腔内，当触发电路提供一个触发信号时，由 220V 交流电变压而成的高压发生电路通过电容储能模块向氙灯提供能量，将氙灯的光能量充分耦合到 Ho：YAG 激光晶体棒上，使工作物质完成粒子反转，晶体受激发将产生辐射，并在全反镜与输出耦合镜之间形成振荡，其中的部分能量由输出镜输出，形成波长为 2100nm 的激光输出，并通过聚焦镜、防护镜、接口、光纤，最终作用于病灶。

5.1.3.2 功能模块

Ho：YAG 激光系统主要由五大部分组成：高压发生装置、氙灯工作电路，CPU 控制与检测电路，激光发生器，冷却与散热系统，光学传输线路。

1. 高压发生装置、氙灯工作电路

电源电路接 220V 交流电，一部分送至高压发生装置进行升压，提供氙灯的工作电压；另一部分经桥式整流、滤波、稳压，最终输出不同范围的直流电，用于 CPU 控制电路和检测电路的供电。氙气在高压发生装置产生的高频电压作用下被击穿，并过渡到自持的弧光放电。

2. CPU 控制与检测电路

CPU 控制电路与检测电路的主要作用是对激发氙灯的高压进行检测和控制,如果检测到的能量与实际设定值有偏差,检测电路就会将信息发送至主控 CPU,再通过 CPU 发出的信号来对电流进行精确控制,使氙灯两端的高压上升或下降,以达到对激光能量的精确控制。

3. 激光发生器

激光发生器由三部分组成,即工作物质、泵浦系统(激励能源)、光学共振腔。

(1)工作物质

工作物质是激光发生器的核心,只有能实现能级跃迁的物质才能作为激光器的工作物质,Ho:YAG 激光是以钇铝石榴石为激活媒质,以掺敏化离子铬、传能离子铥、激活离子钬的激光晶体制成的固体晶体棒。晶体棒接受来自外界的能量,从而受激完成能级跃迁。

(2)泵浦系统(激励能源)

产生激光的必要条件是粒子数反转,即把处于基态的粒子激励到高能态(产生激光的能态)。泵浦系统的作用是为工作物质提供外界能量,使原子由低能级激发到高能级,从而实现粒子反转;Ho:YAG 激光的泵浦系统是由氙灯激发,发出强光照射工作物质,完成粒子数反转,形成产生激光的条件。

(3)光学共振腔

光学共振腔是激光发生器的重要部件,其作用是:①使工作物质连续不断地受激辐射;②光子加速;③限制激光输出的方向。光学共振腔由两个互相平行的反射镜组成。当一些工作物质的原子在实现了粒子数反转后产生两能级间的跃迁,辐射出平行于激光器方向的光子时,这些光子将在两反射镜之间来回反射,不断地引起受激辐射,产生很强的激光。这两个互相平行的反射镜,一个是全反射镜,其反射率接近 100%,另一个是部分反射镜,其反射率约为 98%,使得激光可以从部分反射镜射出。光学共振腔系统见图 5-4。

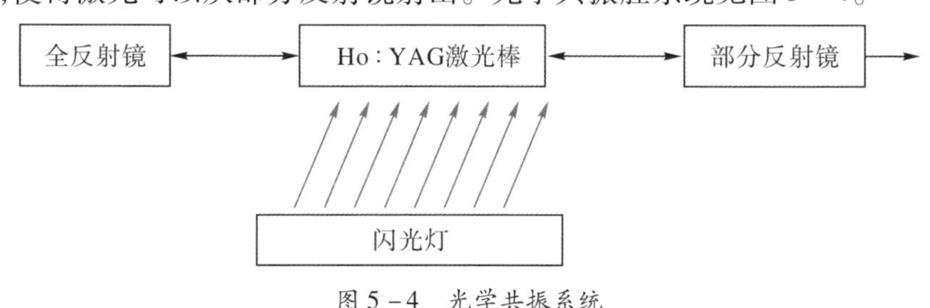

图 5-4　光学共振系统

4. 冷却与散热系统

激光发生器在工作时会产生大量的热量，因此，钬激光系统配置了冷却与散热系统，其作用是降低激光发生器工作时的温度，保持 Ho:YAG 激光发生电路机箱内温度的恒定。其系统结构见图 5－5。开机后，水循环电机运转，将水箱里的水经水循环过滤器、循环管路送至激光发生器对其进行降温，经过激光发生器的水吸收了大量的热量之后，通过管路循环，经过冷却管路，送至机器底部的散热风机进行散热，经散热的水最终被送回水箱中，完成水循环。

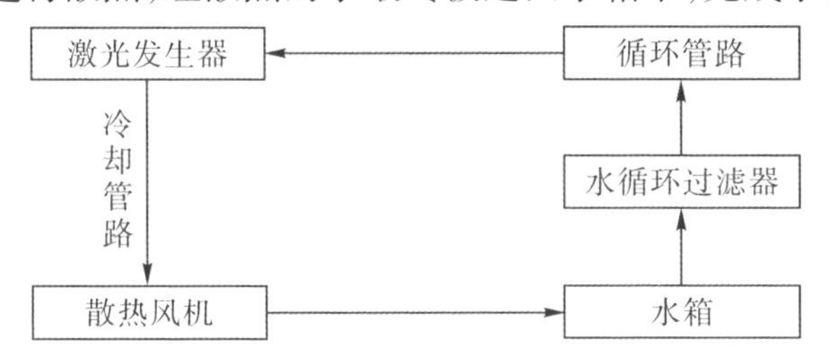

图 5－5　冷却与散热系统结构

5. 光学传输线路

光学传输线路见图 5－6。激光信号与手电筒信号源通过聚焦镜、防护镜、接口、光纤到达病灶，手电筒信号在这里起到指示“靶目标”的作用，由于手电筒信号和激光通过一条光学回路进行传输，所以手电筒信号所指方向就是激光的作用方向。

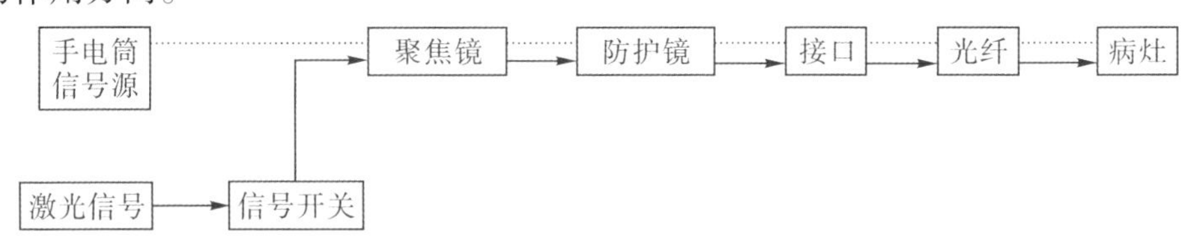

图 5－6　光学传输线路

5.1.3.3　临床应用

钬激光具有控制精确、穿透性小、安全性高等优点，被广泛应用于泌尿外科、五官科、皮肤科、妇科等科室的手术。尤其是泌尿外科，因钬激光的操作均在肉眼直视下进行，小口径光纤配合各种口径的内腔镜可以方便地到达泌尿系统的任何部位，可用于：①尿道和膀胱颈狭窄的内切开；②输尿管狭窄的内切开；③输尿管肾盂连接处狭窄的内切开；④先天性巨输尿管的内切开治疗；⑤尿流改道术后输尿管肠道狭窄的内切开；⑥小儿输尿管膨出的激光切开术；⑦肾盏漏斗部狭窄内切开。此外，钬激光还可用于尿路上皮囊肿的减压手术、尿道下裂的缝合等等。钬激光的应用使泌尿系结石的治疗得到了很大的改进。随着腔内泌尿外科技术及钬激光技术本身的不断改进,相信其在泌尿外科领域将会得到更广泛的应用。

5.1.3.4 发展演变

20 世纪 60 年代,首次实现了 Ho:YAG 晶体输出 2.01μm 的脉冲和连续激光。

20 世纪 70 年代,提出了 2μm 和 Ho:YLF 激光器的构想,随后不久,Weber 等人利用闪光灯作抽运源,在液氮条件下实现了 Er、Tm、Ho:YAP 激光器的运行。

1986 年,成功研制出了使用 GaAIAs 激光二极管阵列(laser diode array,LDA)抽运的 Ho:YAG 激光器。

1992 年,鲍曼(Bowman)等人首先利用闪光灯抽运 Cr,Tm,Ho:YAG 产生 1.91μm 的激光,然后再利用 1.91μm 的激光抽运 Ho:YAG 晶体,从而得到 2.1μm的激光。

进入 21 世纪后,钬激光的发展以提高输出功率、转换效率和系统稳定性等为方向进入了新的阶段。

5.1.4 气腹机

5.1.4.1 设备基本原理

气腹机是一种用于建立人工气腹的医疗设备,通过气腹机的机械加压充气,可以使腹壁与脏器分开,为手术提供足够的操作空间,避免穿刺套管刺入腹腔时损伤脏器。气腹机按其驱动方式的不同,主要可以分为两类:①气动式气腹机,其采用连续送气方式,当腹腔内压达到预定压力后停止送气,通常最高流量仅为 4L/min;②电子式气腹机,其送气流量远大于气动式气腹机,最高流量可达到 40L/min,可以实时显示腹内压、流量的值,还可以对腹内压和流量进行自动控制与调节。目前临床使用的主流气腹机大多为电子式气腹机。

5.1.4.2 功能模块

气腹机主要包括进气管路、主机、出气管路和气腹针,见图5-7。

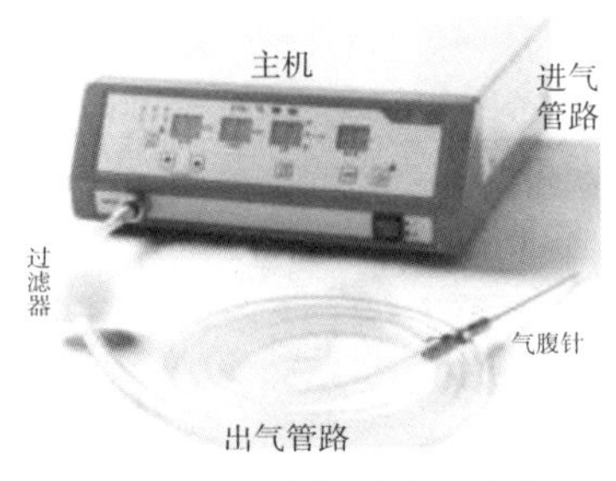

图5-7 气腹机的基本结构

1.进气管路

(1)CO_2 气源:可以使用 CO_2 集中供气或 CO_2 储气罐,医院的手术室多采用 CO_2 集中供气的方式。气源的输出压力范围一般为1~16MPa。

(2)减压阀:进气管路的减压阀是气腹机的第1级减压装置,它可以将气腹机主机的输入压力降低到0.6MPa。减压阀上有两个表头,分别显示进气压和减压后的输出气压。减压表的输出气压可以手动调节,通常范围为0.4~0.6MPa。

2.主机

(1)减压系统:气腹机一般采用3级减压阀系统。第1级减压阀在机外,可以将 CO_2 气源输出的气体减压到0.4~0.6MPa。机内则安装有第2级和第3级减压阀,可以分别将气体压力进一步降低至0.34MPa和0.08~0.14MPa,第3级减压阀的输出气压为气腹机的供气压力。

(2)压力开关:为确保充足的进气量,气腹机系统在第2级减压阀的出口处安装了一个压力开关来实时监测 CO_2 气源压力。当这一出口点的压力降至0.29MPa以下时,系统会自动报警,提示 CO_2 供气不足。

(3)压力信号检测:在气腹机的输出端安装一个压力传感器,目的是实时监测气腹机的输出气压。

(4)流量调整:由于各电磁阀的阀径不同,改变其开关状态可以实现对流量的控制。通过中央处理器对各电磁阀的控制,可以完成气腹机的流量调节。

(5)腹内压控制:腹内压关系到建立的气腹的质量,并且会影响气腹机的使用安全。腹内压控制主要通过监测设定值与实际检测到压力的偏差大小,并根据偏差大小采取不同大小的流量进行补充。

(6)安全阀(泄压阀):气腹机建立的腹内压关系到患者的安全,因此,在气腹机的输出管路上并联了一个安全阀,当腹内压超过33mmHg时,可以立即进行泄压(自行排气)处理。

3.出气管路

气腹机的出气管路包括出气接口、过滤器、气腹管、鲁尔接头和气腹针。气腹管的一端与气腹机的出气口连接,中间装有过滤器,另一端安装在鲁尔接头上,用于紧固气腹针。

4. 气腹针

气腹针是插入患者腹腔内进行机械通气的器械。气腹针通常采用可退缩针头,在气腹针穿透人体腹膜的瞬间阻力会突然下降,气腹针内的弹簧压缩可使锐性的穿刺针头回缩,以减少其对腹腔脏器的损伤。

5.1.4.3 临床应用

气腹机是腹腔镜手术成功与否的关键,在手术前必须先建立人工气腹,使腹膜壁与脏器分开,扩大腹腔将有利于手术,还能避免套针穿刺入腹腔时损伤脏器。

5.1.4.4 发展演变

气腹机随着腹腔镜手术的需求不断改进。比如气腹机的流量从原先最大只能达到 20L/min,到现在最大流量能达到 40L/min;另外,气腹机的控制精度和自动化水平也都在不断提高,目前已经能实现精细化的流量控制。

5.2 麻醉机故障维修案例

5.2.1 GE Aespire 机控模式风箱未正常运动

设备名称	麻醉机	品牌	GE	型号	Aespire
故障现象	手术前检查麻醉机,手动通气无漏气,机械通气 2 分钟无异常及故障报警。手术开始,麻醉诱导后从手控模式切换到机控模式,设 V_T = 400ml, f = 12, I : E = 1 : 2,快速充氧使风箱充盈后,VTE 显示 50 上下浮动(见图5 - 2 - 1),风箱未正常运动。				

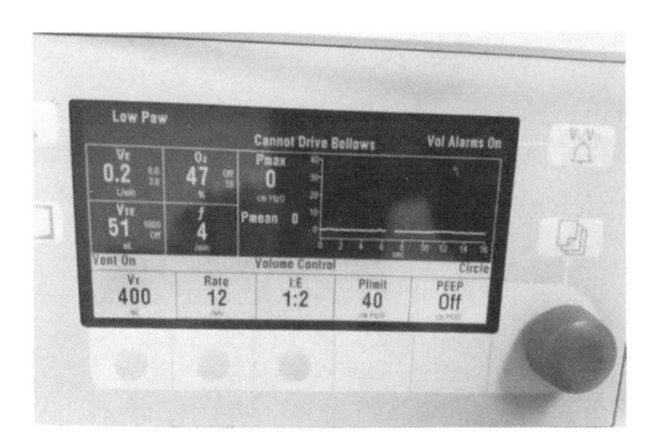

图 5－2－1　故障现象

【故障分析】

根据以下内容判断可能造成的原因。

①供气气源是否正常②机械通气模式下呼吸回路是否漏气；③Bag/Vent 切换是否正常；④流量传感器监测是否正常；⑤进气组件、驱动开关是否正常 。

【故障排除】

麻醉机气路示意和开机示意见图 5－2－2 和图 5－2－3。

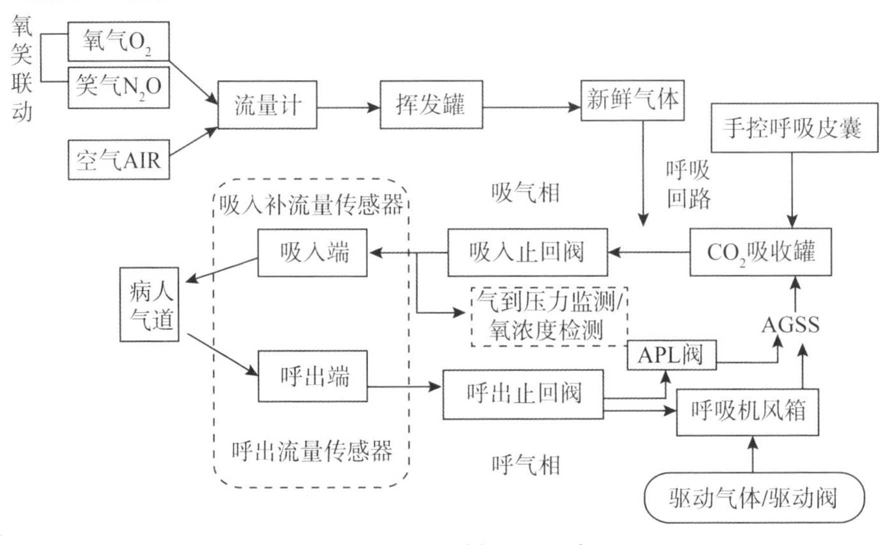

图 5－2－2　麻醉机气路示意

图 5－2－3　麻醉机开机示意

（1）使用硅胶测试管测试麻醉机是否漏气，手动通气模式和机控模式下漏气测试正常，且风箱未持续下降，故排除该原因。

（2）切换通气模式 Bag/Vent 开关（见图 5－2－4），显示屏上出现“Bag”，未提示模式切换报警提示。

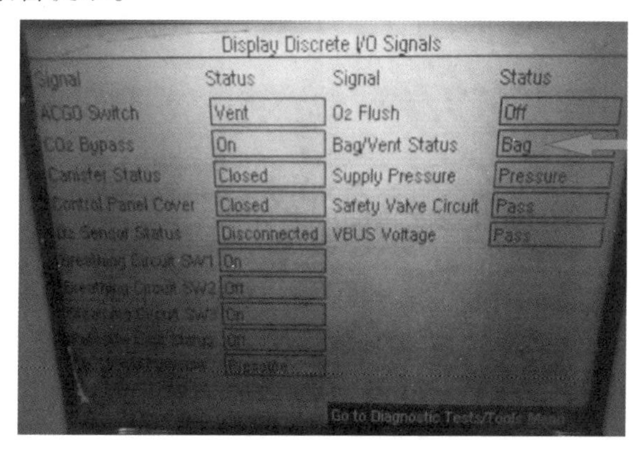

图 5－2－4　维修模式检测

（3）检查流量传感器管（见图 5－2－5）内无水柱堵塞，替换传感器后故障未排除。

【解决方案】

拆开风箱内部，发现驱动电路板给驱动阀的继电器 5V 供电接头被药液侵蚀导致接触不良，清洁后，发现驱动开关（见图 5－2－6）接点药液腐蚀，导致接触不良、调整器膜片内有灰尘,清理后开机听到阀体排气声音,切机控,设备机控正常。

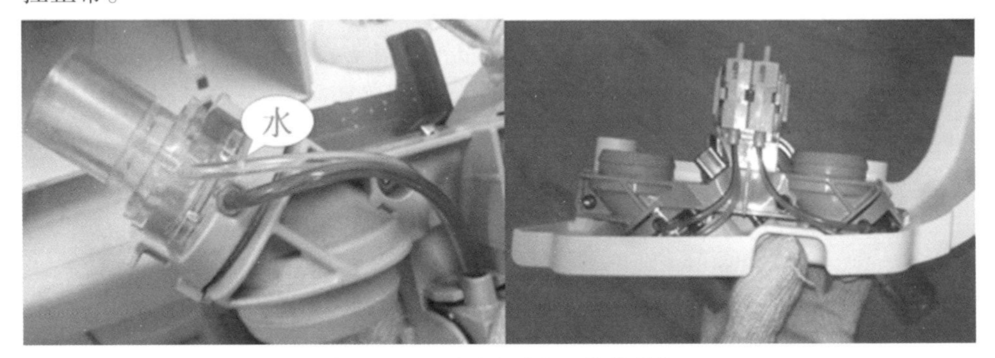

图 5-2-5　GE 麻醉机流量传感器

图 5-2-6　驱动阀、驱动开关

【价值体现】

进入手术间判断机器故障,发现无法在短时间排除故障,为不影响手术的开展,先替换备机。拆机排除故障后,在最短时间内使恢复设备正常,缩短设备停机时间,同时通过自修节省维修成本。

【维修心得】

麻醉机的组成大部分为管子、阀、活瓣等塑料橡胶件,电路故障的概率比较低,一般麻醉机会受水汽影响而导致潮气量不准,因此,在维修时应首先排除回路漏气和水汽对潮气量的影响,有些简单的漏气,是由外部螺纹管破损或呼吸皮囊破损所致。例如某次故障报修,临床反应机器漏气,工程师检查了外部管路和内部管路,拆开整个呼吸回路仍未找到明显的故障点,最后发现是 AGSS 麻醉废气排放管堵塞限压孔,造成负压压力过大,将回路内的有效气体抽出引起漏气;而钠石灰罐每天都要开罐更换钠石灰,可能因为盖子未正常盖紧引起呼吸回路漏气;风箱皮囊没安装好,则会因不能产生足够的驱动压力而使机控失败。

因此,维修需"从简到难,从外到内",一步步判断,一层层处理,抽丝剥茧,不能跳跃思考,直接怀疑主板、潮气量监测板等电路上的问题。

(案例提供 浙江大学医学院附属第二医院 黄天海)

5.2.2 GE Aespire 7100 偶发潮气量未达设定值,"低驱动气压"报警

设备名称	麻醉机	品牌	欧美达	型号	Aespire 7100
故障现象	潮气量输出未达设定值(偶发),屏幕上有"低驱动气压"报警,报警清单里有多次"Low Drive Gas Press"报警。设备照片见图 5-2-7,故障照片见图 5-2-8。				

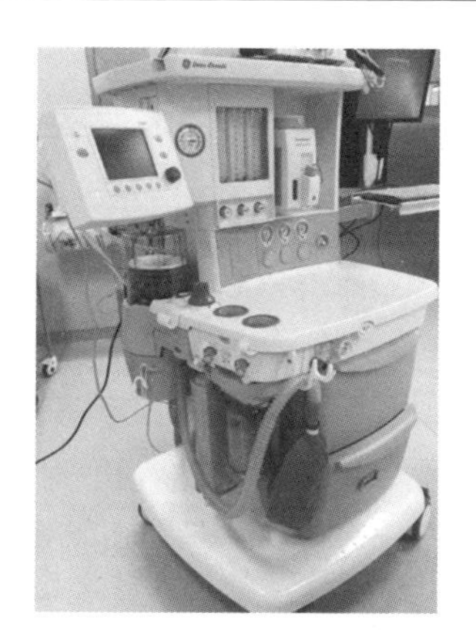

图 5-2-7 设备照片

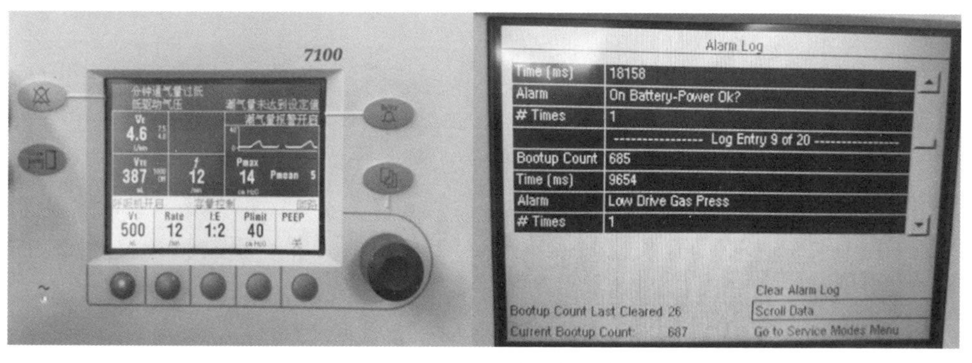

图 5-2-8 故障现象照片

【故障分析】

根据麻醉机的"气路图"(见图5-2-9)可以知道,驱动气体(氧气)经过过滤器和减压阀然后一分为二,一路经过吸入阀(inspiratory control valve)直接到风箱,另一路经过PEEP安全阀(PEEP safe valve)、气体驱动开关(supply pressure switch)、PEEP控制阀到呼出阀(exhalation valve)再连接风箱。

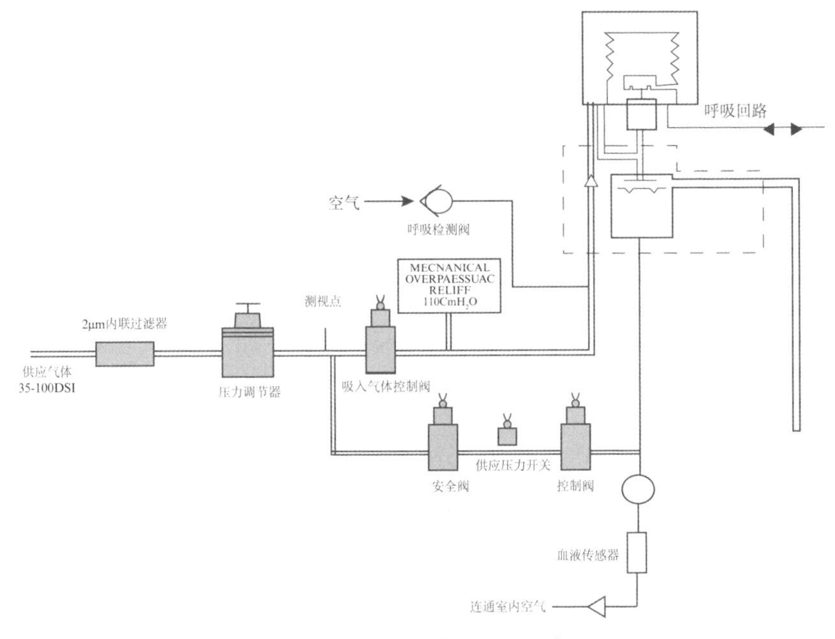

图5-2-9 麻醉机气路示意

理论上,气体管路漏气,各种电磁阀、驱动开关、控制板、连接线等故障都会导致此种故障现象,因此要结合经验,"从外到内、从可能性大到可能性小的故障"逐一排查。

【故障排除】

(1)可能性最大的故障原因是漏气,彻底重接气体回路(见图5-2-10),更换流量传感器,做漏气测试,测试通过,排除。

(2)查看各电磁阀(见图5-2-11)进入维修模式,对吸入阀、PEEP安全阀、PEEP控制阀进行逐个校准,校准通过,排除。

(3)查看气体驱动开关(见图5-2-12),接通电源后正常情况应该是:如果没有气体经过,其电压都是高电平(5V),等于开关闭合;如果有气体经过,其电压都是低电平(0V),等于打开开关。一定要注意排气后需要拆下驱动开关测试。测量正常,排除。

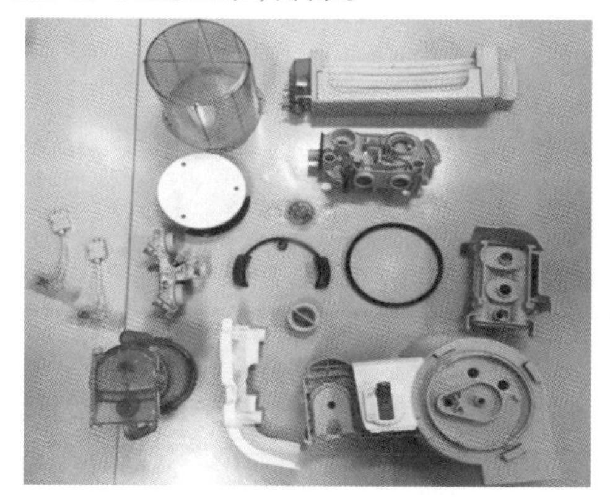

图 5-2-10　气体回路照片

图 5-2-11　各类电磁阀照片

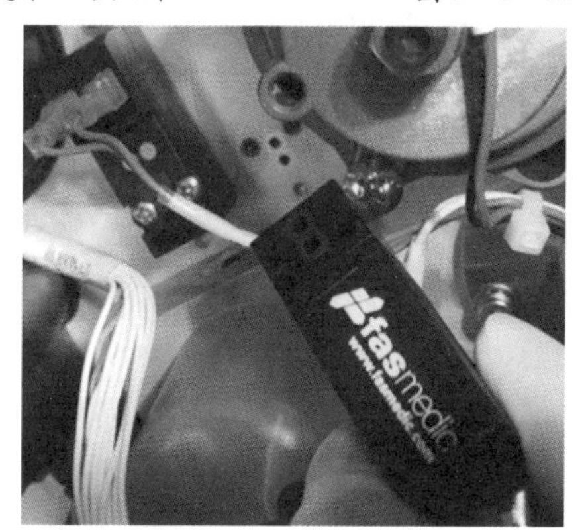

图 5-2-12　气动开关照片

(4)查看各级连接线,检查后确定各个电磁阀和气动开关等连接线都是直接接 VEB 板。通过该板子转接(见图 5-2-13①)输出,先转成类似串口的连接线(见图 5-2-13②),然后经过麻醉机背部,接到屏幕后面的控制面板接口(见图 5-2-13③)。

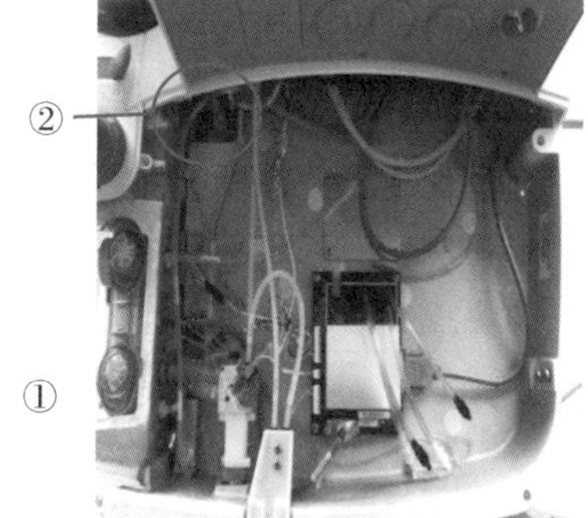

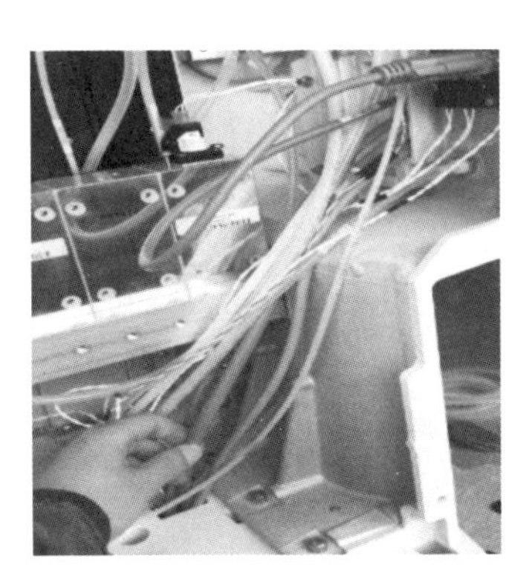

图 5－2－13　各部件连接线

【解决方案】

明确故障原因后,从报废机子上拆下此段连接线予以更换(普通串口线也可自行制作),使用并观察后,发现故障现象彻底消失。

【价值体现】

此次故障主要有两大难处:①故障具有偶发性;②该系列麻醉机维修手册没有明确的报警对应信息。因此,我们只能结合维修手册和经验,分析故障的可能原因,一一进行排除,整个过程花费近一个月时间。整个维修过程在没有花费的情况下完成,不仅给医院带来不小的经济效益,而且大大提高了设备的使用率。

【维修心得】

医疗设备维修是个考验技术的精细活,也是个慢慢积累经验的过程,因此,我们医工要勤于动手、勇于动手,展现我们独有的价值。同时,此处结合自己经验和大家分享两点心得。

(1)维修时要养成拍照记录的好习惯。

(2)通过维修来了解设备,效果甚佳,因此,作为工程师我们要珍惜各种维修机会。

(案例提供　瑞安市人民医院　张元勋)

5.3 电刀故障维修案例

5.3.1 威利 Force－FX 双极(BIPOLAR)无输出

设备名称	电刀	品牌	威利	型号	Force－FX
故障现象	使用双极无输出。设备照片见图 5－3－1。				

图 5－3－1　设备照片

【故障分析】

测试双极电凝线，脚踏开关，均未故障。

【故障排除】

(1)将主机连上测试好的双极电刀及专用脚踏开关，插入电源线，在桌子上放一块硫黄皂并且湿化。主机开机自检后，将双极电刀输出模式设置在“standard”模式(该双极电刀有“precise”“standard”“macro”三种模式)，功率调到 40W(最高 70W)，踩下脚踏开关，用双极电刀头切湿化的硫黄皂，未见汽化和听到“嗞嗞”声。单极电刀测试正常。

(2)关机，拔下电源线，打开机盖(见图 5－3－2)。万用表测得橙色—黑色线：+11.99V，红色—黑色线：+5.12V，蓝色—黑色线：－12.10V，各个电压输出正常。

图 5-3-2 设备电路板

(3)根据厂家提供的电路图(见图 5-3-3)可知:J21、J20 与双极电刀的两端直接相连(J22 空脚,实际上高频情况下通过电容 C147、C149 与 J20 直连)。J21、BW7、BW12、BW2 通过继电器 K12-B 与 BIP_A 相连;J22 一端通过 K17-B 与 BW6-BW8 相连,另一端通过 C147、C149 与 J20 相连。J20 与 -V_ISO_3 通过运放 LM393 比较得到"BFSW_DES"信号。"-V_ISO_3"是"ISOBLOCK SUPPLIES"提供的标准测试信号,由 74HC14 非门和 4081 或门经三极管 Q10 提供。"BIP_A"与 C150、C151 通过 T 线圈后,落位于 J16。从图中可以看出单极和双极的高频能量都通过 T4 线圈,经 J16 端子传递。因单极电刀测试正常,可以判断该路前极为正常。

(4)通过 D 触发器 ULN2803 控制 K12-B,K17-B 等继电器来控制电刀输出的有无。双极电刀输出是 CPU 板经 J13 座子的 5C 脚通过 U15(ULN2803)的 D2 脚提供"BIP_RLY"信号,J13 的 5C 脚与 CPU 板的 J4 接插,对应 J4 脚为 412-PA1(U6)。经测试,相关回路的耦合电容均未短路,三极管有击穿现象,功率场效应管正常。

部分电路连接以及对应的实物见图 5-3-3。

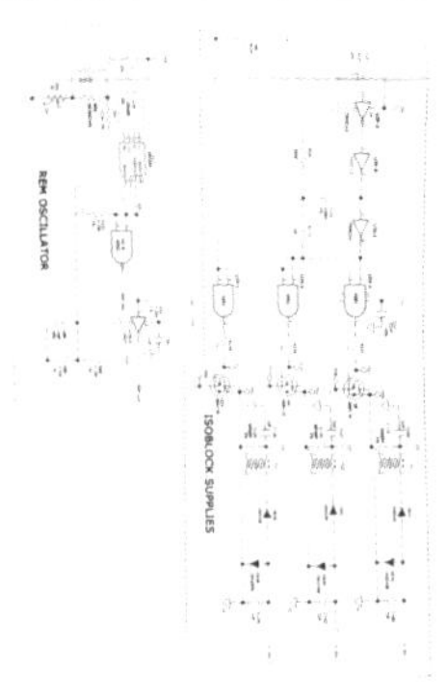

图 5-3-3 部分电路连接以及对应的实物

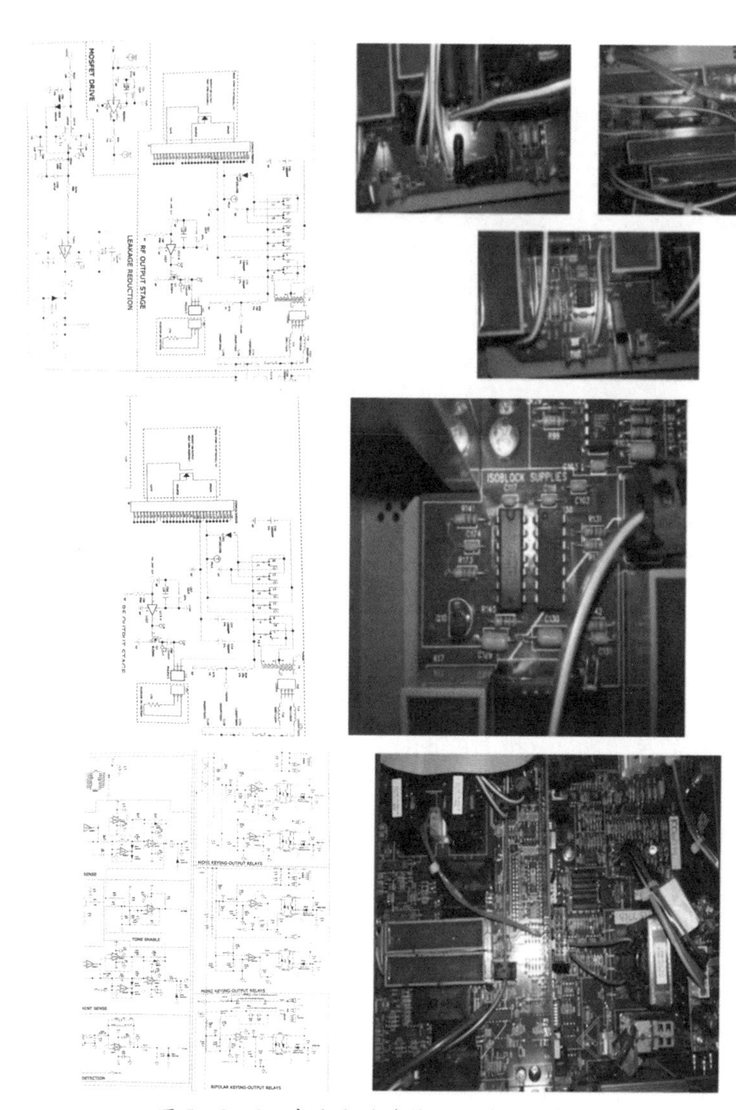

图 5－3－3　部分电路连接以及对应的实物(续)

(5)重新装回主板等,改用 fluke 电刀测试仪(型号 QA－ESⅡ,见图5－3－4)测试。双极电刀的两极接红色表头线和黑色表头线,分别接 fluke 电刀测试仪的 VAR. Load 黑色端和红色端。设置模式为“cont. oper”和“singl. oper”,负载“100Ω”(主机标称双极最大功率 70W,等效人体阻抗 100Ω)。电

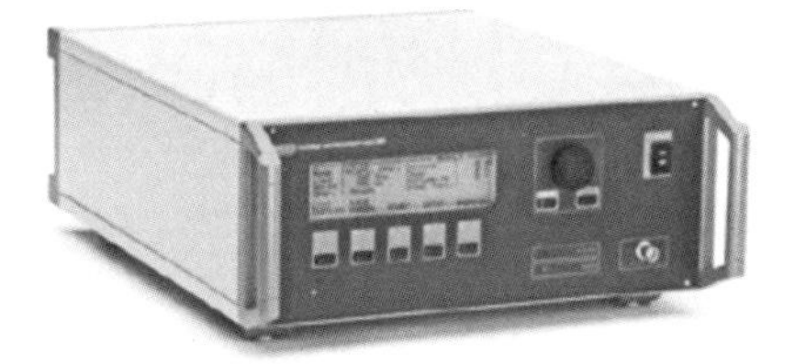

图 5－3－4　fluke 电刀测试仪(型号 QA－ESⅡ)

刀模式为“standard”，测试。

(6)使用电气安全仪进行电气安全测试(见图5-3-5)。

图5-3-5　电气安全分析仪

【解决方案】

经测试发现，相关回路的耦合电容均未短路，三极管有击穿现象，功率场效应管正常。更换三极管。

【价值体现】

对手术量比较大、电刀数量有限的医院，电刀无故障能保证手术正常开展；对县级小医院，电刀的自修有利于临床医生对工程师能力的认可，获得临床尊重。在难度较大的故障维修过程中积累经验，有利于平时对小型故障的快速判断。有条件的工程师可以全面分析故障引起的各种原因，这有利于工程师加深对设备维修的理解，对设备形成更全面的认识。

【维修心得】

高频电刀维修有别于其他医疗设备，稍有不慎易引起漏电，造成不良后果。因此，维修人员应在维修过程中更加细心，不断积累经验以提高业务水平。

(案例提供　浙江大学医学院附属第二医院　叶建平)

5.3.2 威利 FX－8C 电刀无功率输出，“161”报警/“15”“19－”报警/脚踏控制故障

设备名称	高频电刀	品牌	威利	型号	FX－8C
故障现象一	开机自检正常，电刀无声音、无功率输出，报警161。故障照片见图5－3－6。				

【故障分析】

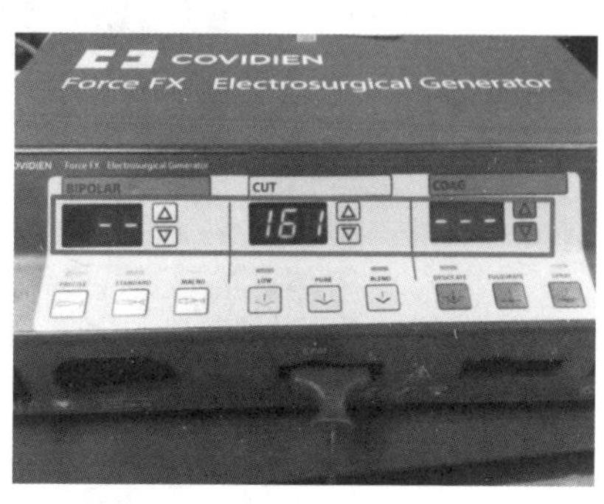

图5－3－6　故障照片

要想对一种设备的故障进行快速的判断，分析出故障点，就必须对设备的工作原理有深入的了解。高频电刀是一种变频变压器，能将220V/50Hz的低压低频电流经过大功率MOS管变压、功率放大，输出为上万伏/400～100kHz的高频高压电流，经继电器控制再通过笔式电极输出进行组织切割。

了解高频电刀工作原理后，维修思路如下：高频高压电流的产生模块—控制模块—输出模块。拆机后测量市电输入正常，交流保险丝完好，打开机盖，交流220V进入机内，经电流滤波电路分为两路，并联输出，一路到低压板，另一路到功率输出板。

【故障排除】

图5－3－7　功率管所在位置

观察电路板并无烧焦痕迹，各个电容也没有鼓包现象，小心取下直流12V控制继电器后，使用万用表电阻挡测量其常闭触点阻值，发现为0Ω，将其与另一台正常使用的电刀继电器对换，上电后发现衔铁能正常吸合，说明继电器无损坏。

在对功率输出板上的大功率MOS管进行测量后，判断出该故障应该是由大功率MOS管被击穿导致（见图5－3－7）。

【解决方案】

在第三方购买了相同型号的功率管更换,故障消失,正常使用至今。故障功率管与完好功率管的比较见图5-3-8。

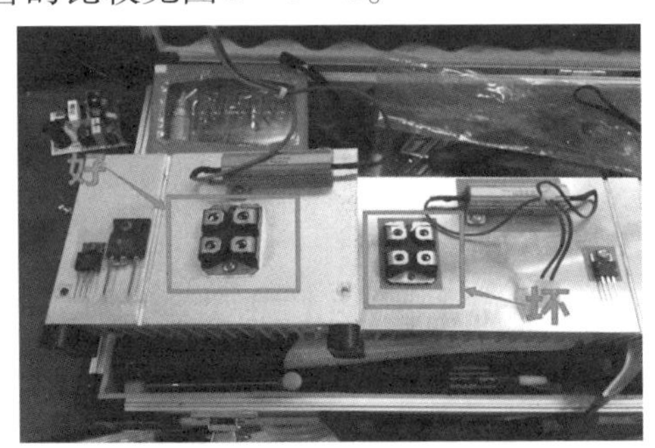

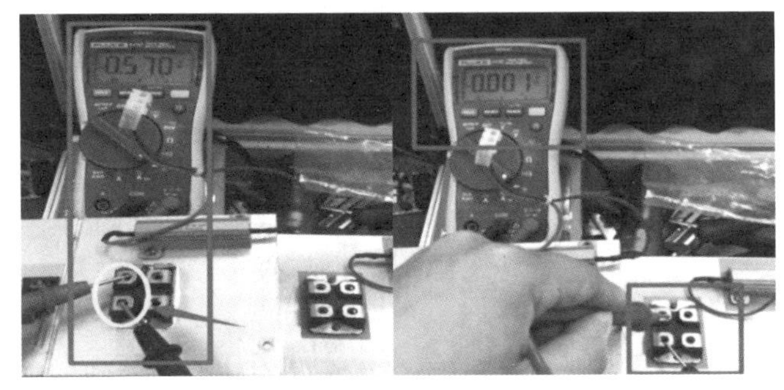

完好的功率管此处应有压降(左好右坏)

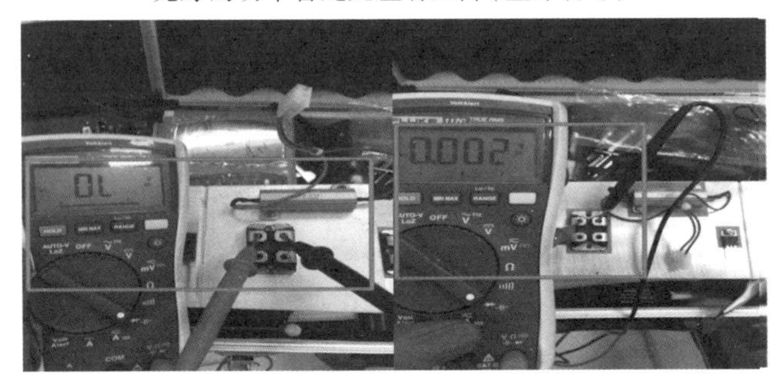

完好的功率管此处不导通(左好右坏)

图5-3-8 故障功率管与完好功率管的比较

经查询厂家提供的故障代码,发现该代码确实指向功率输出板处故障,然而后来临床又有几次报修另外的电刀偶发电凝无输出,按照此方向进行排查发现功率管完好。

设备名称	高频电刀	品牌	威利	型号	FX－8C
故障现象二	开机自检正常，电刀无声音、无功率输出，报警159。				

【故障分析】

利用脚踏来判断电刀的主体电路是否正常工作，通过脚踏触发时发现输出正常，判断电刀主体电路工作正常；但是使用电刀笔时输出无反应，由此判断手控输出部分有问题，手控输出的控制电路见图5－3－9。

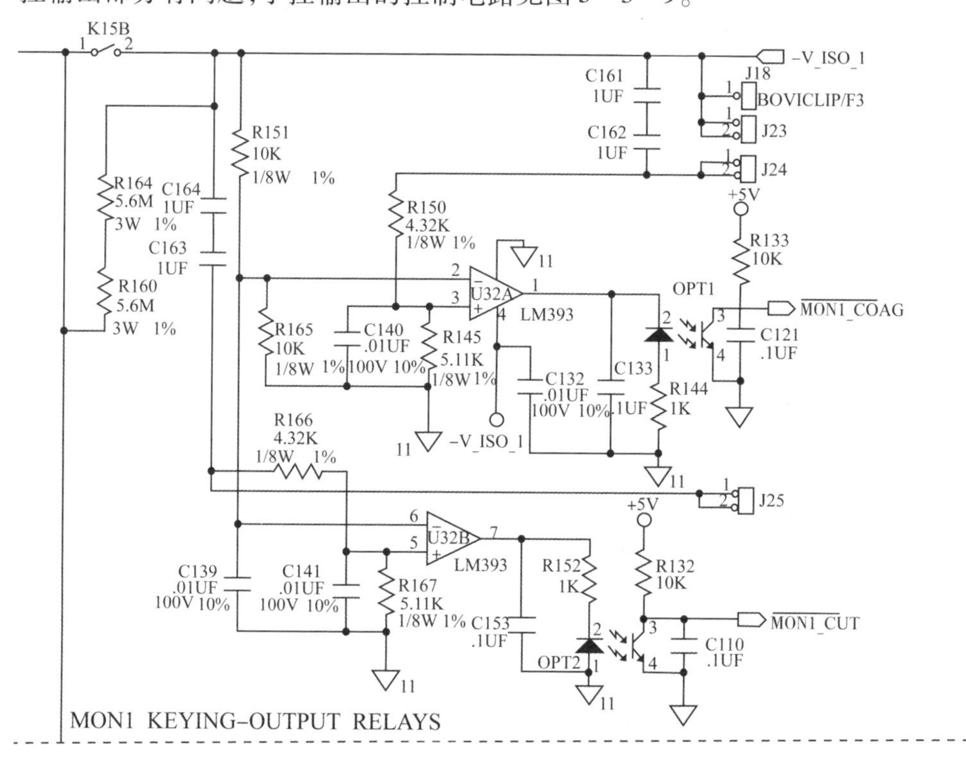

图5－3－9　手控输出的控制电路

【故障排除】

当按压闭合手控刀笔电切开关后，测得各电阻阻值正常，但是输入端并没有正常加载电压。最终拆下前面板，发现J25插口（见图5－3－10）处有氧化及松动现象，处理J25插口后再试机，可正常使用。

图 5-3-10 J25 插口

【解决方案】

该故障即功率管与母板连接处的管脚容易松动及功率管管脚氧化，导致电刀会偶发无能量输出，将母板的 J25 管脚重新焊接，再将功率管管脚氧化的锡层通过吸锡器去除干净，均匀涂上薄薄的锡层即可解决。维修完成后，经福禄克电刀分析仪检测合格，交还临床使用。

设备名称	高频电刀	品牌	威利	型号	FX-8C
故障现象三	电刀开机自检声音异常，偶发报警 15 或 19。故障照片见图 5-3-11。				

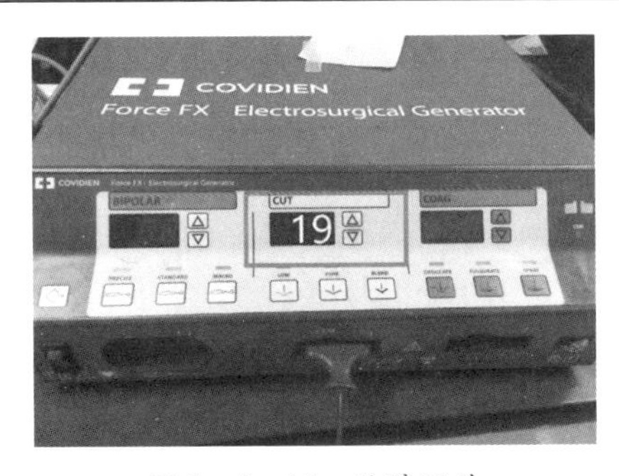

图 5-3-11 故障照片

【故障分析】

通过将拆机照片和厂家电路图进行对比发现，控制电刀音量的控制板与一块 +15V输出的低压电源板相连接。

【故障排除】

取下该低压电源板，使用交流稳压电源对其进行测试，发现输出正常，对各个电阻测量发现阻值正常，观察表面五个电容，未发现鼓包现象。

再测量机壳内低压电源板与母板的连接处，发现排线在母板的连接点略有松动，机壳受到震动时会出现连接不稳定的现象，由此判断应该是此处连接不稳定，造成电刀在运行时会偶尔检测不到该电源板，最终导致代码报错。

设备的电源板的电路示意与实物分别见图 5－3－12 和图 5－3－13。

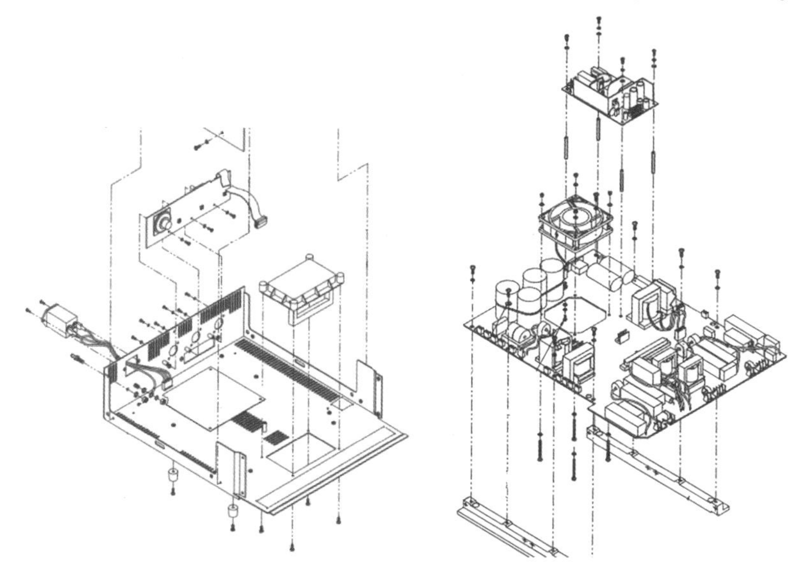

图 5－3－12　低压电源板的控制电路

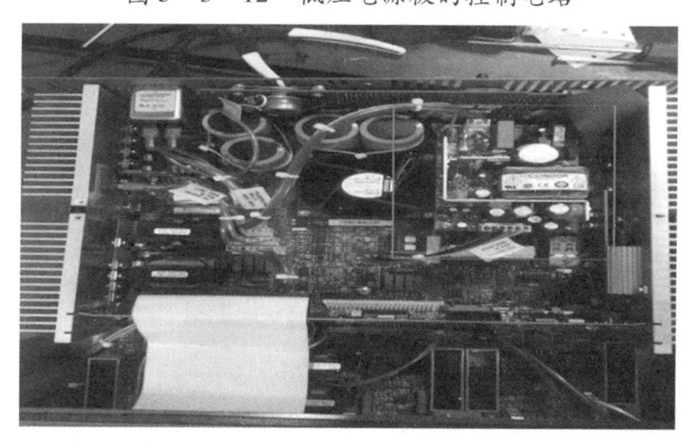

图 5－3－13　低压电源板实物示意

【解决方案】

对该处进行重新飞线焊接好后，通过电刀分析仪检测合格，交还临床使用。

设备名称	高频电刀	品牌	威利	型号	FX－8C
故障现象四	开机自检未通过，报警19－系列代码（见表5－3－1）。				

表5－3－1　19－系列代码

故障代码	故障原因
191	Intemal diagnostics. Cut buttons . (uparrow, down arrow, Low, Pure, and/orBlend) may be stuck (button shown onterminal using serial port)
192	Intemal diagnostics. Coag but tons (uparrow, down arrow, Desiccate, Fulgurate, and/or Spray)may be stuck (button shownon terminal using serial port)
194	Internal diagnostics. Handswitch or Monopolar 1 Footswitch cut pedal may be stuck
195	Internal diagnostics. Handswitch or Monopolar 1 Footswitch coag pedal may be stuck
196	Interal diagnostics. Handswitch or Monopolar 2 Footswitch cut pedal may be stuck
197	Intemal diagnostics. Handswitch or Monopolar 2 Footswitch coag pedal may be stuck
198	Intemal diagnostics. Handswitch or Bipolar Footswitch pedal may be stuck

【故障分析】

该故障较为简单，且指向性明确，194、196为手柄或者两个接口的单极脚踏，“切割”部分可能是人为手动按压了激发开关，195、197为手柄或者两个接口的单极脚踏“电凝”部分可能是人为手动按压了激发开关。191为切割向上箭头、切割向下箭头及切割模式按键，可能是人为手动按压了激发开关，192为凝血向上箭头、凝血向下箭头及凝血模式按键，可能是人为手动按压了激发开关。报警198，提示手柄或者双极脚踏在自检时处于激发状态，处理方法也与上述一样，先判断是否有人为按压情况，再决定是否需要更换电刀笔或者脚踏。

【故障排除】

(1)判断是否有人为按压电刀笔或者单极脚踏,如果排除这两种情况,就可能是电刀笔故障。电刀笔故障多发生于中小医院,由笔式电极的复用和反复消毒,导致电刀笔内部按键损坏。

(2)排除按钮是否粘连的情况,可能需要考虑更换前面板的面贴。

【解决方案】

更换新的电刀笔,重新开机问题即可解决。

设备名称	高频电刀	品牌	威利	型号	FX-8C
故障现象五	手控输出有效,但是脚踏无法控制。				

【故障分析】

检查电刀笔的输出,发现电切及电凝功能正常,但是脚踏踩下去无反应,取下脚踏使用万用表通断档测量,发现航空接头里面线缆断裂。

【故障排除】

拆开发现脚踏由四根线缆控制,分别标明 A、B、C、D,其中 B 脚接地,通过测量得知 C 脚为公共端,使用电切功能时 C 脚、D 脚连通,使用电凝功能时 A 脚、C 脚连通。后面板控制部分示意见图 5-3-14。

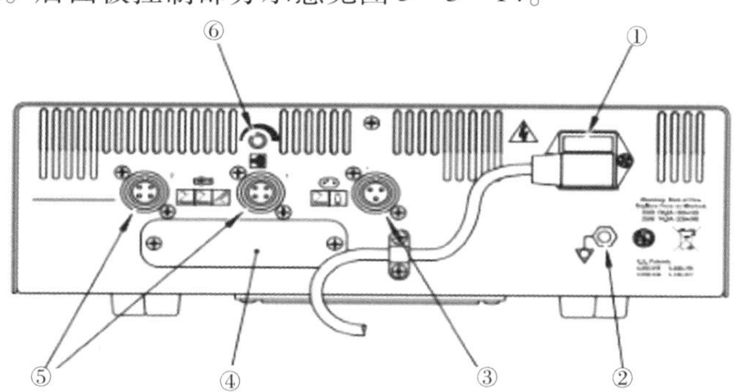

①电源输入模块
②等电位接地端
用于将电刀与大地相连.
③双极脚控开关捕座
⑥选件面板
⑤单极脚控开关插座
⑥音量控制

图 5-3-14 后面板控制部分

【解决方案】

按照要求重新焊接好，脚踏即可正常使用。

【价值体现】

对于这种手术室的高风险设备，自修一方面能体现医工工程师对临床的价值，另一方面能在实际使用过程中快速解决临床问题，减少等待时间。

上述几次维修均通过自身判断，从第三方购买配件，快速解决了问题，并且质量过关。外购配件价格低于原厂，一定程度上减少了资金耗费，且自修周期比外修周期要短，在备用机器不足的情况下能快速地帮助临床恢复常态化运行。设备故障的维修周期缩短，使临床科室对我们的满意度提升。

【维修心得】

对于工程师自身来说，积攒该类高风险手术设备的维修经验，细化到各部件、各零件的判断与维修，对后期处理临床突发事件时有很好的指导作用，能第一时间判断出问题所在，帮助临床快速解决问题，更好地提升自身维修能力和判断问题能力。

作为一名医工工程师，在对医疗设备进行维护和维修时，第一要做到医工的“医”字，即要对设备的用途、其临床使用的参数及临床为什么要使用这种参数有足够的了解，只有了解临床的需求，才能找到解决这些需求的最佳途径；第二要做到医工的“工”字，即要拥有一个工程师的基本素养，对设备的原理有足够的了解，有足够的耐心和细心，以及精湛的技术。只有做到以上两点，才能在医工的道路上走得稳、走得远。

（案例提供　浙江大学医学院附属第一医院　聂涛）

5.4 钬激光故障维修案例

5.4.1 科医人 POWERSUITE 60W SYSTEM 自检报错“Fault 505”

设备名称	钬激光	品牌	科医人	型号	POWERSUITE 60W SYSTEM
故障现象	开机自检报错“Fault 505”后自检失败，提示联系维修。设备照片见图 5－4－1，故障照片见图 5－4－2。				

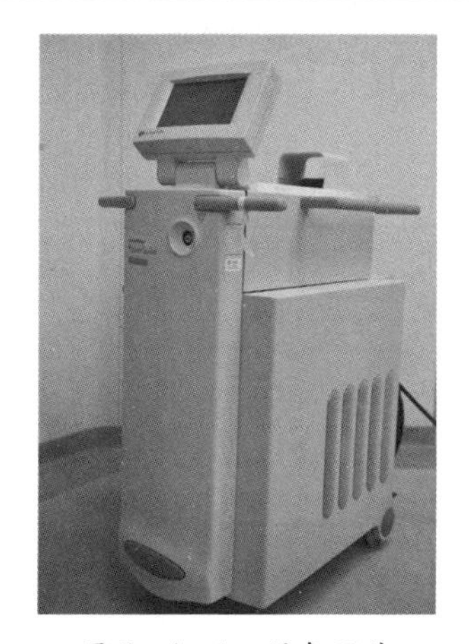

图 5－4－1 设备照片

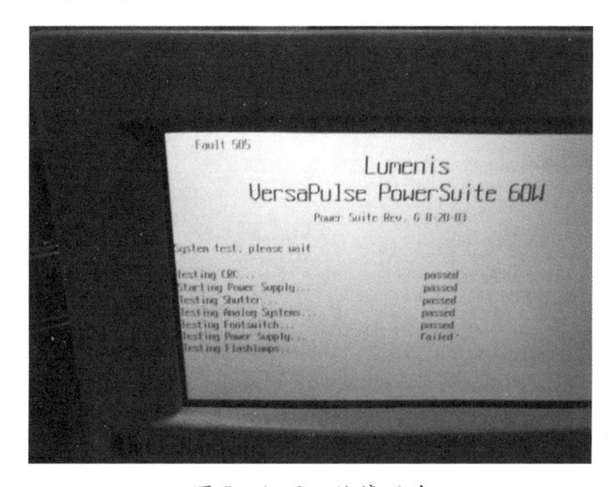

图 5－4－2 故障照片

【故障分析】

设备自检提示检测电源失败，打开机壳观察无异常气味及痕迹后测量电源板上电压测试点 TP35、TP39、TP40、TP47 上 +5V、+15V、－15V、+24V，均正常，各大功率 IGBT 模块、二极管静态测量均无异常，维修手册提示“Fault 505”故障可能发生在 HVPS 模块。

【故障排除】

通过 HVPS 电路图(见图 5-4-3)分析,HVPS 左半边是个典型的 BOOST 升压电路,右半边是个激光激发电路。测量箭头所示保险管在设备启动自检时只达到 400V 左右,未能达到预设的 800V,随后出现报错。而此时激光激发电路还未工作,故初步判断为前面 BOOST 电路故障,BOOST 电路的等效电路和简化电路分别见图 5-4-4 和图 5-4-5 。BOOST 电路原理:电感 L1 是将电能和磁场能相互转换的能量转换器件,IGBT 开关管闭合后,电感将电能转换为磁场能储存起来,IGBT 断开后,电感将储存的磁场能转换为电场能,且这个能量在和输入电源电压叠加后通过二极管和电容的滤波得到平滑的直流电压提供给负载,由于这个电压是输入电源电压和电感的磁场能转换为电能的叠加后形成的,所以输出电压高于输入电压,完成了升压过程,IGBT 的开关由控制板上的 PWM 电路控制。

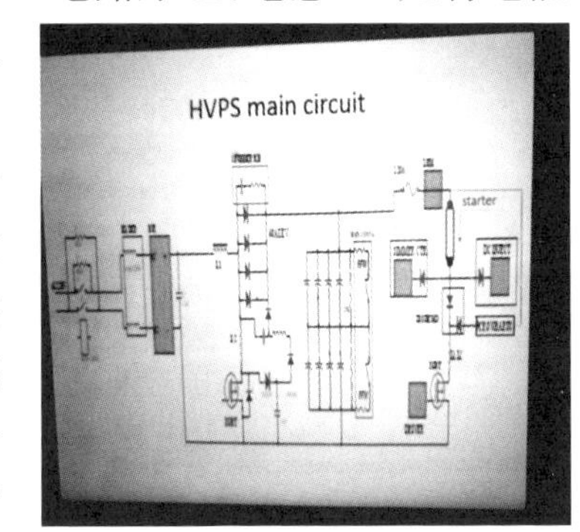

图 5-4-3 HVPS 电路

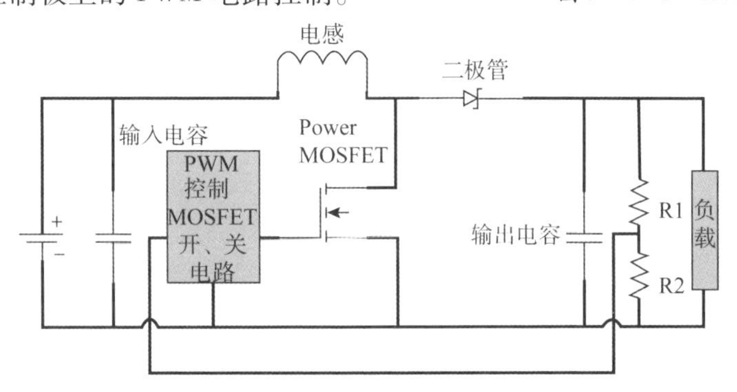

图 5-4-4 HTPS 模块 BOOST 电路等效电路

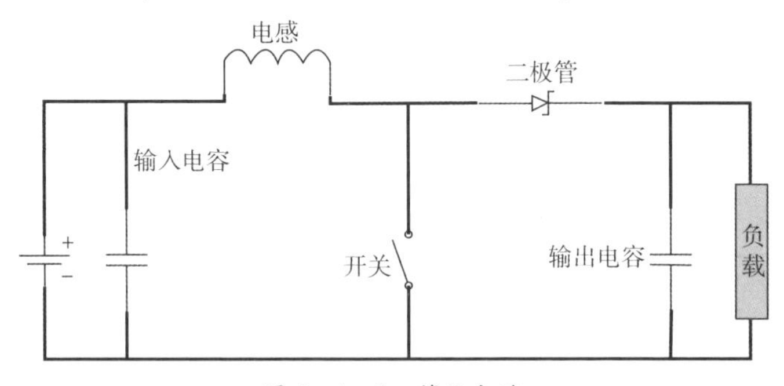

图 5-4-5 简化电路

输出电压 VO 计算公式:VO = (VO - VI)/D。

VO = 输出电压;VI = 输入电压;D = PWM 占空比。

VO 可测得 400V 左右,说明 PWM 电路已工作,其后用示波器测得的 IGBT 驱动波形也证实了这点,电路工作后没达到预定电压而报错,怀疑电路中有高压短路或者高压放电回路误工作,检查两个放电继电器在预充电过程中始终处于关断状态,说明放电回路正常。电路中输出电容由八个 450V 4700μF 电容组成,八个电容四个一组分两组串联并联均压电组均压,用示波器测量串联的两组电容上的电压,在预充电过程中一组可充到 300V 左右,而另一组只能到 100V,然后就报错,怀疑一组电容上存在高压短路。将整个 HVPS 模块拆开,将此组四个电容取下后发现其中电容接线桩附近有打火痕迹,测量发现其耐压下降。

【解决方案】

购买相同品牌参数电容更换后测量开机预充电能达到 800V,自检通过后对各项输出指标进行测试,测试结果正常后交临床使用,故障排除(见图 5-4-6)。

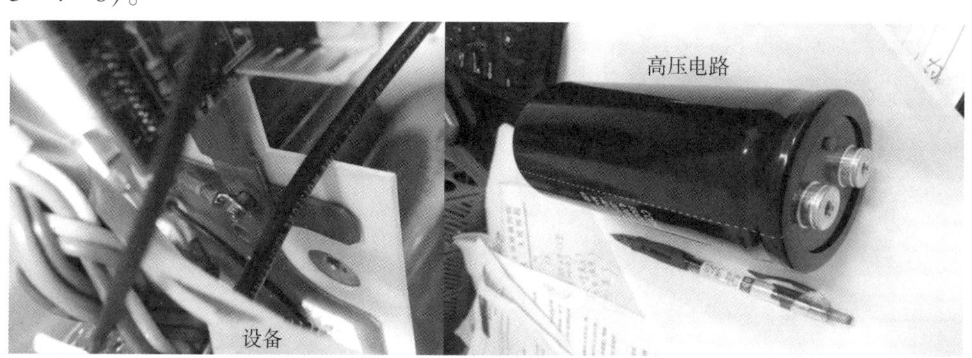

图 5-4-6 拆除并更换前新购入的高压电容

【价值体现】

厂家对此 HTPS 模块报价为 22 万元,此次维修仅使用了 500 元左右,为医院节省 22 万元维修费用。

【维修心得】

在与厂家工程师的交流中发现,厂家工程师多数时候无法提供具体的电路图,只能判断大致故障点在哪个模块上,然后建议医院更换整个模块。厂家工程师比我们更熟悉设备,可以大致判断故障点,避免我们维修时走弯路。厂家工程师提供的模块框图对我们分析故障有很大的帮助。我们可根据框图分析电路工作原理,根据原理去判断故障点。

(案例提供　杭州师范大学附属医院设备科　蒋寅杨)

5.5　气腹机故障维修案例

5.5.1　STORZ 264305 20 输出气流小,供气压力柱报警灯亮

设备名称	气腹机	品牌	STORZ	型号	264305 20
故障现象	故障现象一:开机使用时,输出气体流量小,术中腹压达不到预设值,导致人工气腹不足,无法正常开展手术,并且发出"噗噗"的噪声。 故障现象二:开机报警,供气压力柱红色 LED 报警灯亮。 设备照片见图 5-5-1。				

图 5-5-1　设备照片

【故障分析】

气腹机工作原理和主机分别见图 5-5-2 和图 5-5-3。

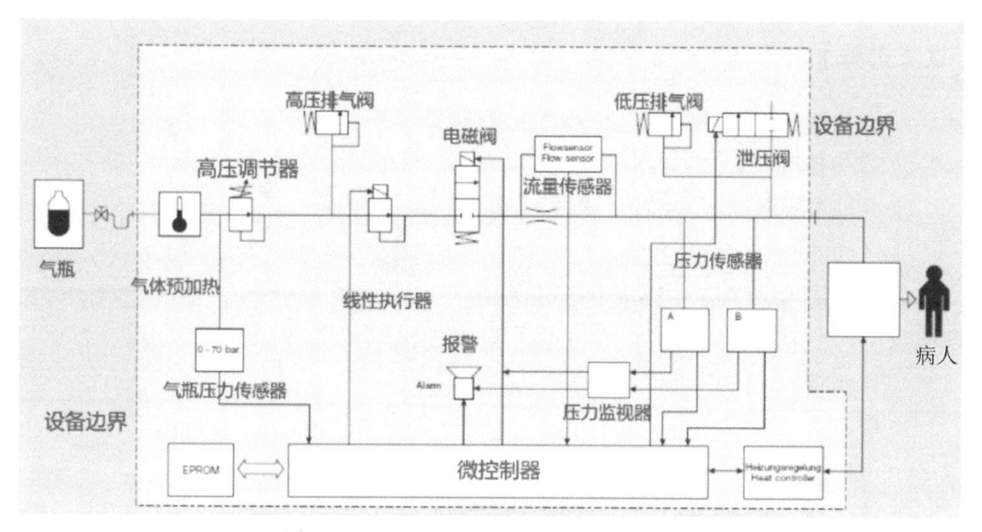

图 5－5－2　气腹机工作原理(气路＋电路)

图 5－5－3　气腹机主机

▲故障一分析：

(1)造成腹压上不去,人工气腹建立困难的常见故障原因有以下几种。

①穿刺鞘封帽或者手术器械通道漏气。

②气腹机压力及流量设置错误。

③减压阀性能下降。

(2)运行过程中发出“噗噗”的噪声一般是由于减压阀内部的膜片破损,从而在气流通过阀体时发出杂音。

▲故障二分析：

随着手术室一体化建设的日趋完善,手术室内不再允许有 CO_2 高压钢瓶存在,改成集中的低压管道供气,通过查阅使用手册可以知道,出现上述开机报警的原因是当前主机接中央供气但设置在高压模式,此时只需要将气腹机的工作模式从高压模式改成低压模式。

【故障排除】

根据故障分析的几种可能,逐次检查排除。

故障一排除方法如下。

①更换穿刺鞘封帽或者手术器械通道

②气腹机压力设置原则:

压力范围为成人3~25mmHg,儿童3~15mmHg,结合患者情况选用压力,避免腹腔内气压长时间超过20mmHg,采用满足手术需要的最小压力。

气腹机流量设置原则:

流量范围为成人0.1~20L/min,儿童0.1~10L/min,手术时由于trocar气体溢出、排出烟雾和血液吸引等原因,气流量应保持4~10L/min。

③减压阀故障检查:拆机,打开减压阀检查内部是否清洁。

【解决方案】

减压阀故障处理方法:拆机,打开减压阀,用无水酒精清洁减压阀内部(见图5-5-4);如减压阀内部膜片破损,则需要更换膜片(见图5-5-5)。

供气模式切换:①按下气量清零键开启电源;②进入后台调试程序;③调节流量增减按钮切换;④关闭电源保存设置(见图5-5-6)。

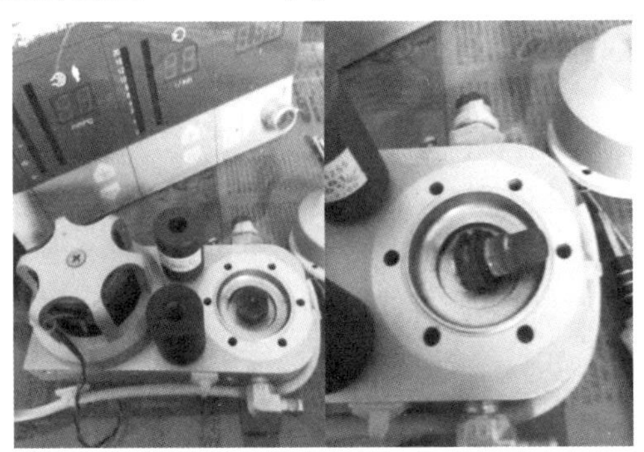

图5-5-4　减压阀内部存在杂质,使用无水酒精清洁

图 5-5-5 更换破损的膜片,故障修复

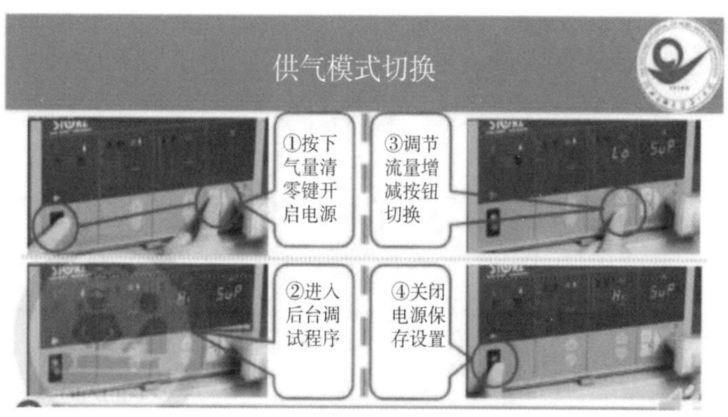

图 5-5-6 切换供气模式

【价值体现】

输出气体流量小、病人术中腹压达不到预设值是 STORZ 气腹机的常见故障,该故障一般都是由减压阀内部膜片使用时间长性能老化破损所致。本维修案例中的减压阀故障,常规的处理方法是联系厂家更换减压阀,厂家报价在一万元左右。现在我们只需要更换减压阀的膜片,相应成本在几百元,可节省上万的维修费用。同时,减压阀膜片价格便宜,可以适当备库,使设备故障时能及时更换,缩短停机时间。

【维修心得】

医疗设备的维修技术和其他科学技术一样是非常严谨科学的,需要紧跟学科前沿并且持续积累维修经验,“博观约取,厚积薄发”。在实践中要多看相关的设备使用维修说明书和各类文献,结合故障原因,勤于动手,并且做好记录,不断提高维修技术水平。

(案例提供 浙江省人民医院 张乔冶)

第6章 消毒类设备

6.1 概 述

6.1.1 消毒与灭菌的基本原理

消毒与灭菌可以有效防止疾病的传播和交叉感染，保障人类的生命健康。狭义的消毒是指用化学、生物或物理的方法杀灭或清除传播媒介上的病原微生物，达到使之无传播感染水平的处理，即不再有传播感染的危险。而广义的消毒，根据《医疗机构消毒技术规范》（WS/T 367－2012），可以分为如下四个级别。

（1）低水平消毒

杀灭细菌繁殖体（分枝杆菌除外）和亲脂病毒的化学消毒方法，以及通风换气、冲洗等机械除菌法。

（2）中水平消毒

杀灭除细菌芽孢以外的各种病原微生物，包括分枝杆菌。

（3）高水平消毒

杀灭一切细菌繁殖体，包括分枝杆菌、病毒、真菌，以及孢子和绝大多数细菌芽孢。

（4）灭菌水平

杀灭包括细菌芽孢在内的一切微生物，达到无菌保证水平。

因此,我们通常说的灭菌即广义消毒的最高级别,且通常用于需要进入人体内部的医用设备。达到灭菌水平常用的方法包括热力灭菌、辐射灭菌等物理灭菌方法,以及将环氧乙烷、过氧化氢、甲醛、戊二醛、过氧乙酸等化学灭菌剂在规定条件下,以合适的浓度和有效的作用时间进行灭菌的方法。

杀灭或清除微生物的方法归结起来有物理消毒灭菌方法、化学消毒灭菌方法和生物消毒灭菌方法三类。其中,物理消毒灭菌方法是目前应用最为广泛、发展最为快速的方法。物理消毒灭菌方法的特点如下。

(1)杀菌效果可靠,性能稳定。如热力、射线、电磁波等都是通过一定的专用设备所产生,以能量形式对生物因子产生固定的作用机制,这使它们具有可靠稳定的性能。

(2)可以准确地控制剂量。由于它们由仪器设备生产,因此可以人为控制生产量,容易标化。

(3)对自然环境无污染。如热力对微生物杀灭的机制主要是对蛋白质的凝固和氧化、对细胞膜和细胞壁的直接损伤、对细菌生命物质核酸的作用等,因而不会造成环境污染。

(4)便于生产和管理。物理消毒灭菌设备均可工业化生产,且在其使用寿命范围内给以适当的维护,即可以正常地使用,可变因素少,外界影响相对容易控制。

在医院的中心供应室,会使用各种消毒剂或者消毒设备,如:常见的喷淋式清洗消毒器,能达到中水平消毒或者高水平消毒;蒸汽灭菌器、低温环氧乙烷灭菌器、低温等离子灭菌器等,能达到灭菌水平。

6.1.2 不同的消毒设备及其功能模块

本节简要介绍几种目前医院常见的消毒类设备,并对其部分功能模块进行简单说明。

6.1.2.1 喷淋式清洗消毒器

喷淋式清洗消毒器可以用于对物品的清洗、消毒、烘干,主要采用的是化学消毒的方法。通常有如下几个模块。

(1)清洗架:用于摆放各种不同物品。

(2)循环泵系统:负责将水由旋转摇臂喷淋出来,冲刷物品,不停循环。在消毒阶段，水升温到90℃，不断跟物品接触，使所有物品都能升温到90℃。

(3)化学剂进液系统：负责将化学剂(如清洗剂、润滑油)送入腔体。

(4)腔体加热系统：负责将腔体内水和物品升温到设定温度。

(5)风机和加热系统：将热风强制吹进腔体，对物品进行烘干。

6.1.2.2 蒸汽灭菌器

蒸汽灭菌器可以对物品进行高温高压灭菌，属于湿热灭菌法。一个完整的压力蒸汽灭菌程序包括空气排除(排除的彻底性)、升温(同时要保证热的穿透和均匀性)、灭菌、蒸汽排除、空气进入(压力平衡)等步骤。蒸汽灭菌器主要有如下三个核心模块。

(1)腔体和夹套：夹套可以让腔体温度更稳定更均匀，同时使腔体更牢固。

(2)真空泵系统：负责将腔体内空气或者蒸汽抽出。

(3)热交换器：负责把在腔体内的蒸汽迅速冷却成液态。

6.1.2.3 低温等离子灭菌器

低温等离子灭菌器主要用于不耐湿热物体的快速灭菌，属于物理灭菌方法。等离子灭菌过程的各阶段均在干燥的低温环境下运行，不会损坏对热或水汽敏感的器械，对金属和非金属器械都适用，还能对一些难以到达的器械部位(如止血钳铰链等)进行灭菌。低温等离子灭菌器有以下几个核心模块。

(1)灭菌腔：主要用于置入待灭菌的物体，通过舱门密封灭菌腔。

(2)真空泵：将灭菌器腔体内的空气和湿气抽出，使灭菌室内达到30～80Pa的低压。

(3)过氧化氢注入与控制系统：注入定量的过氧化氢并进行气化，使其扩散至整个灭菌腔室。

(4)等离子激发系统：输入电磁波能量，激发过氧化氢分子为低温等离子态，实现对微生物的快速灭活。

当激励电磁场停止时，等离子态过氧化氢会马上消失，变成稳定的氧分子和水分子，因此，理论上低温等离子灭菌将会无任何毒性残余；另外，低温等离子灭菌还有灭菌速度快、没有排气时间等优势。

6.1.3 临床应用

大部分医院会配置相应数量的设备来完成消毒和灭菌工作。通常接触皮肤黏膜的医疗设备需要进行消毒处理;而进入人体组织的医疗设备则必须进行灭菌处理(如大部分手术器械需要打包送入蒸汽灭菌器进行灭菌处理);另外,医院的所有复用器械(尤其是重症病人使用的器械)都需要重新消毒灭菌后才能给下一个病人使用;所有医疗器械在送检之前同样应该先经过消毒灭菌处理。

6.1.4 发展演变

目前应用较为广泛、发展较为迅速的消毒技术有高压蒸汽灭菌和低温离子化消毒等技术。

高压蒸汽灭菌技术是目前全世界公认的较为可靠的灭菌技术之一,由于灭菌效果好,且易于掌握和控制,被广泛地应用在医疗卫生和工农业各领域。1679 年,一名法国科学家发明了蒸汽蒸煮器,该容器内可以产生 100℃ 以上的高温,被视为高压灭菌器的前身;而第一台现代高压蒸汽灭菌器则诞生于 1880 年,由法国微生物学家查尔斯·钱伯兰(Charles Chamberland)发明;19 世纪 90 年代以后,高压蒸汽灭菌器开始逐渐成为医院中的重要设备。早期使用的灭菌器通常使用下排气程序,随着科技的发展,目前使用的灭菌器逐渐开始采用脉动预真空 + 正脉冲的程序。

自 1968 年发现氩等离子体可以实现对细菌的灭活以来,等离子体杀菌技术开始逐渐发展;1992,美国研发出了过氧化氢等离子灭菌装置,低温等离子灭菌开始被广泛地应用;2003 年,低温等离子灭菌开始在中国市场得到推广。目前,低温等离子灭菌技术正朝着增加电离稳定性、降低设备成本、全程温度压力监控等方向高速发展。

6.2 蒸汽灭菌器故障维修案例

6.2.1 新华 HG1. HWB－1.2 夹层压力过低/真空泵过载保护/关门超时报警

设备名称	脉动真空灭菌器	品牌	新华	型号	HG1. HWB－1.2
故障现象一	夹层压力过低。				

【故障分析】

脉动真空灭菌器出现夹层压力过低报警的直接原因是高温蒸汽在输送过程中有泄漏或无蒸汽输送，箱体内部的压力传感器达不到指定压力而产生报警。造成这一故障的可能原因有三点：①夹层穿孔（砂眼）；②供电故障；③蒸汽发生器故障

【故障排除】

根据故障现象对可能引起此故障的三个原因进行逐个排查。

(1)肉眼观察箱体四周，如果有砂眼出现，会有大量蒸汽喷出，观察后并无砂眼现象出现，可以排除夹层穿孔。

(2)检查电路，供电指示灯亮，万用表测得供电电压为380V，无异常。因此，也可以排除供电故障。

(3)检查蒸汽发生器，首先观察压力表，发现升压时长明显慢于正常升压时长，用万用表检查加热器电压，发现两组中的一组电压为0V，而正常组的电压为380V，故可以判断为蒸汽发生器加热管故障引起压力上升缓慢，为达到设备预计压力到达时间而引起的报警（见图6－2－1）。

图 6－2－1　蒸发器加热管

【解决方案】

通知厂家,告知故障原因,约定适当时间现场进行更换。更换完成后,启动观察升压状况,升压时间符合标准,维修完成,更换下的故障加热管见图 6－2－2。

图 6－2－2　更换下的故障加热管

设备名称	脉动真空灭菌器	品牌	新华	型号	HG1. HWB－1.2
故障现象二	真空泵过载保护。				

【故障分析】

真空泵过载保护是真空泵长时间运转后温度过高而导致的泵体自身保护。由于报警原因直指真空泵,所以我们直接从真空泵入手分析,故障原因有两点:①真空泵体故障②密封元件老化导致箱体无法完全密封。

【故障排除】

根据故障的分析情况:

(1)对真空泵进行全面检查(见图6-2-3),由于真空泵是闭合的,无法通过肉眼对内部进行检查,因此,首先通过声音初步排查,真空泵无刺耳杂音,运行平稳,关闭F3电磁阀,打开F6电磁阀。启动真空泵,进行真空测试,管道内压力瞬间抽空,真空泵抽真空正常,无故障。

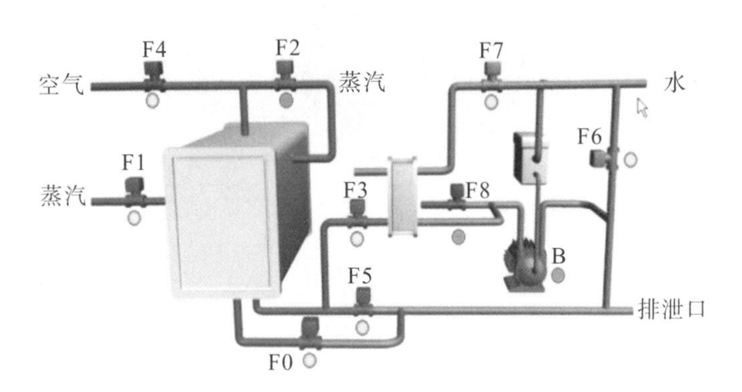

图6-2-3 真空泵测试管路示意

(2)检查箱体与管道、门之间的密封组件,发现老化现象明显,胶垫由于长时间热胀冷缩而断裂,门密封条表面凹凸不平,已经到达使用寿命,需要更换,据此判断,漏气为真空泵过载保护造成。

【解决方案】

购买全新的胶垫和门密封胶圈(见图6-2-4),进行一次全面的整机易损件更换。换下的密封胶圈及新旧胶垫对比见图6-2-5。

图6-2-4 更换好的新的门密封胶圈

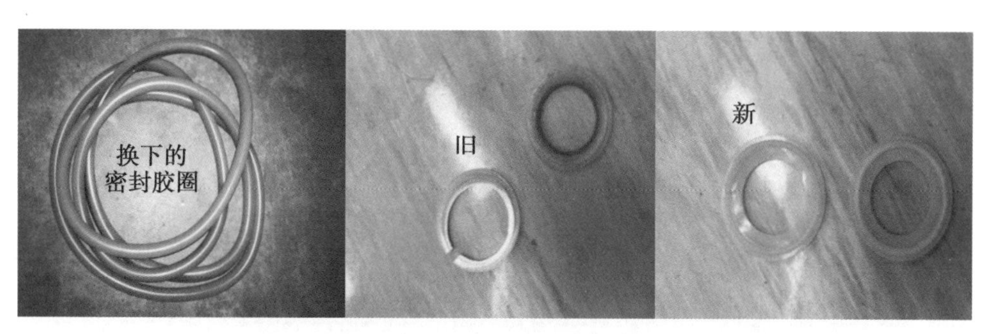

图 6-2-5　换下的密封胶圈以及新旧胶垫对比

设备名称	脉动真空灭菌器	品牌	新华	型号	HG1. HWB-1.2
故障现象三	关门超时报警。				

【故障分析】

关门超时报警出现一般常见原因有三个：①负责开关门的门限位开关开闭失灵，导致电脑板错误判定开关门状态；②压缩空气气源输送不畅（中心无供气或者台式压缩空气泵故障）；③脉动真空灭菌器电脑 EPU 控制板故障，导致无法接受和发出对应指令。

【故障排除】

（1）检查气源是否正常。查看压缩空气对应压力表，显示其压力恒定在 0.4MPa，检查控制压缩空气的电磁阀（见图 6-2-6），点击关门按钮，电磁阀有明显闭合的声音，检查气路中的汽水分离器（见图 6-2-7），无发现漏气情况，排除气源引起故障的可能性。

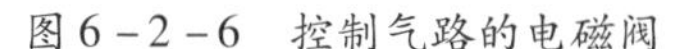

图 6-2-6　控制气路的电磁阀

图 6-2-7　汽水分离器

（2）检查门限位开关。灭菌器门限位开关分为前后门各两组（见图

6-2-8),分别控制开门和关门操作。启动灭菌器,对前后门分别进行开门和关门操作,用万用表检查操作时限位开关的通断情况,发现前门负责控制关门的限位开关关门闭合后依旧处于断开状态,故可以判定为此处限位开关故障引起的报警。

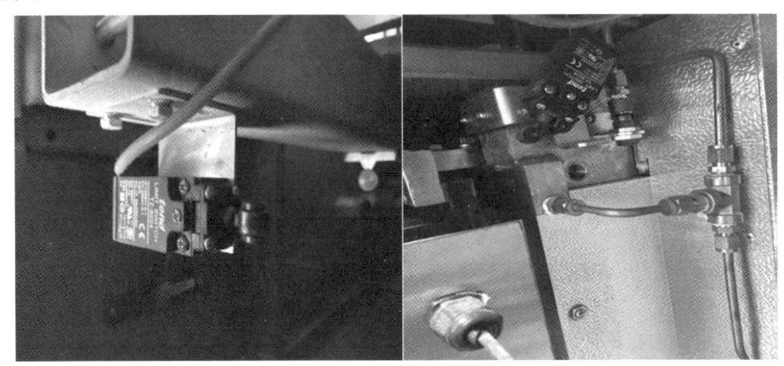

图6-2-8 前后门限位开关

【解决方案】

网络采购对应型号的限位开关并进行更换,更换后设备恢复正常使用。

【价值体现】

本院供应室工作量大,且灭菌设备少,停机等待厂家上门检测需耗费几天时间。本次维修由本院工程师独自完成故障分析并将解决方案提供给厂家,大大缩短维修时长,继而缩短停机时间,方便科室开展工作。

【维修心得】

所有故障的判断都是从设备的结构和原理出发,根据故障现象,判断其故障原因。寻找故障原因应始终遵循"从易到难,由外而内"的维修准则。当然,平时做好定期的维保工作也尤为重要,定期的维保一定程度上可以延长医疗设备的使用寿命。

(案例提供 海盐县人民医院 李达)

6.2.2 新华 XG1.HWB－1.2 冷凝水残留致湿包

设备名称	脉动真空灭菌器	品牌	新华医疗	型号	XG1.HWB－1.2
故障现象	灭菌过程完后无纺布包器械持续出现湿包现象，内有较多冷凝水残留。设备照片见图 6－2－9，故障照片见图 6－2－10。				

图 6－2－9　设备照片

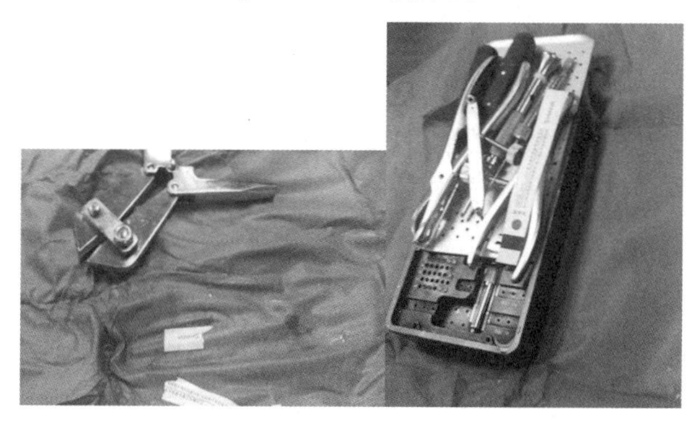

图 6－2－10　故障图片

【故障分析】

结合机器内部的气压压力曲线（见图 6－2－11）大致描述该灭菌器的工作原理及过程。

（1）脉动：通过对内室抽空，注入蒸汽，如此反复三次，逐步将内室空气排出，并对灭菌物品进行预热。

（2）升温：通过向内室注入饱和蒸汽，使得内室内温度逐渐上升。

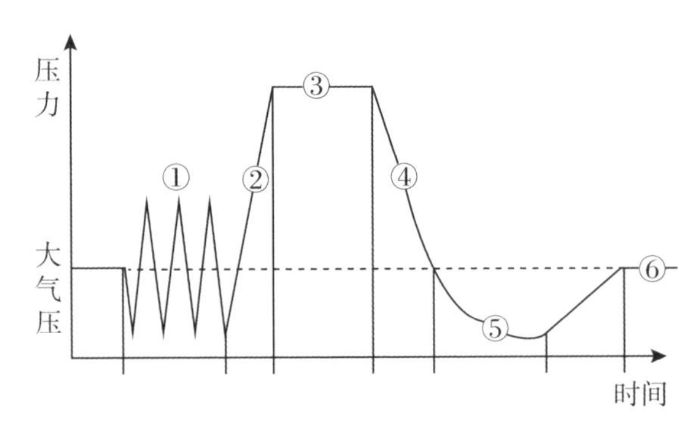

图 6-2-11 机器内部的气压压力曲线

(3)灭菌:通过间隔向内室注入饱和蒸汽,使得内室维持一定的高压,从而达到相应的灭菌温度,进行湿热灭菌处理。

(4)排汽:将内室内蒸汽排泄至压力零位(大气压)。

(5)干燥:对内室进行抽空干燥处理。

(6)补气:向内室补充空气至压力零位,程序结束。

综合分析,湿包可能的原因有:①干燥不彻底;②蒸汽供汽汽源含有冷凝水,蒸汽干燥值不够。

【故障排除】

湿包的原因可能是干燥不彻底,我们对干燥过程进行排查,查看三台设备最近一个月的打印记录,发现设备抽空负压 -95kPa,对照说明书,抽空限度达到 -90KPa 即可,而且干燥时间也符合要求,没有发现相应的报警记录。初步表明设备的抽空系统工作正常。

为了彻底排除掉抽空系统的故障原因,我们还需运行下泄漏测试程序来进行验证。600 秒内压力变化不超过 1.3kPa,真空泄漏测试合格(见图 6-2-12)。因此,可以判定设备的抽空系统正常。

经检查,发现设备待机或运行过程中会频繁出现水锤声,怀疑蒸汽供汽汽源含有冷凝水,蒸汽干燥值不够。根据灭菌器说明书对医用灭菌蒸汽的要求,灭菌器运行所用饱和蒸汽设计上,干燥值对于金属装载物应不小于0.95,对于其他类型的装载物则不小于 0.90。通过对蒸汽干燥值进行检测,发现我院锅炉本身产出的蒸汽干燥值为 0.80,经 70 米输送管道到达灭菌器后的蒸汽干燥值仅为 0.70 左右。

因此,分析判断故障现象为锅炉产出的蒸汽干燥值低于要求,且中间输送管道没有加装疏水装置,导致冷凝水不能及时排掉。

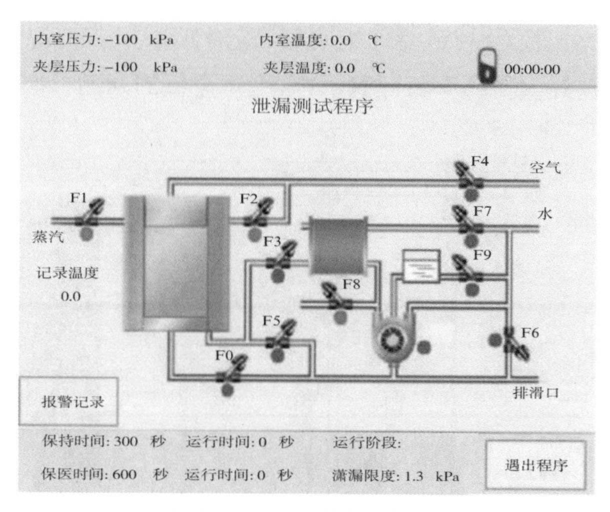

图 6-2-12　测漏程序示意

【解决方案】

(1)锅炉房更改方案

①锅炉压力提高至 0.6MPa(压力 0.4MPa)。

②将锅炉旁边的分气缸底部疏水阀换成 DN25 浮球式疏水阀。

锅炉房安装的是热动力疏水阀,由于选型错误,即使疏水阀没坏,冷凝水也无法排出。锅炉房为蒸汽输送源头,因此,只有落实以上两条更改方案,才能达到初步效果。

(2)管道更改方案

①按照更改示意(见图 6-2-13),在进设备前主管道上加装旁通,每天早上上班后打开旁通 5 分钟排放管道冷凝水。

②在每台设备前按照图示加装输水装置(汽水分离+输水装置)。

③在管道末端加装浮球疏水阀(DN20),见图 6-2-14。

【价值体现】

通过此次整改,虽然排除了故障,但是也给了我们一个教训,提醒我们设备安装和验收的重要性。

(1)在设备安装前对应其进行多方面了解,听取厂家的建议,了解设备的安装要求。

(2)在设备科的参与下协调好厂家与基建、总务等科室之间的交流和合作,在所需的要求下安装好设备。

(3)设备试运行阶段一定要仔细观察,及时跟进运行情况,发现问题及时联系厂家,真正做好设备的安装验收工作,避免类似的问题再次发生。

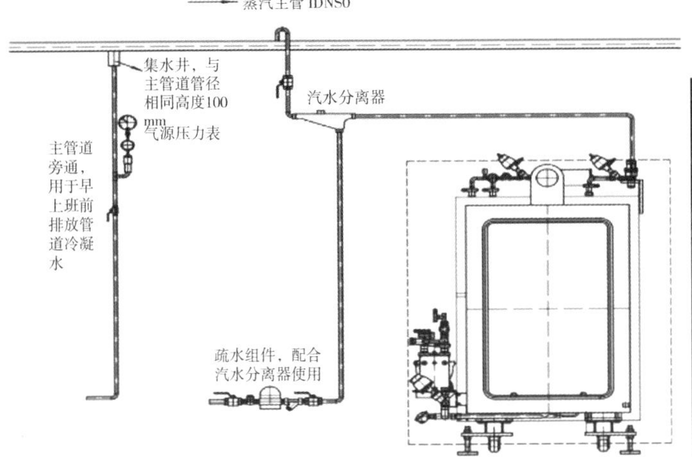

图 6-2-13　蒸汽气路改造示意(加装汽水分离+输水装置)

图 6-2-14　疏水装置

【维修心得】

医疗设备的维修是个逐渐积累的过程,也是个精细化的过程,维修人员要有耐心、细心、恒心和信心,做个真正的有心人。在维修过程中,不仅能提高自己的业务水平,而且能给医院提高经济效益,体现医工的价值。

(案例提供　浙江大学医学院附属儿童医院　何林祥)

6.2.3　Tuttnauer 2340EK 消毒工作时间长,腔内积水

设备名称	灭菌器	品牌	Tuttnauer	型号	2340EK
故障现象	消毒完成时间偏长,打开舱门后发现腔内有积水现象。设备照片见图 6-2-15。				

【故障分析】

蒸汽灭菌器的消毒过程是在控制单元的控制下,将水箱的水加入腔内,通过加热,使腔内产生高温高压蒸汽(134℃,314kPa),然后通过腔内压力将内部剩余的水排入水箱,最后进行干燥,以达到消毒目的。分析故障现象,结合工作

流程,初步判断故障发生在排水排气阶段。

可能的故障原因有:①腔内压力不足,无法通过正压将水完全挤压进管道然后进入水箱;②排水管路堵塞;③排水电磁阀打开异常。

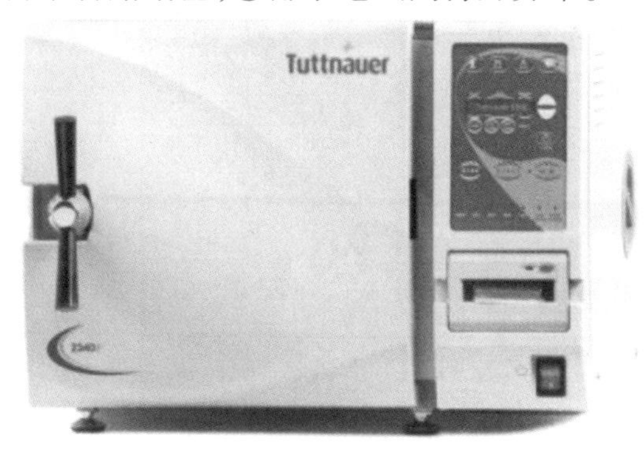

图 6-2-15 设备照片

【故障排除】

设备结构示意见图 6-2-16,根据故障分析的几种可能,逐次检查排除。

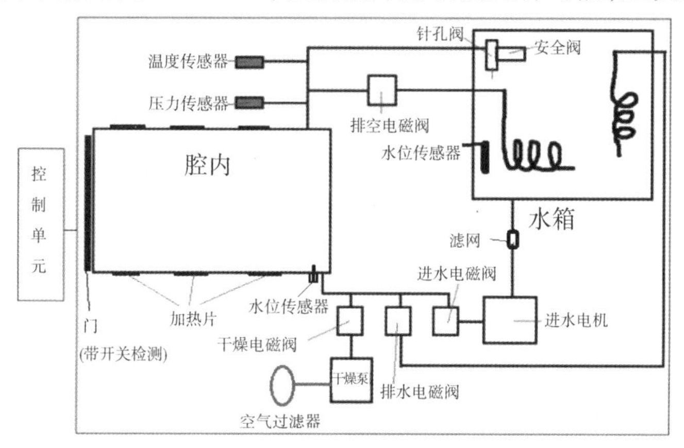

图 6-2-16 设备结构示意

(1)在加热阶段,机器显示温度、压力均正常,在 134℃的高温下,腔内能产生足够的正压,故可以排除该原因。

(2)排水管路堵塞往往是由于有异物在循环水消毒过程中进入并通过排水管。排水管口装有过滤器,检查过滤器发现无堵塞物,又因管路为铜管,故障发生前均正常,堵塞的可能性较小,故暂时不考虑此原因。

(3)检查排水电磁阀是否正常。①测量排水电磁阀线圈电阻,阻值正常。②测量排水电磁阀线圈两端电压,电压正常(也可以通过螺丝刀在工作的电磁阀阀芯上测试有无磁力来判断其是否正常工作)。③打开电磁阀阀芯,观测到阀芯密封垫存在凸出现象,找到故障原因。电磁阀示意见图 6-2-17。

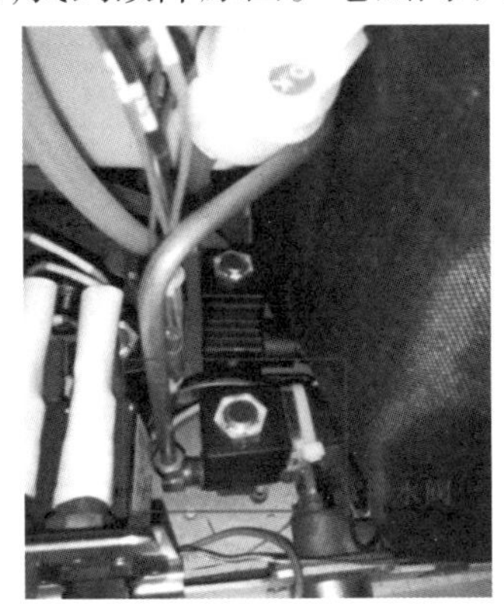

图 6-2-17 电磁阀

【解决方案】

打开阀体,拆开阀芯,将故障的密封垫用工具压紧,防止其阻碍阀芯移动。经过修理后重新开机测试,功能均正常。因为此类维修属于应急维修,所以先交付临床使用,但考虑到阀芯使用时间已久,故订购新阀芯更换。

【价值体现】

电磁阀异常是蒸汽灭菌器的常见故障,引起的原因很多,在此次维修中,我们通过分析原理,准确地找到故障根源,为临床争取了更多的时间,同时保障了手术的顺利进行。

【维修心得】

在维修设备前,首先要对该设备的工作流程有一个大概的了解,根据工作流程,结合故障现象,我们就可以对故障有一个初步的分析,通过分析,再对故障进行"由简到繁、由外到内"的排查。在维修过程中要有细心、耐心和实干精神,才能成为一名出色的维修工程师。

(案例提供 浙江大学医学院附属邵逸夫医院 陈春华)

6.2.4 Melag 24B 无冷却水、无纯净水、湿包、真空报警、蒸汽发生器错误、PCD 测试不合格

设备名称	台式灭菌器	品牌	Melag	型号	24B
故障现象	常见故障汇总如下。 ①"No Cooling Water";②"No Feeding Water";③湿包严重;④真空报警;⑤蒸汽发生器错误;⑥爬行卡测试合格,PCD 测试不合格。 设备照片见图 6-2-18 和图 6-2-19。				

【故障分析及排除、解决方案】

(1)"No Cooling Water"

无冷却水,先排查自来水有无水、水压大小如何。如水压正常,查看冷却水进水过滤网;如过滤网正常,进入真空测试程序,如真空测试时真空泵不动,则是真空泵保护开关跳闸;拨动保护开关,如继续跳闸,可能是长期使用积累了大量水垢无法启动,则需要维修或更换真空泵。真空泵及冷却水过滤器见图6-2-20。

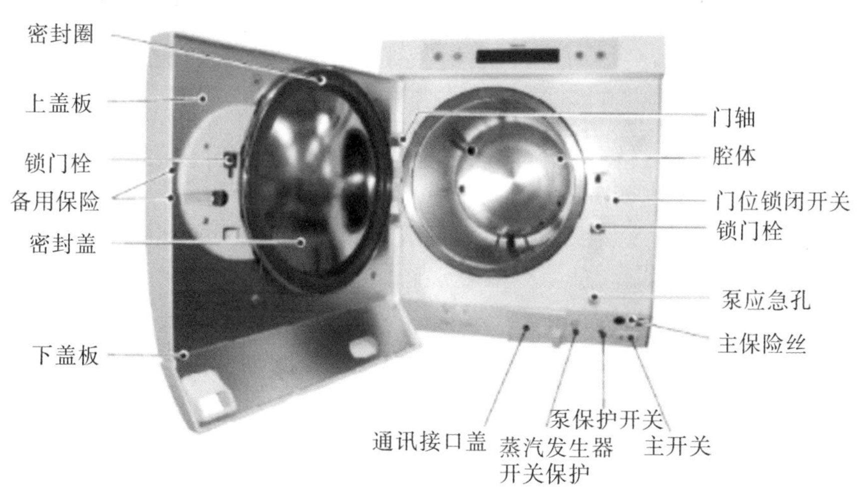

图 6-2-18 设备正面结构

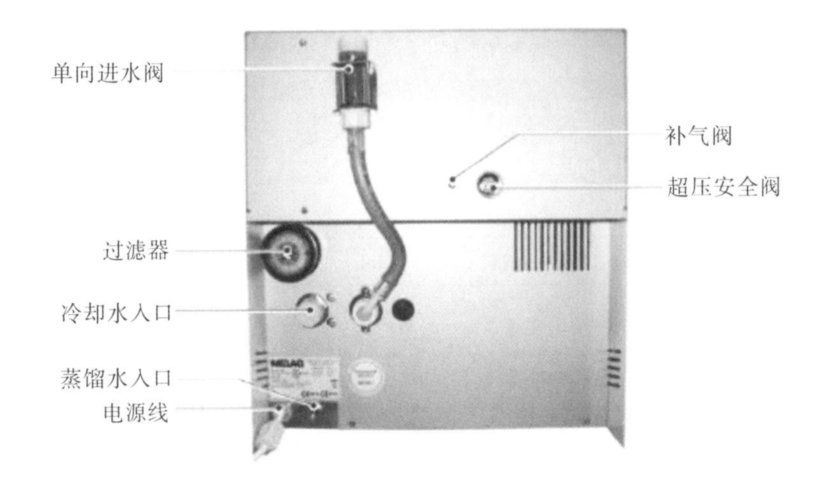

图 6-2-19 设备背面结构

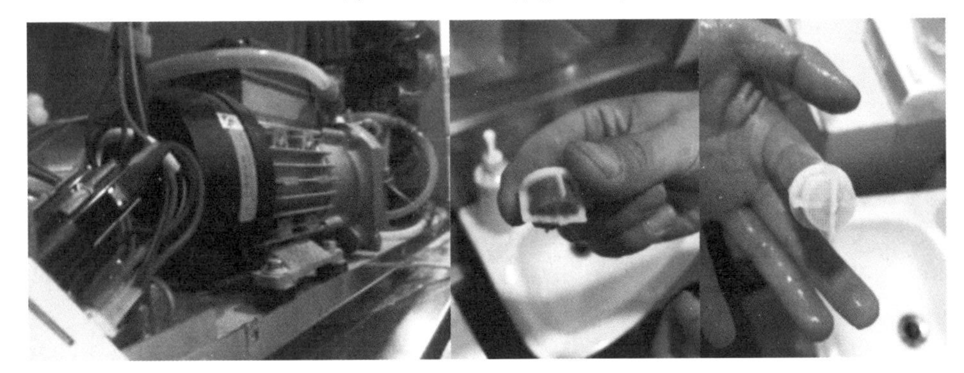

图 6-2-20 真空泵及冷却水过滤器

(2)"No Feeding Water"

无纯净水,先检查储水桶水量、如水量不够加满即可,如水量足够,检测纯水泵好坏。将纯水泵与蒸汽发生器的接头部分断开,接出一根水管,进入工程模式,单独给纯水泵供电,拿一个矿泉水瓶接水,观察纯水的出水速度。正常的纯水泵供电时水量大于500mL/分钟,如1分钟内水瓶能接满,则纯水泵正常,如水量明显偏小,则纯水泵故障。目前遇到该类故障的原因基本上都是纯水泵故障。同一规格的纯水泵为 ULKA EP5 48w(与原装的不同型号),市面价格为75元左右。纯水泵及替代泵、纯水流量传感器接水口见图 6-2-21。

(3)湿包严重

导致灭菌湿包的原因排查比较复杂,首先应确认灭菌器内部空间是不是被超额放满,灭菌物品的摆放是不是合理,在排除这些问题的情况下,考虑设备的抽真空干燥能力,长期湿包往往是因灭菌器使用时间过长,真空泵抽真空能力下降所致。对灭菌器进行真空测试，查看最大真空值，如检测效果明显低于正常值（正常值为 -0.92），则需要更换或维修真空泵。

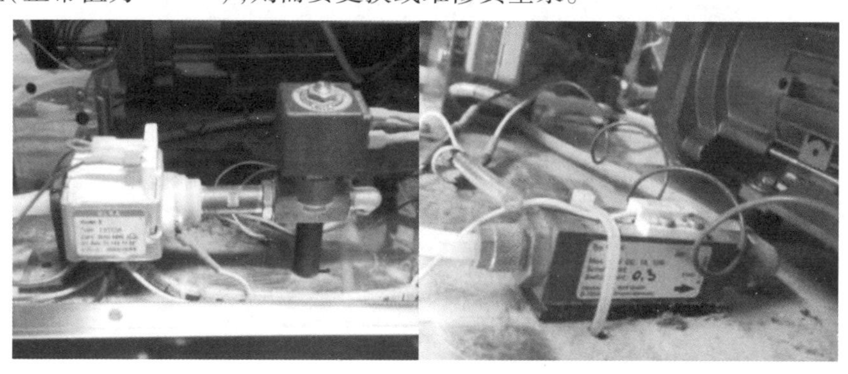

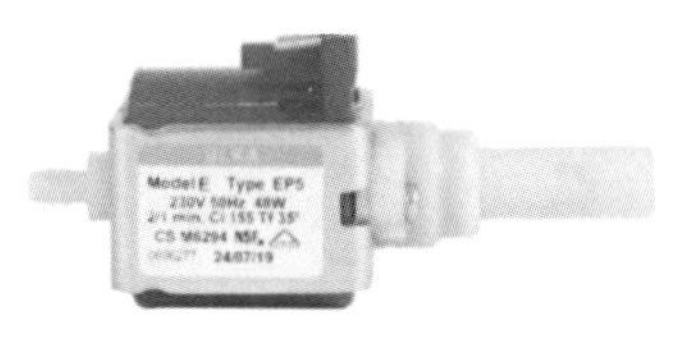

图 6-2-21　纯水泵及替代泵、纯水流量传感器接水口处

（4）真空报警

真空报警为台式灭菌器最常见的故障，导致真空报警的原因也有多种。

①只要存在泄漏的地方就有可能导致真空报警。常见泄漏有门封圈破损、内部管路的老化破裂、螺纹口密封胶的破损。对上述地方逐一检查，检测方法为找到腔体直通口，通过网腔体内通正压，检查接口处有无漏气。

②真空泵抽真空能力减弱导致，真空度达不到要求也会导致报警，则需要更换真空泵，或通过第三方维修真空泵。

（5）蒸汽发生器错误

蒸汽发生器上错误，可以先检测下蒸汽发生器加热丝的电阻，电阻的阻值一般比较小（经检测约 30Ω），如阻值明显偏大，则故障原因可能为加热丝烧坏。如加热丝正常，则蒸汽发生器上的温控开关故障的概率较大，更需要换温控开关（见图 6-2-22）。

（6）PCD 测试不合格

台式灭菌器不报错，但 PCD 不合格，若经常出现该类情况，先查看灭菌程序的记录条（见图 6-2-23）是否正常，如正常则进行真空测试检测泄漏率。厂家建议的泄漏率不能超过 1.3，如泄漏率较高，但不真空报警，则按照真空报警的处理方法通过往腔体通正压。此类故障较为常见，故障原因大多是腔体与管路的螺纹接口处的密封胶老化导致泄漏(PCD 测试故障点见图 6-2-24)。

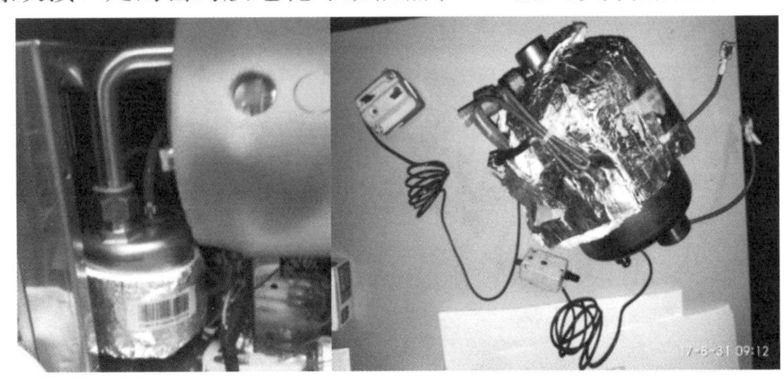

图 6-2-22　蒸汽发生器及温度传感器

```
MELAG Vacuklav 24-B

Program    : Universal program          —— 所选的程序
             134°C Packaged
Date       : 18.10.2007
Time of day : 08:36:39    (Start)       —— 开始时间
Batch number:  10

Preheating      81.2 °C
AIN6: Conductivity       7 μS/ cm      —— 水质电导率(越低越好)

Start              0.00     25.2  00:00 —— 计时开始
1.Fractionation
  Evacuation      -0.92     22.6  01:02
  Steam entry      0.40    106.8  05:50
2.Fractionation
  Evacuation      -0.82     58.5  07:25
  Steam entry      0.40    109.5  09:32
3.Fractionation
  Evacuation      -0.82     61.4  11:14
  Steam entry      0.40    109.4  13:15
Heat up            2.05    134.2  15:51
Steriliz.begin.    2.05    134.2  15:51
Steriliz.end       2.16    135.7  21:21
Press. release     0.17    106.1  21:47
Vacuum-drying
  Drying begin.     -0.31      92.4  21:58
  Drying pressure -0.92      92.6  23:56
  Drying pressure -0.93      91.2  25:56
  Drying pressure -0.93      86.5  27:56
  Drying pressure -0.93      82.0  29:56
  Drying pressure -0.94      78.6  31:56
  Drying pressure -0.94      76.2  33:56
  Drying pressure -0.93      74.4  35:56
  Drying pressure -0.93      73.3  37:56
  Drying pressure -0.93      72.4  39:56
  Drying pressure -0.93      71.6  41:56
  Drying end        -0.87      71.7  41:58
Ventilate           -0.30      73.3  42:12
End                  0.00      74.3  42:26   —— 完成时间

        Program properly executed!           —— 确认灭菌完成

Temperature      : 135.8  +0.4 /-0.3 °C       —— 灭菌压力和温度
Pressure         :   2.17 +0.03/-0.03 bar
Sterilizate time:  5 min 30 s
Time of day      : 09:19:06 (End)
```

图 6-2-23　灭菌记录条解读

图 6-2-24　PCD 测试合格和不合格及故障点

【价值体现】

台式灭菌器作为常用的口腔器械灭菌设备，为口腔器械灭菌保驾护航，一旦设备故障，紧急程度高，需要保障设备维修的及时性。统计台式灭菌器的常见故障，可以有效高速地对其进行维修，提高使用科室的满意度。同时，可以为常用配件的储备工作提供理论基础，也为设备的预防性维护提供依据，形成一个良性循环。

【维修心得】

维修工程师不仅要会处理设备故障，还要学会总结，统计故障，这需要一个很漫长的学习过程。通过维修获得经验，再利用获得的经验更好地进行维修。

（案例提供　浙江大学医学院附属口腔医院　奚基相）

6.2.5　上海医诚 MJQ23lv 内部温度过高停机，报错“E-11”

设备名称	高温蒸汽灭菌器	品牌	上海医诚	型号	MJQ23lv
故障现象	运行过程中机器报错误代码：“E-11”（蒸汽发生器内部温度大于等于 158℃）。蒸汽发生器内部温度过高，机器停机无法工作。设备照片见图 6-2-25。				

【故障分析】

根据错误代码 E-11 可知故障位置与蒸汽发生器有关，故障原因一般有两种，一是温度传感器故障，导致显示的温度不是真实的温度，二是因为其他的原因导致蒸汽发生器内部缺水，出现干烧导致蒸汽发生器内部温度过高。程序故障显示界面见图6-2-26。

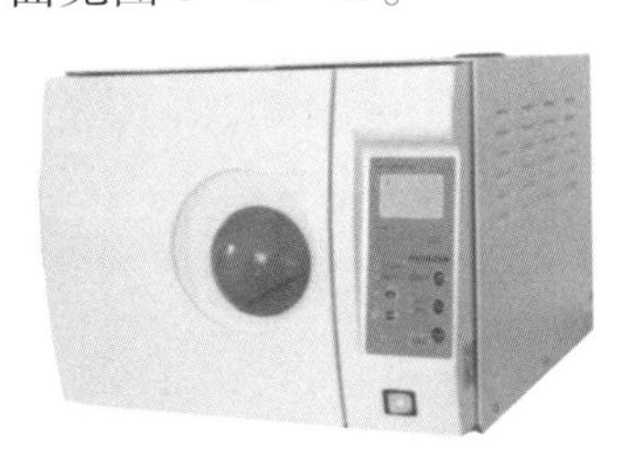

图6-2-25 设备照片

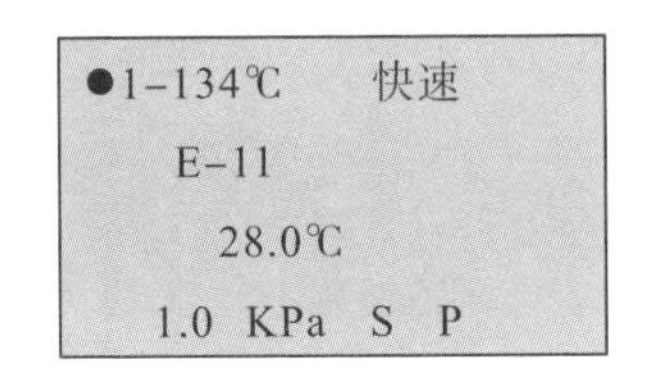

图6-2-26 程序故障显示界面

【故障排除】

灭菌周期图见图6-2-27为，设备内部管路原理示意见图6-2-28。

根据分析，逐次检查排除造成故障的几种可能原因。

(1)温度传感器故障

冷锅启动后直接报E-11错误，此时蒸汽发生器还没开始加热就显示蒸汽发生器内温度超过158℃，出现这种情况可以判断蒸汽发生器内温度传感器故障，可通过拆机测试来确认温度传感器是否导通，排除故障方法为更换温度传感器。

(2)蒸汽发生器液位开关故障

大多数E-11错误是因为蒸汽发生器里面没有水，导致温度过高。机器开机在预真空阶段就报E-11错误，在排除了一些漏气等的常见状况后，最终确认为里面的浮标液位开关故障，正常情况下液位开关断开，在没水的情况下导通，水泵就会往蒸汽发生器内注水。由于液位开关故障，一直处于断开状态，导致水泵没有往蒸汽发生器里注水，出现干烧的情况，更换液位开关后故障排除。液位开关好坏可以用万用表来测量，如果浮球处于最低处时用无用电表测得电阻无穷大，说明液位开关故障。

(3)门关不紧

机器开机运行到加热程序时报E-11错误，观察后发现故障原因为门的密封性不好，有漏气，这个情况比较简单，只需要把密封圈调紧一点即可。这款灭菌器的优点之一在于密封圈调节简单，将其向左或向右旋转一点就可以调松或调紧，不需要频繁更换密封圈。

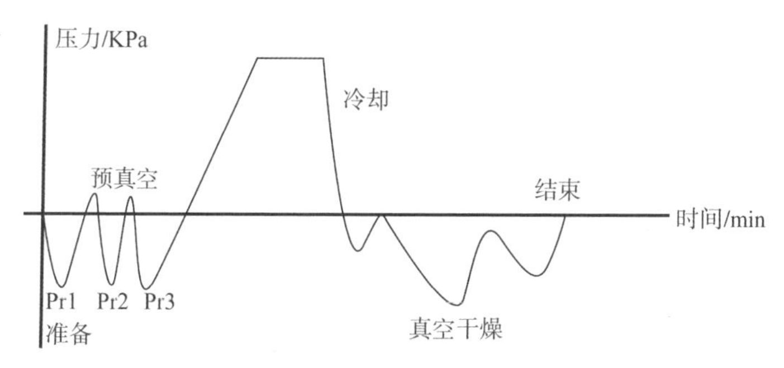

图 6－2－27　灭菌周期

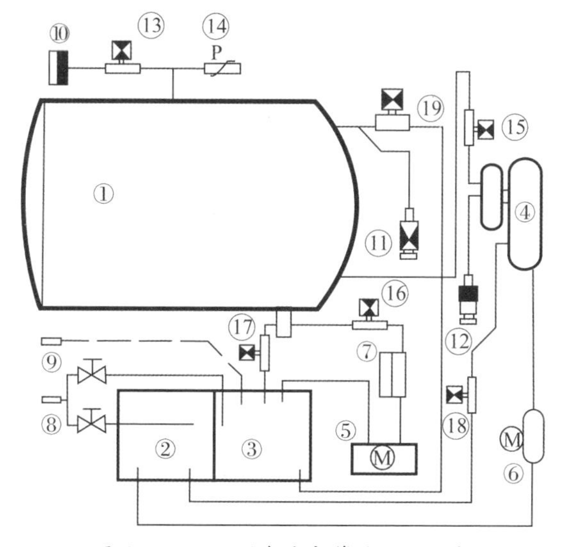

图 6－2－28　设备内部管路原理示意

①灭菌室；②净水箱；③废水箱；④蒸汽发生器；⑤真空泵；⑥水泵；⑦冷凝器；⑧水箱排水开关；⑨废水箱外接排水口；⑩空气过滤器；⑪蒸汽安全阀；⑫发生器卸压阀；⑬空气过滤器电磁阀；⑭压力传感器；⑮蒸汽进入电磁阀；⑯真空泵抽吸电磁阀；⑰灭菌室排水电磁阀；⑱发生器排汽电磁阀；⑲灭菌室排汽电磁阀

(4)机器内管路漏气

机器开机运行到预真空阶段或加热阶段出现 E－11 错误，出现故障的时间会根据泄漏的情况有些许差别。若泄漏明显，则运行一会就会报错，也比较容易找到故障原因，打开外壳就能看到泄漏点，泄漏原因一般是与蒸汽发生器相连的接头处松动或是管路老化破裂。这种情况相对简单，只要更换管路，再将接口接紧一点就可以解决问题。

(5)灭菌室有漏气

这种情况判断起来较为困难，机器开始运行，预真空阶段正常，在加热阶段，当温度升到130℃后温度不能继续往上升，通过感观法，听声音明显感觉往灭菌腔内注蒸汽的力度不够（气流声较快说明注入蒸汽足够，气流声缓慢说明注入蒸汽不足），蒸汽发生器内因为缺水造成蒸汽不足，接着就报 E－11 错误。这种情况和管路漏气相似，管路漏气可以通过肉眼直接观察到，而这种情况则可以用听的方法，仔细听可以在整个过程中一直听到管路内部有气流的声音，这时基本能判断是哪个电磁阀关不紧，导致管路内部有泄漏。通过管路原理图判断，一般故障原因为灭菌室排水电磁阀或蒸汽发生器排汽电磁阀关闭不紧，将灭菌室排水电磁阀拆下来用水冲洗，发现漏水，因此判断是排水电磁阀泄漏，更换排水电磁阀后机器正常工作。

【解决方案】

对于管路、电磁阀等一些常规的通用维修配件，通过厂家购买价格比较高，而且用时会长，建议在市场上或者线上商店购买，并适当多买一些备用，以节约维修成本，提高维修效率。

【价值体现】

类似本案例的小型高温蒸汽灭菌器若出现故障，厂家不太可能会及时到达现场维修，特别是路途稍远的县市医院，大部分时候需要院内工程师自己解决问题。如果能够很好地掌握机器的工作原理，了解机器的基本结构，则能更快速找出问题、解决问题，并能够最大限度地缩短停机的时间，提高工作效率，保障临床工作的正常开展。

【维修心得】

高温蒸汽灭菌器是在密闭的空间内利用高温高压以达到消灭细菌的设备，一般由灭菌器主体、灭菌器密封门、控制阀门、控制面板、保温夹套和与其配套的测控部件等组成，其功能主要是在抽真空和持续高温的操作条件下杀灭医疗器械中的细菌。高温蒸汽灭菌器的运行主要由脉动真空阶段、加热升温阶段、蒸汽灭菌阶段、干燥阶段构成。

脉动高温蒸汽灭菌器的基本原理和机构都很相似，只要掌握了基本的原理和结构，就能在维修中更快地判断出故障原因，为快速处理解决问题提供保障。

（案例提供　丽水市人民医院　雷建君）

6.3 等离子灭菌器故障维修案例

6.3.1 强生(美国) Sterrad 100S 开关门故障,卡夹放置故障

设备名称	低温等离子灭菌锅	品牌	强生(美国)	型号	Sterrad 100S
故障现象	(1)消毒锅完成消毒工作后或者消毒工作结束后,门动不了,显示屏错误信息为"CLOSE DOOR TIME - OUT;OPEN DOOR TIME - OUT"。 (2)消毒锅在消毒开始前,无法将卡夹放入低温消毒锅指定位置,造成机器无法运行,显示屏错误信息为"INJECTION SYSTEM INTERRUPTED"。 设备照片见图 6 - 3 - 1,故障照片见图 6 - 3 - 2。				

图 6 - 3 - 1　设备照片

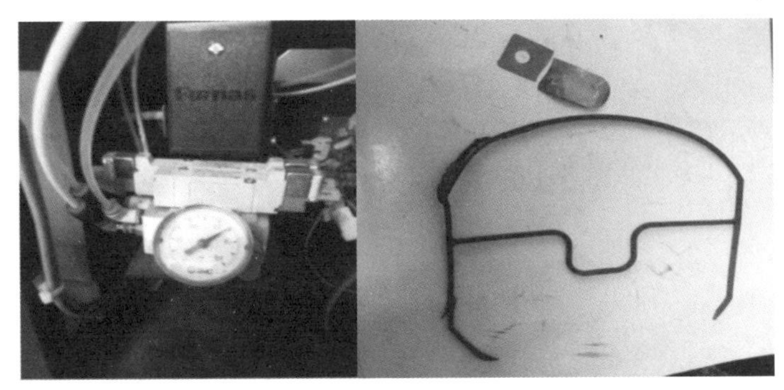

图 6-3-2　故障照片

【故障分析】

(1)此类故障的现象是气压管路内的压力值无法达到预定值,造成气压杆无法发生动作,导致门无法打开。气压为某一种气体(无特别说明则指空气)在相对环境条件下产生的压力,而在本案例中的低温等离子消毒锅里产生气压的部件就是空压机。空压机的运转好坏直接关系到气源压力的高低,应检查其可靠性,并一同检查管路情况。

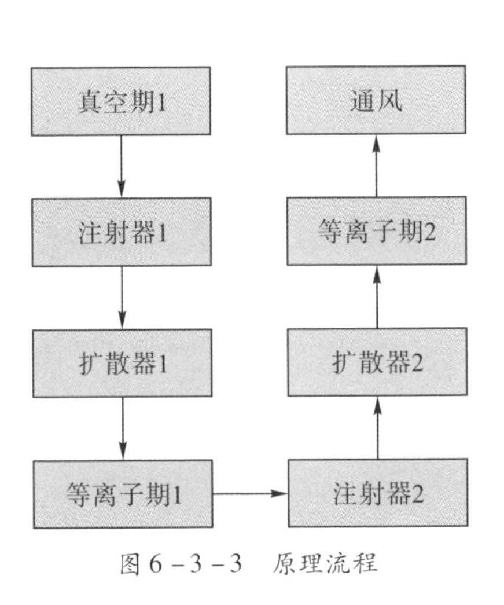

图 6-3-3　原理流程

(2)根据说明书提示,错误代码解读为"无法识别灭菌",根据设备原理流程(见图6-3-3)分析灭菌环节的进出环节及识别环节是否存在问题。

【故障排除】

(1)空压机内部主要由线圈电机和气动阀两部分组成,我们在判断气压故障时,常常会认为空压机只要有声音发出、有工作的迹象就没有问题,其实不然。如果空压机能在切断电源的情况下重新启动,只能说明其内部的线圈电机暂时没有问题。电磁阀门在气路严重积水的情况下容易失灵,控制阀门坏死,无法正常开启。空气当中含有水分,且我们所处地区空气湿度相对比较高,空气在压缩后会把里面的水分挤压出来,并在出气时将其一并带出,而气体和水分经过管路时,由于密度的不同,对应的流动系数不同,造成水分的流动相对气体来说比较慢,再受到外界温度的影响,水分容易附着在管壁上,造成管路积水。故障排除方法为清理积水管路,更换泵片。

(2)由于卡夹内的灭菌液存储在一个带格子的盒子里,且并不是每次都要一次性用完所有格数(一次用两格,总共十格),因此,在开始运行之前,机器会对卡夹进行扫描检测,如果发现已有格子中的灭菌液被使用,则会自动进格更新格数,如果发现所有格子都已经用过,则会提示放入新的卡夹。正常情况下,操作人员不要特别操作,直接放入新的卡夹即可,但如果一开始放入卡夹已经被使用过,则会因为格数位置信息与系统设置参数不匹配造成机器停止运行,出现灭菌异常提示。

【解决方案】

▲故障现象一:

①切断电源,重新开机。

②能开机,则拆下气泵出气口的连接管,检查出气量是否充足;不能开机,且电源情况正常,则说明电机故障,更换电机。

③若气量充足,检查电磁控制阀的积水杯是否存在漏气(电磁阀门处的压力表显示的压力值是否能维持60~80psi左右)、积水等现象;若气量不充足且伴随有异响,说明泵片已经损坏,更换泵片。

④若存在积水,清理积水管路。

▲故障现象二:

更换卡夹,通报科室领导产品批次质量问题。

【价值体现】

(1)电机在过载的情况下长时间运行,极易发生线圈发烫现象,并最终导致线圈烧焦。时刻关注泵片和电机轴承的保养和维修,可有效减少不必要的维修经费开支。

(2)及时通报医疗设备不良事件,可有效促进设备的安全使用;将相关问题及时向上级主管部门反映,及时引起重视,可有效避免医疗安全不良事件的发生。

【维修心得】

低温等离子技术在不断发展,其在临床上不仅应用在器械消毒方面,还应用在治疗类似鼻炎等炎症方面。我们相信,随着科学技术的不断提高与发展,低温等离子技术的应用会越来越广泛,为人类卫生事业的进步与发展作出更大的贡献。

(案例提供 浙江省衢州市人民医院 沈璐彬)

6.3.2 美国 ASP ST 100NX 偶发性真空期降压失败

设备名称	低温等离子灭菌器	品牌	美国 ASP	型号	ST 100NX
故障现象	偶发性真空期降压失败。设备照片见图6-3-4,故障照片见图6-3-5。				

图6-3-4 设备照片

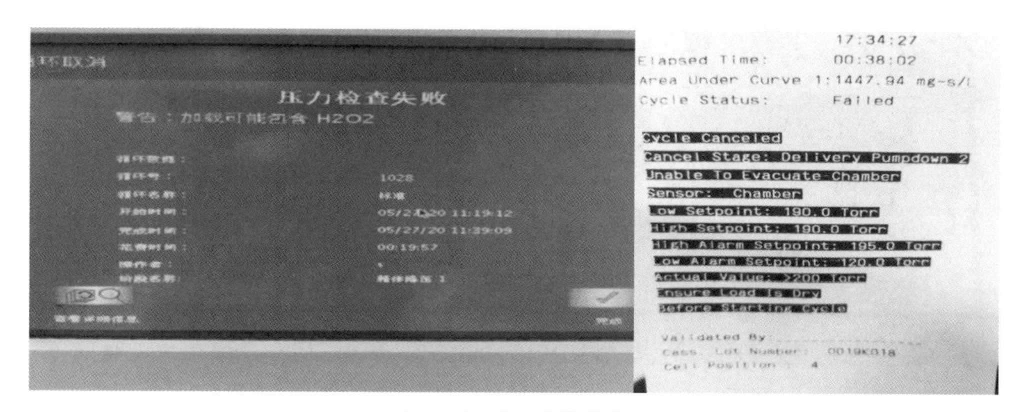

图 6-3-5　故障照片

【故障分析】

由于故障现象属于偶发,检测无法确认具体故障点,故根据以下几种可能逐步排查。

(1)物品干燥不够彻底,存在水分,导致真空无法下降。

(2)设备漏气。

(3)真空管路异常或真空动作不到位。

【故障排除】

根据故障分析的几种可能,逐次检查排除。

(1)物品反复干燥处理,故障依然偶发,运行空锅循环,出现过相同故障报错,因此排除物品存在水分的可能。

(2)对设备进行真空漏气测试,蒸发器及腔体漏气均在正常范围内,但是发现一个奇怪现象,即在真空等离子测试的过程中,偶尔出现抽真空失败,故下一步需要对真空系统做进一步检测。

(3)重新连接真空管路,检测真空阀动作正常,发现真空泵抽真空过程中出现声音异常,判断箱体与外界存在明显的通路,造成真空泵在空转,反复排查后确认为门限位开关松动,造成门偶尔没有关闭到位。

【解决方案】

调整门限位开关,并重新固定,经多次开关门及真空测试后,故障不再发生,问题得到解决,门限位开关的位置见图 6-3-6 划圈处,真空测试示意见图6-3-7。

图 6-3-6 门限位开关位置

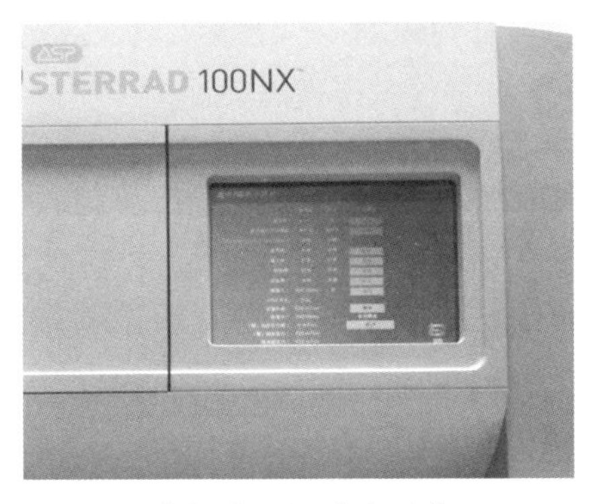

图 6-3-7 真空测试

【价值体现】

通过排查迅速确定故障原因,成功解决问题。

【维修心得】

维修人员应打破常规思维,多思考、多观察,提高自己的维修能力,给自己经验库里增添一项技能。

(案例提供 浙江大学医学院附属妇产科医院 王洪柱)

第7章 检验类设备

7.1 概 述

医学检验(medical laboratory science, MLS)是涉及多种专业的一门交叉学科,是运用基础医学的理论和技术为临床医学提供服务的学科,也是对取自人体的材料进行微生物学、免疫学、生物化学、遗传学、血液学、生物物理学、细胞学等方面的检验,从而为预防、诊断、治疗人体疾病和评估人体健康提供信息的学科。

国外医学检验的发展历史起步比较早,早在13世纪,尿检已开始在欧洲普及。1896年,《实用性尿液分析和尿液诊断学》出版,检验科开始在英国爱丁堡、利兹、格拉斯哥、伦敦等地出现。1908年,《检验诊断学》第一版的出版,为诊断学检验奠定了基础。在此之后,科学家们相继发明了荧光显微镜、早期冷藏箱、光谱仪、商业电子显微镜等,极大促进了检验学科的发展。1937年,美国芝加哥建立了第一个以医院为基地的血库,之后,美国血库协会及化学临床协会等相继成立,对血液检验的研究开始得到迅速发展。1950年,放射免疫分析法被发明,免疫学检验技术开始出现。1985年,聚合酶链反应技术的出现,为分子生物学水平检测和微生物检测提供了可能。

中国医学检验的发展历史起步较晚,20世纪50年代初,在我国各医院检验科的临床检验项目大多仅限于血、尿、便三大常规和一般的体液检验,当时的检验设备较为简陋,检验人员主要依靠显微镜、试管、吸管、比浊管等设备,通过原始手工作坊式的操作,进行最基本的形态学检验。到了70年代,中国的免疫学开始发展。1975年,中国研制出第一代血源性乙肝疫苗;1979年,中华医学会检验医学分会成立;进入 90 年代,体外诊断迎来大发展时期,技术设备开始向智能化发展,临床微生物检测实现了全自动化。如今,随着技术突飞猛进的发展,国产的检验设备开始走上现代化的发展道路,逐渐向全自动智能化发展。

检验类设备根据分析标本类型不同,可以分为全血类、体液类、血清类、培养类。在日常各类血液检验检查中,全血类检测比较常见的是血细胞数量的检测,体液类主要是尿液细胞含量的检测,血清类主要是生化免疫项目的检测,而培养类则主要是血液中微生物含量的检测。以上检测主要由尿液分析仪、血细胞分析仪、生化分析仪、免疫分析仪、微生物分析仪完成,由于尿液分析仪结构比较简单,以下就着重介绍其他四款仪器。

7.1.1 血细胞分析仪结构及原理

一、血细胞分析仪基本构造及工作原理

血细胞分析仪一般包括进样模块、吸样混匀模块、电路模块、检测模块等部分。

血细胞样本经过进样模块进入仪器内部,并通过吸样混匀模块进行标本吸样混匀,最后进入各个检测模块进行细胞值检测。电路模块主要负责系统的参数控制、自动监控、故障报警等功能。

检测模块是血细胞分析仪的核心模块,主要用于血细胞的检测。不同血细胞的检测原理不同(检测方法主要分为电阻抗法和光散射法两种),因此,检测模块包含光学检测部(白细胞检测)、RBC 检测部(Red blood cell,红细胞/血小板检测)、HGB 检测部(hemoglobin,血红蛋白检测)等多个子模块。

电阻抗法:血细胞导电性较差,当血细胞通过检测装置时,检测装置两侧的阻抗会发生变化,从而引起电压变化而出现脉冲信号。通过脉冲的数量和大小,可以计算血细胞的数量和体积。

光散射法:主要基于不同血细胞的不同光学特性。例如可以根据血细胞对激光折射指数的不同来区分红细胞和血小板。

(1)红细胞/血小板检测

红细胞/血小板的检测原理主要采用电阻抗法。血样经过稀释后进入红细胞和血小板共用的小孔管,根据检测到的脉冲判定,将容积为的 2~30fL 的细胞输入血小板通道,30fL 以上的输入红细胞通道(fL:容积单位,$1fL = 1\mu m^3$)。

再根据脉冲的数量和大小，分别计算红细胞和血小板的数量和体积。

红细胞/血小板的检测过程通常还会采用鞘流法：稀释后的样品由前鞘流的试剂包裹送入检测孔，通过检测孔后再由后鞘流的试剂包裹送入回收管。鞘流法可以有效防止血球回流，避免假性血小板脉冲的发生，从而提高血球计数的准确度。

(2)白细胞检测

早期主要通过电阻抗法检测白细胞，可以实现白细胞的分类。将稀释后的样品进行红细胞破坏(例如加入红细胞溶血剂)，根据脉冲的大小可以将白细胞分为淋巴细胞(35 ~ 90fL)、中间细胞(90 ~ 135fL)和中性粒细胞(135 ~ 350fL)。

目前，使用光散射法的白细胞检测逐渐成为主流。包括使用容量、电导、散射(volume cooductivity scatter, VCS)法确定细胞的大小、结构和形态；使用射频电流确定细胞的内部结构；通过多角度偏振光散射法区分细胞大小、结构、细胞核分叶情况等。通过光散射法，可以将白细胞分为中性粒细胞、淋巴细胞、嗜酸性粒细胞、嗜碱性粒细胞、单核细胞五类。目前，国内的三甲医院主要采用白细胞五分类的分析仪。

(3)血红蛋白检测

血红蛋白的检测方法包括氰化高铁血红蛋白法(HiCN)、碱羟血红蛋白(AHD 575)测定法等，其主要原理是使血红蛋白与特定的试剂进行化学反应，该反应生成的物质在特定波长的吸光度与血红蛋白的浓度成正相关。因此，可以根据血红蛋白反应物的吸光度来计算血红蛋白的含量。

二、血细胞分析仪临床应用

血细胞分析仪临床应用即为血常规检查，包括红细胞、血红蛋白、白细胞计数及其分类、血小板计数等。红细胞参数主要用于缺铁性贫血、β－珠蛋白生成障碍性贫血的诊断与疗效观察及贫血的分类；红细胞直方图可应用于鉴别贫血的类型，如小细胞性贫血、缺铁性贫血、铁粒幼细胞性贫血等；血小板参数的主要用于骨髓造血功能损伤的判断，以及骨髓纤维化、血栓性疾病、巨大血小板综合征、镰刀细胞性贫血、巨幼细胞贫血等疾病的诊断与疗效观察；血小板直方图可以用于判断血小板的体积大小；白细胞直方图可用于白血病、中性粒细胞减少症的判断。

三、血细胞分析仪发展演变

早在20世纪初期，使用光学显微镜计数法分析血细胞的研究就已经出现；

到了20世纪50年代,结合电子技术的电阻抗法血细胞分析仪开始出现,并逐渐在临床得到广泛应用,该分析仪能够进行多种血细胞参数的测定;到了20世纪90年代,血细胞分析仪逐渐开始与计算机技术、激光技术、免疫技术等新兴的技术相结合,其检测项目和检测指标不断增加的同时,检测的精度也得到了很大的提升。目前,血细胞分析仪已经发展成为高度智能化的医疗设备,能够实现完全自动化的高速检测。

7.1.2 生化分析仪结构及原理

生化分析仪主要用于测量体液中的特定化学成分。按照所用方法学的不同,通常被分为湿化学法生化分析仪(湿式生化分析仪)和干化学法生化分析仪(干式生化分析仪)。

一、生化分析仪基本构造及原理

(1)湿化学生化分析仪

湿式生化分析仪的内部结构和外部接口见图7-1和图7-2。其中内部结构则主要由比色系统、电路系统、各种阀和管路系统组成;外部主要由电解质模块、加样系统(吸样针、试剂针)、样本圈、试剂圈、孵育圈、搅拌系统等组成。吸取的样本将被分配进孵育环,当达到设定温度时,试剂针将吸取试剂加入孵育环中的反应容器内进行化学反应,生成的有色反应产物会吸收入射的光线,通过吸光度的大小可以反映样品的浓度。湿式生化仪的基本原理为比色法,基于朗伯—比尔定律,即光被吸收的量正比于光程中产生光吸收的分子数量。

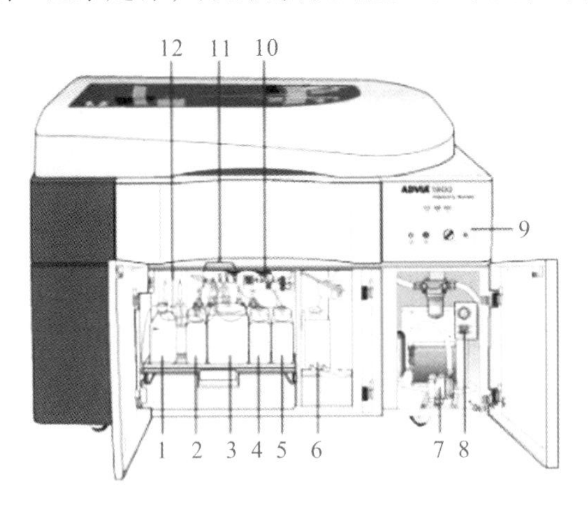

1 ISE缓冲液
2 孵育箱油
3 等渗盐溶液
4 小杯清洗溶液
5 小杯调温器
6 纯水箱
7 反应箱油泵
8 LWP压力计
9 电源和显示面板
10 LWP插入滤光片
11 液面监视器器接插件
12 泵(试剂瓶后面)

图7-1 湿式生化分析仪的内部构造

分析仪顶部观

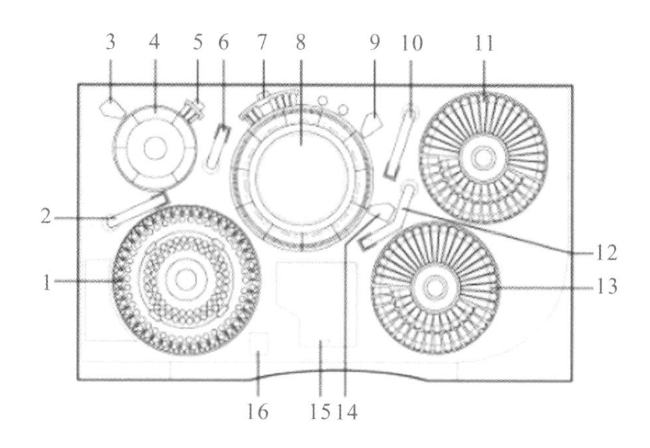

1 样本托盘	9 反应搅拌器2(MIXR2)
2 样本稀释探针(DPP)	10 试剂探针2(RPP2)
3 稀释搅拌器(DMIX)	11 试剂托盘2(RTT2)
4 稀释托盘(DTT)	12 试剂探针1(RPP1)
5 稀释冲洗器(DWUD)	13 试剂托盘1(ETT1)
6 样本探针(SPP)	14 反应搅拌器1(MIXR1)
7 反应托盘冲洗器(WUD)	15 分光光度计舱(液体空)
8 反应托盘(RRV)	16 样本旋转和样本暂停按钮

图7-2 湿式生化分析仪的外部接口

(2)干式生化分析仪

干式生化分析仪结构与湿式生化分析仪相比相对简单,主要由加样单元、孵育单元、测光单元、电位测定单元、压力单元等模块组成。干式生化分析仪采用的是多层薄膜的固相试剂技术,通过把样品添加到固化于特定结构的试剂载体进行化学反应来测出样品的浓度。干式生化分析仪具有准确度高、检测速度快、操作简便等优点,但目前国内的干式生化分析仪技术尚未成熟,整体成本较高,因此仍未大范围应用。

二、生化分析仪临床应用

目前生化分析仪被应用于多项人体指标的检测。

(1)肝功能(检测转氨酶、胆红素等):急慢性肝炎、病毒性肝炎、药物性肝损害、脂肪肝、肝硬化、原发性或转移性肝癌、肝实质性病变、阻塞性黄疸、溶血性黄疸等。

(2)肾功能(检测尿素氮、尿酸等):慢性肾功能不全、肾上腺皮质功能低下、尿路严重肾功能衰竭、尿毒症等。

(3)血脂、血糖(检测胆固醇、葡萄糖等):糖尿病、高血糖、高血脂等。

此外,生化分析仪还可用于离子代谢、心肌功能等的检测。

三、生化分析仪发展演变

全自动生化分析仪的发展分为三个阶段:前期使用分光光度计,完全靠手工进行检测;中期开始出现半自动生化分析仪,通过仪器协助手工来共同完成检测;后期则转为全自动生化检测,全部过程均由仪器完成。目前,生化分析仪的全自动技术已经相当成熟,可以极大地降低人力成本,同时提高检测的精准度。今后的生化分析仪还将朝着更加精确、灵敏、快速的检测和更高特异性的诊断方法等方向发展。

7.1.3 免疫分析仪结构及原理

免疫分析仪是一种用于检测抗原或抗体的医疗仪器,一般采用化学发光标记法或者酶联免疫法。

一、免疫分析仪基本构造及原理

(1)化学发光标记法免疫分析仪

化学发光标记法是一种分子发光光谱分析法,采用竞争法或者夹心法实现抗原抗体结合。形成的抗原抗体复合物通过化学反应生成指示标定物,根据发光强度确定被测样品的浓度。

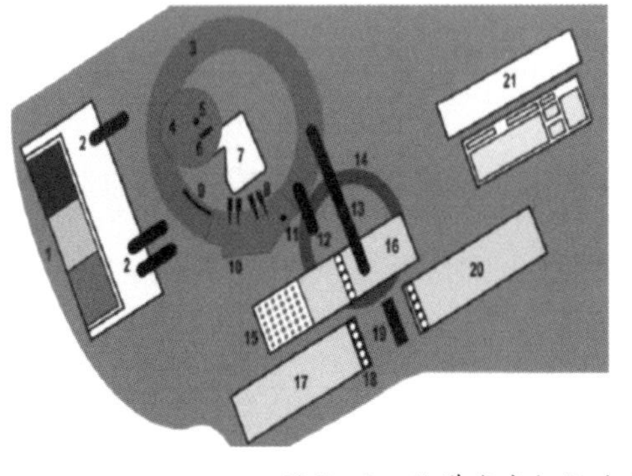

1 主试剂仓
2 主试剂针
3 孵育圈
4 发光测量器
5 碱性试剂探针
6 废液探针
7 反应杯装载器
8 吸样针
9 磁体
10 冲洗模块
11 酸试剂探针
12 辅助吸样针
13 进样针
14 辅助试剂区
15 样本吸头盘
16 处理中区域
17 样本进样区
18 样本架
19 急诊进样位
20 样本退出区
21 用户工作区界面

图 7-3 化学发光标记法免疫分析仪的结构示意

化学发光标记法免疫分析仪包含进样模块,反应容器供给模块、清洗分离模块、孵育反应模块、检测模块、计算机系统模块等见图 7-3。进样模块负责将标本送入仪器主体,经过吸样加样之后送入孵育环,由试剂针模块加入试剂进行一到两次清洗分离，最后标本顺着孵育模块传送入检测模块进行免疫分析，最后通过计算机系统输出数字信号的分析结果。

化学发光标记法免疫分析仪中抗原抗体的结合主要采用竞争法（直接法）与夹心法（间接法）。

竞争法结合抗原抗体的示意见图 7－4。

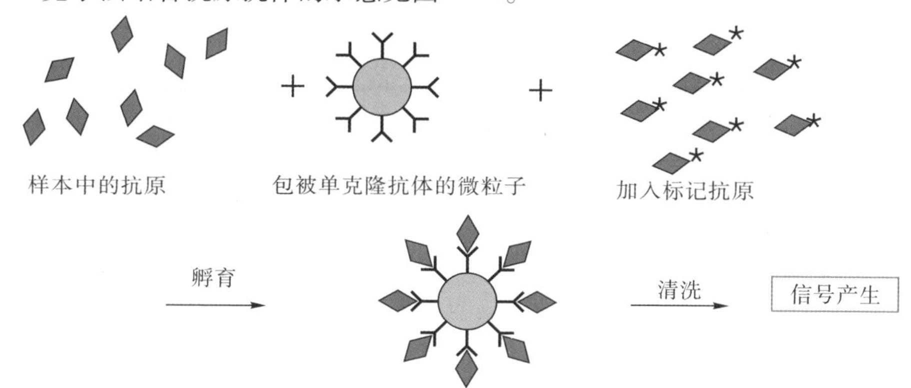

图 7－4　竞争法结合抗原抗体的示意

竞争法多用于测定小分子抗原物质。用过量包被磁颗粒的抗体，与待测的抗原和定量的标记吖啶酯抗原同时加入反应杯温育，使标记抗原与抗体（或待测抗原与抗体）结合形成复合物。

夹心法结合抗原抗体的示意见图 7－5。

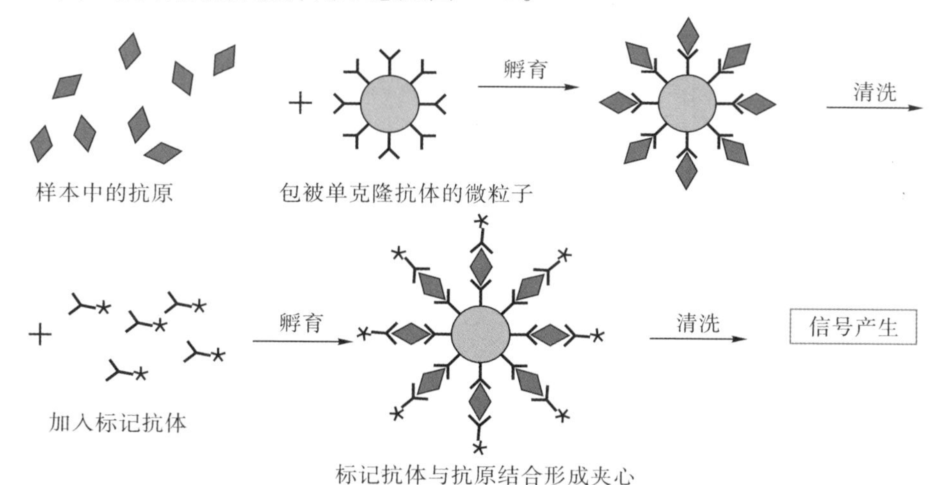

图 7－5　夹心法结合抗原抗体的示意

夹心法多用于测定大分子的抗原物质。标记抗体和被测抗原同时与包被抗体结合，生成包被抗体测定抗原发光抗体的复合物。仪器利用某些化学基团标记在抗原或抗体上，该化学基团被氧化后形成激发态，在返回基态的过程中释放出一定波长的光子，光电倍增管将接收到的光能转变为电能，以数字形式反映光量度，再计算测定物的浓度。

（2）酶联免疫法免疫分析仪

酶联免疫法分析仪结构比较简单（见图7－6），主要包括加样模块、孵育模块、洗板模块、酶标仪模块、电脑软件模块等。加样模块负责把标本加入96孔包贝板，添加试剂后，再送入孵育塔进行孵育，过程中进行洗板，最后送入酶标仪读取结果。

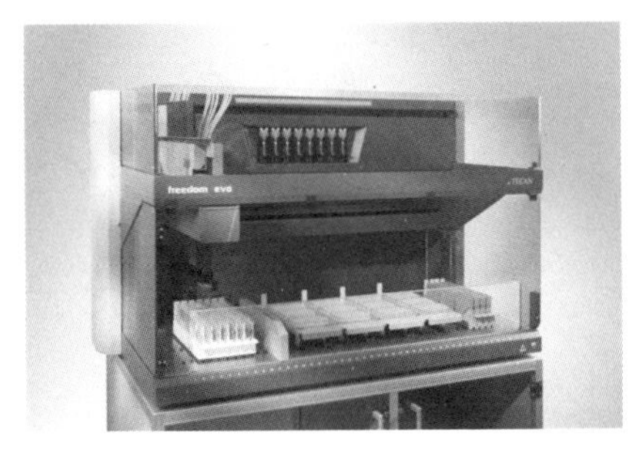

图7－6　酶联免疫法免疫分析仪示意

酶联免疫法原理为使抗原或抗体与某种酶连接成酶标抗原或抗体，这种酶标抗原或抗体可以在保留免疫活性的同时保留酶的活性。测定时，把受检样本和酶标抗原或抗体按不同的步骤与固相载体表面的抗原或抗体起反应。通过洗涤使固相载体上形成的抗原抗体复合物与其他物质分开，最后结合在固相载体上的酶量与标本中受检物质的量成一定的比例。加入底物后，底物被酶催化变为有色产物，产物的量与标本中受检物质的量直接相关，因此，可以根据反应颜色的深浅来进行定性或定量的分析。由于酶的催化频率很高，可极大地放大反应效果，因此酶联免疫法具有很高的敏感度。

二、免疫分析仪临床应用

免疫分析仪主要用于抗原、抗体、激素、酶等物质的检测，可应用于甲状腺（甲状腺素等）、肿瘤（癌胚抗原等）、性激素（孕酮、睾酮、催乳素等）、肝炎（抗原、抗体等）等临床项目的检测。

三、免疫分析仪发展演变

1890年，德国学者首次发现在被免疫的动物血清中存在一种能中和外毒素的物质；后来实验又相继发现了凝集素、沉淀素等能与细菌或细胞特异性反应的物质。这些能与特定细菌特异性反应的物质被统称为抗体，而能引起抗体产生的物质则被称为抗原，这是最早确定的抗体和抗原的概念。最初的免疫分析仪采用的是放射免疫测定法，这种方法最早在1959年被提出。放射免疫测定法存在反应时间长、试剂不易保存（受同位素半衰期影响）等缺陷。1978年，化学发光免疫分析技术被提出，此后，基于化学发光法的免疫分析仪开始逐渐成为主流。目前,免疫分析仪已经可以用于直肠结肠癌、胰腺癌、卵巢癌、乳腺癌等多种癌症的检测。

7.1.1.4 微生物分析仪

微生物分析仪主要用于细菌的鉴定和药敏检测等,是指将光电技术、电脑技术和细菌数码鉴定相结合的细菌鉴定全自动系统。微生物分析仪在实际应用中,不仅可以为细菌检验提供科学简便的鉴定程序,而且能提高细菌鉴定的可靠性和准确性,极大地提高了细菌鉴定的工作效率。微生物分析仪主要分为全自动微生物分析系统和半自动微生物分析系统。

一、微生物分析仪基本构造及原理

常用的微生物分析仪(见图7-7)主要包括旋转驱动系统、孵化系统、光学检测系统、面板状态和内部条码系统等。旋转驱动系统容纳注塑板载体并且可以将载体旋转至孵化系统;孵化系统的功能是维持系统的整体温度,使系统保持恒温;光学检测系统可以进行细菌的鉴定和检测;内部条码系统可以给操作者提供视觉指示及扫描测试者的信息。

图7-7 微生物分析仪示意

检测系统可以进行细菌鉴定和药敏测试(如稀释法)。

细菌鉴定:通过培养基培养样品,通过光源对样品进行周期性的扫描,将样品的透光率与标准菌株模型进行比较,以此确定样品是阴性还阳性。

药敏测试(稀释法):将抗菌药物稀释后与肉汤或琼脂混合制成培养基,接种样品菌株,观察细菌的生长情况。可以用于细菌耐药性的检测。

二、微生物分析仪临床应用

细菌鉴定:葡萄球菌属、链球菌、肠球菌属、肠杆菌属、其他革兰氏菌等。

药敏测试:头孢类、青霉素类、氨基糖苷类、喹诺酮类、磷霉素类、大环内酯类、硝基呋喃类、糖肽类、四环素类、碳青霉烯类、单环内酰胺类、β-内酰胺/β-内酰胺酶抑制剂等。

三、微生物分析仪发展演变

微生物史的发展比较漫长。最早在1674年,安乐尼·列文虎克(Antony Leeuwenhoek)就通过自制的单式显微镜成功地观察到了细菌等微生物的个体;

19 世纪 60 年代,法国生物学家路易斯·巴斯德(Louis Pasteur)创立了一整套独特的微生物基本研究方法,开始运用“实践理论实践”的思想方法对微生物开展研究,微生物学正式建立;20 世纪中叶开始,分子生物学理论的现代研究方法开始被广泛运用,深刻揭示了微生物的各种生命活动规律。

对于微生物的鉴定,早期采用的是直接的形态观察法,即通过染色等手段对菌落进行直接观察;之后,全自动化的微生物分析仪开始出现,可以用于对细菌的鉴定和药敏测试。目前,微生物分析仪已成为微生物检测的常规手段,并逐渐发展出了 DNA 鉴定技术等新的检测方法。

7.2 血细胞分析仪故障维修案例

7.2.1 迈瑞 BC－5300 白细胞计数与分类结果显示星号

设备名称	血细胞分析仪	品牌	迈瑞	型号	BC－5300
故障现象	白细胞计数与分类结果全部为星号,血红蛋白比色、红细胞与血小板计数及分布无明显异常,查看血细胞分类计数(white blood cell differential count,DIFF)散点图,发现明显无颗粒进入流动室。查看特殊信息(见图 7－2－3),发现 DIFF 通道脉冲长度在 200 以下(正常计数应达几万)。故障设备照片见图 7－2－1,故障信息见图 7－2－2。				

【故障分析】

由于白细胞直方图,红细胞系列计数都完全正常,因此排除了仪器吸入标本异常的问题。故障现象明显表明没有粒子进入到流动室产生计数信号,打开右侧门,观察到 DIFF 池内外均有脏污,而且曾经有溢出,这往往是排液管路不畅或未及时对 DIFF 池进行清洁维护造成的。整机液路图见图 7－2－4,部分关键部位的照片见图 7－2－5。

分析导致本故障的原因可能有以下几种。

(1)DIFF 池到样本注射器的管路堵塞,导致液体流不过去。

（2）V39 压断阀处的胶管老化，不能正常压断，导致样本注射器吸入并推注样本时有液体回流至 DIFF 池，进入流动室进行分类计数的血量减少。

（3）流动室及相关管路脏堵，导致处理过的血样到不了流动室。

（4）V28 号阀关闭不严，导致处理血样被分流而到不了样本注入注射器上端的贮样管道。

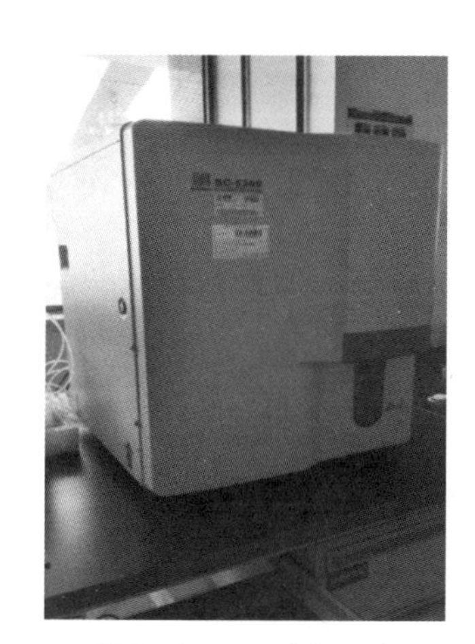

图 7－2－1　设备照片

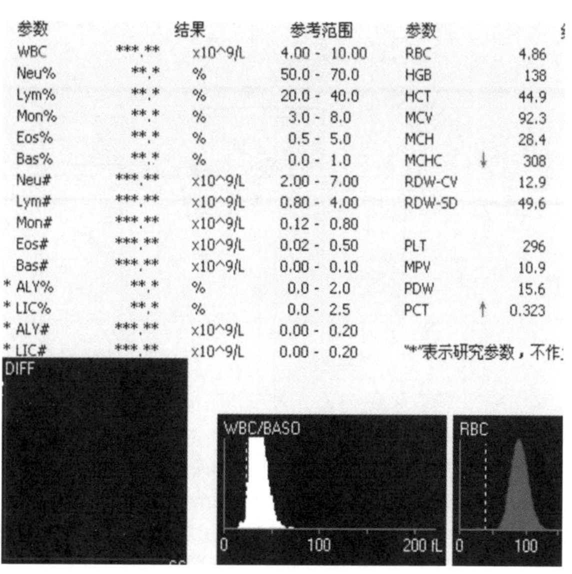

参数	结果		参考范围	参数		
WBC	***.**	x10^9/L	4.00 - 10.00	RBC		4.86
Neu%	**.*	%	50.0 - 70.0	HGB		138
Lym%	**.*	%	20.0 - 40.0	HCT		44.9
Mon%	**.*	%	3.0 - 8.0	MCV		92.3
Eos%	**.*	%	0.5 - 5.0	MCH		28.4
Bas%	**.*	%	0.0 - 1.0	MCHC	↓	308
Neu#	***.**	x10^9/L	2.00 - 7.00	RDW-CV		12.9
Lym#	***.**	x10^9/L	0.80 - 4.00	RDW-SD		49.6
Mon#	***.**	x10^9/L	0.12 - 0.80			
Eos#	***.**	x10^9/L	0.02 - 0.50	PLT		296
Bas#	***.**	x10^9/L	0.00 - 0.10	MPV		10.9
* ALY%	**.*	%	0.0 - 2.0	PDW		15.6
* LIC%	**.*	%	0.0 - 2.5	PCT	↑	0.323
* ALY#	***.**	x10^9/L	0.00 - 0.20			
* LIC#	***.**	x10^9/L	0.00 - 0.20	"*"表示研究参数，不作		

图 7－2－2　故障信息截图

WBC直方图分类线调整标志	未调整	RBC直方图分类线调整标	
DIFF脉冲数据长度	200	DIFF宽度数据长度	0
WBC脉冲数据长度	1696646	RBC脉冲数据长度	21
环境温度	26.50	DIFF温度	35
WBC体积计量开始信号触发次数	1	WI	
RBC体积计量开始信号触发次数	1	RE	
计数前故障编码列表		计数中故障列表	

图 7－2－3　特殊信息截图

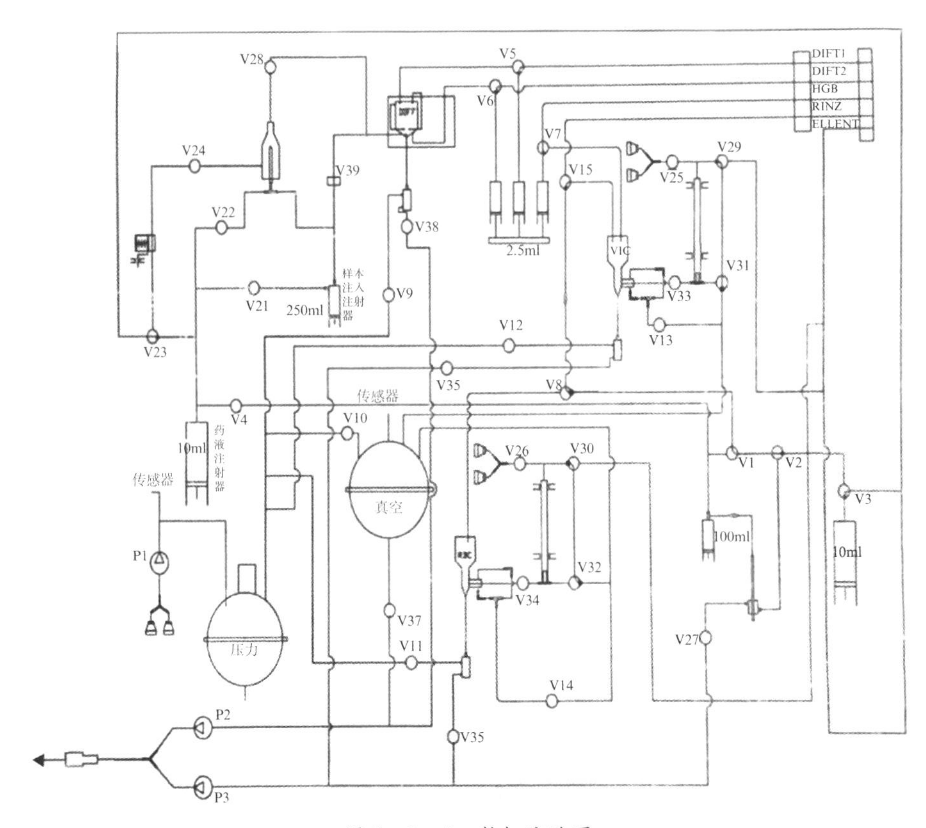

图 7-2-4　整机液路图

图 7-2-5　关键部位照片

【故障排除】

(1)对 DIFF 计数池进行全面保养,清洁下方排液管路,以及到 V39 压断阀处的管路。

(2)检查未发现 V39 压断阀处的胶管老化,胶管柔软度良好,不需要更换。

(3)仪器未出现流动室堵塞报警,清洁流动室内壁,注射器推探头液的阻力不大,排除流动室堵,维护保养流动室。

(4)怀疑 V28 号阀内有杂质,导致其关闭不严,拆开清洗,未见杂质,膜片清洁度良好。

(5)做完该同路的整体清洁维护后,做空白完全正常。做标本第一个标本正常,但是此后的标本依旧出现此前的故障。

(6)再次检查管路,观察仪器做标本时管路内液体的流动情况及阀的开闭情况,发现 V39 压断阀吸合度不够,仔细检查发现其压体部分周围存在一些结晶体黏附在压体与阀壁之间,使得电磁吸合时压体不能完全动作,阀体内的胶管不能压断(即压扁),样本注入注射器推注样本的时候,又将标本通过异常的 V39 压断阀推回了 DIFF 池,使得没有粒子通过流动室。

【解决方案】

关闭分析仪电源,取出 V39 压断阀槽里的两根软管,拧下两颗螺丝,即可取出 V39 压断阀,用注射器在压断阀压体四周及阀槽部位轻轻注入少量无水乙醇浸润,反复按动压体,重复操作几次,待压断阀的结晶物清除后,测试压体移动顺畅不卡滞,等阀组件干燥后装回做标本验证,测试结果完全正常,见图 7-2-6。

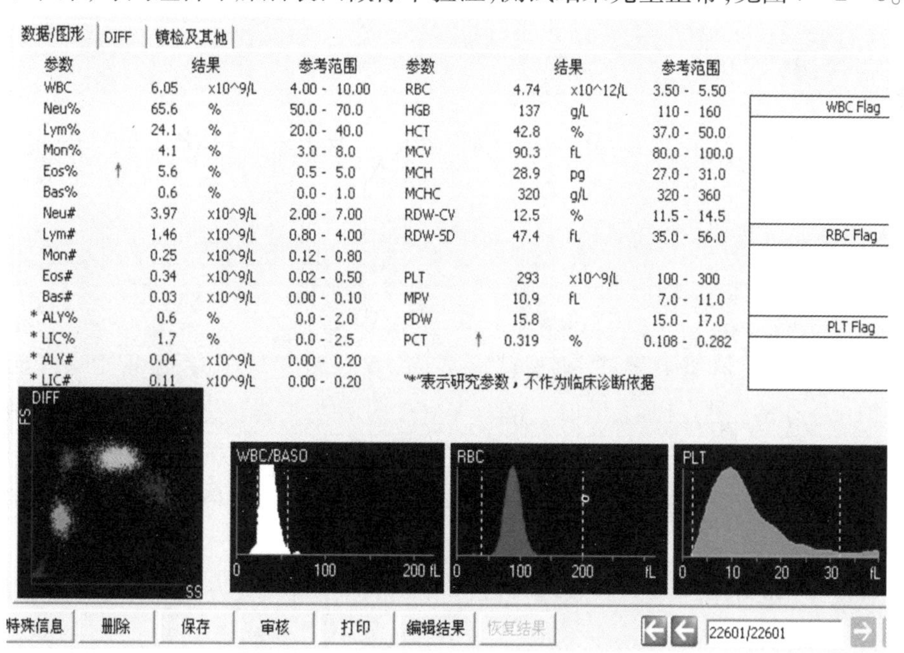

图 7-2-6 恢复正常后细胞分析结果截图

【价值体现】

快速完成维修,缩短设备的停机时间。

【维修心得】

通过本次维修体会到:维修一台故障设备,需要仔细观察设备出现异常情况的蛛丝马迹,如结合原理图推敲分析其前因后果,则可以尽快找到故障部位,起到事半功倍的效果。

(案例提供 丽水市人民医院 纪国伟)

7.2.2 迈瑞 BC－5800 气压错误报警

设备名称	全自动血液分析仪	品牌	迈瑞	型号	BC－5800
故障现象一	仪器报警气压错误,点击“故障消除”,故障现象仍然存在;静置一段时间,再点击“故障消除”,报警能够取消,仪器工作一段时间后,气压错误的报警又重新出现。				

【故障分析】

BC－5800 提供五档压力,分别是正压 160KPa、70KPa、250KPa,负压 85KPa、40KPa。当出现关于压力的故障现象时,一要看气源,二要看机器内部是否存在漏气现象。

【故障排除】

(1)进入仪器服务界面,查看状态界面,查看温度与压力,发现 PS1(250)、PS2(160)、PS3(70)、PS4(－40)、PS4(VAC)均不在正常值范围内,而且数值几乎为0。仪器设置各压力正常范围分别为 PS1(250)在 200～300、PS2(160)在 128～188、PS3(70)在 55～81、PS4(－40)在－46～－30、PS4(VAC)在－97～－50。

(2)点击“故障消除”后观察气源即气泵的工作状态,发现气泵工作指示灯不亮。拔下仪器气源连接线,检查九针串口(见图 7－2－7),根据仪器说明书注入外部标准信号,模拟仪器气泵工作指令,发现气泵依旧不工作。判断故障在气泵部分。

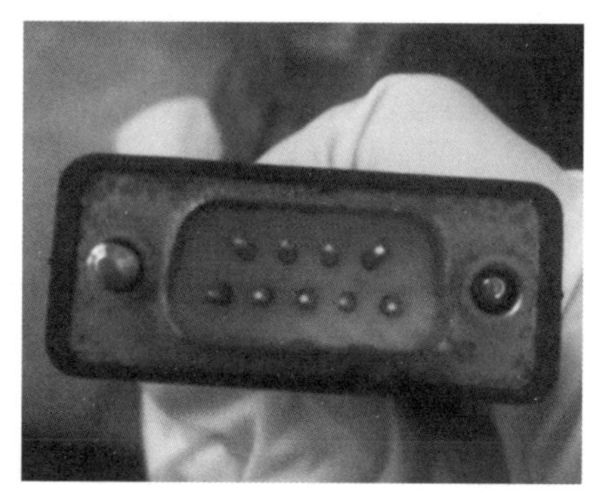

图 7-2-7　气源与仪器的九针串口

(3)打开气泵时发现气泵内部包括两个散热风扇都积了厚灰尘。检查气泵电压,电压输入正常,观察到气泵内部散热风扇不工作,万用表检查风扇阻值,判断风扇烧坏。故判断故障报警反复出现是因为气泵工作一段时间后散热不好而造成过热保护。

【解决方案】

考虑到直接从厂家购买配件的费用问题,选择网购配件 SUNON 4020 风扇,更换后气泵正常,故障现象消失。

【价值体现】

经过深入寻找故障,发现仪器故障是由散热风扇积灰老化而无法正常工作,进而导致气泵过热保护。准确定位故障后,选择在网上订购配件快速更换,从而缩短设备停机时间,降低维修成本。

设备名称	全自动血液分析仪	品牌	迈瑞	型号	BC-5800
故障现象二	仪器报警气压错误,点击“故障消除”,故障现象仍然存在。具体故障信息显示 250KPa 和 160KPa 压力报错。				

【故障分析】

同样是仪器压力故障,一要看气源,二要看机器内部是否存在漏气。

【故障排除】

进入服务工程师界面,查看状态中温度与压力的状态,显示 PS1(250)和 PS2(160)的数值偏低异常。检查气泵能否正常工作:通过气源连接线注入外部信号,模拟气泵工作指令,使得气泵连续工作,观察 PS1(250)和 PS2(160)压力变化,250KPa 的值最高到 73,160KPa 值最高到 45。在 BC-5800 仪器中 160KPa 和 70KPa 由 250KPa 气源调节得到,-40KPa 由 0.085Mpa 调节得到。判断仪器内部存在漏气现象。

将仪器右侧机盖打开,将 SV32 电磁阀(见图 7-2-8)的一段气管对折堵住,同时观察 PS1(250)和 PS2(160)的数值,发现均能达到正常值。判断故障原因出现在这个空气电池阀上。

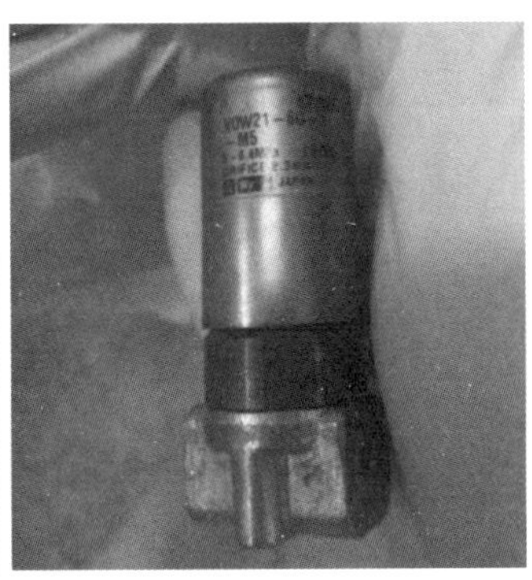

图 7-2-8 SV32 电磁阀示意

【解决方案】

将电磁阀从仪器上拆卸下来,并拆分、清洗里面的通道。重新安装后,故障消除。

【价值体现】

对故障进行定位,发现电磁阀空气通道堵塞,经过工程师清理,能够使设备快速恢复工作,同时也省去仪器维修费用。

【维修心得】

从以上故障的维修案例中可以看出,做 PM 项目时各个项目做到位,包括对气源内部的除尘保养工作等有利于保障仪器正常运行。再者,在故障修复中,要遵循"先易后难,先小再大"的维修方法,充分了解设备的工作原理,结合故障现象分析出现故障原因,逐级排除故障。

(案例提供　义乌市中医医院　钟晓庆)

7.3　免疫分析仪维修案例

7.3.1　雅培 i1000sr 报错“3700”程序进行故障

设备名称	免疫分析仪	品牌	雅培	型号	i1000sr
故障现象	检测中设备报错“3700 unable to process test,(wash zone aspirate) wash aspiration error for probe(s)【1/2/3】”设备照片见 7-3-1,故障照片见 7-3-2。				

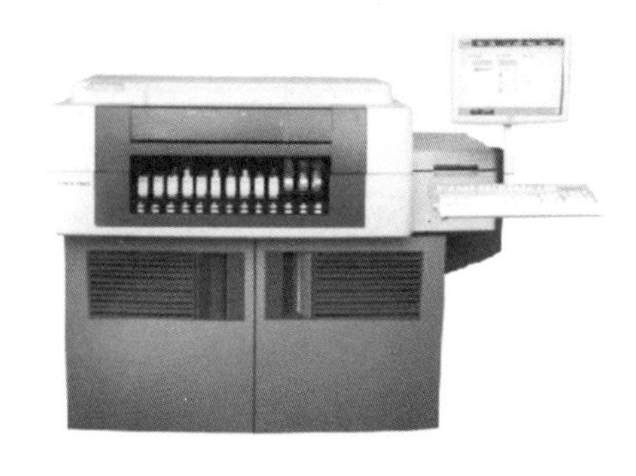

图 7-3-1　设备照片

图 7-3-2　故障照片

【故障分析】

如果故障偶发,可能是相应 WZ 软管连接处、传感器导线连接处有松动,在仪器显示运行状态的标本测试有检查结果。处理方法是待仪器使用结束后检查,如果有松动则拧紧。

如是多次连续报警并测试无结果,则说明温度传感器老化,传感器内壁漏气或者 WZ 探针堵塞。

【故障排除】

根据故障分析的几种可能,逐次检查排除。

(1)仪器停机状态,打开仪器前盖,拆下 WZ 探针,慢慢拔下 WZ 软管,再从 WZ 电机孔拔下 WZ 软管,拆下温度传感器连接线,再从废液壶拔下 WZ 软管即可。

(2)安装 WZ 软管,先将 WZ 软管插到废液壶上,连接温度传感器导线,再从 WZ 电机孔穿上 WZ 软管,将 WZ 软管插入 WZ 探针上(注意将 WZ 探针一半长度插入时才算合适位置),检查 WZ 软管的布置,确认是否会妨碍动作,做"#2050 WZ aspiration test"确定故障排除。

(3)更换温度传感器后,运行较短时间(比如 2 个月)同样出现该报警,并且故障仍是软管温度感应器内壁漏气,确定故障原因为 WZ 探针内壁太脏,使 WZ 软管负压过高,破坏了温度传感器黏合处的密封性,疏通清洗 WZ 冲洗针内壁或更新的 WZ 冲洗针。

【解决方案】

专用配件没有代用配件,更换原厂配件后要做"#2050 WZ aspiration test"确定更换配件后设备运行状态正常。

【价值体现】

WZ 冲洗站吸样故障是雅培 i1000sr 的常见故障,引起的原因很多。本次维修中,我们合理地利用设备工作原理和结构图(见图 7-3-3),更快更准地锁定了故障根源,高效地满足了临床对设备的使用需求。

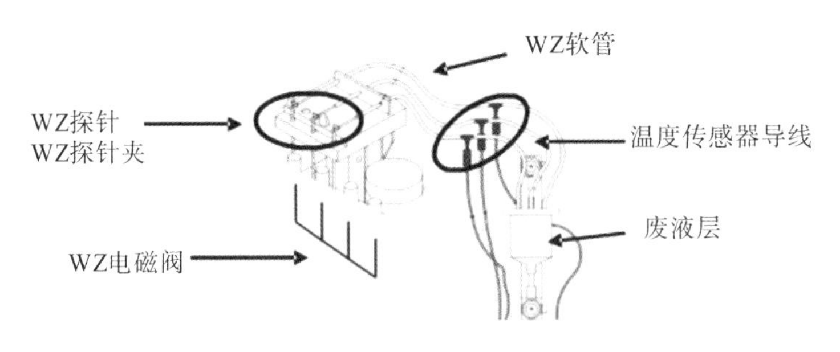

图 7-3-3 WZ 冲洗站结构

本维修案例中的故障,一般的处理方法是联系厂家更换 WZ 软管,此次维修由我们主动开展，利用厂家提供的备用配件及时更换，缩短了设备停机时间，满足临床检验的及时性要求。

【维修心得】

在维修中仔细观察细心拆卸，遇到复杂的拆卸时应详细记下拆卸的步骤，可以用手机拍下细节过程，使安装时有据可查。对于没把握的故障，应多多联系厂方工程师，避免造成损失。做好仪器操作培训，按设备要求做好保养工作，确保仪器更好地为临床服务。

（案例提供　玉环市人民医院　林翔坤）

7.3.2　雅培 i1000sr 螺线管错误#5404

设备名称	免疫分析仪	品牌	雅培	型号	i1000sr
故障现象	螺线管错误“#5404 Solenoid(x) failed”。设备照片见图 7－3－4,。				

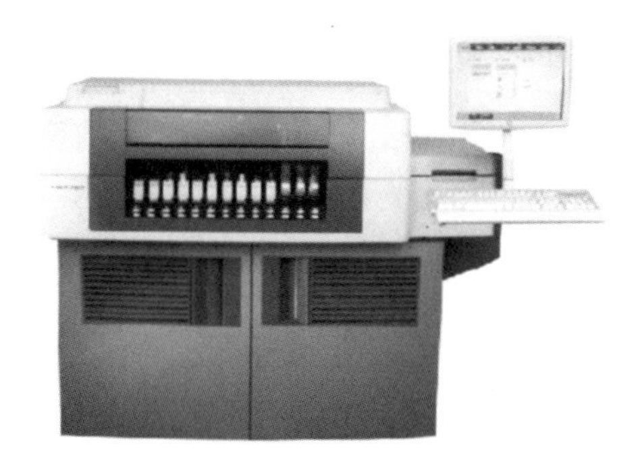

图 7－3－4　设备照片

【故障分析】

该仪器采用化学发光微粒子免疫分析技术，反应装盘要灵活地运行一步法、二步法和预处理项目。在反应的第一阶段，标本与微粒混合需要一定的时间，反应终了，利用磁场分离吸去未反应物质和其他不要的成分，再进行第二反应，反应结束后再进行冲洗，去掉未反应的抗体，第三反应阶段加入基质液读取化学发光发射量计算浓度值。这些过程中需要冲洗时，通过开关螺线管将反应杯从内圈推向外圈。出现该故障的原因可能是反应转盘内反应杯堵塞或开关螺线管电磁阀运行不正常支撑部件无法到位致使传感器无反馈信号。

【故障排除】

根据故障分析的几种可能,逐次检查排除。

操作主界面“系统”→“诊断”→“光学组件/温度”→“1032shutter test”→“3. shutter 开关循环”,螺线管电磁阀运行时候发出“啪”“搭”两种循环声,并且声音连续无间断,说明电磁阀运行正常,再查看0点方向上控制电路板上的传感器回馈信号指示灯,发现指示灯偶发故障依然存在。传感器在反应转盘3点位置底部,将螺线管电磁阀组件卸下,清洁光耦传感器后重新上机仪器运行正常。螺线管的正反面照片见图7-3-5和图7-3-6。

【解决方案】

由于该故障不是常见故障,因此没有常备配件。若为光耦故障则先进行清洁光耦,如清洁无效则联系厂家进行更换;若为弹簧故障则先用替代法,如替代法无效则联系厂家更换原配弹簧。

图7-3-5 螺线管正面照片

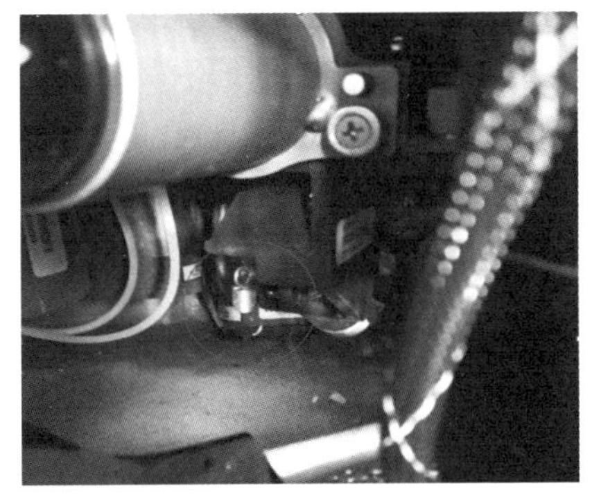

图7-3-6 螺线管反面照片

【价值体现】

螺线管故障是雅培 i1000sr 的罕见故障,此次维修中我们合理地利用设备构造,将系统检测和硬件排查相结合,锁定了故障根源,节省了厂家上门排查等待的时间,缩短了设备故障待修等待时间。

【维修心得】

(1)对于复杂设备的拆卸,要做好详细的记录,方便为事后的安装提供依据。

(2)与厂方工程师保持沟通,进行拆卸方案的讨论,避免拆卸错误,造成损失。

(3)做好设备的保养工作,确保仪器更好地为临床服务。

(案例提供　玉环市人民医院　林翔坤)

7.3.3　雅培 i1000sr 冰箱温度超温报警#7000 #7003

设备名称	免疫分析仪	品牌	雅培	型号	i1000sr
故障现象	试剂转盘温度超温报警 “#7000 Temperature stability failed channel(7)” “#7003 Temperature alarm from channel (7)”,“reading (XXXXXX)”。 设备照片见图 7-3-7。				

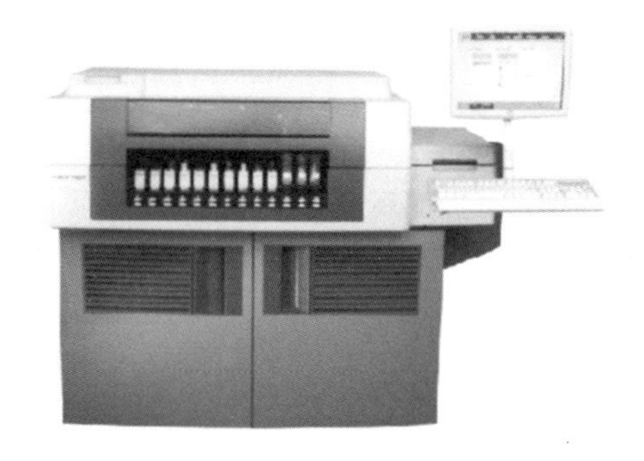

图 7-3-7　设备照片

【故障分析】

雅培 Architect i1000SR 全自动化学发光免疫分析仪是美国雅培公司研发,采用雅培专利的化学发光微粒子免疫分析化学发光技术的分析仪,其拥有先进的急诊模式和全中文操作界面,检测速度达到 100 测试/小时,标本从上机到出第一个结果的时间最快仅需 10 分钟,大大节省了急诊病人等待结果的时间;样本装载量为 65 个,试剂转盘载量为 25 个,试剂转盘采用了半导体制冷技术,通过双制冷模块一起工作提供试剂转盘冷源。试剂转盘通过半导体制冷模块(见图 7-3-8)上双温度传感器监测和控制温度。温度传感器布置在两个监测点,一个在制冷铝片上,另一个在制冷铝片的循环风扇上。

图 7 - 3 - 8 半导体制冷模块

根据其制冷系统控温工作原理,对温度超温报警的故障分析如下。

(1)环境温度超过规定仪器要求。

(2)半导体双制冷模块中有一路断路。

(3)没有电源提供给半导体制冷模块。

(4)考虑双制冷模块的半导体冷片是否全断路。

(5)考虑制冷模块的温度传感器故障。

【故障排除】

根据故障分析的几种可能,逐次检查排除。

(1)首先查看"reading (XXXXXX),XXXXXX"显示的是传感器检测到的试剂转盘温度,实际读数为"XX. XXXX℃",如果温度比规定的 2~12℃略高则先检查环境温度是否在仪器规定的 18~25℃内,环境温度超过规定会影响半导体制冷效果

(2)再查看半导体双制冷模块中的半导体冷片是否有一路断路,具体检测半导体制冷模块的电源接口(见图 7 - 3 - 9 划圈处的接口),接口中间为公共端,左右为两个模块供电,仪器关机切断电源后测量电阻值,若测量电阻值无穷大则代表该半导体制冷模块有断路,需要更换半导体制冷片。

(3)其次温度读数很高检查电源供电情况,测量供电电压,若供电电压正常,切断仪器电源后测量冷模块电阻值,电阻值无穷大则代表该半导体制冷模块有断路,如电阻值正常,继续测量温度传感器电阻值,温度传感器有两个监测点,一个在制冷铝片上,另一个在制冷铝片的循环风扇上(见图 7 - 3 - 9 红色圈),接口有数字表示(见图 7 - 3 - 9 白圈的黑色接口),一路数字 2 和 6 接点(对应制冷铝片上的传感器),另外一路数字 3 和 7 接点(对应循环风扇上的传

感器),两个传感器的电阻值应该相近如相差较大,代表有一个温度传感器故障,建议两个温度传感器一起更换,保持性能一致。

图 7-3-9　部分接口和温度传感器位置

【解决方案】

(1)环境问题:及时启动空调降温。

(2)半导体制冷模块、供电模块和温度传感器故障:由于该设备的配件没有型号、规格等标识,无法通过市场渠道购买,只能联系厂家进行更换,以保证设备安全运行。

【价值体现】

试剂冰箱温度故障是雅培 i1000sr 的罕见故障,此次维修中我们合理地利用设备构造,从使用环境入手进行了硬件故障的排查,锁定了故障根源。及时通知厂家提供配件通过汽运当天抵达,节约了大概一天的等待时间,保证当天完成病人标本检测的任务。

【维修心得】

(1)在维修中细观察、细心拆卸,遇到复杂的拆卸时应详细记下拆卸的步骤,可以用手机拍摄下细节过程,使安装时有据可查。

(2)对于没把握的故障,应多与厂方工程师沟通,避免维修错误造成时间和资金的损失。

(3)做好仪器使用人员的操作培训,按仪器规范要求做好各项保养工作,确保仪器更好地为临床服务。

(案例提供　玉环市人民医院　林翔坤)

7.3.4 雅培 i1000sr 通讯连接失败/离线

设备名称	免疫分析仪	品牌	雅培	型号	i1000sr
故障现象	系统提示仪器运行模块(processing module,PM)或者样本处理器(retest sample handler,RSH)通讯连接失败(显示“离线”)。				

【故障分析】

雅培 i1000sr 全自动化学发光免疫分析仪(见图 7-3-10)是美国雅培公司研发,采用雅培专利的化学发光微粒子免疫分析化学发光技术,拥有先进的急诊模式和全中文操作界面,检测速度达到 100 测试/小时,标本从上机到出第一个结果的时间最快仅需 10 分钟,大大节省急诊病人等待结果时间,仪器由控制电脑(system control center,SCC)通过交换机已网线形式连接仪器运行模块和样本处理器,过局域网络发送指令控制仪器运行模块和样本处理器模块运转。设备照片见图 7-3-10、图 7-3-11。

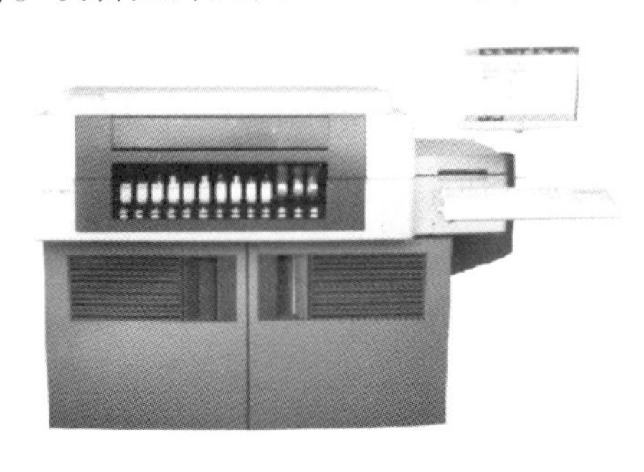

图 7-3-10 设备正面照片

图 7-3-11 设备背面照片

根据局域网络的工作原理,对通讯连接失败/离线的故障分析如下。

(1)运行模块和样本处理器模块无供电。

(2)交换机无供电。

(3)网线接触不良或自身断路。

(4)交换机自身故障。

(5)仪器通讯板故障(接触不良)。

【故障排除】

根据故障分析的几种可能,逐次检查排除。

(1)由于控制电脑供电与运行模块和样本处理器供电分离,检查运行模块和样本处理器的工作指示灯是否正常,确定有无供电,无指示灯则检查主电源线输入电压是否正常,若都正常则检测仪器电源板输出电压。

(2)检查交换机工作指示灯是否正常,确定有无供电。

(3)使用网线测试仪检测网线都否有断路,交换机接口是否接触不良。

(4)通过控制电脑计算机指令测试局域网通信情况。具体进入检测模式如下,控制电脑主界面点“系统”→“task manager”(见图7-3-12)→“file”→“new task(run…)”→“create New task”窗口(见图7-3-13)中输入“cmd”点运行,进入dos操作窗口(见图7-3-14),在输入“ping 192.168.1.1 -t”(运行模块IP地址为192.168.1.1,样本处理器IP地址为192.168.1.2,控制电脑IP地址为192.168.1.3)运行数分钟后按下ctrl + c,出现提示“packets:sent:72 received:68 lost:4”(见图7-3-15),结果表明有数据在局域网通讯中丢包的状况,该情况出现使控制电脑误判仪器PM和RSH模块通信中断,从而转变成离线状态。使用笔记本电脑通过新网线连接进入交换机,将笔记本IP地址设置为192.168.1.50,在笔记本电脑中启动dos窗口,并运行“ping192.168.1.1 -t”。同时在操作工作站dos窗口运行“ping192.168.1.50 -t”10~30分钟后按下“ctrl + c”,查看两个窗口是否有提示数据丢包。如果有数据丢包则考虑交换机故障,如果只有192.168.1.1测试丢包考虑则运行模块通讯板故障,样本处理器及控制电脑以此类推。

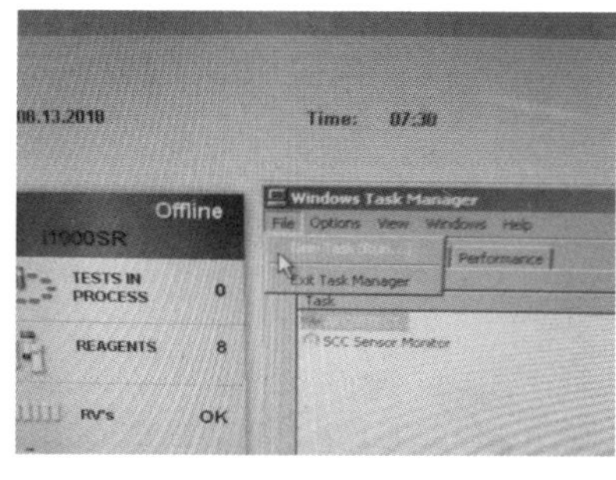

图7-3-12 windows task manager
(视窗任务管理器)

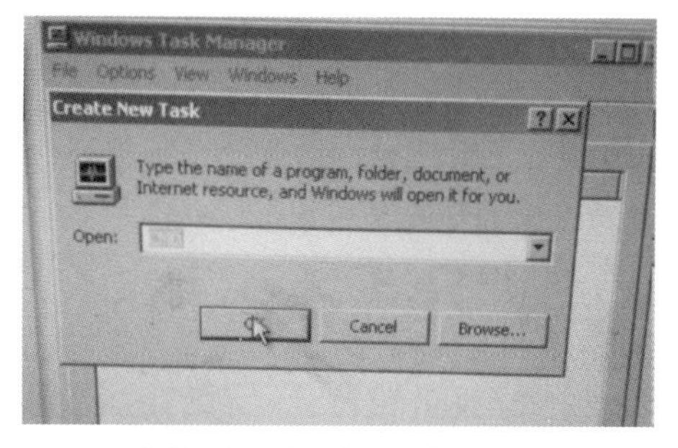

图7-3-13 Create New task
(建立新任务)

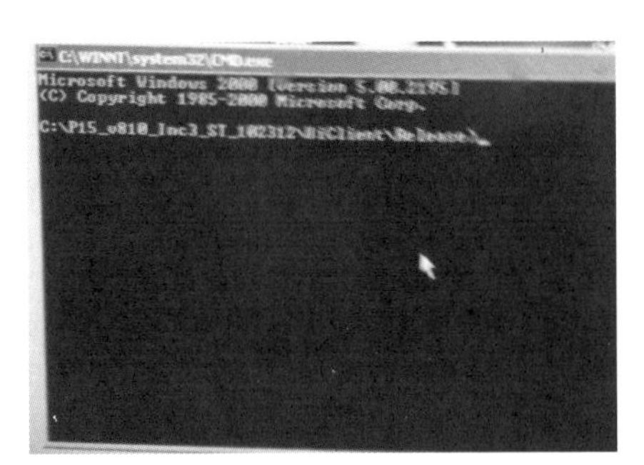

图 7-3-14　DOS 窗口图示

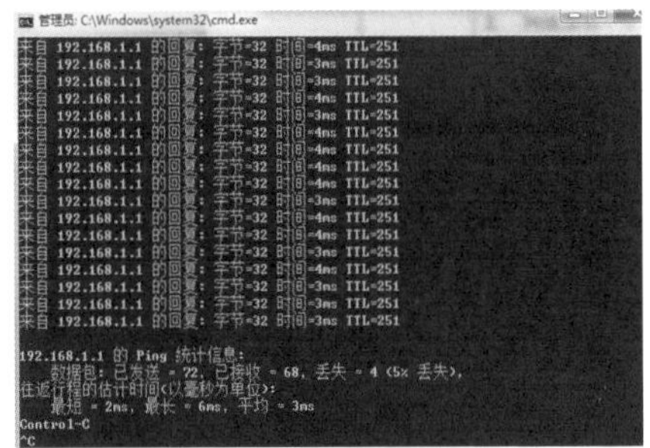

图 7-3-15　ping 网络诊断

【解决方案】

(1)运行模块和样本处理器电源板故障则联系厂家进行更换，电源进线问题应联系电力保障人员进行排查。

(2)交换机电源故障直接更换电源，一般是 12V 交流或直流电源，市场上有通用件可以直接替换使用。

(3)网线故障直接更换新网线。

(4)交换机故障可以直接更换市场上的工业级交换机。

(5)控制电脑故障可以直接更换市场上的网卡，前提是要记录原来网卡的设置参数，特别是 MAC 地址，如果运行模块和样本处理器通信故障则联系厂家进行更换。

【价值体现】

网络通信故障是雅培 i1000sr 的常见故障，引起的原因很多。此次维修中我们合理地利用局域网通信工具，从网络连接开始逐一排查，准确锁定了故障根源。对本维修案例中的故障，一般的处理方法是联系厂家现场排查，此次我们主动开展维修，确定故障并及时更换配件，减少了维修费用的同时，确保了临床检验的及时性要求。

【维修心得】

作为医疗设备维修人员，在提高电子电路维修能力的同时，还要熟练掌握各类信息工具的使用。信息手段可以直观明确地找到故障点，帮助我们更快地解决问题。

（案例提供　玉环市人民医院　林翔坤）

7.4 细菌分析仪故障维修案例

7.4.1 梅里埃 VITEK－32 样品编号不能读取、频发卡片故障

设备名称	全自动细菌检测仪	品牌	梅里埃	型号	VITEK－32
故障现象	样品编号不能读取且经常出现卡片故障。设备照片见图 7－4－1。				

【故障分析】

该设备经常出现的故障就是卡片故障，一旦发生该故障，仪器里面正在做的卡片往往全部报废，损失很大。

该设备主要由三部分组成，（见图 7－4－2）下面对三部分做简要叙述。

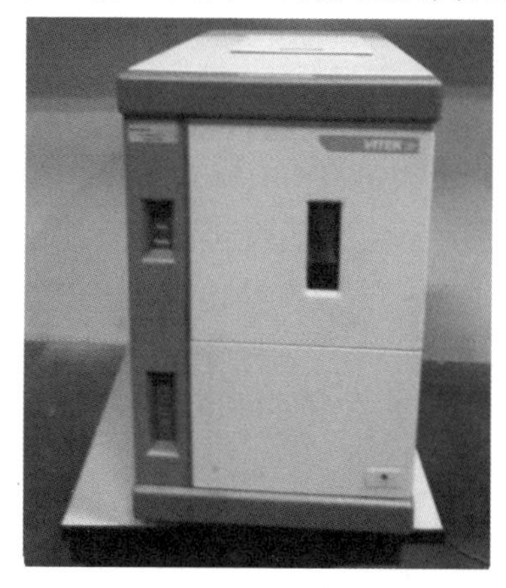

图 7－4－1　设备照片

图 7－4－2　梅里埃 VITEK－32 内部结构

（1）切割和接种真空装置

该装置由上下两部分组成，上部为热切割器，温度可达 200℃以上，接种后的试卡可经此切割器进样孔切断并封闭，下部为真空仓，试管中菌悬液用弯塑

料管与试卡进样孔相连，经抽真空放气后形成负压，使菌液冲入试卡内。

（2）读数器装置

读数器组件是自动微生物检测系统的分析部分，是仪器的关键所在。读数器组件可同时容纳四个检测卡片槽，分别为A、B、C、D。每个槽可放30张卡片，卡片槽安装在组件内的圆盘传送带上，彼此成90°夹角，槽的位置由位于底部的三个传感器决定。

读数器的原理是由一组读数头来完成的，该组读数头分上下两片，上面一片是接收部分（共有21个光敏三极管），下面一片是发射部分（共有7个发光二极管作为光源）。当医生编好的样品号码通过该读数头时，卡片上有号码的位置接收读数头检测到对应位置吸光度的改变，系统从而识别出操作人员事先编好的样品号码。

读数器的机械运动包括一个读数器头沿着卡片槽垂直移动，并沿水平方向抽取每块检测卡片，它们由两组传感器所精确控制：一组为垂直定位传感器，该传感器是一对光发射二极管及光敏接收三极管，主要用于每张卡片的垂直定位；另一组为水平定位传感器，用于检测仪器读数时卡片所处的水平位置。

（3）电脑系统

电脑主机部分目前为设备自带的CC4电脑，所装操作系统是“unix”。它不仅提供了人机操作界面，而且控制着整个系统的运行。

产生该故障的原因可能有以下三种。

1）控制系统故障，引起卡片读取错误。

2）切割和接种真空装置垂直定位传感器故障，造成系统错误。

3）读数器卡片位置传感器故障，造成卡片位置错误。

【故障排除】

根据以上故障分析，依次进行故障排除。

（1）该设备除了卡片读取错误外，其他功能正常，故可以排除控制系统的故障。

（2）对切割接种条的残留物进行观察，发现均在正常范围内。另外，用酒精棉球擦洗垂直定位传感器的发射和接收部，故障依旧。由此排除切割和接种真空装置故障。

（3）判断故障由垂直位置传感器偏离所致，应当进行机械校准。

【解决方案】

通过故障排除确定垂直位置传感器偏离,需要进行机械调整,调整读数头系统垂直及水平位置传感器的位置。

具体步骤如下。

(1)旋松固定垂直传感器的两个螺钉,调整读数头的上下位置,使得读数头在抽取卡片时,用于抽卡片的机械手处于卡片的上1/3位置。反复调整,直到机械手抽取的卡片槽中每一张卡片都有合适的位置。

(2)卡片故障解决后需要对样品编号读取进行处理,即读数头的水平定位位置传感器位置调整。首先连接维修电脑和仪器通讯端,然后操作维修电脑进入超级终端。联系通讯端,需要一台带有串口的普通计算机以及一根25转9的串口连接线。软件是WINDOWS系统自带的超级终端,相关超级终端的操作步骤可查阅有关资料。通讯建立后,将超级终端的参数选择为“还原为默认值”。重启设备,在PC端可以在超级终端的协助下看到机器的启动过程。设备启动成功后,在超级终端的协助下完成读数头的校正:一边调整传感器的位置,一边通过超级终端观察接收到的传感器的读数值,读数值的范围是0~146,系统要求的最小值是88,调整位置直至所得到的值为最大值(该值越大越好),从而完成维修。

【价值体现】

卡片故障是该设备的常见故障,该故障一旦发生,则仪器里面正在做的卡片往往全部报废,而一套药敏和鉴定卡的成本是150元左右,且机器里面单次处理的卡片是32张,因此,发生一次故障,医院损失的成本就在千元以上,更严重的是,病人将因为不能及时得到药敏和细菌鉴定的结果,甚至可能因为病情恶化而丧失诊断和治疗的机会。通过该解决方案可以及时排除故障,不仅为医院及时挽回了损失,还为及时挽救病人的生命作出贡献。

【维修心得】

检验设备由于工作环境的要求和工作年限的限制,其故障随着使用年份的延长,可能会引发机械和电气参数的偏差,从而导致故障发生。偏差一旦发生,就需要我们进行调整或校正,或者更换相关配件。

对检验设备进行维修时,应重点检查该仪器的各相关传感器、光路系统、气路系统、液路系统、相关接插部位。另外,也要对机械系统进行排查。只要掌握工作原理,有的放矢,必能事半功倍,尽快排除故障。

(案例提供　浙江绿城心血管病医院　丁炜)

7.5　其他检验类设备故障维修案例

7.5.1　西门子 Viva－E 转盘温度过高

设备名称	血药浓度分析仪	品牌	西门子	型号	Viva－E
故障现象	工作站显示试剂转盘和样本转盘处的温度过高。设备照片见图 7－5－1。				

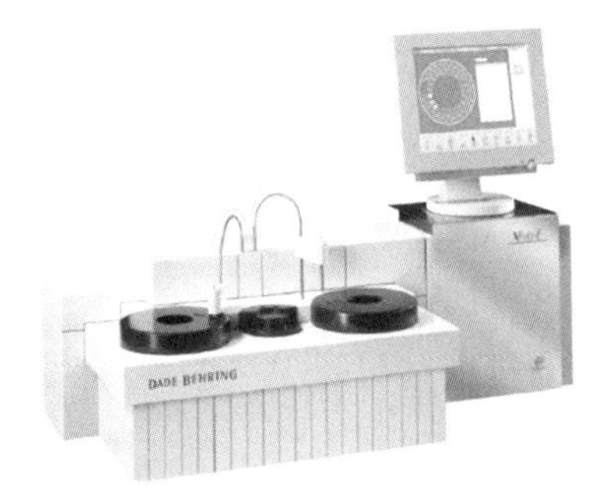

图 7－5－1　设备照片

【故障分析】

转盘处温度是通过冷却单元调节的,显示温度过高可能有以下原因。

(1)压缩机不工作,无法将冷却液降温。

(2)冷却液无法循环冷却转盘。

(3)转盘处温度传感器故障。

【故障排除】

冷却单元(见图 7－5－2)有两个开关:一个是“COOLING”,用于将冷却液冷却;另一个是“PUMP”,用于打开循环泵(见图 7 - 5 - 3),使冷却液在冷却单元和转盘处循环,达到冷却转盘温度的目的。观察发现冷却单元,显示温度正常,这说明“COOLING”开关及冷却部分正常。

图 7 - 5 - 2　冷却单元

图 7 - 5 - 3　循环泵

同时观察到冷却液液位正常,不存在冷却液不足的问题。但是打开“PUMP”开关听不到循环泵运行的声音,怀疑循环泵没有运行。循环泵密封在冷却液箱中,因此无法看到其运行状态。测量循环泵有一定电阻值,上电测量循环泵两端电压,正常。拔掉冷却单元的进出水口,发现冷却液没有循环痕迹,至此可以断定循环泵已经损坏。拆开冷却液箱,取出循环泵进行通电测试,证实循环泵损坏。

【解决方案】

根据拆除的循环泵上的铭牌,购买并更换相同参数的循环泵,故障解除。

【价值体现】

根据故障现象,厂家工程师建议更换整个冷却单元。通过我们深入寻找故障,发现只是冷却单元中的循环泵出了问题。与整体更换冷却单元相比,更换循环泵节省了至少十万元的维修费用。

【维修心得】

医疗设备的维修价值巨大。维修每深入一个级别,维修费用往往能节省十倍以上,这就是维修工程师的价值所在。当然,随着维修级别的深入,维修难度会增加,维修时间也会增加。我们需要对维修的费用与时间进行综合的权衡。

(案例提供　浙江大学医学院附属儿童医院　沈一奇)

7.5.2 罗氏 cobas u411 无试纸条抓手空推

设备名称	尿液分析仪	品牌	罗氏	型号	cobas u411
故障现象	试纸槽区域未放置试纸条,推进器抓手却不断空推。设备照片见图 7-5-4。				

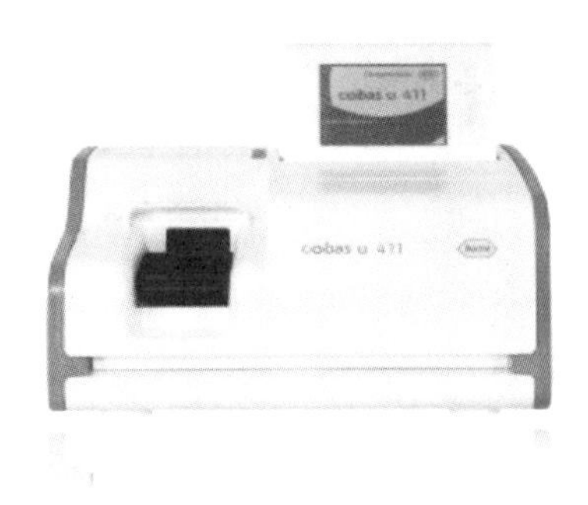

图 7-5-4 设备照片

【故障分析】

罗氏 cobas u411 尿液分析仪是一种半自动尿液分析系统,适合日检测 30~100 份尿液样品,被广泛应用于各大医院的急诊化验室。

设备操作原理如下。

将浸好尿液的试纸条正确放置在试纸槽区域(见图 7-5-5),光电传感器识别到试纸条后,用推进器将试纸条送入传输器,然后由传输器将试纸条送入检测部位。一旦试纸条抵达检测位置,分析仪完成参考试纸条的对比测定。

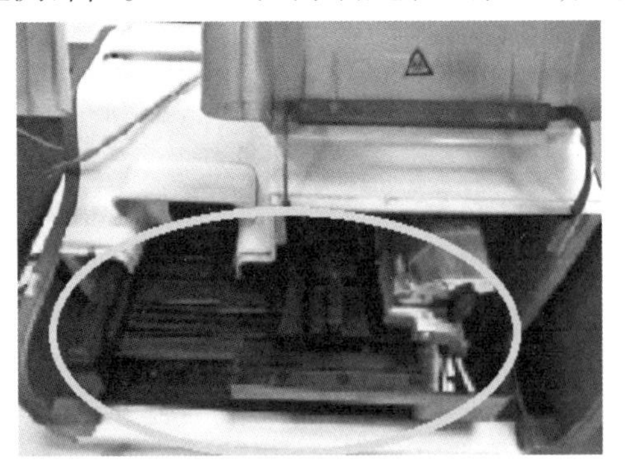

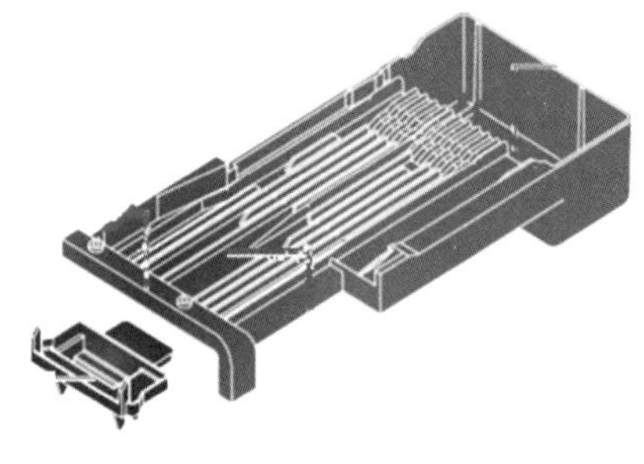

图 7-5-5 试纸条槽实物与结构示意

对比测定完成后,光度计移动到样品试纸条的上方位置,发光二极管发射的光线照射到试纸条上,试纸条迅速依次暴露在波长为 470nm、555nm 和 620nm 三种不同光线下,接着,反射光通过镜片折射,传送到光电二极管探测器上。光电二极管将光信号通过数字模拟转换器电子化处理转换成数字信号。计算机根据测定值来计算浓度值。

故障分析如下。

光电传感器根据放置试纸条前后机器接收到的反光值变化来判断试纸条是否有放置,并决定推进器是否动作。因此,主要故障原因可能为试纸槽有污染物附着,影响反光值,在未放置试纸条时,反光值达到放置之后的反光值,让机器误判,认为放置了试纸条。同时,也不排除光电传感器故障导致反光值计算错误。一般情况下,前者概率更高。

【故障排除】

选择机器的应用菜单,打开工具菜单下的维护子目录,选择试纸条检测,按下“go”键后,会显示相应的反光值。

未放置试纸条时,正常情况下反光值应该在 20 以下,放置试纸条后反光值应该在 20 以上。根据机器检测到的反光值来判断是否有放置试纸条,推进器检测到有放置试纸条后,抓手才会开始推试纸条。

根据“先简单后复杂”的顺序,先检测试纸槽。测试发现未放置试纸条时反光值已经在 20 以上,因此,本案例中判断应该为试纸槽有污染物附着,影响反光值。若试纸槽无问题,可以再确认传感器是否存在故障。

【解决方案】

试纸槽是一个完整的塑料槽,其带有整合的废料盒,可以取出用清水清洗。还可以先更换备用的试纸槽,将脏的试纸槽废料盒放在清水中浸泡,晾干后再使用。重新处理后再次进入维护菜单,进行反光值检测,设备恢复正常。

使用小妙招推荐:使用试纸槽之前,在废料盒里垫上一张卫生纸,可有效减少废弃试纸条与试纸槽的接触,使试纸槽更加容易清洗。

【价值体现】

由于尿液分析仪标本的特殊性,其试纸条槽会与尿液接触,经常会有污染物污染和沉积,临床使用过程中应注重日常保养,避免发生该故障。工程师通过及时自行处理该类故障,有效缩短停机时间,继而缩短了急诊尿液标本报告时间。

【维修心得】

对于结构复杂的设备,需要充分掌握其操作原理与各模块功能,能够根据故障现象快速地分析故障原因,实现故障的快速维修,大幅提高设备的维修效率。

(案例提供 温州医科大学附属第一医院 凌伟丽)

7.5.3 罗氏 cobas u411 非正常状态停机再启动开机故障

设备名称	尿液分析仪	品牌	罗氏	型号	cobas u411
故障现象	尿液分析仪在非正常状态下停机后,再次开机死机,无法使用。设备照片见图 7-5-6。				

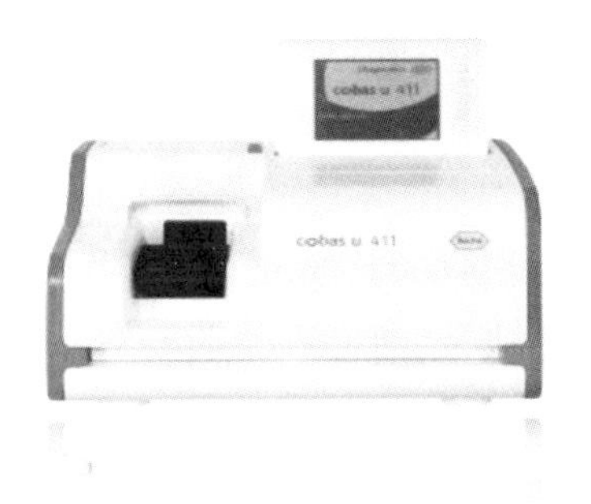

图 7-5-6 设备照片

【故障分析】

罗氏 cobas u411 尿液分析仪是一种半自动尿液分析系统,主要用于体外定性或半定量尿液成分检测,最适合日检测 30~100 份尿液样品,被广泛应用于各大医院的急诊化验室。

▲ 设备操作原理:

机器机构示意见图 7-5-7,设备的工作原理见图 7-5-8。罗氏 cobas u411 分析仪使用 Combur10TestM 试纸条。每个试纸条有 10 或 11 个独立的检测垫，检测垫用于检测不同物质或不同特性，试纸条自动通过分析仪时进行检测分析，一根试纸条对应一份样品。检测结果取决于反射光强度。

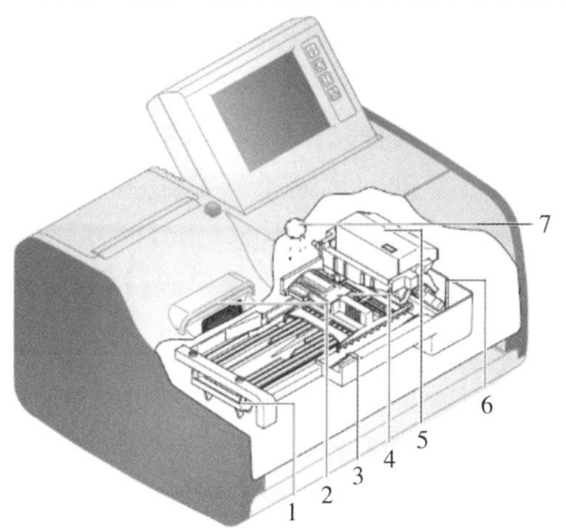

1 试纸条推进器
2 试纸条传感器 1
3 试纸条槽
4 试纸条传输器
5 光度计
6 废弃试纸条区域
7 试纸条传感器2（在试纸条传输器后面）

图 7-5-7 机器结构示意

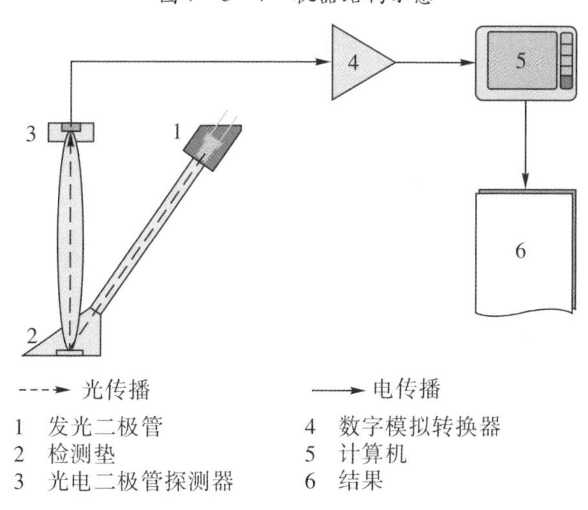

1 发光二极管
2 检测垫
3 光电二极管探测器
4 数字模拟转换器
5 计算机
6 结果

图 7-5-8 设备工作原理

将浸好尿液的检测试纸条正确放置在试纸槽区域，光电传感器识别到试纸条后，再由推进器将试纸条送入传输器，然后由传输器送入检测部位。一旦试纸条抵达检测位置，分析仪将进行参考试纸条的对比测定。对比测定完成后，光度计移动到样品试纸条的上方位置，发光二极管发射的光线照射到试纸条上，试纸条被迅速依次暴露在波长为 470nm、555nm 和 620nm 的三种不同光线下，接着，反射光通过镜片折射，将光信号传送到光电二极管探测器上。光电二极管将光信号通过数字模拟转换器电子化处理转换成数字信号。计算机将数字值转换为半定量结果。

▲ 故障分析：

设备死机一般由系统软件问题，或者设备硬件初始自检不通过造成。自检会检测各部件供电电压是否正常，步进马达电机初始位置校正是否正常，各组传感器工作是否就位等。若系统出现错误，则不能完成自动初始化。

一般设备自检不通过时，系统会报相应的故障代码，提示故障。但该款设备如果在非正常状态下停机，如断电或死机后强行关机，可能会导致反射光度计（见图7－5－9）不在正常初始位，自检时检测信号错误，且不能恢复原始位置，导致开机死机，并且不提示故障报警代码。如光度计部分故障，并且设备自检识别，会提示“43 光度计电子故障”或“44 光度计初始化错误”。由于本案例故障状态为在非正常状态下停机后，再次开机死机，并且未提示故障报警，因此故障原因较大可能为光度计扫描头不在初始位置。

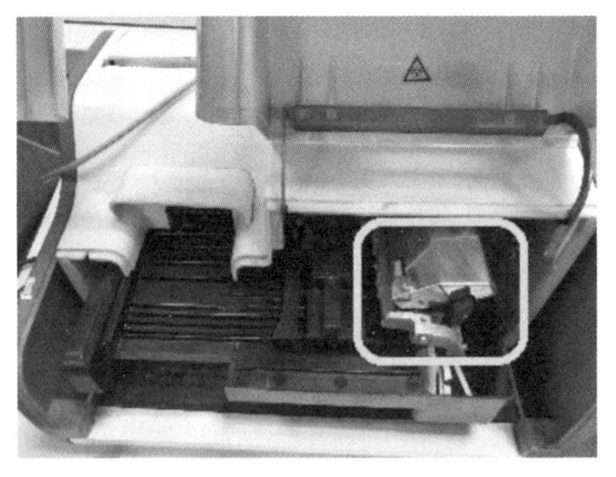

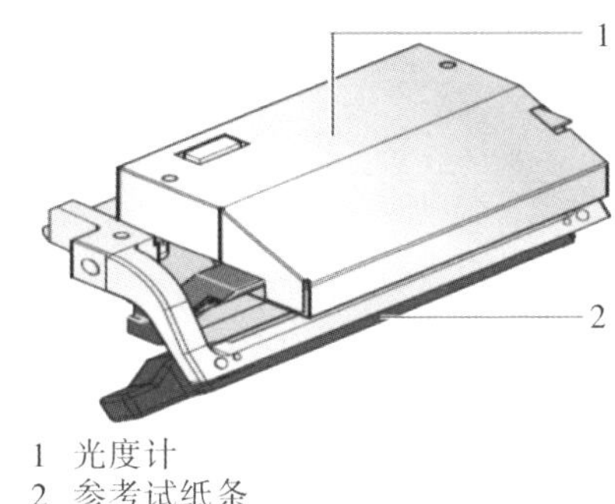

1 光度计
2 参考试纸条

图7－5－9 反射光度计实物图与结构示意

【故障排除】

（1）先排除系统软件初始化故障问题

再次重新启动系统，选择打开/关闭仪器按键，如果重启初始化后，设备能进入待机状态，则故障排除。如果故障依旧，则进入步骤（2）。

（2）再排除反射光度计初始位故障问题

将机器前盖打开后，用手抬起反射光度计扫描头，让其处在最高的原始位，然后进行开机测试。如果仍不能正常开机，则需手动推开右侧盖，拧开左右两边螺丝，拿掉试纸槽。如果此时扫描头压住试纸槽使试纸条不能抽出，则将推进器与试纸槽一起抽出，掀起整个外壳，再手动拨动控制反射光度计扫描头的转盘，让转盘和扫描头恢复原位后再开机，以排除故障。如果故障依旧，则进入步骤(3)。

(3)重新安装软件

根据维修经验，该机型出现在非正常状态下停机现象后，反射光度计扫描头意外停在非初始位，会导致再次开机死机无法使用，并且该故障出现概率较高。

【解决方案】

如果标本量不大，建议操作人员使用后及时正常关机，以减少不正常断电带来的损失；如果标本量较大，需要持续使用的，建议在急诊部门配置不间断电源，以保障外部电源断供时设备仍能正常使用。

【价值体现】

尿液检测是基本的常规检测项目之一，由于急诊标本出报告时间要求的特殊性，如果能够及时自行处理故障，可有效缩短停机时间和急诊尿液标本出报告时间。该故障现象表现为死机，没有有效报警提示信息，无法获取错误信息，并且习惯性认为开机重启后，机器会自行将各部件恢复到初始位置，因此容易忽略不能回归初始位置的问题。同时，设备死机属于软故障问题，原因查找较困难。如能了解设备工作原理及特点，就能帮助快速解决故障。

【维修心得】

通过本次维修可以发现，在充分掌握设备的原理之后，根据出现的故障现象，可以快速分析原因并排除故障，达到了事半功倍的效果。

经验积累也很重要，要能够掌握不同设备的“脾气”，快速有效地找到故障点，否则一个小问题可能也会耗费大量精力。

（案例提供　温州医科大学附属第一医院　凌伟丽）

7.5.4 上海迅达 XD－690 吸样有气泡

设备名称	电解质分析仪	品牌	上海迅达	型号	XD－690
故障现象	显示屏显示:“吸样有气泡”。				

【故障分析】

XD－690 电解质分析仪是一种测量快速,操作简便灵活,由单片计算机控制的临床电解质分析仪,它采用先进的离子选择性电极测量技术,主要用于临床电解质的分析。

▲ 工作原理:

该设备主要用于临床体液中的钾(K^{+})、钠(Na^{+})、氯(Cl^{-})、离子钙(iCa^{++})、标准化离子钙(nCa^{++})、锂(Li^{+})项目分析。离子选择性电极是一种化学传感器,它能将溶液中某种特定离子的活度转变成电位信号,然后通过设备进行测量。电极电位随溶液中离子活度变化的关系可用能斯特方程来表示:

$$E = E_0 + \frac{2.303RT}{nF}\log C_X f_X$$

式中:E 为离子选择电极在测量溶液中的电位;E_0 为离子选择性电极的标准电极电位;n 为被测离子的电荷数;R 为气体常数(8.314J/K · mol);T 为绝对温度(273 + t℃);F 为法拉第常数(96487c/mol);C_X 被测离子的浓度;f_X 为被测离子活度系数。

▲ 故障分析:

根据设备构造及吸样流程(见图 7－5－10“设备组成”箭头走向),按照以往的经验分析,“吸样有气泡”原因主要有三种,具体如下。

(1)吸样针内有杂物堵塞(主要为纤维蛋白,纤维蛋白为大分子,电解质离子为小分子,且上述两种杂物都具有特定的浓度,如不定期清洗吸样针,分子将形成堆积),吸样不够连续,导致空气进入管路。

(2)管路接口(电极之间、电极与阀之间、电极与泵管之间)存在间隙或漏气,连接不够紧密,导致缝隙出现,进而导致吸样过程中气体吸入。

(3)泵管粘连导致故障。

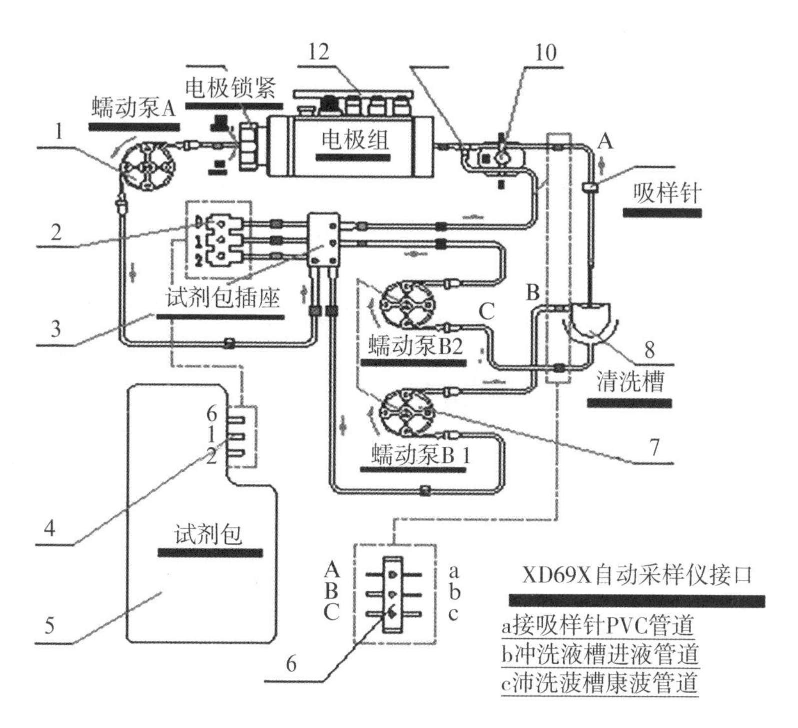

1 蠕动泵A　2 试剂包插座　3 试剂接口板　4 试剂包插口　5 试剂包　6 采样器试剂接口　7蠕动泵B1　8 清洗槽　9 吸样针扳手　10 试剂分配阀(隔断阀)　11 三通接头　12 电极触点板　13 电极锁紧圈

图 7－5－10　设备组成

【故障排除】

根据故障分析的几种可能，逐次检查排除。

(1)检查吸样针是否被杂物堵塞：采用进样针通针对吸样针进行从上至下的清理。再用5mL的注射器向吸样针注射温水，查看从吸样针另一端出现的水柱是否流畅。如果流畅，则说明吸样针无杂物堵塞。

(2)检查管路接口(电极之间、电极与阀之间、电极与泵管之间)是否存在间隙或漏气：首先，将电极组各电极拆卸，发现电极之间有水渍，用棉签擦干并揉捏密封圈，重复以上步骤，再将电极复位并锁紧。其次，检查电极组与隔断阀之间和电极与泵管之间的管路是否存在漏气。方法为将一头管路捏紧，用5mL的注射器向另一头注射温水，查看是否有水从管路中间溢出。逐条检查，并无漏气现象。但设备进入冲洗、定标时，设备仍存在“吸样有气泡”的报警提示。

(3)检查泵管(见图7－5－11)是否有粘连：将泵管拆卸后，发现其管体变形。用5mL的注射器向泵管一端注射温水，查看从泵管另一端出现的水柱是否流畅，结果为断断续续滴水，说明泵管有粘连。因新泵管无备货且到货周期较长，故立即在市面上采购一根形态和管径大小相似的胶管（长度50cm，内径1mm）替代使用。

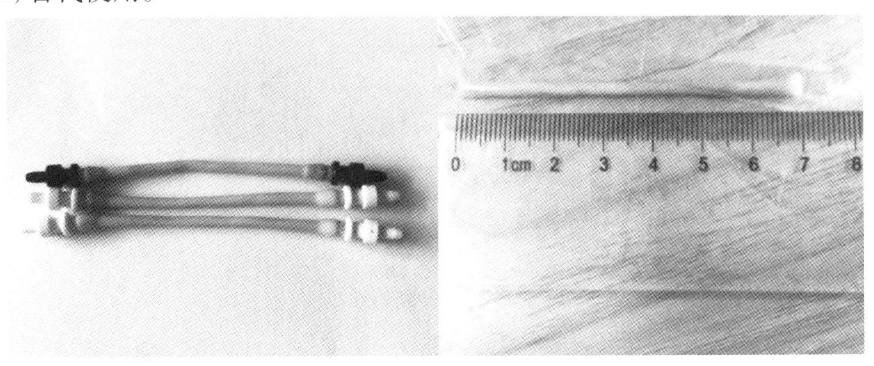

图7-5-11　原厂泵管

【解决方案】

因气门芯胶管与原厂泵管材质不同，为保证设备蠕动泵正常使用，则进行试验，具体结果如表7-5-1。

表7-5-1　气门芯胶管试验表

序号	原泵管长度	胶管长度	试验周期	试验结果
1	7cm	7cm	10分钟	蠕动泵转动，但无液体流过
2		6.5cm	30分钟	蠕动泵转动，有液体流过。但存在间断，报警提示“吸样有气泡”
3		5.5cm	30分钟	蠕动泵转动受阻，且接口处断裂
4		6.2cm	2个月	蠕动泵转动，液体流动无间断，无报警提示

根据试验结果，采用编号4“长度为6.2cm”的胶管替代原厂泵管使用，报警解除。

对设备进行冲洗，并通过定标一和定标二后，设备持续运行正常。完成高低值质控，结果显示正常。至此，故障完全排除。

【价值体现】

（1）胶管更换完成后，设备故障排除。当天样本正常检验，未影响临床工作开展。

(2)胶管使用2个月内无同类故障发生,证明胶管可替代原厂泵管,且节约成本195元(B1、B2泵管组件采购价200元/套,胶管50cm,采购价5元)。

【维修心得】

设备维修的创新是针对具体的设备故障而言的。医疗设备通常采用轴承、泵管、齿轮等具有机械传动功能的零件。部分原装零件不仅价格比较高,而且普遍存在订购时间长的问题。因此,在保证设备安全性、有效性和准确性的前提下,工程师可以结合生活中的发现,进行设备维修创新,设计改造零配件,替代原装零件以解除设备故障。

在设备维修前,应通读设备使用说明并了解设备组成及工作原理,了解其特殊性;在设备维修过程中,应结合特定的故障特点,加强与使用人员的沟通,考虑各种可能出现的问题,同时进行多次试验;在设备维修后,应定期对设备进行检查,重点关注改造零件对其工作的影响,保证设备运行稳定可靠,保证临床工作顺利开展。

(案例提供　宁波市康复医院　楼梦清)

7.5.5　赛科希德 SA－9000 机芯测速传感器错误

设备名称	血流变测试仪	品牌	赛科希德	型号	SA－9000
故障现象	错误代码:“ox00418001”,即机芯测速传感器错误。 地址:A。设备照片见图7－5－12。				

图7－5－12　设备照片

【故障分析】

故障代码提示椎板位置的机芯传感器。优先考虑检查椎板(见图 7－5－13)。

图 7－5－13 血流变测试仪椎板

【故障排除】

首先,考虑椎板有血块,椎板排干不良。关机,打开椎板防护罩,用棉签将其清理干净。重新开机,机器椎板吸样针无法复位,仍旧报相同错误代码,并且无法启动“椎板清洗池”和“椎板排干”,故排除该故障原因。

其次,考虑分析机芯可能被溢出来的血污染。关闭电源,先标记椎板位置,再打开机器后盖,用手顶住椎板部位向上托,观察机芯部位,发现确有血污。

【解决方案】

分离各个部位,用棉签蘸取无水酒精将各个部位轻轻擦拭干净。将各部分组装之后按照标记部位装回。重新开机,机器吸样针正常复位,启动“椎板清洗池”清洗椎板五遍。再启动“椎板排干”,打开椎板盖子,发现清洗液已经可以排干净。用本机搭配质控物测试通过,维修完成。椎板清洗后的照片见图 7－5－14。

图 7－5－14 血流变测试仪椎板清洗后

【价值体现】

血流变样本每天有 100 例以上,体液样本保存时限短,修复及时性和自修率尤为重要,如果联系厂家上门维修,上门费 800

元,更换配件费另外计费。一旦停机,不但会推迟报告时间延误病人诊断,而且增加医院运行成本。

【维修心得】

此次故障是由使用不当造成的。在医院的待检测样本中,除了体检人群外,还有许多住院病人,这些病人本身血样不健康,有些容易凝固,黏度高,检测前如果没有将血糖摇匀,那么样本中的血块容易堵塞椎板中的清洗液排入孔和废液排出孔。清洗液排入孔如果堵塞,那么椎板无法清洗,将造成检测结果偏高。废液排出孔如果堵塞,就会造成椎板中清洗液和血液溢出,污染机芯和操作台面。

操作人员应在使用前摇匀血样;使用中出现特别高结果报警时,应暂停椎板运行,若有血块或者污染物则及时清理后再继续化验,以免注血过多,浪费样品,污染操作台,造成机芯损坏;如操作人员不会清理或处理报警情况,应及时告知工程师。

(案例提供　天台县人民医院　戴倩倩)

7.5.6　赛科希德 SA-9000 加样针旋转方向未检测到原点传感器

设备名称	自动血流变测试仪	品牌	赛科希德	型号	SA-9000
故障现象	错误代码:“0x00428002”,即加样针旋转方向未检测到原点传感器。地址:B。设备照片见图 7-5-15。				

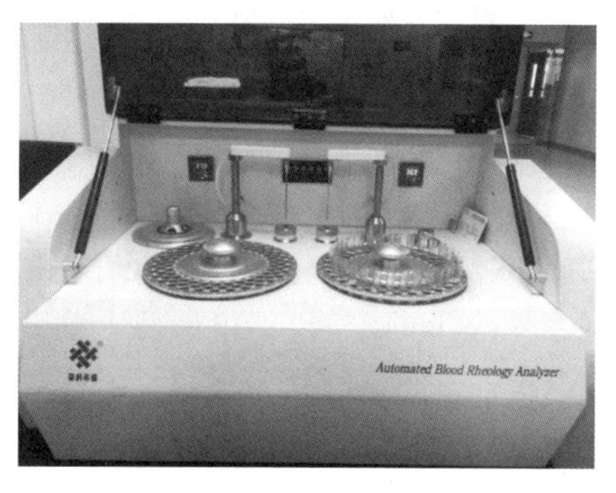

图 7-5-15　设备照片

【故障分析】

根据故障代码提示考虑传感器故障或脏污。

【故障排除】

关机，观察机器上次结束测试时是否进行清洗维护，发现椎板无血污，台面整洁。观察机器侧面，发现有血污漏出，打开侧盖，发现最左边的加样针泵管磨损过度破裂，血液溅出，污染了位于上方的电路板。血迹已经干涸，说明加样针泵管应该在上次运行时就已经破裂。用棉签蘸取无水酒精清理泵上血污，更换备用泵管，用无水酒精擦干净面板，吹干。重新开机，仍旧报重复错误。考虑椎板侧电路板损坏。

【解决方案】

用右侧毛细血管侧的电路板（编码一样的可通用）暂时更换（见图7-5-16，六块相同电路板可以互相更换）。重新开机，自检通过。后向厂家订电路板以更换损坏电路板。

图7-5-16　血流变测试仪内部泵及泵管

【价值体现】

血流变样本每天有100例以上，上体液样本保存时限短，修复及时性和自修率尤为重要，如果联系厂家上门维修，不仅需要上门费，而且更换配件费另计。一旦停机，不仅推迟报告时间，延误病人诊断，而且增加医院运行成本。

【维修心得】

本院使用的 SA－9000 自动血流变测试仪使用率较高，故障率也较高。为了保证其能正常使用，预防性维护应大于维修，如果日常维护机器并及时处理报警，就可以避免很多故障的发生。

工程师应当及时保养仪器，定时更换耗材，清洗更换管路（见图 7－5－16 中的三根泵管），检查机芯，避免小问题变成大问题，小耗材引发大损失，这在化验设备的维护保养中也同样适用。

（案例提供　天台县人民医院　戴倩倩）

7.5.7　赛科希德 SA－9000 压力过高报警

设备名称	自动血流变测试仪	品牌	赛科希德	型号	SA－9000
故障现象	报警提示为压力过高。设备照片见图 7－5－17。				

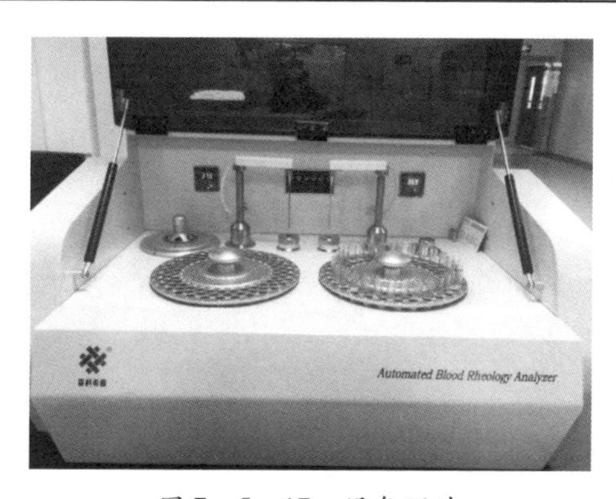

图 7－5－17　设备照片

【故障分析】

血流变测试仪毛细管的检测见图 7－5－18，根据机器的工作原理及报警提示分析，可能是毛细管堵塞或者吸样针堵塞，引起故障。

【故障排除】

打开毛细管的盖子，发现毛细管杯有浅黄色絮状污染物，先用干净的棉签清理污染物,再点击“清洗毛细管”,稍等后再点击“毛细管排干”,发现已经可以正常清洗排空。盖好毛细管的盖子。毛细管模拟杯周围污物残留(见图7-5-19)。在1号血浆位放一试管的毛细管清洗液,复位“毛细管暂停”,重新开始检测,仍旧报警。

图7-5-18 血流变测试仪毛细管检测图片

图7-5-19 血流变测试仪毛细管模拟杯图片

考虑吸样针堵塞,点击“毛细管清洗针”,仍旧报警。由此可见,吸样针可能被血块堵塞。

【解决方案】

将与吸样针连接的软管拆下,用卸掉针头的一次性无菌注射器抽取毛细管清洗液,反复进行冲洗。重新装回针头,点击“毛细管复位”,稍待点击“毛细管维护”,无报警后点击“毛细管清洗针”,无报警。说明堵塞物已被清理,运行1号位测试,可正常测试,修复完毕。

【价值体现】

血流变样本每天有100例以上,体液样本保存时限短,修复及时性和自修率尤为重要,如果联系厂家上门维修,上门费800元,更换配件费另外计费。一旦停机,不但推迟报告时间,延误病人诊断,而且增加医院运行成本。本次维修不仅节约维修成本,而且保证临床使用。

【维修心得】

本次故障有病人血样的原因,也有日常维护不到位的原因。如毛细管杯没有及时清洗,絮状物硬结则会毁坏毛细管。

检验技师日常维护保养要到位，使用仪器前后分别点击“椎板维护”“毛细管维护”三次，可以清洗干净管路、毛细管杯、吸样针。大批量检测时可以每检测 30 个标本进行一次维护，避免特殊血液样本血块堵塞管路。

（案例提供　天台县人民医院　戴倩倩）

第8章 血透类设备

8.1 概述

血液透析(hemodialysis,HD)是治疗肾功能衰竭的有效方法,其利用半透膜原理,通过弥散(diffusion)、对流(convection)和吸收(absorption)等方式排泄部分代谢产物(清除毒素),同时通过超滤(ultrafiltration)和渗透(osmosis)等方式清除体内多余的水分,纠正体内电解质和酸碱失衡。人体内的毒物包括代谢产物、药物、外源性毒物,只要其原子量或分子量大小适当就能通过血液透析排出体外。

血液透析机是完成血液透析的主要医疗设备,可以用于治疗急性、慢性肾功能衰竭疾病,是目前针对尿毒症最常规的治疗设备。

8.1.1 设备基本原理

血液透析机主要由透析液液路(以下简称液路)和血液液路(以下简称血路)两大系统组成。其工作原理是:透析用浓缩液和透析用水经过液路系统配制成合格的透析液,通过血液透析器,与血路系统引出的病人血液进行溶质弥散、渗透和超滤作用;病人血液经作用后通过血路系统返回病人体内,同时,经透析器交换后的液体作为废液由液路系统排出;不断循环往复,完成整个透析过程,达到治疗的目的。

8.1.2 功能模块

由于血液透析机分为液路和血路两大系统，本节将分别介绍液路系统和血路系统的主要功能模块。

8.1.2.1 血液透析机的液路

血液透析机的液路(见图 8－1)主要包括透析液配比系统、除气系统、透析液参数控制及监测系统、超滤控制系统等。

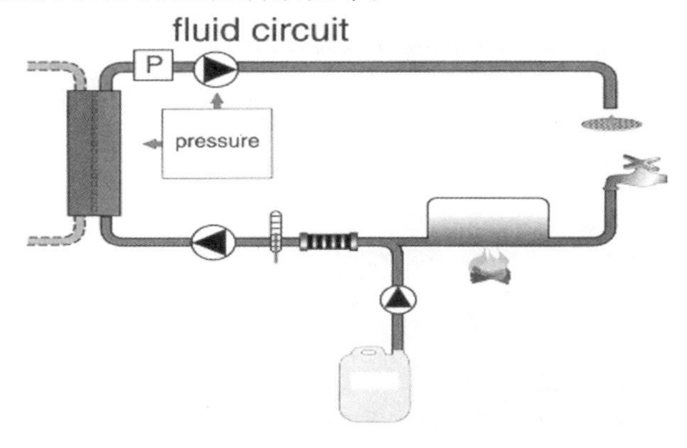

图 8－1 血液透析机的液路原理

(1)透析液配比系统

目前，透析液一般为碳酸氢盐透析液，通常由两种浓缩液，即酸性浓缩液(简称 A 液)和碳酸氢盐浓缩液(简称 B 液)与反渗水构成。透析液配比系统主要负责将浓缩液和反渗水进行配比，生成所需浓度的透析液。

(2)除气系统

透析液的配制过程中，由于碳酸氢盐的存在，因此会生成少量的气体，而反渗水和浓缩液之间也会存在一定的空气，这些透析液中的气体有可能造成血液空气栓塞，不但会使废物清除率降低，而且会影响透析液的流量和、压力和电导度等参数，造成透析效率的大幅下降。因而血液透析机通常需要配备除气系统，以此排出透析液中多余的气体。

(3)透析液参数控制及监测系统

透析液参数控制及监测系统包括温度控制系统、电导率监测系统、pH 监测系统、漏血探测及报警系统、旁路控制系统等。

1)温度控制系统

温度控制系统主要包括加热和温度检测两部分,由加热器、热交换器和温度传感器等模块组成。加热器和热交换器主要负责调节透析液的温度,而温度传感器主要负责检测透析液的实时温度。透析液温度一般控制在37℃左右,也可以根据病人的具体情况进行适当调节。

2)电导率监测系统

电导率监测系统负责检测透析液的电导率值,并将其传到CPU电路,与设定的电导率值相比较,从而控制透析液配比系统配制出所需浓度的透析液。通常测定透析液中阳离子的电导率范围为13.0~15.0mS/cm,透析液的电导率维持在13.8~14.2mS/cm。

3)pH监测系统

浓缩液中的Ca^{2+}和HCO_3^-结合会形成$CaCO_3$结晶,而过量结晶的积累会造成设备的损坏。pH监测系统主要负责检测透析液的pH,通过调节透析液的pH避免过多结晶的形成。

4)漏血探测及报警系统

血液透析过程中,若发生了透析器破膜现象,将会造成漏血现象的出现,对病人的生命安全造成严重的威胁。因此,血液透析仪需要配备漏血探测及报警系统,用于检测是否有漏血现象发生。目前,主流的血液透析机主要利用光学原理来检测透析液中的血红素浓度,根据血红素的浓度来判断是否存在漏血现象,其检测灵敏度一般为0.25~0.35mL血红素/1L透析液。

5)旁路控制系统

在透析过程中,当出现透析液异常(电导、温度和流量等)或漏血报警时,机器将发出警报,通知操作人员。而旁路控制系统会控制仪器进入旁路模式,切断透析液和血液的连接,以保证病人的安全。

(4)超滤控制系统

超滤是在血液透析时,压力梯度使液体通过薄膜的过程中,系统在正压血侧与负压透析液侧形成薄膜之间的压力梯度,这个压力梯度会形成跨膜压(transmembrane pressure,TMP),其主要作用是清除人体中多余的水分。目前,超滤控制系统主要有平衡腔技术和流量平衡技术两种控制方式。

8.1.2.2 血液透析机的血路

血液透析机的血路系统(见图8-2)包括血泵系统、肝素泵系统、动静脉压监测系统和空气监测系统等。

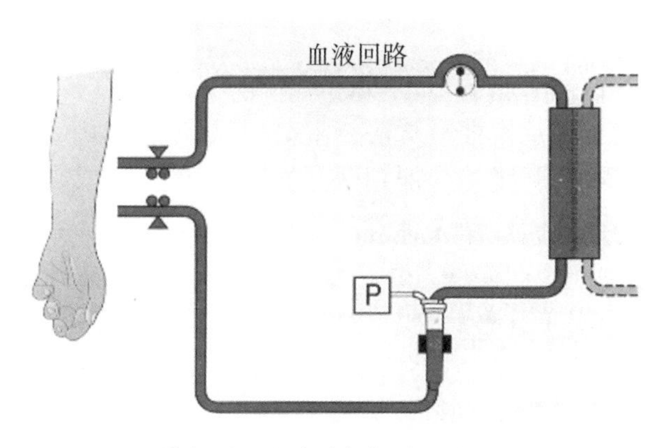

图 8－2　血液透析机的血路原理

（1）血泵系统

目前，血液透析机最常用的是滚柱式血泵系统，即通过两个辊轴交替挤压血液管路的方式，推动血液返回病人体内。血泵部分通常还具有转速检测的功能，以监测病人的血流情况。

（2）肝素泵系统

人的血液在体外循环中与空气接触时，容易出现凝血现象，而肝素可以有效防止凝血现象的发生。肝素泵系统相当于微量注射泵，主要负责持续向病人血液中注射肝素。

（3）动静脉压监测系统

血压是血液透析过程中重要的体征指数，动静脉压监测系统包含两个压力传感器，分别用于监测动脉和静脉的血压。若检测到的血压不在设定的安全范围值内，计算机系统将发出警报，提示操作人员。

（4）空气监测系统

空气监测系统主要负责监测血液回路及静脉壶的血液中是否存在空气，该系统主要由超声发射器和超声接收器两部分组成。当空气监测系统检测到空气时，系统会发出报警，同时血泵会停止转动，检测系统驱动动静脉血路夹来阻断血流，避免发生空气栓塞，造成病人生命危险。

8.1.3　临床应用

血透类医疗设备在临床上主要应用于肾内科（血液净化中心），另外，在传染科、重症监护科、风湿免疫科、外科（器官移植）、急诊科及皮肤科等也存在部分应用。

血液透析机可以完成血液透析、血液滤过和血液透析滤过等基本功能，主要用于急性肾功能衰竭及慢性肾功能衰竭的治疗，也可以用于急性中毒和其他一些疾病，如肝性昏迷、肝肾综合征、肝硬化顽固性腹水、高尿酸血症、高胆红素血症、严重水电解质紊乱、酸碱失衡等的治疗。近几年来，随着新技术的不断发展，由透析基本原理发展而来的各种治疗模式已被延伸应用于肝衰竭、胰腺炎、高脂血症、多脏器衰竭等许多病症。

8.1.4 发展演变

最初，血液透析过程只局限于人工肾脏(artificial kidney)，人工肾脏主要用于急性肾功能衰竭及慢性肾功能衰竭的治疗，特别是慢性肾功能衰竭。当人们发现血液透析可以治疗一些非肾脏疾病时，血液透析的概念开始逐渐演化为“血液净化”。

血液透析机的发展史如下。

1854年，苏格兰化学家格雷姆首次提出了“透析”的概念，他利用牛的膀胱膜成功实现了分子的过滤，这被认为是人类历史上的第一个“过滤膜”。

1924年，德国的哈斯教授成功实现了第一例临床的人体透析实验。

1943年，现代转鼓式人工肾出现，首次通过人工肾脏成功救活急性肾衰竭患者。

1960年，动静脉外瘘问世，通过血液透析仪治疗慢性肾衰竭成为可能。

20世纪80年代以来，随着计算机技术的快速发展，血液透析机实现了控制和保护系统智能化，使透析的安全性大大提高。

目前，随着现代科学技术的进步，血液透析机的发展日趋成熟，血液透析机正在向着高安全性、高智能化、高稳定性等方向不断地进步和提升。

8.2 血透设备电源故障维修案例

8.2.1 金宝 AK95S/AK96 无法开机

设备名称	血透机	品牌	金宝	型号	AK95S、AK96
故障现象	金宝 AK96、AK95S 等机器无法开机。设备照片见 8－2－1，故障照片见8－2－2。				

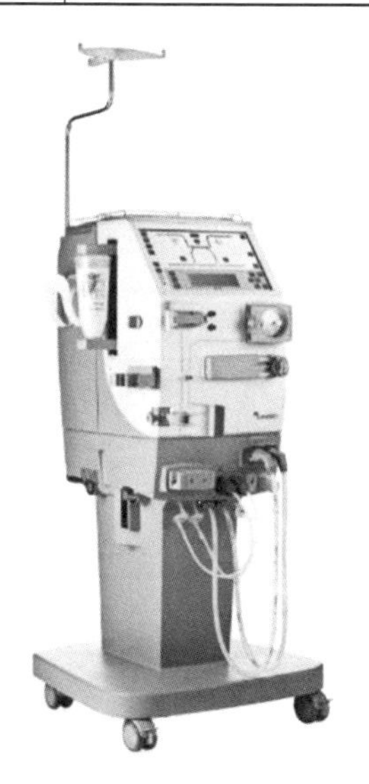

图 8－2－1　设备照片

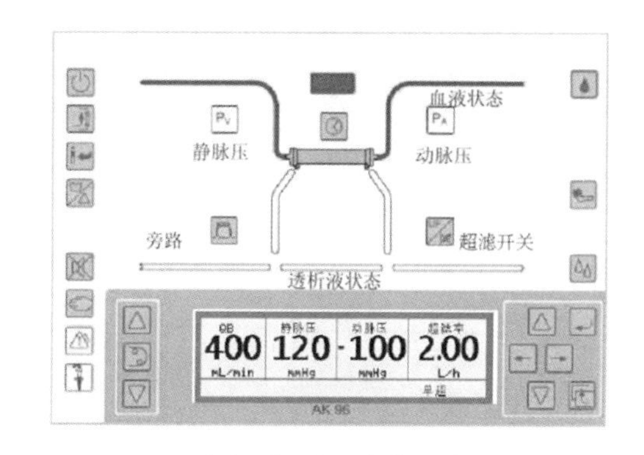

图 8－2－2　故障照片

【故障分析】

故障可细分为两类，一类无待机指示灯，且长按开机键无反应，另一类有待机指示灯，长按开机键有报警声音，初步排除电压等因素后，判断电源模块损坏。

上述两类故障现象，对应的电源模块损坏部位不同，一类多为前输入板和中间主板损坏，另一类以后输出板损坏为主，因而可自由组合各电源模块内部的板,即实现板级维修,同时针对损坏的电路板可有条件地深入展开片级维修。

【故障排除】

金宝血透机的电源有两种型号,大体结构功能相似,AK200 系列是分立式元件,AK95S、AK96 中为贴片元件,后者占绝大多数,故我们根据其实物拆解结合电源功能框图,将电源模块分为前输入板、中间主板、后输出板三块(见图 8-2-3电源模块拆解图照片),按输出功能整理成下表 8-2-1。

图 8-2-3 电源模块拆解图照片

表 8-2-1 电源模块的输出功能

输出	定位	电压	电流	引脚	功能
直连 AC	前输入板	220VAC	10A	单独 3 孔接口	加热系统
待机模式	中间主板	+12V	0.2A	16、17	待机电路,18、19 引脚 +2V 启动
	AC/DC1	+27V	1A	单独 2 孔接口	电池充电
工作模式	中间主板	+24V	12A	1-2,3-4	显示、各类泵、电磁阀、继电器等
	AC/DC2 +	+5V	4A	5-6,8-9	控制电路板
	后输出板	+5V	2A	21、22	保护电路板
	DC/DC1-4	±12V	0.8A	11、12、13、14	逻辑电路

前输入板包含一组交流 220V 输入、两组交流 220V 输出,开关接通后,一路经过保险丝和电磁干扰滤波器供给加热系统,另一路经过保险丝、电磁干扰滤波器及防浪涌控制电路供给中间主板等后级电路。

中间主板的主架构是具有有源功率因素校正电路(power factor correction,

PFC)的开关电源,内含两组开关电源,即待机电路 AC/DC1 和工作电路 AC/DC2。有源功率因素校正电路的标志是一个大电感,它的基本原理是在整流电路和滤波电容间增加一个 DC - DC 载波电路,以消除因电容充电造成电流波形畸变和相位变化,提高功率因数。待机电路 AC/DC1 是以 5H0380R 为主芯片的反激式开关电源,电压器的次级有两路线圈输出,一路经过 LM78M12CT 产生 +12V 输入主板作为待机电压,经过 BL12A 产生 +12V 供给保护电路和后输出板,经过 BL05A 产生 +5V 供给该板的单片机;另一路 +27V 通过充电电路供给备用电池。工作电路 AC/DC2 是以 UC3845 和 IR2113S 为主芯片的半桥开关电源,变压器的次级直接输出 +24V 供给主板大功率负载及后输出板。

后输出板有四组 DC/DC1 - 4,中间主板的工作电路输出 +24V 通过三路 TL594C 进一步得到 +5V, +5V, +12V,待机电路输出 +12V 通过 TL594C 得到 -12V。

实际工作中,中间主板的功率因素校正电路和待机电路 AC/DC1 硬件故障概率高,故重点逆向画出并分析其电路原理图(见图 8 -2 -4),我们可以发现 220V 交流电压经过桥堆整流,刚启动时暂由 D1、R4、R5 和 R6 提供芯片 5H0380R 的上电电压 Vcc,一旦转入工作状态,则由反馈线圈经 D7、R47 供给 LM317T 稳定输出 +13.3V,芯片 UCC3818 上电并经 D3 替代上电电压 Vcc,而后 PFC 工作,直流高压由 +308V 升为 +385V,输出电压 +30V 经 TL431 构成的反馈电路,通过光耦 U2 隔离控制输出脉冲的占空比,实现稳压,同时光耦 U1 实现输出过压保护。

检修电源可采用通用五步法,步骤如下。

(1)进行初步检查,如观察有没明显的短路、元器件损坏故障等,即检查保险丝是否熔断,嗅一下电源内部是否有煳味,检查是否有烧焦的元器件,询问电源损坏的经过,这一点对于维修任何设备都是必需的。

(2)深入按流程图(见图 8 -2 -5)逐步检测电压,即按序测量直流高压、Vcc 启动供电电压,Vcc 待机供电电压、待机输出电压和工作输出电压。

(3)根据上述结果,定位损坏的电路模块。

(4)找出损坏的元件,进行更换。

(5)进行维修后测试。上电后,先测量待机电压 U2_ +12V,再用电压源 +2V 模拟控制电压输入 18 ~ 19 脚,测量工作电压 U1_ +24V 和输出板 U3_ +5V, U4_ +5V, U5_ +12V, U6_ -12V。

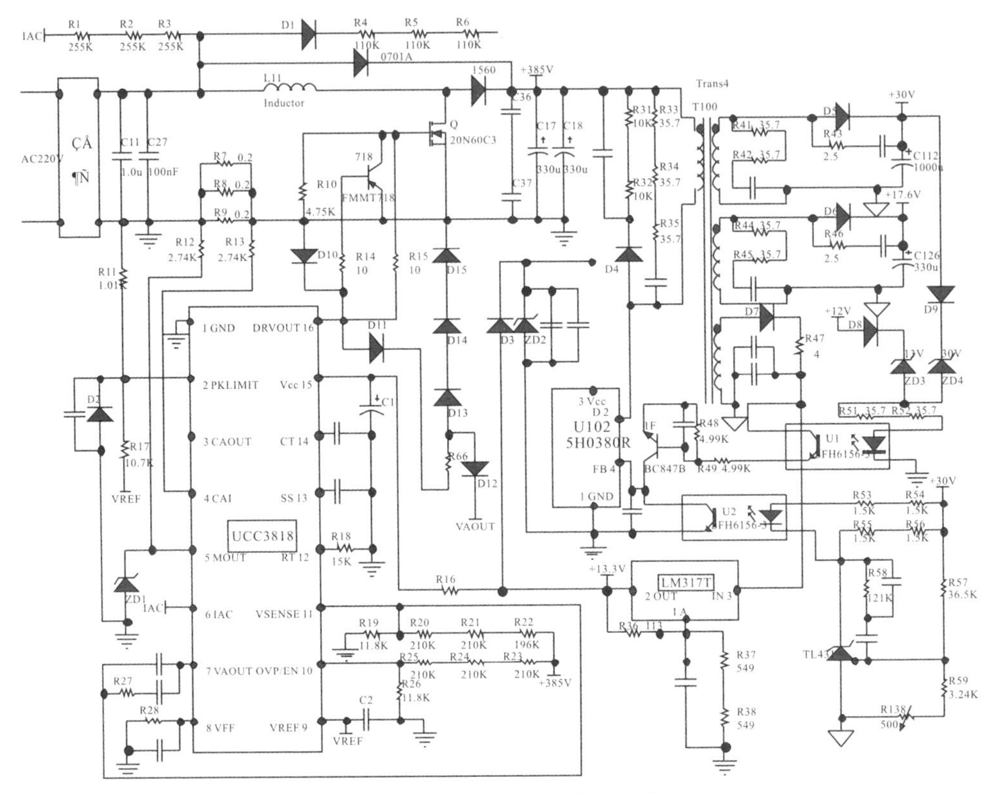

图 8-2-4　电源模块部分电路

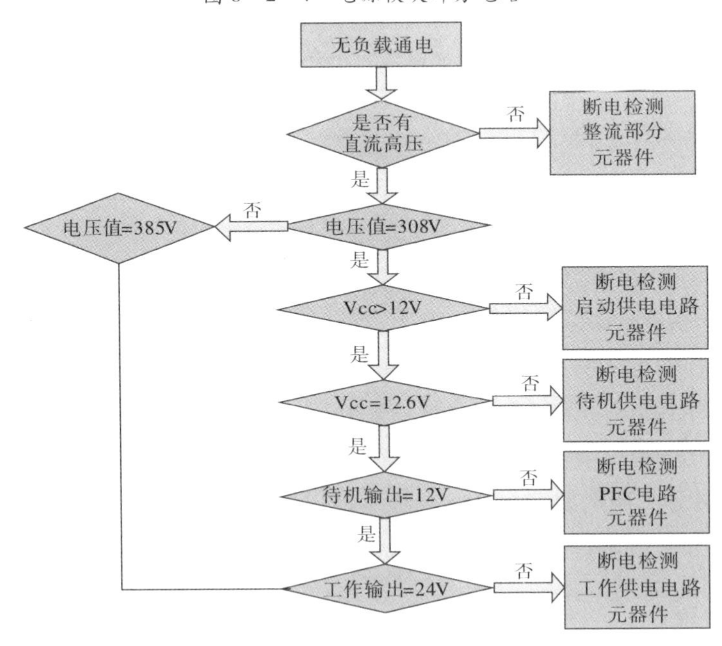

图 8-2-5　电源检测流程

【解决方案】

这里整理出的故障点记录(见图 8-2-6)皆为实际工作中的实例,故障部分以 PFC 电路为主,同时前级防浪涌电路也容易损坏。网购或电子市场采购该损坏的元件,即可实现元件级维修。为了更好地理解它们,具体故障按检测流程分块说明如下。

图 8-2-6　故障点记录

(1)前输入板上的保险丝、温控电阻、压控电阻和中间主板上的桥堆,以上各元器件损坏,现象为前级无直流高压输出,其检测方法比较简单,用万用表找出损坏元器件后更换即可。

(2)分压电阻 R4、R5、R6 和稳压管 ZD2、R47 及 LM317T 反馈供电电路。

(3)5H0380R 芯片损坏;如直流高压正常,Vcc 上无启动电压或工作电压,则重点检查这两路供电电路。

(4)开关功率管 20N60C3、二极管 1560 或 UCC3818 芯片损坏,后两者可用二极管档检测,查看是否击穿。如检测到开关功率管 20N60C3 已损坏,大多数情况下,其保护电路也会存在问题,因而得逐一排查;贴片 UCC3818 容易虚焊,更换时要小心。热风枪拆焊台选择如下参数:温度 5~6 档、风速 1~2 档。

【价值体现】

医疗设备的维修可分为一级或者板级维修、二级或者片级维修两个阶段。本维修案例中的金宝血透机单个电源报价近两万元,最多时一年损坏八个电源模块,现仅花费几十块即可解决问题,累计节省几十万元。此次维修通过有效科学的经验总结分析,将大大降低维修成本,提高维修效率。

【维修心得】

维修过程中有两个问题需要注意:①二极管 1560 不能直连散热片,需加上绝缘塑料盖;②稳压器 LM317T 的 2、3 管脚交叉焊接,输入输出反向。

针对电源板的元件级维修,我们需要有“三心”——耐心、细心和决心,在自身能力得到锻炼与提升的同时,争取做到节省维修费用。通过将日常工作中的维修案例归纳总结,理论结合实际,我们升华了相关方面的经验,希望能为广大同行提供一定的借鉴意义。

(案例提供 瑞安市人民医院 陈云)

8.3 血透设备水路故障维修案例

8.3.1 费森尤斯 4008B 消毒时流量报警(Flow Alarm)工作停止

设备名称	血透机	品牌	费森尤斯	型号	4008B
故障现象	热消毒 16 分钟时出现“Flow Alarm”报警,无法继续消毒。设备照片见图 8-3-1。				

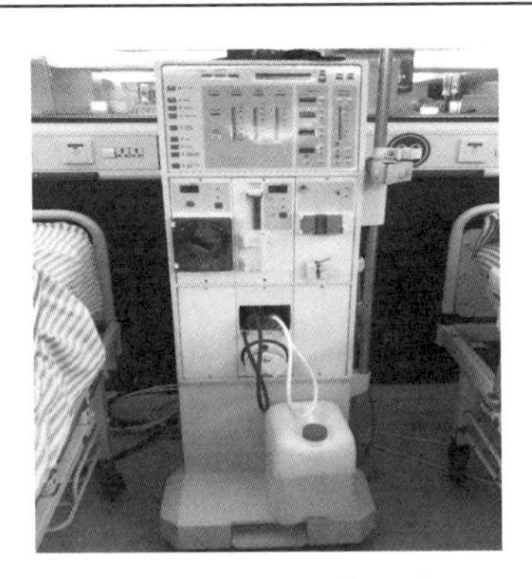

图 8-3-1 设备照片

【故障分析】

（1）打开血透机后盖，进入透析机的维修模式到“CAL. FLOW 800mL/min”，实测值在60、147、600三个数字变化，排水管时而有水流出；测试A、B、C、D四个压力点，压力值均在标准范围内，但发现C点压力固定显示2.2bar，压力表指针无脉动；运行“CAL. FLOW 500mL/min”及“CAL. FLOW 300mL/min”，实测值显示147，排水管无水流出。

（2）根据上述情况，检查泵体：流量泵或除气泵能正常运转，但动力不足。此时，调节LP634的P1电位器，报警仍然存在，见图8－3－2。

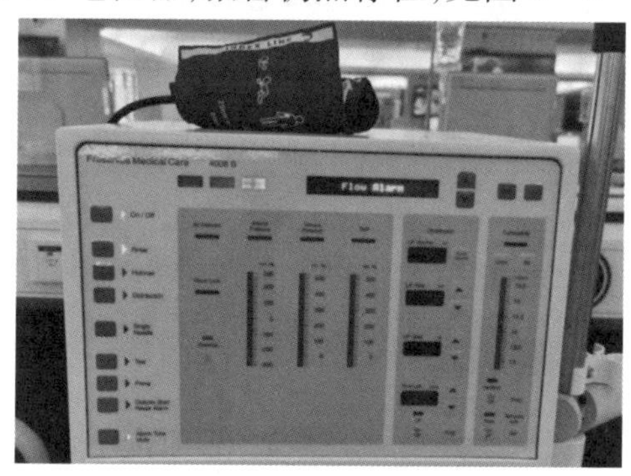

图8－3－2　故障报警

（3）检查该通路：21号流量泵和29号除气泵的出水量均正常；拔出红色快速接头，水流量正常。

（4）检查电磁阀：按照顺序法，分别观察编号为24、24b、26、30～38、41、43、86、87的电磁阀的工作状态，初步判断为工作正常。此时，先不考虑拆下电磁阀，逐个测量其电压及通路。

在“CAL. FLOW 800mL/min”条件下有时有水溢出，考虑水路可能处于半堵状态，因此继续测试水路通路。但逐个检查电磁阀工作量较大，为了在不拆电磁阀的状态下能测试电磁阀性能，采用了以下解决方案。

（1）在排水管后面放置一个空桶，开机进入维修模式。

（2）进入诊断程序：“DIAGNOSTICS”→“DIAGNOSTICS WRITE OUTPUTS”→“WRITE DIGIT. OUTPUTS”→“CPU1：WR DIGIT. OUTP”→“O：CPU1_V24”。

（3）进入“FL－SWITCH－EN”状态，将“UF Rate”键设置成“1111”，使浮子开关正常工作。

（4）对照水路图，将电磁阀V24、V24b、V30、V31、V32、V35、V36、V87打开，或将电磁阀V24、V24b、V30、V33、V34、V37、V38、V87打开（注意，两组只选其

一)。

(5)进入“STOP－EP”状态,将“UF Rate”键设置成“0000”,将除气泵打开,驱动反渗水流。

【故障排除】

上述的分析操作均有正常量的透析水流出,说明泵阀管路无堵塞,而且工作均正常。再检查通路的另一个环节,即蓝色快速接头及连接的管路:当蓝色与红色快速接头进行对调时,水流变化明显,则基本可以确定蓝色快速接头及其连接的管路发生故障。拔出并检查蓝色快速接头,发现快速接头上的一颗钢珠脱落,见图8－3－3。

图8－3－3 蓝色快速接头故障点

【解决方案】

更换快速接头,水流正常;开启消毒程序,运行正常;运行机器自检程序,全部通过。至此,故障排除。

【价值体现】

“Flow Alarm”的流量报警是费森尤斯4008系列血透机的常见故障报警之一,其他故障情况也时有发生。我们平时应通过学习、培训等途径熟练掌握机器的结构原理,分析并运用维修模式下相关的维修技巧,并结合维修经验,才能较快地确定故障根源,较好地满足临床对设备的使用需求。

本维修案例中的快速接头故障,通常的解决办法是联系厂家售后更换。但是考虑到医院维修成本,可利用原医院品相较好的拆机备件进行直接更换,从而为医院节省了维修支出。

【维修心得】

此次故障由机器使用老化导致快速接头上的弹珠脱落，弹珠的直径大于接头孔直径，进水时由于大流量将弹珠堵在接头小孔上导致报错“Flow Alarm”。这也解释了“CAL. FLOW 500mL/min”及“CAL. FLOW 300mL/min”时显示147，而在“CAL. FLOW 800mL/min”条件下，实际值在60、147、600三个数字变化的原因。此时，水压最大，反渗水部分通过。

用拆装电磁阀来判断电磁阀的好坏是比较烦琐的工作，在无法确定水路相关电磁阀工作性能的情况下，可以用维修诊断程序来确定水路是否为通路，从而节省人力成本。

故障的分析和总结能为自己积累更多维修经验，拓展维修思路。费森尤斯血液透析机的水路故障，可以采用维修诊断模式下的水路图协助分析解决。本次维修结合以往的故障排除经验，分析影响故障的各个相关因素，逐个排除，最终找出故障的原因，为血透机水路故障问题的解决提供了较好的维修方法。

（案例提供　浙江省中西医结合医院　罗林聪）

8.3.2　费森尤斯4008S流量报警(Flow Alarm)

设备名称	血透机	品牌	费森尤斯	型号	4008S
故障现象	流量报警(Flow Alarm)。设备照片见图8-3-4。				

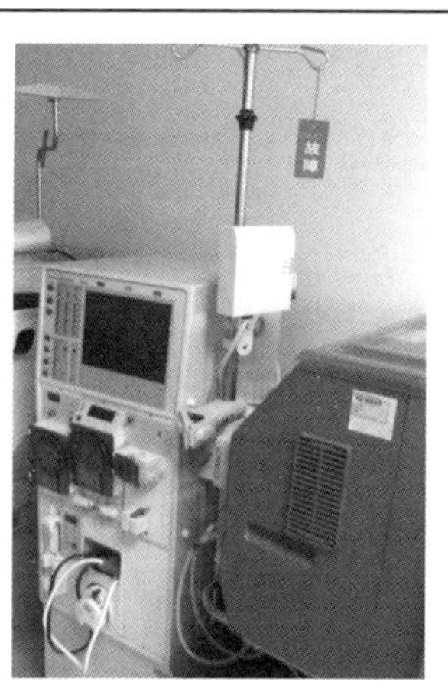

图8-3-4　设备照片

【故障分析】

费森尤斯血透机 4008S 的流量监测原理是通过测量流量泵电机的电流进行换算。血透机平衡腔内废液腔体被充满时,会将膜片挤压到新鲜液腔体一侧。此时,流量泵的阻力快速增大,流量泵电机的电流也随之快速增大。实时检测的电流脉冲幅度就可以换算出透析液的实时流量值。报警信息“Flow Alarm”是当水箱中的浮子开关在高位处的时间超过 14 秒后,机器出现的流量报警。此时平衡腔将处于电子自循环状态,流量泵的电流脉冲消失,水箱内的加热棒停止加热。

报警界面示意见图 8－3－5,产生流量报警故障的原因大致可以总结为:①管路堵塞;②除气泵或流量泵老化;③浮子开关工作失常;④电磁阀工作异常;⑤控制电路有问题等。本着“由外及内、先易后难”的原则,可按上面所列几点依次进行排查。

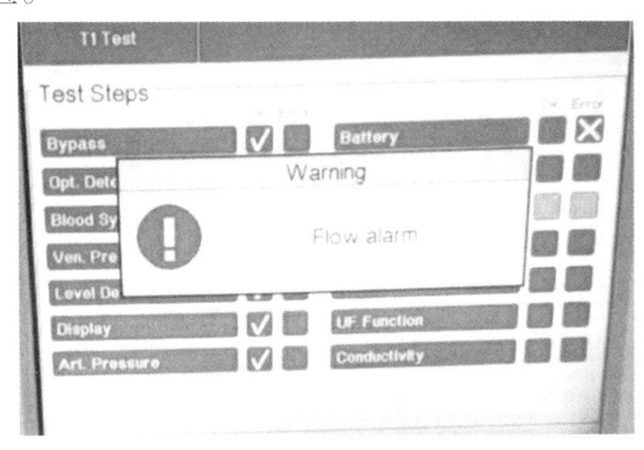

图 8－3－5　费森尤斯 4008S “Flow Alarm”报警

【故障排除】

(1)管路堵塞

管路堵塞造成水路不畅通是流量报警最常见的原因(设备的水路见图 8－3－6)。在出现流量报警时,应先排查机器背后排水管路有没有被压住或弯折、红蓝快速接头处的管路是否缠绕在一起或者被病床栏杆压住,造成管路折叠不畅通。接着检查 89 号除气小孔和相关滤网(红蓝吸液腔处 71 号和 72 号滤网、空气分离泵处 76 号滤网、水箱出口处 210 号滤网等)是否有结晶或异物堵塞。另外,4008S ONLINEPLUS 型血透机增加了滤过功能,比普通血透机多了细菌滤过器。该功能可过滤细菌和内毒素,使透析液更加纯净,从而提高透析液品质。厂家建议使用 3 个月或 100 人次后需更换细菌滤过器,但也可根据使用的水质和透析液的纯度决定是否更换。当细菌滤过器发生堵塞时,机器也会出现流量报警。尤其是原有滤过器已使用2个月以上,则建议先更换新滤过器,然后再进行冲洗和自检,观察报警情况。若不确定细菌滤过器的使用时长和人次,则可通过短接头短接细菌滤过器两侧,来判断流量报警是否由该细菌滤过器堵塞引起。如果排除了上述各种管路堵塞的可能,则应进行以下分析排查。

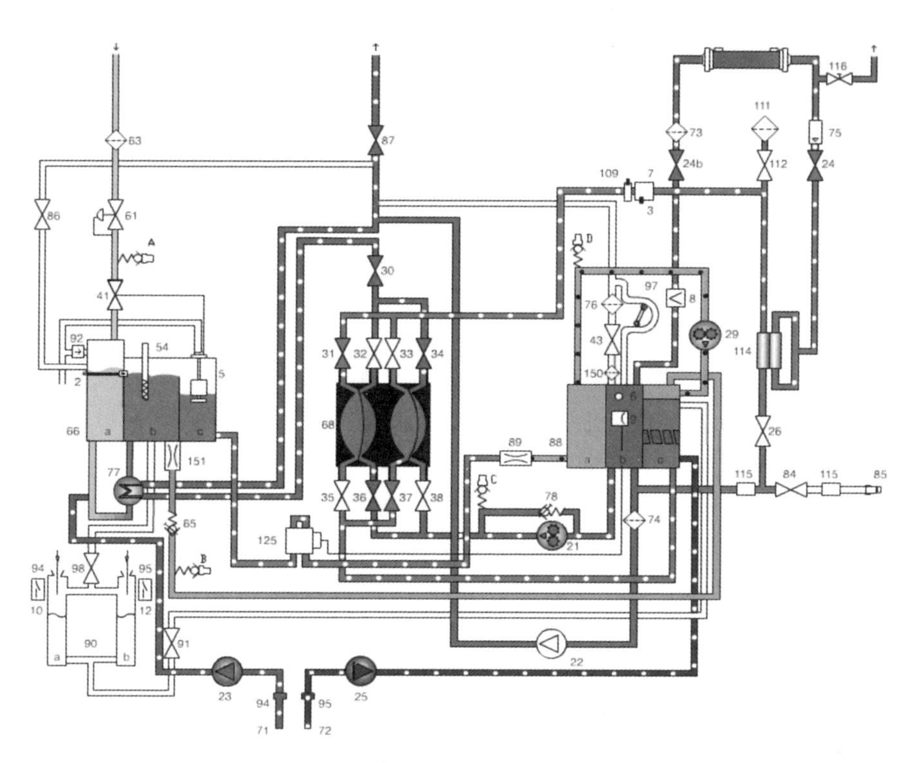

图8-3-6 费森尤斯4008型血透机的水路

(2)除气泵或流量泵老化

判断是否为流量泵或除气泵的故障,可以在机器冲洗状态时打开机器后盖,通过感观法,用手去感受流量泵或除气泵的震动来判断其工作正常与否(泵正常工作时转动产生的震动是平顺和持续的,泵不能正常工作时震动会卡顿或感受不到震动)。当然,有时很难只是通过感观法就能感受出泵工作与否,除此之外还可以在吸 A、B 液的时候进入维修菜单,在"CALIBRATION"里选择"CAL. FLOW 800mL/min",打开流量"FLOW",观察实际流量的数值。然后用工具敲击除气泵,观察流量有无变化,若有变化明显,则初步判断为碳刷已损耗完。拆下除气泵电机,测量其电阻。若电阻增大,则判定除气泵故障,可更换新除气泵后进行自检。流量泵的检查可以通过重复上述步骤来完成。若更换流量泵电机,则需进行流量脉冲的校正。

判断除气泵或流量泵的泵头故障,方法为:若在"CAL. FLOW 800mL/min"或"CAL. FLOW 500mL/min"流量下调节数模值,当调节到最大值时,流量不能达到目标值,或除气泵前D测压口处测到的压力值达不到 -0.83bar,则考虑泵头故障。同时,若机器使用时间超过1万小时,则建议替换泵头。

(3)浮子开关工作失常

当水箱中的浮子开关位处于高位超过14秒后,机器便会发生流量报警,因此,浮子开关工作正常与否也是需要排查的主要因素之一。如果浮子开关因为透析液的黏性或者异物被粘在或卡在高位而无法自动回落,则会产生流量报警。这可以通过机器冲洗、消毒来处理。

浮子开关是否正常,可以通过诊断程序来判断。维修模式下,选择"CALIBRATION"→"DIAGNOSTICS"→"WRITE OUTPUTS"→"WRITE DIGIT. OUTPUTS"→"CPUI:WR DIGIT. OUTP"→"O:CPU1_FL_SWITCH_EN"。找到浮子开关,将其从水箱中拆出,手动调整浮子的高低位置。如果浮子开关正常,则浮子在高低位变换时,机器面板显示的数模值会在"0000"和"1111"之间转换,否则,该数模值不会变化。

(4)电磁阀工作异常

电磁阀呈现常开、常闭或关闭不严状态时,可能导致流量报警。如V24或V24b透析阀、V41进水阀、V26旁路阀、V87排水阀、V30排出阀,以及平衡腔上面的V31~V38阀有问题,都有可能产生流量报警。这需要我们通过诊断程序来逐一排查。在维修模式下,选择"CALIBRATION"→"DIAGNOSTICS"→"WRITE OUTPUTS"→"WRITE DIGIT. OUTPUTS"→"CPUI:WR DIGIT. OUTP",然后在里面找到相关电磁阀,对其单独发出信号,控制其开闭("0000"表示阀关闭,"1111"表示阀打开)。如果排查发现某个电磁阀在我们给出控制信号时不能进行相应的动作,那就表明该电磁阀有故障。更换该电磁阀,排除此故障。

平衡腔上八个电磁阀,可以通过构建水路通路来进行比较快速的判断。先打开除了平衡腔上的电磁阀(V31~V38)外的其他与冲洗程序相关的电磁阀,然后打开V31、V36。取下快速接头,观察有无液体流出。若有,则V31、V36都正常;若没有,相关的电磁阀可能故障。接着关闭V31、V36,打开V32、V35,进行同样的判断。腔体上的其他四个电磁阀也用同样的方法按组进行判断。

(5)控制电路有问题

如果上述情况排查后仍未解决流量报警故障,则可考虑是否为控制电路有问题，血透机的电气部分见图 8－3－7。LP634 是输出电路板，控制的是电磁阀、泵等执行部件。因此，如果 LP634 板有问题，则会影响某些电磁阀或者泵的工作。可以通过交换法，将其他相同类型机器的 LP634 板替换过来进行判断。要注意的是，在更换 LP634 电路板后，一定要重新进行流量脉冲的校正。

(a)电路板

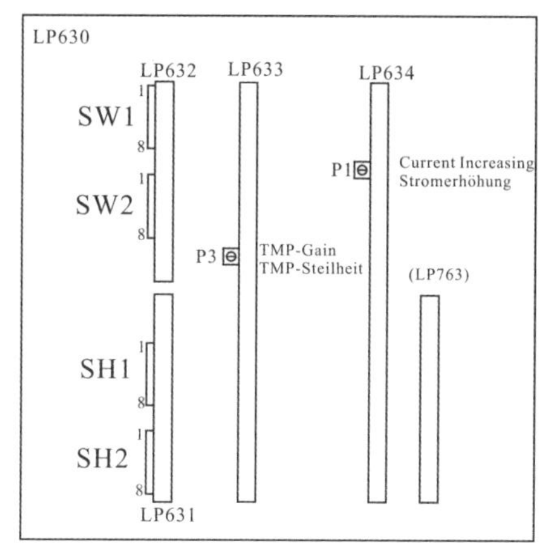

(b)插槽示意

图 8－3－7　费森尤斯 4008 型血透机的电气部分

【解决方案】

通过上述步骤，逐一检查了相关部件，最终发现电路板 LP634 故障。替换备用的 LP634 板以后，进行流量脉冲调校。最后，血透机完成冲洗、消毒、自检，报警消除，故障解决。

【价值体现】

通过系统地排查和准确地处理，血透机流量报警的故障一般都可以现场解决，同时也节约了维修时间与维修成本。

【维修心得】

此次维修按顺序完整地经过五个步骤的检查，是对医疗设备工程师耐心和技术的一次考验。

通过对维修技术的分析，一方面比较系统地总结该类故障，另一方面提升了故障的判断能力，也增长了维修人员对血透机故障维修的信心。

（案例提供　杭州市中医院　杨斐）

8.3.3 费森尤斯4008S“Water Alarm”,消毒中“Flow Alarm”及“Upper Flow Alarm”报警,久用治疗时“Cyclic PHT F01” 及“Cyclic PHT F02”报警

设备名称	血透机	品牌	费森尤斯	型号	4008S
故障现象	(1)开机故障报警:“Water Alarm”。 (2)设备自检,各项参数正常。但在患者治疗过程中,电导度会偶发性上升,稍后又能自动恢复。 (3)设备热消毒过程中,出现“Flow Alarm”及“Upper Flow Alarm”报警。 (4)在治疗实施较长时间后,设备频繁出现“Cyclic PHT F01”以及“Cyclic PHT F02”报警代码,在单次治疗过程中每隔12.5分钟报警一次。				

【故障分析】

初步排除了设备浮子流量计接头、快速接头及各类电磁阀泵接头处微量泄漏。考虑热消毒时“FLOW 800mL/min”的较高流量下,电机的转速增加而导致电机或泵头的间歇性故障。方法如下。

①进入维修模式,观察“FLOW 300/FLOW 500/FLOW 800mL/min”流量值是否正常;②检测除气泵泵头压力:在“FLOW 300mL/min”下,使用压力表检测除气泵泵头压力,该点压力与除气泵泵头的效率及除气泵碳刷的效率有直接联系,其正常值为-1.0~-0.8mbar,如测得该点压力值大于-0.6mbar时,可初步断定该部位出现故障,此时,如更换全新泵头后压力依旧不变,则可确定为电机故障;③检测流量泵泵头处压力:当流量为“FLOW 300mL/min”时,该点的压力高值为5mbar;当流量为“FLOW 500ml/min”时,该点压力高值为15mbar;当流量为“FLOW 800”时,该点压力高值为25mbar。因“FLOW 800mL/min”时,该点的压力值大于20mbar,则认为流量泵泵头正常。

如以上检查均正常,则本故障可能由电机间歇性的故障导致,考虑电机碳刷的磨损。在此情况下,可以依次拆卸电机,观察碳刷磨损情况。由于除气泵电机使用率高,一般先检查除气泵电机,随后再检查流量泵电机。

【故障排除】

根据故障分析的几种可能,逐次检查排除。

(1)检查A、B液吸液情况

费森尤斯的血透设备采用脉冲式吸液的方式，每三个脉冲吸完吸液管中液体。观察 A、B 液的吸液工况，与其他正常使用设备对比未发现明显差异，因此排除 A、B 液吸液异常。

（2）检查电导度传感器

电导度传感器故障，表现为电导度显示上下飘动。而该机的电导度单侧冲高，且两套电导度传感器同时损坏的情况极为少见，故暂时不考虑传感器问题。或通过使用电导度测试仪进行确认。

（3）流量异常、电机故障

维修模式下检查 500mL/min 及 800mL/min 下，实际值的流量值显示为 147mL/min。排查流量异常的原因：①管路检查。拆机器后盖，检查管路中#89 除气小孔和#210 过滤器，均无堵塞；②检查 P21 流量泵和 P29 除气泵工作是否正常。压力表测量 C 点（2.15～2.25bar）流量泵的压力和 D 点（-0.83bar）除气泵的真空压力是否正常。如没有压力表，可以通过感观法用手触摸进行判断。因流量泵和除气泵的泵头均有震动，故排除了泵的问题。依次敲击流量泵和除气泵，发现敲击除气泵后流量值有变化。据此，大致可以判断除气泵故障。拆开电机后，发现碳刷磨损比较严重。

【解决方案】

（1）拆除电机

关机，使用 ph2 十字螺丝刀打开设备后盖以及内部的护板。使用 ph2 十字螺丝刀拆下泵头固定的三颗螺丝，以及 10mm 套筒卸下固定电机的三颗螺母。取出电机时，保持水路的密闭性及断开电机的供电线。

（2）打开并清洁电机

取下电机头部的黑色硅胶防水套，使用 tx25 梅花六角将顶部的两颗固定螺丝取下。轻柔地打开电机顶盖，以减少黑色碳刷粉末飘落。再用毛刷依次清洁线圈、磁铁、顶盖。也可以使用高压气泵深度清洁线圈、磁铁、顶盖，确保各部件的清洁。

（3）更换碳刷

将碳刷用电烙铁和吸锡枪取下。使用血管钳夹持住铜线连接在铜柱的头端，用电烙铁将焊点融化，将磨损的碳刷取下。将残留在铜柱上的焊锡清理干净，并使用小锉刀打磨铜柱表层，以便于二次上锡。安装碳刷时，先将碳刷铜线与铜柱接脚缠在一起，然后用含锡量高的焊锡丝将碳刷连线与铜柱焊接。

(4)检测电机阻值,确认旋转方向

安装完毕,使用万用表检测电机两端电阻值,一般为60~70Ω。加载24V电压,电机转子应该以顺时针方向转动。同时,观察电机转动是否顺畅,噪声是否过大,若不正常则需重新安装碳刷。建议在更换好碳刷的电机底部标注修复时间,为下次维修作参照。

(5)进入维修模式校准流量

将电机安装回原位置,并进行流量调校,其具体操作方式是:

1)开机进入维修界面,选中"CALIBRATION"项,并按"CONF"键进入该选项。

2)按上下箭头键,选择中"CAL. 300mL/MIN"项并进入,界面显示"FLOW 300 = XXX"。

3)打开血透机顶部,逆时针旋转LP634上的P1电位器,直到"FLOW 300 = 147"。

4)顺时针旋转P1电位器,直至FLOW 300值改变处于临界点。以此位置为参照,继续顺时针调节P1电位器两圈,按"TONEMUTE"键,流量脉冲电压调校完毕。

5)按照上述步骤,分别调校FLOW 500和FLOW 800流量。调校完毕后,关机,退出维修模式。

(6)自检和热消毒

进入正常开机界面,对机器进行自检。重点关注电导跟正负压选项是否顺利通过自检。设备连续三次自检通过之后,进行热消毒。该故障解决完毕。故障点照片和电机结构分别见图8-3-8和图8-3-9。

图8-3-8 故障点照片

图 8-3-9　电机结构

【价值体现】

直接更换电机,成本每个 3800 元,使用寿命在 10000 小时以上;而更换直流电机碳刷,成本每对 100 元,使用寿命在 8000 小时以上。由于我院血液透析设备数量多,故更换碳刷每年可以节约很大一笔维修花费。同时,工程师还提升了维修技能,提高了维修效率。

【维修心得】

本案例通过更换碳刷来排除故障,进一步保障了临床血液透析治疗工作的正常、安全、稳定地开展。电机碳刷的技术性较强,是一项需要耐心的工作。不同工程师在实际的更换工作中,会运用不同的维修工具及各自的小技能,以便达到相同的目的。相互之间交流维修心得,是提升维修技能和维修效率的好方法。

(案例提供　宁波市鄞州区第二医院　谢杲)

8.3.4　金宝 AK96“B 液不吸”“电导度不正确”“透析液成分不正确”报警

设备名称	血透机	品牌	金宝	型号	AK96
故障现象	B 液无法吸上去,出现“电导度不正确”“透析液成分不正确”两个报警。故障照片见图 8-3-10。				

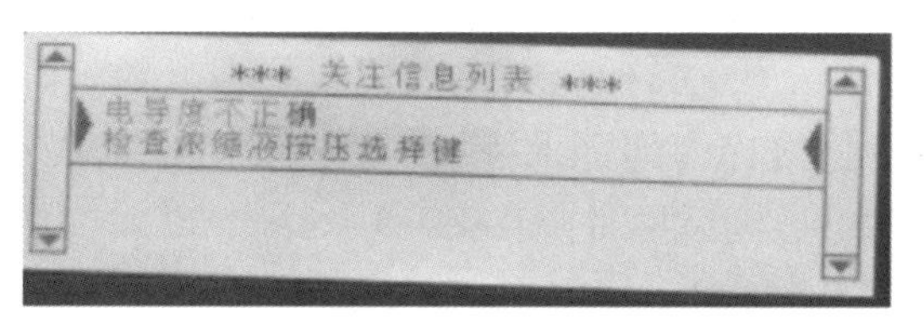

图 8-3-10　故障照片

【故障分析】

B 液不吸,由浅入深分析如下。

(1)B 泵泵体卡住:因消毒液或者 A、B 液有残留,冷却致使陶瓷泵杆子与它的内部结构有所粘连。一般建议启动血透机的“冲洗”程序,冲洗干净残留液。如果冲洗无效,拆出泵体用 20% 的柠檬酸浸泡 2 个小时以上,清洗后再装回。如果 B 液泵卡住,在自检的时候,电机会发出“咔嗒咔嗒”的响声。这种情况比较常见,因此优先考虑。

(2)B 泵电机故障。

(3)控制电路问题(出现的概率比较小,而且对换板子风险相对较高,一般最后再试)。

(4)程序没有进行到“吸 B 液”这个步骤。

【故障排除】

图 8-3-11 为设备的水路图,根据故障分析的几种可能,逐次检查排除:

①用手拨动 B 液泵的泵体,如能够转动,则排除。

②将 A/B 液泵的电机对换,如是能转动,则排除。

③当天没有空闲机器,无法对换控制板。

④金宝的机器在吸 B 液之前要先吸 A 液来测试高电导,高电导通过之后,才会进行 A、B 液的配比。进入自检程序,当血透机开始吸 A 液后查看电导情况。数分钟后,电导数值一直徘徊在 17 附近,低于高电导测试需要电导值 20。这就代表着机器的高电导测试没通过。

机器测试高电导的过程:A 液由流量泵产生的动力通过吸液头吸上来,经过 A 液泵、混合室、A 电导模块、FLVA 阀、混合室、B 电导模块、pH 模块、可调流量电机和节流阀、膨胀室、可调流量电机、除气室、P 电导模块。

以上任一个部件故障都有可能引起这个故障,需要一一排除。

(1)A 吸液头头上的两个蓝色密封圈如果有破损,产生漏气,有可能使吸上来的 A 液里混入空气,导致电导值偏低,我们可以直接更换密封圈后再观察。或者直接把 A 吸液头放到桶里,以杜绝漏气现象发生。

(2)查看 A、B、P 三个电导模块的电导值。测高电导阶段,三个值应该基本一致。按两个隐藏键,选择内部记录,设置参数可以查看 A(sri20)\B(sri24)\P(srp3)三个电导,高电导测试照片见图 8-3-12。

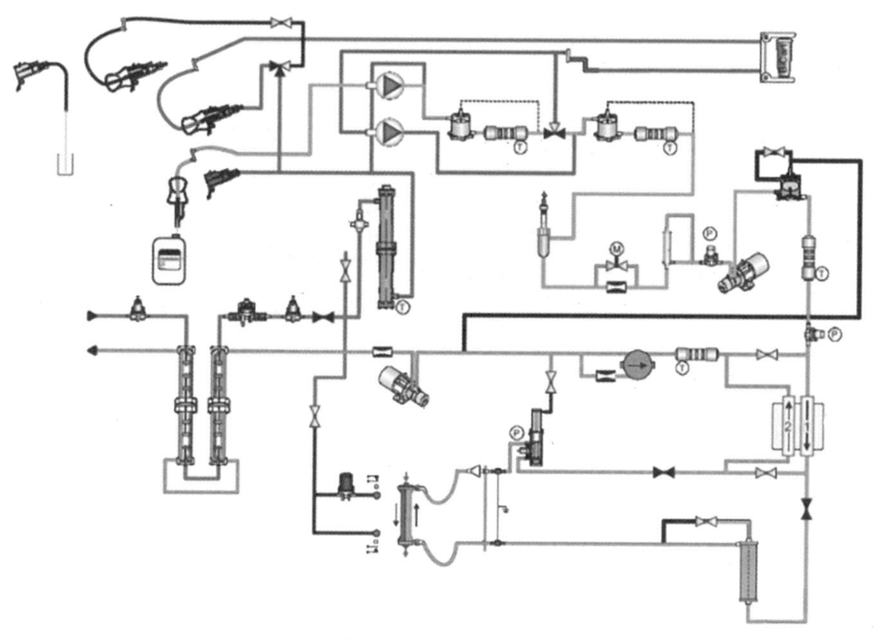

图 8-3-11　AK96 水路

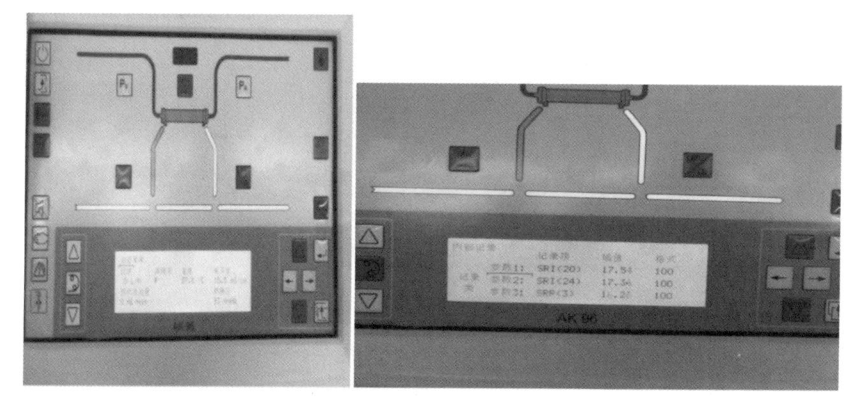

图 8-3-12　高电导测试

测试结果发现，A 电导和 B 电导基本一致，P 电导相比 A 电导和 B 电导略低一些，故将故障范围缩小到 B 电导和 P 电导之间的配件：可调流量电机、流量泵、除气室（见图 8-3-13）。进行以下步骤检测：①依次排查除气室底部、流量泵上两个接头、可调流量电机的两个接头及中间阀膜的位置有无液体渗出；②用手拧紧除气室上的螺丝，转动一下流量泵的转子；③调校可调流量电机。

图 8-3-13　可调流量电机、流量泵、除气室

实际维修时，发现机器内部很干净，没有明显的漏水现象，流量泵能够转动。

最后，可调流量电机的调校。检查调校结果，"new 60、old 29"，新旧值相差太大。估计为阀膜或者可调流量电机故障。打开可调流量电机，发现阀膜中间硅胶完全断裂（见图 8-3-14），因此基本确定为阀膜损坏引起故障。

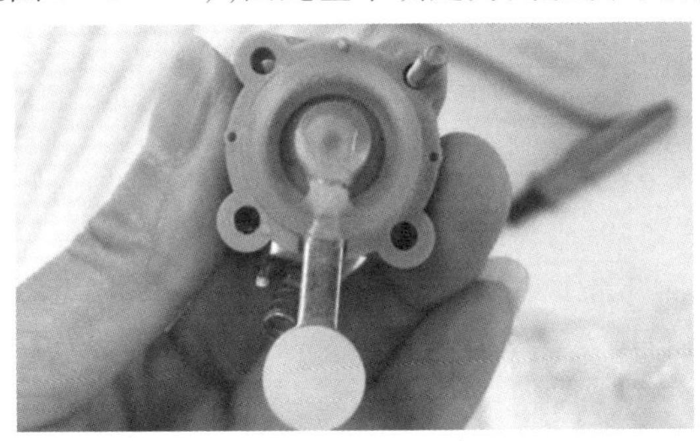

图 8-3-14　断裂阀膜

【解决方案】

更换阀膜，重新定标两遍，自检两遍，均通过，消毒。

【价值体现】

正确地判断故障，熟练地更换配件，可以将实际维修时间控制在 30 分钟以内，而且阀膜价格仅为几十元钱，大大节省了维修成本。在此次维修之后的一段时间里，还发生了多起类似的故障，这引起了我们的重视及反思。

阀膜腐蚀，考虑消毒液成分是否对阀膜有影响。经检查，消毒液中 20% 的柠檬酸、5% 的次氯酸及 5% 的次氯酸腐蚀性比较强。更换消毒液品牌后，类似的故障明显减少。此次维修从根本上解决了问题,同时缩短了整个血透室设备停机时间,提高设备的使用率,服务于患者。

【维修心得】

大部分医院较少对设备内部进行维护保养或更换膜片等易损小配件,而厂家工程师通常也只是检查下 A、B、P 三个电导度。根据故障,我们可以制定周期更换膜片。该费用不高,且节省了后期维修时间及停机费用。

如果工程师对设备足够了解,做好 PM 计划,定期开展保养工作,能更大限度地降低故障的发生概率,从而使医院的设备最大程度发挥其作用,也能更好体现工程师的价值。

(案例提供　台州市第一人民医院　陈星勇)

8.3.5　金宝 AK96 自检压力检测失败、偶发电导漂移不稳定

设备名称	血透机	品牌	宝特金宝	型号	AK96
故障现象	(1)自检过程中压力检测通不过; (2)自检过程各项参数都正常,自检完成上机后偶尔会出现电导漂移不稳定的情况。设备照片见图 8-3-15。				

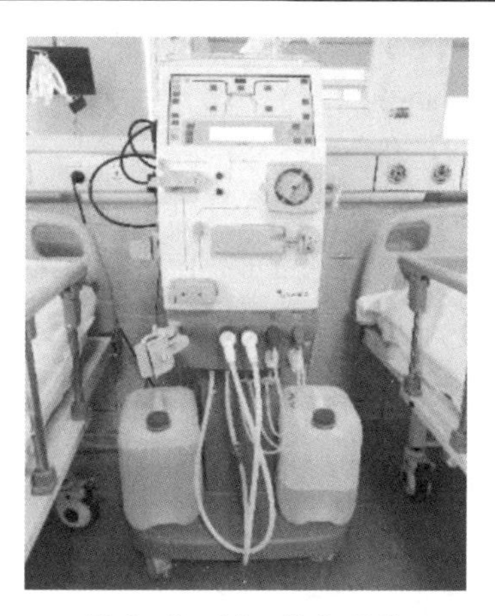

图 8-3-15　设备照片

【故障分析】

(1)压力检测通不过,压力检测其中主要的检测过程是阀泄漏检测和除气压检测,检查管路是否漏气。

(2)自检数值都正常,上机后电导不稳定,可能存在的问题:A 液和 B 干粉的浓度问题、吸液管 O 型圈破损有气泡、电导模块损坏及流量泵、流量电机等出现故障。

【故障排除】

根据故障分析的两个方向,逐个检查。

(1)阀泄漏检测

1)DIVA/TAVA/EVVA 之间液路泄漏检测。检查管路和阀是否有漏水、漏气的情况。

2)PD、HPG 的压力比较检测。检查两个压力传感器的数值,观察两个传感器的 0 位值是否准确。如有偏差,可将机器管路排空后进入维修模式,拔掉传感器的一端,使得传感器连通大气。此时的压力传感器因直通大气,数值正常为 0 ± 3mmHg。超出范围的偏差,可以通过校正程序归零。

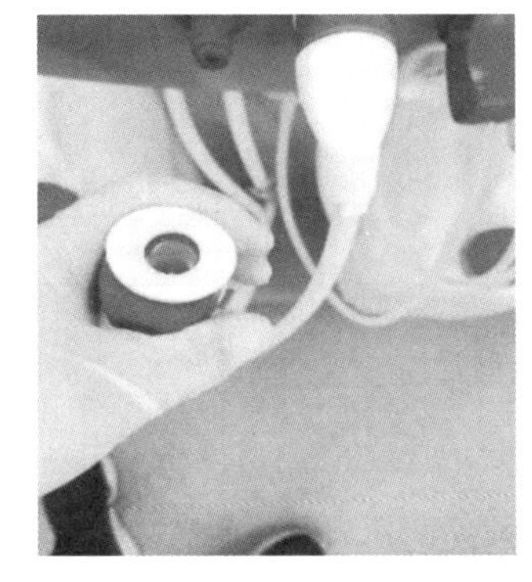

图 8 - 3 - 16 快速接头 O 型圈

阀泄漏可能与快速接头的 O 型圈老化有关。O 型圈老化磨损会造成漏气,导致高压自检失败。通过更换快速接头 O 型圈(见图 8 - 3 - 16)可以解决。

(2)除气压检测(过程如图 8 - 3 - 17 所示)

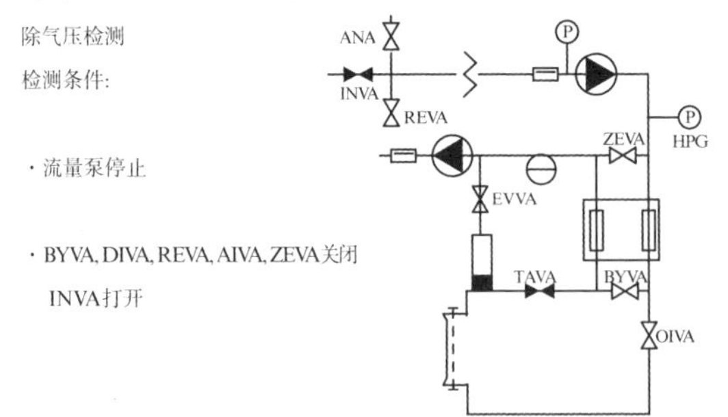

图 8 - 3 - 17 除气压检测过程

通过观察、检查和比较自检过程中的压力参数,排除了阀泄漏和压力传感器的故障。

(3)电导不稳定的故障排除

检查 A 液和 B 干粉的浓度,以及确认吸液管无气泡后,排除了 A、B 液和吸液头 O 型圈(见图 8 - 3 - 18)的故障可能性。进入机器内部菜单观察三个电导模块 A、B、P 的参数值。其中,SRI20/SRI24/SRP3 分别对应 CELL - A、CELL - B、CELL - P 的实际电导值,SRI22/SRI26 分别对应 A、B 泵的转速。通过观察对比分析,可以确定的是三个电导模块是工作正常(见图 8 - 3 - 19)。因此,考虑流量因素引起的电导波动。

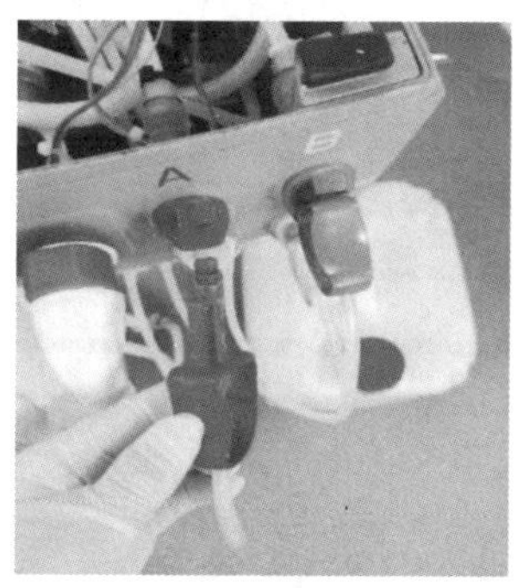

图 8 - 3 - 18　A 吸液头 O 型圈

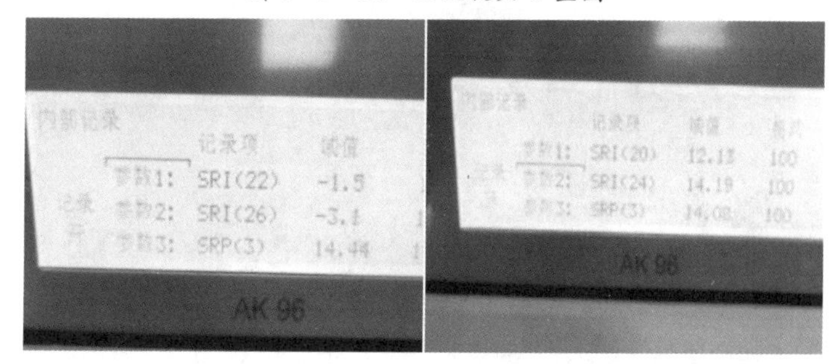

图 8 - 3 - 19　A/B 比例泵和 A/B/P 三个电导模块数值(都在正常范围内)

流量与流量泵、流量电机及阀体相关,流量泵、流量电机、节流口示意和实物分别见图 8 - 3 - 20 和图 8 - 3 - 21。首先检查流量电机的外观及阀膜。阀膜比较容易破损而造成漏水,进行维护后,对其进行流量调校。流量电机是一个小型的步进电机,调校过程中发现流量电机的调校重复性很差,于是对换流量电机进行重新调校,调校结果依旧不理想。因此排除流量电机的问题,查询机器的历史故障代码,近期出现过 CCFF 009 001 的技术错误(见图 8 - 3 - 22),直接指向流量泵。

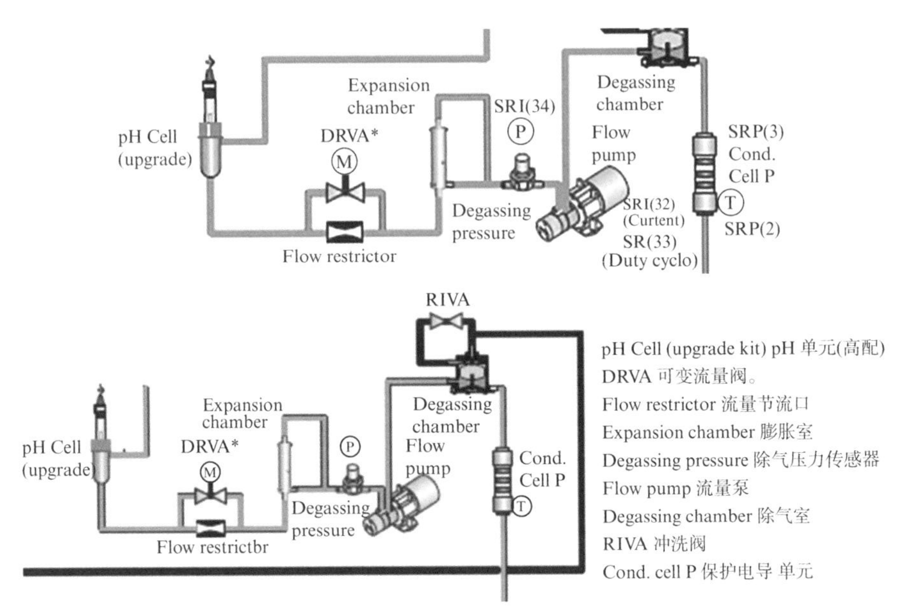

图 8-3-20 流量泵、流量电机、节流口示意

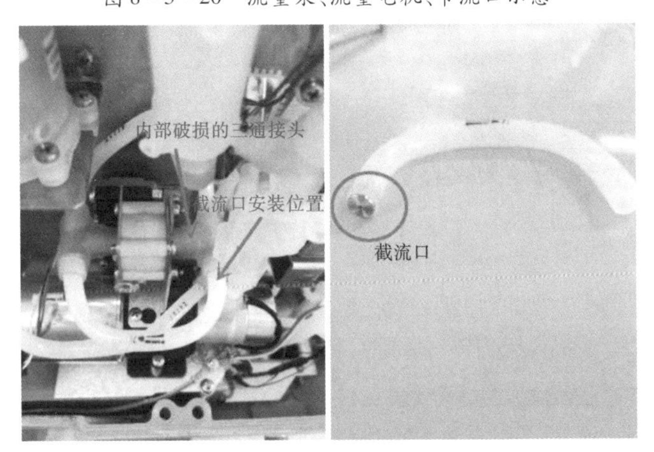

图 8-3-21 流量泵、流量电机、节流口实物

C CFF 009 001	FLOW PUMP CURRENT ERROR Unconditional error, blood pump available General description of conditions for occurring: -Flow pump current too low Technical description of conditions for occurring: -FRI(FI_FlowPumpCurrent)<50mA

图 8-3-22 CCFF 009 001 技术错误

进行流量泵的检查。对换流量泵后，一次性通过流量调校且自检正常，但

模拟上机 10 分钟左右,再次出现电导超限提示。可以观察到流量不稳定,变化很快(见图 8 – 3 – 23)。流量泵的故障可能性已经排除,但流量依然有问题。仔细研究水路图(见图 8 – 3 – 24),排查流量泵附近的管路,发现在细小的节流口后面有一片小碎片,可能形成堵塞(见图 8 – 3 – 25)。至此,基本可以判断此次的故障的原因是节流口被堵。设备内部水路实物见图 8 – 3 – 26。

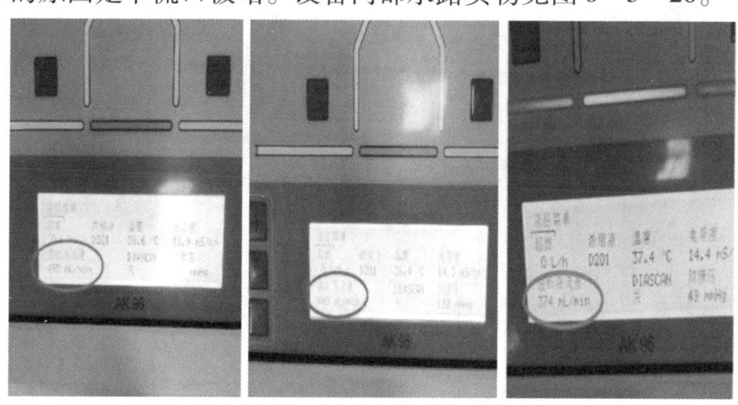

图 8 – 3 – 23　透析液流速变化过快导致电导不稳定

【解决方案】

通过观察分析,小碎片来自因使用时间长而出现老化开裂的节流口前端硅胶接头。在水流冲击下,小碎片脱落并堵塞截流口,导致流量不稳定,引起了故障。

清理截流口管路,且排查并处理流量电机附近的所有硅胶接头,重新进行流量调校。复位后,通过开机自检和模拟治疗,确认故障正式排除。最后消毒机器后交付临床使用。

【价值体现】

根据之前的维修经验,合理地进行故障分析,快速找到问题原因,缩短了设备停机时间,避免了更换流量泵、流量电机、电导模块等维修配件,节约了维修成本。

找到故障原因后,彻底解决问题,避免在病人上机过程中出现偶发的电导问题,影响正常透析,给病人提供了更好的治疗。

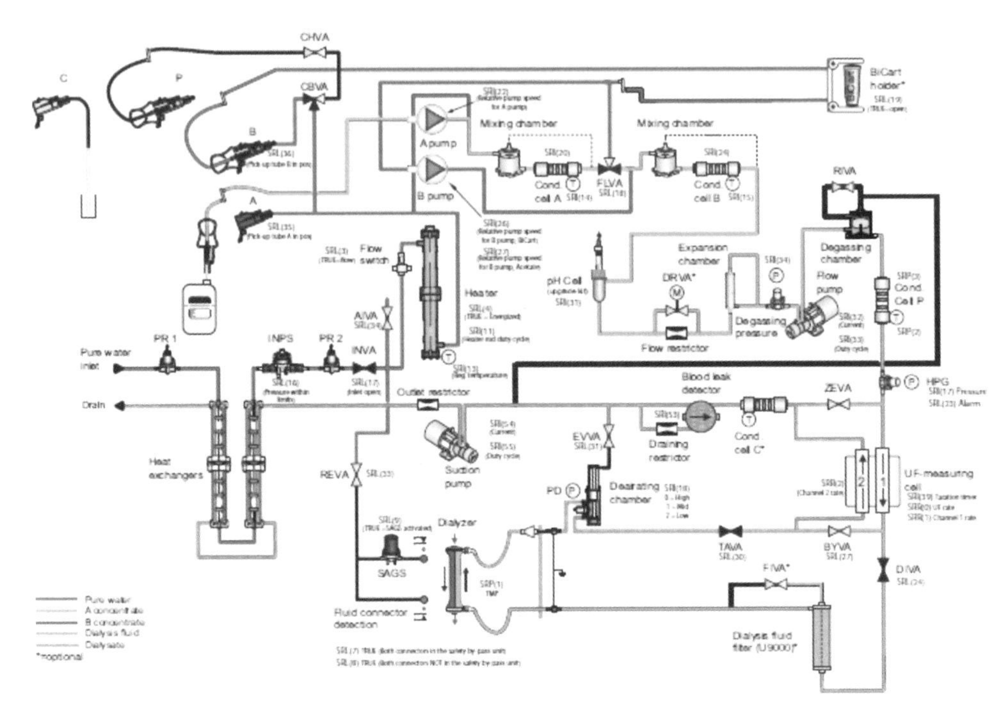

Pure vater纯水
A concentrate　A浓缩液
B concentrate　B浓缩液
Dialysis fluid　透析液
Dialysate　透析废液
optionsl　可选配的
inlet　进水
Drain　排水
PR　减压阀
Heat exchangers　热交换器
INPS　进水压力开关
INVA　进水阀
AIVA　空气阀
REVA　循环阀
SAGS　安全耦合开关
Fluid connector detection　透析接头传 感器.
Flow switch　流量开关
Heater　加热器
CBVA　化学消毒旁路阀
CHVA　化学消毒阀
A pump　A液泵
B pump　B液泵
Mixing chamber　混合室
Cond. cell　电导单元
FLVA　干粉筒冲洗阀
BiCart holder　干粉筒支架
pH Ce1l (upgrade kit) pH　单元(离配)
DRVA　可变流量阀.
Flow restrictor　流量节流口
Expansion chamber　膨胀室
Degassing pressure　除气压力传感器
Flow pump　流量泵
Degassing chamber　除气室
RIVA　冲洗阀
HPG　高压保护传感器
ZEVA　零流量阀
UF-measuring cell　超滤测量单元
BYVA　旁路阀
TAVA　自我调校阀
DIVA　直通阀
FIVA　滤器阀
Dialysis fluid filter　透析液过滤器
Dialyzer　遗析器
PD　透析液压力传感器
Deairating chamber　透析除 气室
Blood leak detector　源 血探测器
Draining restrictor　排水节流口
EVVA　透析排气阀
Suction pump　负压泵
Outlet restrictor　度液节流口

图 8－3－24　AK96 水路

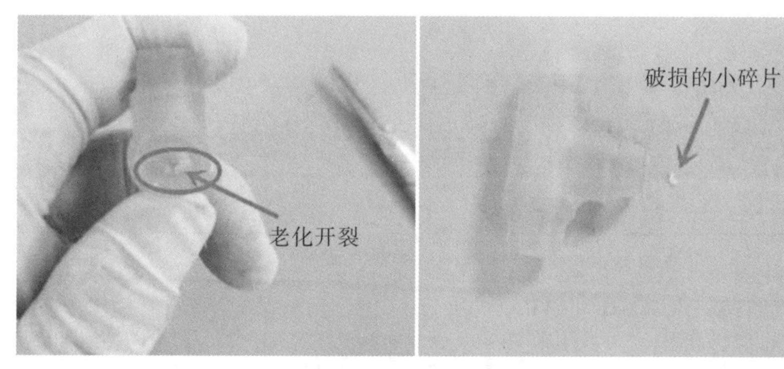

图 8-3-25　硅胶接头内部破损和开裂破损的小碎片

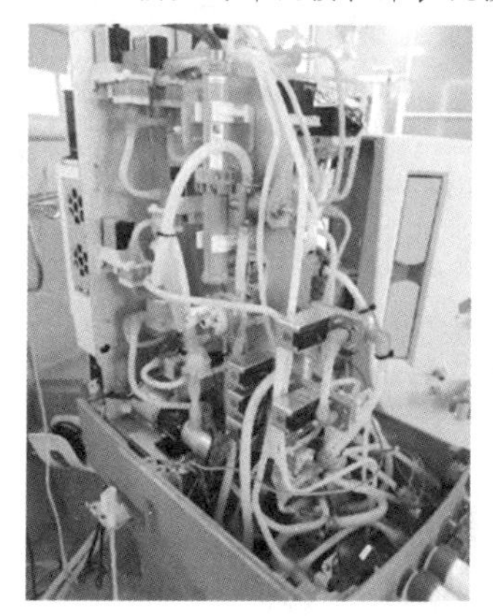

图 8-3-26　内部水路

【维修心得】

此次故障是由节流口被堵塞造成流量电机失去流量调校的能力引起的，从这次故障的发现、分析到最后解决问题，最重要的是结合水路图分析故障原因，及时总结，为自己积累更多的维修经验，节省维修时间，降低维修成本，拓宽解决问题的思路。

（案例提供　平湖市中医院　姜军）

8.3.6 费森尤斯4008B第二程序消毒“冲洗失败F04”报警

设备名称	血透机	品牌	费森尤斯	型号	4008B
故障现象	费森尤斯4008B机器开机自检,治疗时正常,但在执行第二程序消毒第26分钟时机器报警“冲洗失败F04”。设备照片见图8-3-27,故障照片见图8-3-28。				

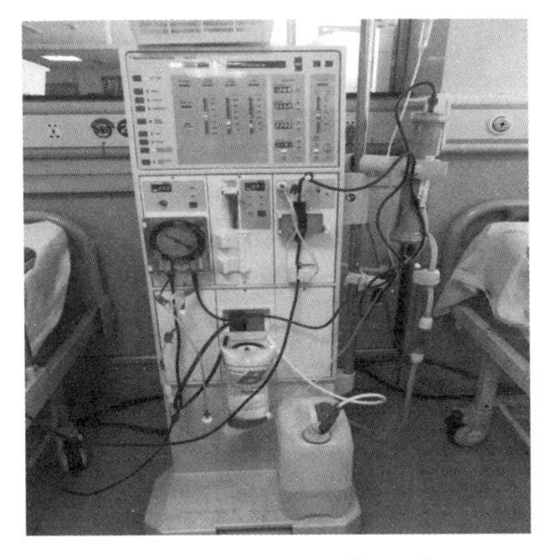

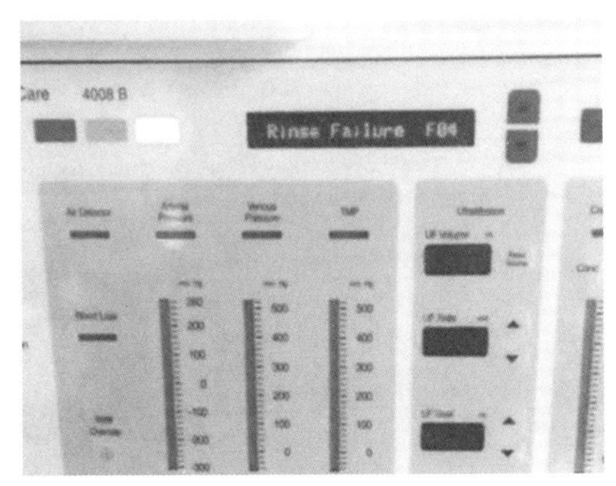

图8-3-27 设备照片

图8-3-28 故障照片

【故障分析】

费森尤斯血透机的消毒由程序控制将冲洗、消毒、脱钙一次性完成。

正常消毒流程如下:①关闭所有平衡腔阀;②等待水位开关浮到上端;③除气泵低速排出66水箱中液体,直到浮子开关沉到下端;④平衡腔工作一次(300mL),再次降低水位开关位置;⑤超滤泵工作八次,浮子开关位置再降低8mL;⑥消毒阀、再循环阀打开,超滤泵工作50次(50mL),此时水位开关应在上端。

本故障发生时,正处于冲洗完成后并吸入消毒液的阶段。报警“冲洗失败F04”,表明超滤泵吸50次后,水位开关没有到达上端。因此,应重点依次检查消毒阀、超滤泵、再循环阀、水位开关。

分析故障原因可能有以下几种情况。

①消毒管路中有漏气,气泡引起吸消毒液量不足。

②超滤泵头弹簧有脏东西。

③水位开关损坏。

④87 号阀坏引起消毒液无法进入 66 水箱。

【故障排除】

机器的水路示意见图 8-3-29，根据故障分析的几种可能，逐次检查排除。

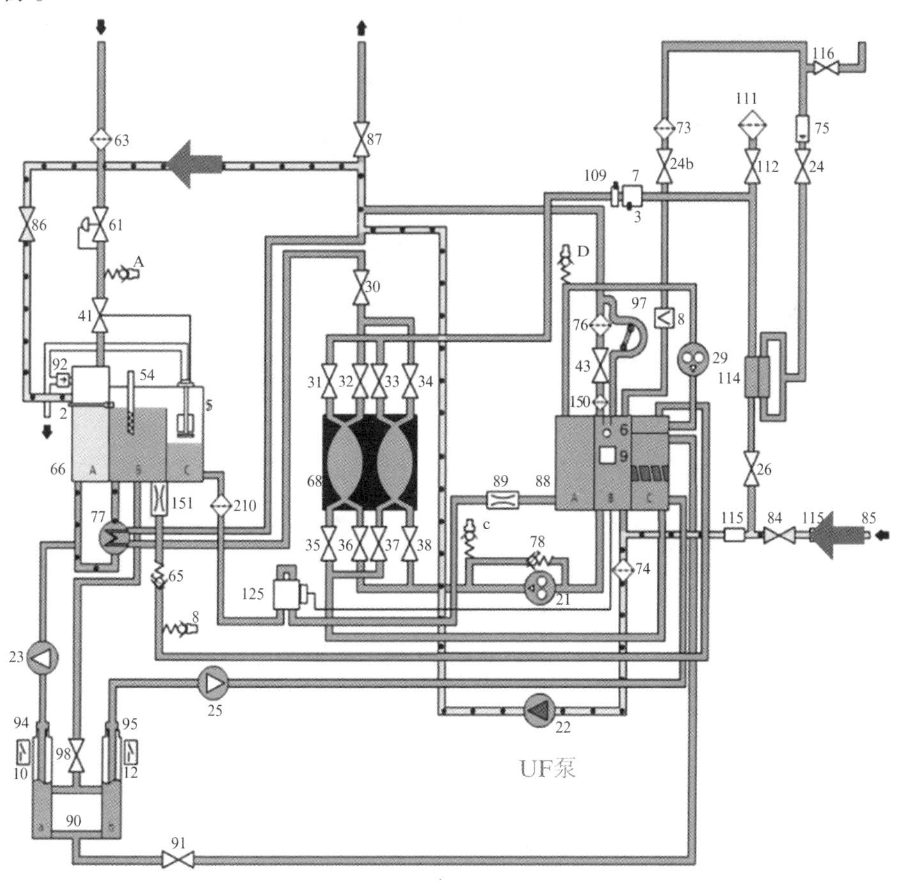

图 8-3-29 费森尤斯水路

(1)对消毒管路外观进行检查，没有发现开裂漏气现象，消毒对应管路未发现气泡。重复开机进入消毒程序，故障依旧。可以排除管路问题。

(2)拆开超滤泵头观察，未发现污物，且病人透析时超滤量准确。可以排除泵头问题。

(3)拆机用万用表测量水位开关，高水位为无穷大，低水位为 0Ω；透析功能正常。可以排除水位开关问题。

(4)进入维修模式对相应的电磁阀进行检测，发现 V87 阀有动作但无法关死。V87 阀卡死无法复位时，血透机能正常进行透析和冲洗，但无法完成消毒流程。此时，消毒液直接由 V87 阀排出下水管。

由此判定本次故障由 V87 阀无法复位引起。

【解决方案】

更换 V87 阀(见图 8－3－30)。

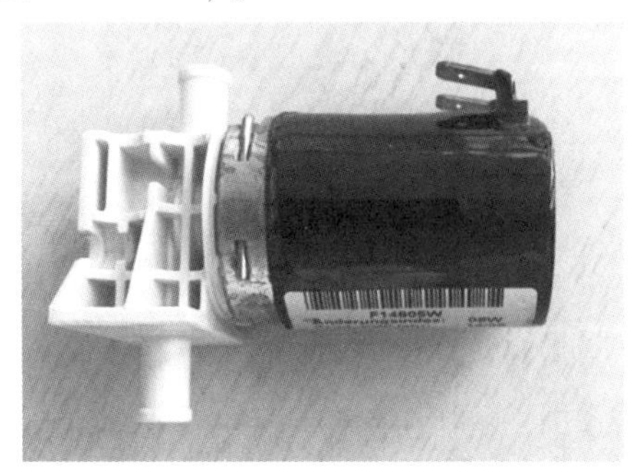

图 8－3－30 费森尤斯 V87 电磁阀

【价值体现】

本次维修，我们结合维修经验，准确查找故障原因，快速锁定故障源头，大大提升了维修效率。V87 电磁阀引起“冲洗失败”报警故障的案例极少，也不容易被发现。我们认为，“冲洗失败”报警故障除外部管路、消毒液原因外，大多数为电磁阀引起，因此，日常维修中可以购买几种常用电磁阀作为备用，这样既能节省维修成本，又可以在出现故障时及时更换，提高设备的使用效率。

【维修心得】

费森尤斯的流量报警现象，出现频次较多，故障比较复杂，需要结合机器的水路图检查管路、电磁阀等，由简到繁逐步进行排查。电磁阀的故障排除过程中进行反复测试，有助于真实准确地判断故障原因。

(案例提供 丽水市人民医院 蔡饶兴)

8.3.7 费森尤斯 4008S 治疗中“Flow Alarm”报警、消毒时“Upper Flow Alarm”报警

设备名称	血透机	品牌	费森尤斯	型号	4008S
故障现象	机器开机自检正常，治疗一到两小时后报“Flow Alarm”，消毒时会报“Upper Flow Alarm”，有时过几分钟或移动一下机器又会恢复正常。设备照片见图8-3-31，故障照片见图 8-3-32。				

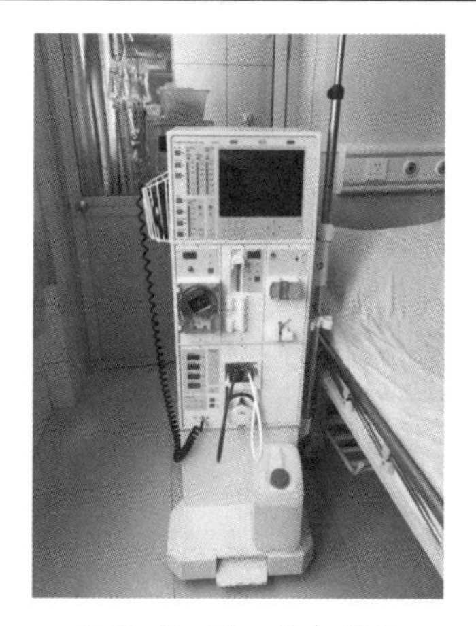

图 8-3-31　设备照片

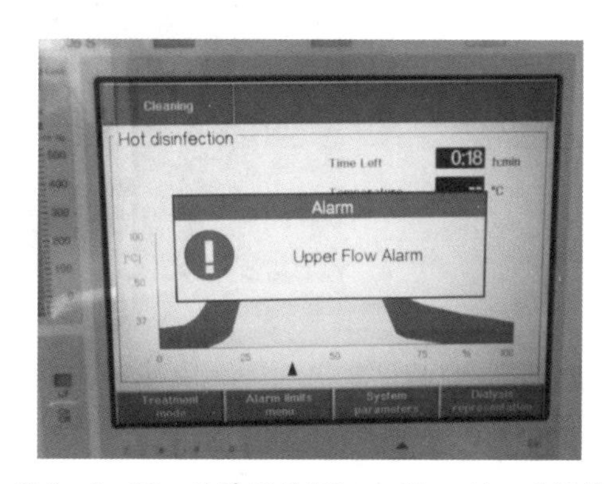

图 8-3-32　故障照片“Upper Flow Alarm”报警

【故障分析】

初步检查设备，发现该血透机的浮子开关处于异常状态。当费森尤斯 4008S 血透机的浮子开关处于高位置(阻塞状态)超过 14 秒，加热棒停止加热，平衡腔运行在电子自循环状态，即 10 秒才转换 1 次。而正常情况下，流量为 500mL 时的平衡腔转换时间为 3.6 秒。这种偶发性故障现象，可能由以下几种原因引发。

①细菌过滤器堵塞；出水口排水不畅；速接头管路打折；73 号过滤网堵塞等问题。

②浮子开关接触点问题。

③89 号节流口 210 号滤芯堵塞问题。

④V41 减压阀机械性问题；V24 或 V24b 透析阀问题，V87 排水阀堵塞、V26 旁路阀问题；平衡腔的某个阀性能变差等电磁阀问题。

⑤21 号流量泵 29 号负压泵泵头或者电机老化问题。

⑥LP634 板问题。

【故障排除】

偶发性故障的故障原因比较多,应遵循“先外后内、先易后难”原则,着重检查电磁阀和泵头等相关元件(费森尤斯血透机管路实物见图 8-3-33)。

图 8-3-33 费森尤斯血透机管路实物

①排除细菌过滤器、出水管、快速接头管路及 73 号过滤网。

②拆机多次测量浮子开关工作状态。

③清洗 89 号节流口和 210 号滤芯。

④测量 A、B、C、D 点压力。

⑤在诊断状态下检查水路中电磁阀动作,在“CAL. FLOW 800mL/min”和“CAL. FLOW 500mL/min”下测试流量。

⑥换 LP634 板。

执行上述步骤后仍出现报警,而且故障在透析工作进行一小时后偶尔出现,这说明机器中个别零件热稳定性差,在长时间工作后出现异常。模拟热环境,在热消毒的高温冲洗 20 分钟左右,管路温度已达到 80℃,重现了“Flow Alarm”现象。此时,将机器调为维修模式,进入“CAL. FLOW 800mL/min”,在若干分钟后,故障重复出现。检查 D 点压力,只为 -0.2bar,说明 29 号负压泵没有工作。将 29 号泵头与电机分离,发现电机没有转动。拆开电机后发现碳刷卡位。虽然机器只使用了 2 年,碳刷还有 3/4,但由于这批电机碳刷连接线是从侧边引出,容易引起微卡位,导致故障。泵电机实物见图 8-3-34。

图 8－3－34　泵电机

【解决方案】

对碳刷重新加工后，再装机测试，碳刷改装前后对比见图 8－3－35。29 号泵头正常启动，浮子开关复位，故障排除。

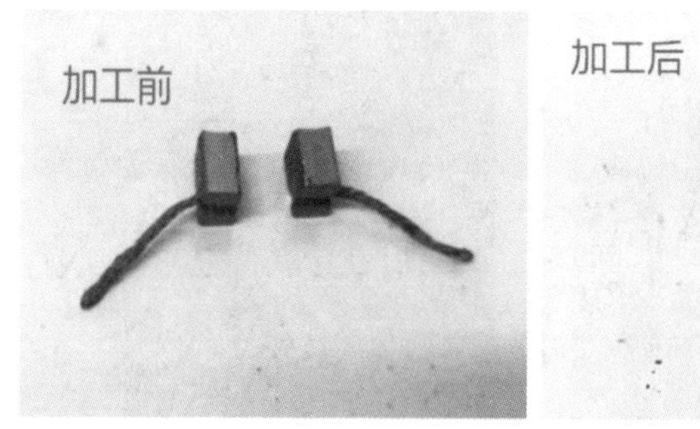

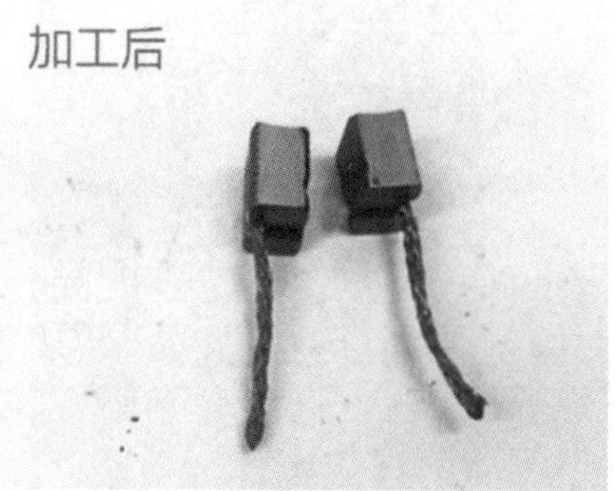

图 8－3－35　电机碳刷改装前后对比

【价值体现】

此次维修我们结合自身的维修经验，多方面查找故障原因，锁定故障源头，大大提升了维修效率。本维修案例通常处理方式为联系厂家更换泵电机。但厂家工程师到现场处理，费用较高且费时。通过故障分析，我们发现泵故障大多数由泵电机引起，更换碳刷或重新安装碳刷可以解决大部分的电机故障。碳刷自行更换的成本低且效率高，建议购买几套作为备用，当出现类似故障可以及时更换，提高设备的使用率。另外，费森尤斯厂家泵电机存在安全隐患，已通知厂家召回处理。召回处理后，血透机目前运行稳定。

【维修心得】

费森尤斯的流量报警现象一般原因较多且较复杂，应结合机器的水路图，查管路、电磁阀等，由简到繁逐步进行排查。电磁阀诊断过程中，建议对每个阀的动作反复测试，保证测试结果真实准确，有助于故障的判断。

（案例提供　丽水市人民医院　蔡饶兴）

8.3.8　东丽 TR－8000 透析工作时透析器膜外气泡堆积

设备名称	血透机	品牌	东丽	型号	TR－8000
故障现象	透析时，透析器膜外逐渐堆积气泡。设备照片见图 8－3－36，故障照片见图8－3－37。				

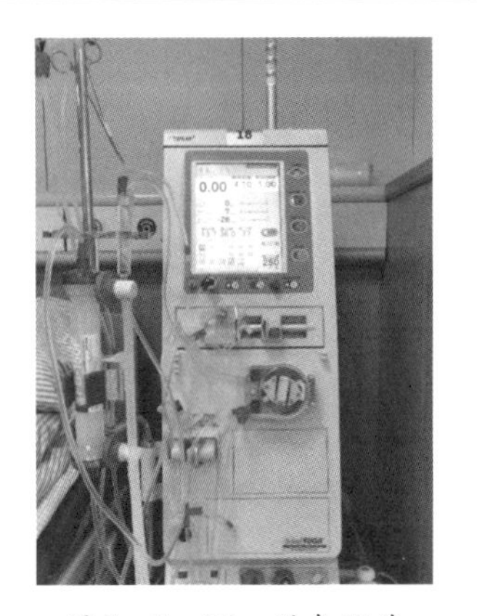

图 8－3－36　设备照片

图 8－3－37　故障照片

【故障分析】

东丽 TR－8000 型血透机水路部分由透析液制造系统、密闭回路系统、脱水系统、消毒系统组成。设备的水路见图 8－3－38。

通过观察机器外部透析液管路，明确气泡来自新鲜透析液中，以此初步确定与该故障相关的水路为密闭回路系统中新鲜透析液水路部分和透析液制造系统。新鲜透析液中存在气泡的可能原因有两个：①水路漏气；②除气不完全。

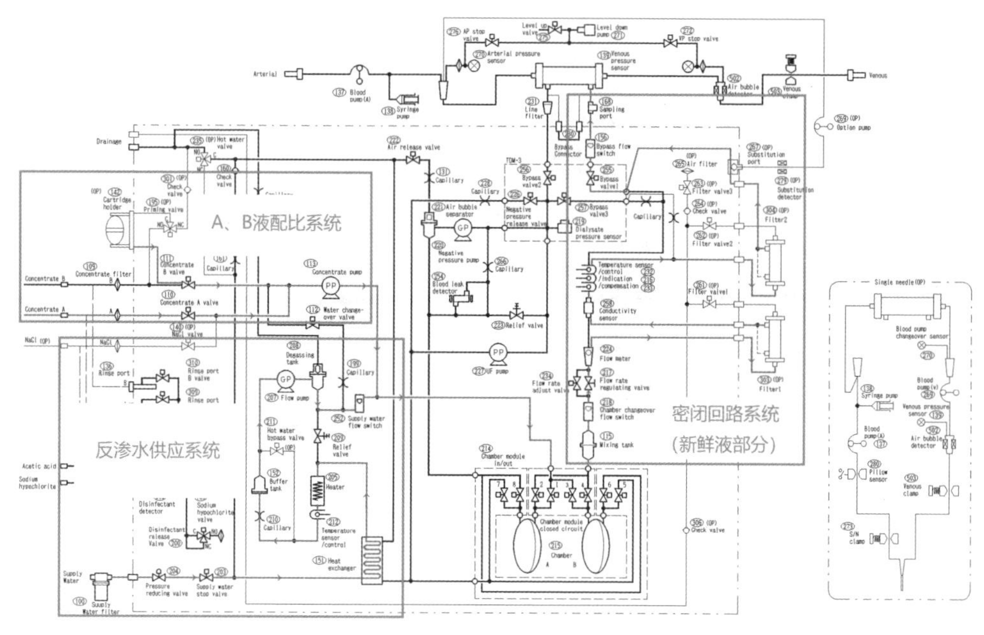

图 8－3－38　故障相关水路

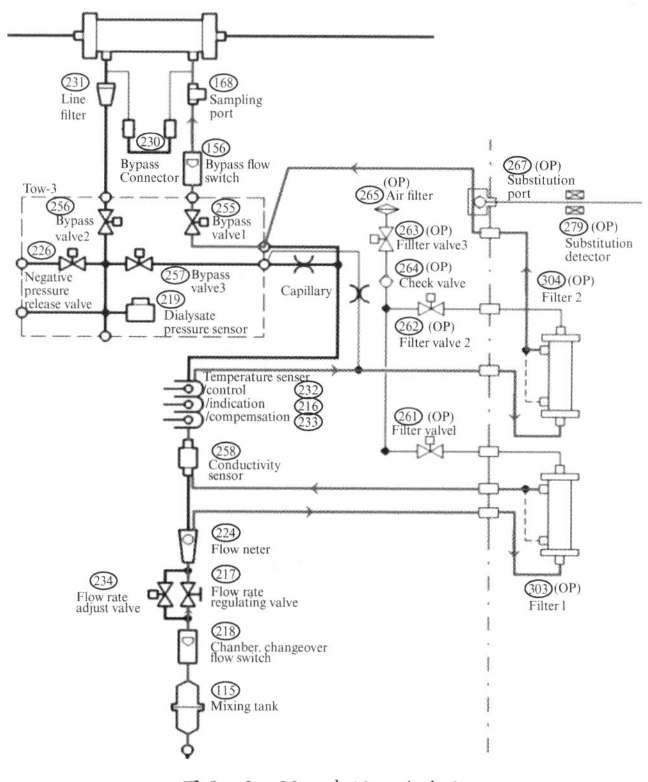

图 8－3－39　密闭回路系统

【故障排除】

(1)首先观察密闭回路系统(见图8-3-39)

正常透析时,新鲜透析液在水路中运行路径(见图8-3-39)为:214平衡室→115混合罐→218平衡室切换流量开关→217流量调节阀→224流量计→303细菌过滤器1→258电导度传感器→233温度补偿感应器、216温度指示感应器、232温度控制感应器→304细菌过滤器2→255旁路电磁阀→156旁路流量开关→168取样接口→透析器。

逆推新鲜透析液在密闭回路系统中的运行路径,可能出现漏气的部位有:①与透析器相连接的快速接头;②168取样口;③156旁路流量开关;④304细菌过滤器2、303细菌过滤器1;⑤232、216、233温度传感器;⑥224流量计;⑦218平衡室切换流量开关;⑧115混合罐;⑨214平衡室模块。

按"先易后难、由近到远"原则逐一排查,在排查过程中仔细观察各管路、水路零件接口处是否有漏气迹象。先更换透析器快速接头,处理后发现气泡依然存在;接着拆装清洗168取样口,气泡仍存在;之后拆装清洗156旁路流量开关、紧固细菌过滤器1、2快速接头,气泡仍存在。再观察三个温度传感器,发现233温度传感器有白色结晶(见图8-3-40),说明此处曾经有漏液,漏液干涸后的白色结晶可能导致漏气,将白色结晶清洁后,重新进入透析观察,故障未解决。接下来处理224流量计、218平衡室切换流量开关和115混合罐,皆无效果。

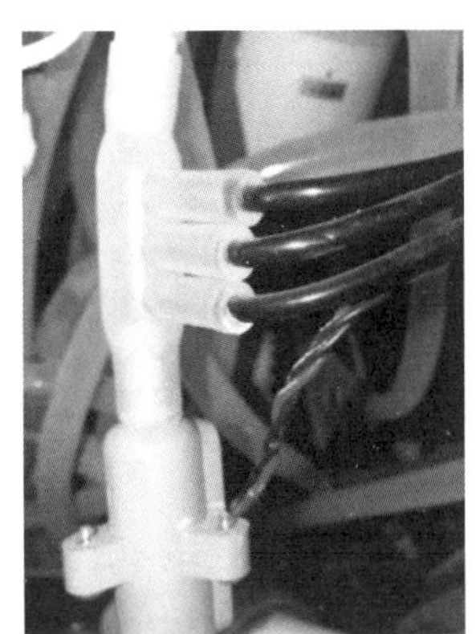

图8-3-40 233温度传感器白色结晶

(2)透析液制造系统(见图8-3-41)

214平衡室模块相对较难处理且故障概率较低,故将注意力放在透析液制造系统上,透析液制造系统由A液和B液配比系统、反渗水供应系统组成,系统按照一定顺序、一定比例吸取 A 液、B 液和反渗水,三者于平衡室内初步混合后,变为新鲜透析液,送入密闭回路系统。

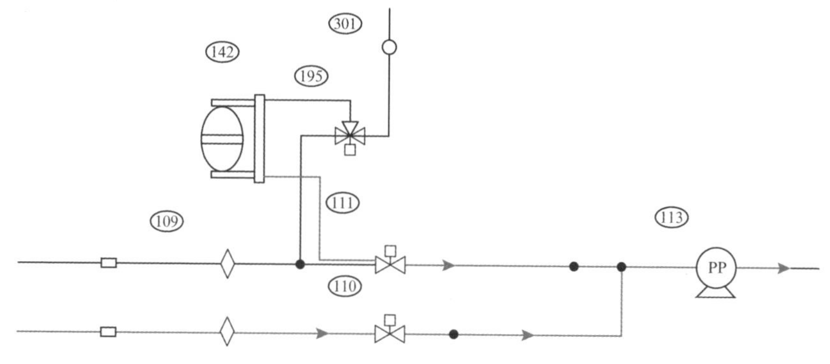

图 8 -3 -41 A 液和 B 液配比系统

A 液和 B 液配比系统中,A 液在水路中的运行路径(见图 8 -3 -41)为:A 液吸管→110 A 液阀→113 浓缩液泵→214 平衡室。B 液在水路中的运行路径(见图 8 -3 -41)为:B 粉底座→111 B 液阀→113 浓缩液泵→214 平衡室。A 液和 B 液配比系统中可能出现漏气的部位有:①110 A 液阀;②A 液吸管;③111 B 液阀;④B 粉底座;⑤各管路、水路零件接口处。观察发现血透机吸取 A 液时正常,吸取 B 液时管路内有较多气泡,于是将 B 粉底座、111 B 液阀(见图 8 -3 -42)及连接管路一一与正常透析机互换,故障未转移,遂同时运行两台互换零件的透析机进行对照,发现吸 B 液时管路中有气泡并不会造成透析器膜外有气泡堆积,排除 A 液和 B 液配比系统的嫌疑。

图 8 -3 -42 111B 液阀白色结晶

(3)反渗水供应系统(见图 8 -3 -43)

反渗水供应系统中,反渗水在水路中的运行路径(见图 8 -3 -43)为:100 供水过滤器→204 减压电磁阀→203 供水节流阀→151 热交换器→205 加热器→212 温度侦测探头→210 毛细管→152 缓冲罐→207 流量泵→208 除气罐→

252 供水流量开关→214 平衡室。

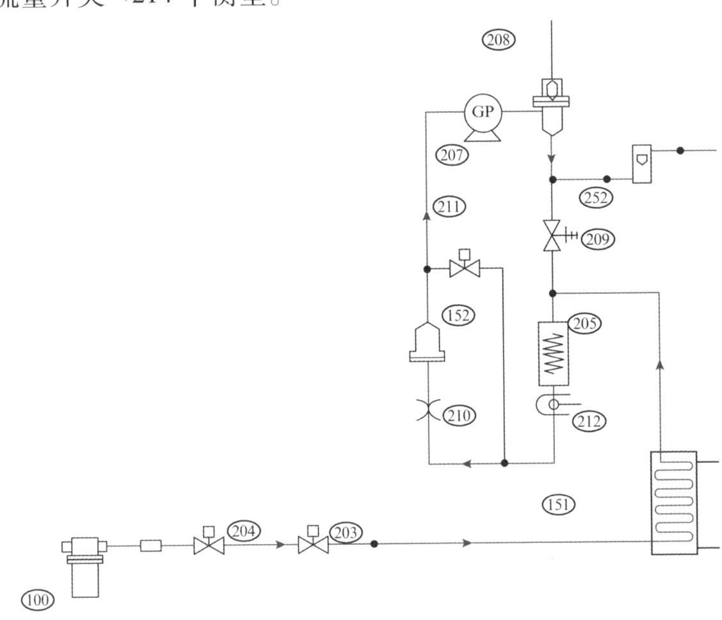

图 8－3－43　反渗水供应系统

逆推水路，拆装清洗 252 供水流量开关，故障未解决，考虑是除气系统除气不完全。除气系统由 210 毛细管、207 流量泵和 208 除气罐组成，可以去除溶解于反渗水的空气。208 除气罐内有一浮子，浮子顶端装有密封橡胶帽，用以堵住出气孔，防止反渗水泄漏，久而久之，橡胶帽会出现环形凹痕，容易使浮子回落不顺畅，影响除气效果，拆开 208 除气罐，发现橡胶帽并无凹痕，怀疑故障与除气罐无关，更换橡胶帽后测试（见图 8－3－44），故障仍然存在。将 207 流量泵泵头与正常透析机流量泵互换，故障转移，以此确定故障原因为流量泵动力不足。

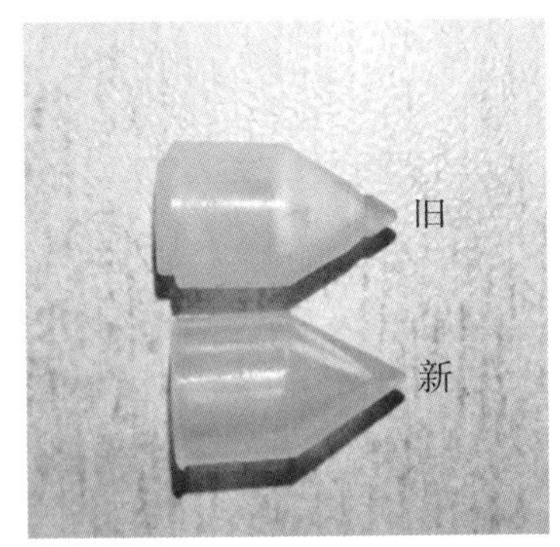

图 8－3－44　208 除气罐新、旧密封帽对比

【解决方案】

220 负压泵由于与 207 流量泵型号相同（见图 8 – 3 – 45），且负压泵所在水路对其动力要求相对不高，故可在血透机消毒之后，将流量泵泵头与负压泵泵头互换，作为应急使用，保证设备可正常运行。若互换泵头无效，则考虑直接更换新流量泵泵头。

图 8 – 3 – 45　207 流量泵泵头、220 负压泵泵头

【价值体现】

我院区东丽 TR – 8000 型血透机自 2008 年使用至今，设备使用年限长，在 2018 年度和 2019 年度，流量泵故障十例，故障占比 5.78%，其中，互换流量泵和负压泵泵头三例，更换新流量泵泵头一例。流量泵泵头更换费用需八千余元。当怀疑流量泵故障时，通常优先选择互换泵头，互换泵头不但可以辅助判断故障原因，提高维修效率，而且可以节省维修成本。

【维修心得】

本案例采用逆推法，逐个排查水路元器件，排查过程中使用对照法、替代法确定故障范围。此方法虽然耗时久，但不会遗漏故障点，可以作为排查故障的通用方法。本案例对日常维修的指导意义在于以下三点。

（1）故障点与故障现象的关系：在设备维修过程中，遇到的问题有时并非由单一故障引起，而是由多个不同的故障点导致同一故障现象；有时又会有同一故障点导致多个不同的故障现象。本次维修就是多个故障点导致同一故障现象的典型案例。

（2）使用逆推法进行尝试性维修：在我们进行尝试性维修时，逆推水路逐个排查元器件不失为一个稳妥的方法。使用这个方法可以防止遗漏故障点，即使遇到成因复杂的故障也不会乱了阵脚。

(3)熟悉故障设备各部分原理和功能对维修意义重大:排除故障后,仔细回顾维修过程,不难发现,熟练掌握水路中各个零部件的原理和功能至关重要。随着维修次数增多,熟练掌握水路后,可以先观察218平衡室切换流量开关和252供水流量开关的浮子状态,快速确定故障范围,提高维修效率,保障临床工作。

(案例提供　浙江省中医院　洪杰)

8.3.9　费森尤斯4008B消毒高流量报警、消毒后自检流量报警

设备名称	血透机	品牌	费森尤斯	型号	4008B
故障现象	消毒高流量报警且无法取消;处理完故障发现机器消毒后自检流量报警。设备照片见图8-3-46,故障照片见图8-3-47。				

图8-3-46　设备照片

图8-3-47　故障照片

【故障分析】

消毒报高流量一般由水路前级供水不足引起,主要有29#动力不足、210滤芯、89小孔阻塞,还有可能由平衡腔上各电磁阀开合异常、水路堵塞等情况引起。

【故障排除】

机器背后管路见图 8－3－48，根据故障分析的几种可能，逐次检查排除。

首先考虑29#动力不足，虽然 21#、29#泵头规格材料相同，但是由于工作强度不同，磨损程度也不同，对两者进行对换往往能找到故障原因。对换泵头之后发现故障暂时消失。不久后，该机器又开始报警，故障现象为消毒后直接自检会流量报警，等待片刻后能正常使用。

图 8－3－48　机器背后管路

再次对机器进行检测，发现在报警时机器 300、500、800 DAC 值在 147 等数字之间跳跃，但是片刻之后 DAC 值全部正常，DAC 值异常期间消毒机器报高流量。

由于此次故障比较有规律性，因此初步怀疑是消毒高温引起的电磁阀开闭失灵。在初步清理了 89 小孔、210 滤芯之后，开始利用注射器和费森机器的诊断系统检测消毒终止后高温状态下的平衡腔电磁阀，没有发现异常。

翌日，护士反映治疗过程中电导上下漂移。治疗过程中电导上下漂移的故障主要原因是 21#电机无法提供稳定的流量动力，提示先前排查方向有误。直接更换备用电机（原报废电机更换碳刷）后故障排除。后拆卸故障电机（见图8－3－49）查看，发现该电机碳刷已被卡死，无法正常弹出。

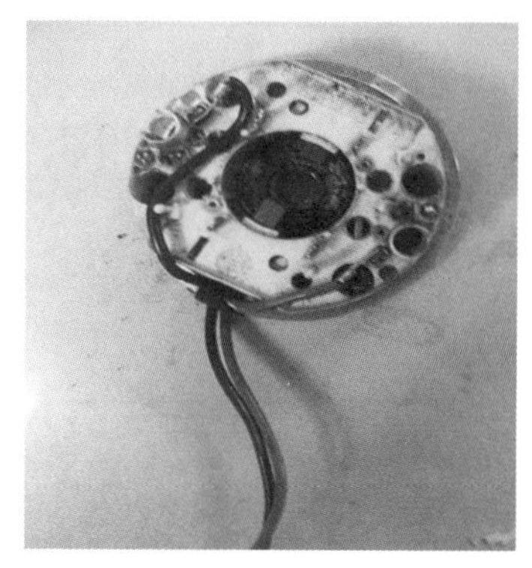

图 8－3－49　泵电机盖（其中一侧碳刷曾经卡死引起故障）

【解决方案】

对换 21#、29#泵头，更换 21#电机，将故障电机作清理碳刷处理，留作备用电机。

【价值体现】

费森尤斯 4008B 型血透机的水路故障大部分和流量有关，而流量问题大部分由 21#、29#工作效率不足引起。该血透机一套电机泵头价格接近一万五千元，正确合理地处理好此类问题，能够为医院节省开支，也能体现医工的价值。

因此,在维修间应留存了大量更换后的电机和泵头,以便排查故障,并准备了一定量的碳刷,对旧电机予以维修。

【维修心得】

医疗设备的每一次维修都是一次考试,我们既需要回顾过往,温习原有知识,以便快速给出维修思路,又需要细细探索,检查这次考试和以往有何不同,从而交出一份完美答卷,给医护人员和病人提供方便。

(案例提供　绍兴市中医院　胡佶轩)

8.3.10　金宝 AK95S 自检时间长、长期无声“C FRFF 088 065”报错

设备名称	血透机	品牌	金宝	型号	AK95S
故障现象	AK95S(32310)报“C COFF 088 065”,机器自检时间比别的 AK95S 血透机要长大约 5 分钟。查“Silent errcodes”为:“C FRFF 088 065 ”(见图8-3-51)从 2005 年 12 月 30 日 2016 年 2 月 25 日这段时间里一直在报错。设备照片见图 8-3-50。				

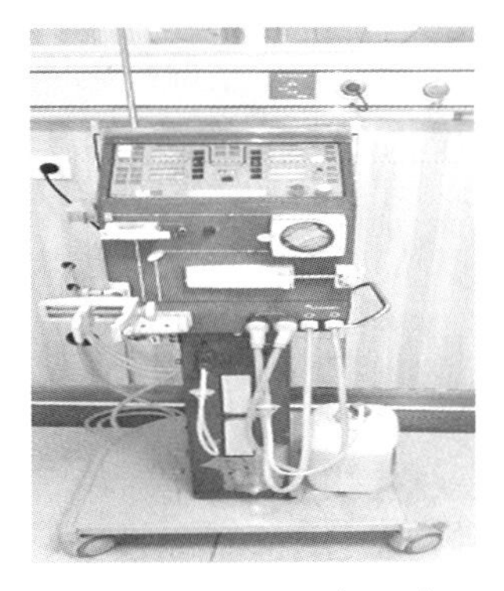

图 8-3-50　设备照片

图 8-3-51　金宝血透机错误代码

【故障分析】

金宝 AK95S 型血透机在自检过程中,系统有时会出现红扳手,提示:“FUNCTION CHECK RESTARTED”。如按下确认键,液路(血透机液路上半部分的正面和侧面分别见图 8-3-52 和图 8-3-53)的检测将重新开始。有时

没有任何提示，而面板显示液路部分自动复位，一种无声的检测再次启动，一直到液线变“绿”为止。而这种自检结果往往使总的自检时间延长，最长可达5分钟。另外，还有无声的错误代码：系统不会出现红扳手，仅仅保存在错误存储器中，提示由于哪些功能自检失败而进行了重新自检。

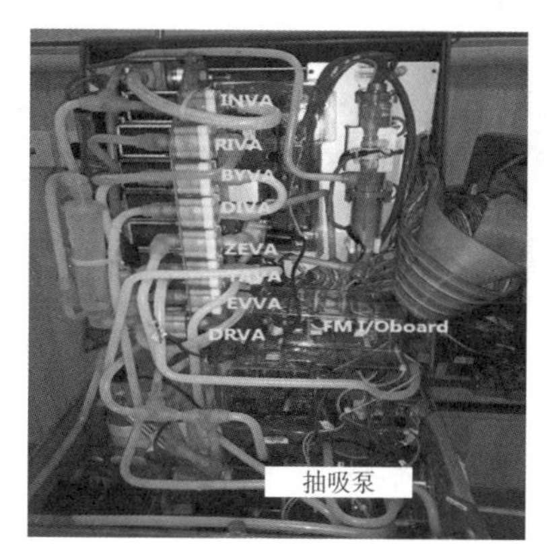

图 8－3－52　金宝 AK95S 血透机上半部分液路正面

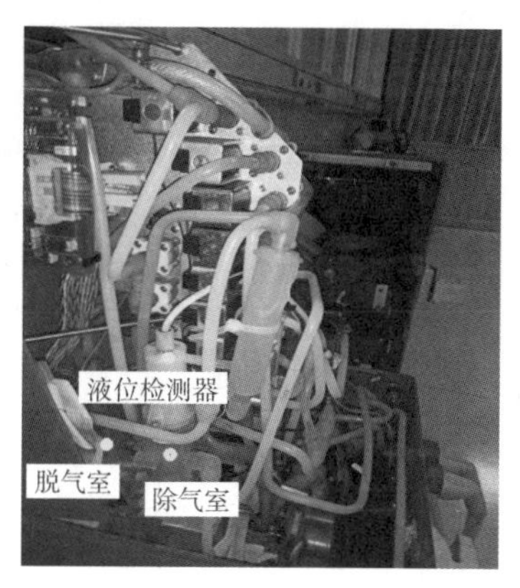

图 8－3－53　金宝 AK95S 血透机上半部分液路侧面

根据表 8－3－1 维修故障代码，参照厂方提供的机器故障代码描述，可以锁定此血透机的快速接头、deairating chamber、DIVA/TAVA/EVVA/REVA 阀和相关管路有漏气情况存在。

表 8－3－1　维修故障代码

Temperature test	DIVA AIVA TEST	Unstable degassing pres
C FRFF 088 055	C FRFF 088 061	C FRF 006 003
C FRFF 088 056	C FRFF 088 065	
C FRFF 088 092	C FRFF 088 086	
	C FRFF 088 088	

【故障排除】

（1）“deairating chamber”检查，将液位传感器固定螺丝拧紧。

（2）快速接头（见图 8－3－54）外观进行检查，发现没有破裂。接头上有结晶，用反渗水进行了清洗。

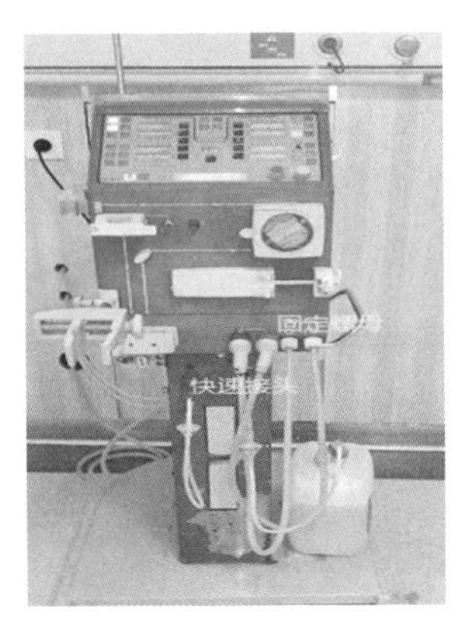

图 8－3－54　金宝 AK95S 血透机快速接头

(3)清洁检查透析液流入端的过滤器。拧紧快速接头与机器相连的固定螺母。开机自检仍然报:“FUNCTION CHECK RESTARTED”。

(4)更换了快速接头“O”形圈后,开机自检正常。

(5)打开机器发现“deairating chamber”底部附近有一结晶,可能“deairating chamber level detector”“O”形圈(见图 8－3－55)存在轻微漏气,于是进行更换。

(6)检查了 DIVA/TAVA/EVVA/REVA 阀阀膜,因阀膜使用已久也进行更换。同时检查了其他阀阀膜,发现 BYVA 阀阀膜有渗漏,进行了更换。开机自检正常,此错误代码不再出现。

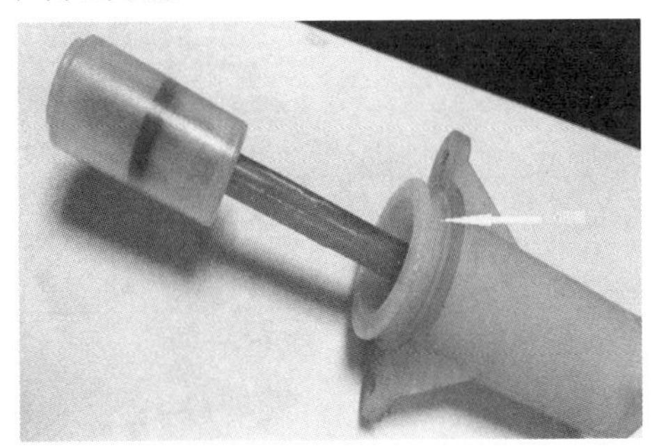

图 8－3－55　“deairating chamber level detector”“O”形圈

【解决方案】

(1)透析液快速接头,用反渗水进行了清洗。检查透析液流入端过滤器“Particle Filter”,进行了清理,快速接头与机器相连的固定螺母进行了紧固。更换了快速接头内的“O”形圈(见图 8－3－56)。

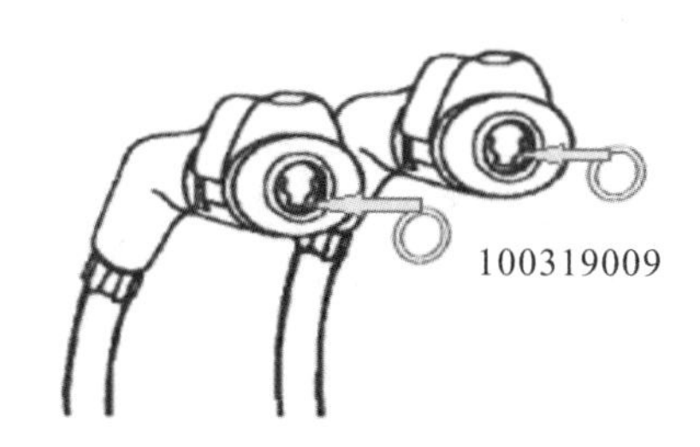

图 8－3－56　血透机快速接头内部“O”形圈

(2)更换了“deairating chamber level detector”“O”形圈。

(3)更换 DIVA/TAVA/EVVA/REVA 和 BYVA 阀，阀膜有渗漏。

【价值体现】

通过这次维修，我们拓宽了维修思路，能更好地利用厂方提供的维修资料，解决复杂的问题，提升了维修能力，能及时为临床提供更好的服务。重视临床一线对设备使用情况的反馈，能更有的放矢进行预防性维护。

【维修心得】

在医疗仪器维修过程中，应重视使用过程中的一些不正常的现象，用心去发现问题，能有效利用一些维修资源，如系统的一些错误提示和设备故障代码，帮助我们对设备故障进行定位。在较复杂的故障排除中，使用分块排除法能提高我们的维修效率。在维修中不断积累经验，应用到仪器设备的故障预防中。血透设备在临床使用率高，设备本身结构复杂，有多种因素会引起设备自动重启。这对我们临床工程师提出了更高的要求，这也恰恰体现了我们的价值。

（案例提供　浙江省新昌县人民医院　潘月鸯）

8.4 血透设备电路故障维修案例

8.4.1 费森尤斯4008B自检血泵无运转、“E.13”报错

设备名称	血透机	品牌	费森尤斯	型号	4008B
故障现象	开机自检到血泵自检的步骤时，血泵没有运转，直接报错，故障代码为E.13。设备照片见图8-4-1，故障照片见图8-4-2。				

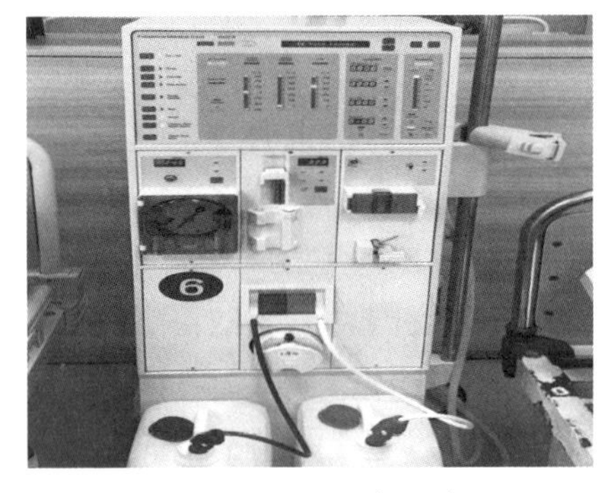

图8-4-1 设备照片

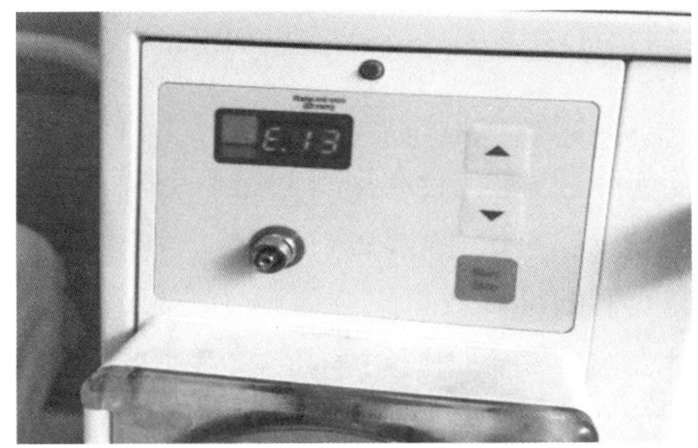

图8-4-2 故障照片

【故障分析】

血泵驱动电路见图8-4-3，为了降低血泵运行时的震动和噪声，驱动电路采用了基于L6506/L6203芯片的细分步进电机驱动系统设计，每个步距角被细分为60微步。其中L6203的第十脚(SENSE)为接收步进电机绕组反馈电流的引脚，绕组电流经过检测电阻R58、R59转换为电压后送入L6506的VSENSE引脚与REF电压进行比较，控制内部触发器工作，从而实现细分步距角的功能。另外，R58、R59上的采样电压信号还会经过各种转换处理后送往CPU，以实现对步进电机内部各绕组电流情况的监控，若该电流出现偏差，就会报出E.13或E.14的错误代码。

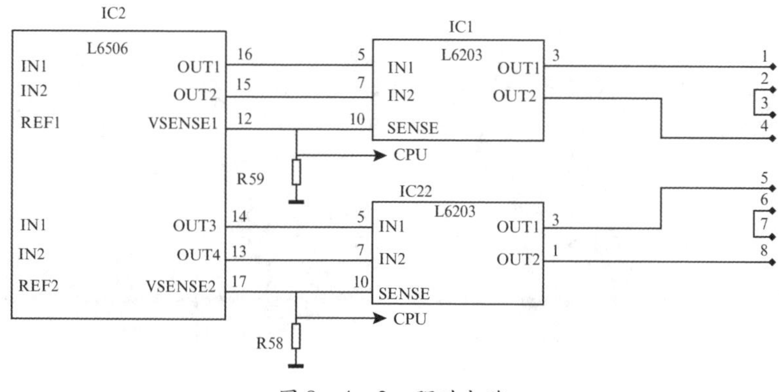

图 8－4－3　驱动电路

综上分析发生此故障的原因可以总结为以下几点:①电机与主板的接口接触不良;②主板驱动电路故障;③步进电机绕组断路或者短路;④主板主控电路故障。

【故障排除】

根据故障分析的几种可能,逐次检查排除。

(1)检查电机与主板的接口外观,均正常,没有烧焦痕迹,接触牢固。

(2)将血泵主板与旁边同型号机器对换,试机发现两台设备都出现上述的故障现象,再对换回来后,又只有原来的故障机出现该故障现象,因此,怀疑主板与电机都有问题。

(3)检查主板电机驱动部分的电路以及元器件,发现 IC1(L6203)有烧焦痕迹,将 L6203 进行更换,再次与同型号机器对换后发现主板恢复正常,主板故障排除。

(4)对步进电机的各绕组进行测量发现 7、8 绕组断路,决定更换电机。但厂家只有新版的二相四线电机,而故障电机为四相八线电机,无法替换使用。咨询厂家得知老版电机已经停产断货,建议成套更换,成本极高。对比我院新老版本的血泵主板电路和电机,得出以下两个结论:①老主板驱动电路的 8 针电机插座中 2/3,6/7 两对针脚是直接短接的,对应到四相八线电机上即对其中两对绕组采用了串联法,使其从外部上看等同于二相四线电机;②新老主板的驱动电路图以及所用的元器件完全相同,只是电机接口的插座针脚不同,老主板为 8 针,而新主板取消了 2、3、6、7 针脚,改为 4 针。

新版主板和老版主板的实物示意分别见图 8－4－4 和图 8－4－5,新老电机示意见图 8－4－6。

图 8-4-4 新版主板(四线电机接口)

图 8-4-5 老版主板(八线电机接口)

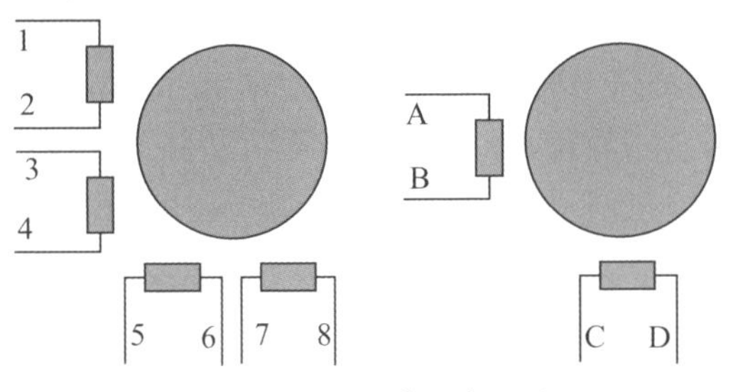

图 8-4-6 新老电机示意

【解决方案】

向原厂采购一只新版的血泵步进电机，结合上述分析将新版电机的四根引线(黑、橙、红、黄)分别与老主板电机插座的 1、4、5、8 四个针脚相连，开机自检运行正常。进入维修模式，校准血泵泵速，再分别检测血泵的多档流速，检测结果均在误差范围之内。

【价值体现】

本例故障为主板驱动元件 L6203 和步进电机同时损坏。L6203 可以从市场上购得，以极低的经济成本修复了血泵驱动主板，而步进电机因绕组损坏，只能更换新电机。本维修案例的难点在于新老版本电机因相数和线数不同无法直接替换，需要研究主板电路及其步进电机原理才能进行兼容处理。通过对新旧主板电路的对比及步进电机各相接法的分析，我们找到了兼容的方法并付诸行动，最终完美修复故障。目前，在血透室还有许多老版本的血泵模组在使用，本案例通过故障分析和排查，采用更换电机而非更换主板甚至更换整个模组的方式，节约了高昂的维修费用，具有极好的经济效益。

【维修心得】

作为一名医学工程技术人员,设备维修应该是我们日常工作的一项重要工作内容。而维修不应仅仅停留在对故障的大致判定和组件的更换上,更应该深入地研究设备的工作原理、电路结构、传感器和元器件等。如本案例所述,我们经常会遇到各种新旧版本更新问题,但经过仔细地观察研究我们可以发现:有些更新仅仅是接口和外观的更新,其本质并未改变;有些更新可能会涉及电路和结构的改变,但核心电路和原理也并未改变。我们要勤于分析这些新旧版本的不同之处,找到更优的维修方法,通过一些简单的改装或者改变,在不影响原理和功能的情况下进行改进和修复。

(案例提供　慈溪市人民医院　韩叶锋)

8.4.2　费森尤斯 4008B/4008S 治疗血泵停转、“E. 12”报错

设备名称	血透机	品牌	费森尤斯	型号	4008B、4008S
故障现象	治疗时血泵停转并报错“E. 12”,按“start”键可以复位运行,一段时间后又停转并报警。设备照片见 8-4-7,故障照片见 8-4-8。				

【故障分析】

血泵运行时,主板 CPU 会不断采集血泵框架上霍尔传感器的脉冲信号,从而实时地获取血泵转子的实际运转速度值,并将这个速度值与用户设定速度值相比较。当这两个速度值的偏差超过允许的误差范围时,血泵主板 CPU 就会发出速度异常报警,在血泵模组的速度显示窗口显示“E. 12”的错误代码,并强制让血泵停止运转。

故障原因及维修思路可以参考以下五点:①泵头与血泵框架有较大摩擦甚至直接卡死,导致血泵实际速度偏低;②转子背部的磁铁脱落或者消磁,使框架上的霍尔传感器无法采集到转子的旋转信息;③框架上的霍尔传感器本身发生故障,导致采集的速度信息异常;④变速器机构内部的皮带严重磨损、断裂,齿轮耦合器磨损、打滑,导致传动速度不匹配;⑤步进电机失步、轴承磨损、卡死。

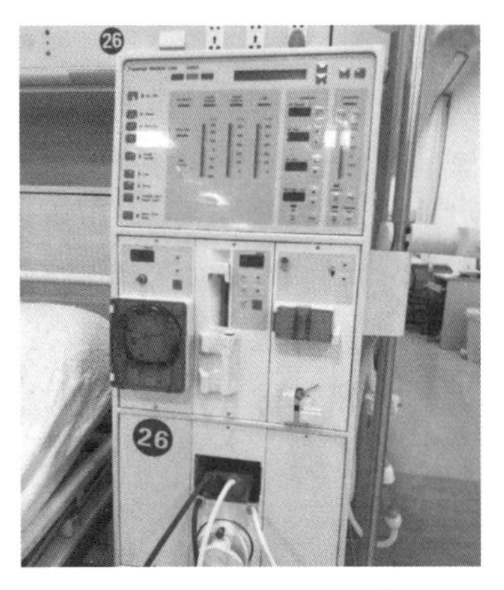

图 8-4-7 设备照片

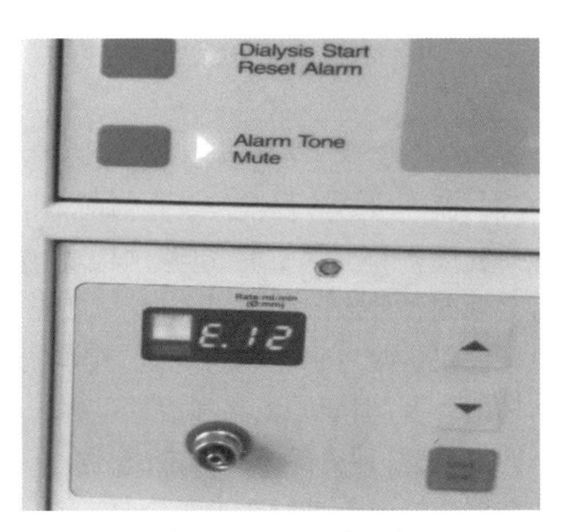

图 8-4-8 故障照片

【故障排除】

血泵电机实物见图 8-4-9，电机拆解见图 8-4-10，根据故障分析的几种可能，逐次检查排除。

图 8-4-9 血泵电机

图 8-4-10 电机拆解

(1)检查血泵转子上的磁铁，发现磁铁位置正常，磁性也正常。

(2)装回转子并用手转动，发现转动时比正常的血泵要重很多，于是检查血泵框架，没有发现转子与框架的摩擦痕迹，因此，排除转子与框架摩擦过大的故障。

(3)单独测试变速器转动情况，发现转动力度正常，因此，排除变速器故障导致的转动困难。

(4)拆除血泵电机，发现电机很难转动，仔细观察电机轴承，发现有锈迹，喷除锈剂后有黄色液体流出，说明轴承已经锈蚀。在轴承生锈不是很严重的情况下，多次用除锈剂进行除锈就可以修复轴承。但对本次故障中的血泵电机轴承,多次喷除锈剂处理后电机仍然较重,说明轴承已经严重腐蚀,需要更换电机或者轴承。

【解决方案】

检查电机的轴承发现该轴承代号为608Z,是一款市面上常见的标准轴承。经过查询,最后采购了一款日本NSK品牌的轴承进行替换,电机转动轻快,故障修复(见图8-4-11)。

图8-4-11　更换轴承

【价值体现】

在本例故障中,我们深入剖析了血泵的运行原理和故障报警机制,进而总结出了发生该故障的所有可能原因及维修思路。在故障排查时可以有条理地进行逐项检查并确定故障,提高工作效率。本次案例中我们采用精确到元件级别的维修方法,最终花费不过几十元,避免了更换电机甚至整个血泵模组,节约了大量的维修开支。在本次维修后我们进行了轴承的备货,以便在下次出现同类故障时可以快速进行修复,缩短血透机的停机时间。

【维修心得】

血透机血泵停泵的故障一般可分为两类:一类是由于发生了其他血液方面的报警,因此血透机为了保护患者,命令血泵停止工作,以停止血液体外循环,并发出声光报警,提醒医务人员尽快处理,此类故障只要消除引起血报警的因素(例如不合理的报警限值、血路管弯折等),就可以使血泵恢复正常;另一类是血泵机械或电路故障,发生此类故障,必须在病人下机后进行维修。本案例中的故障属于第二类故障,针对故障现象,结合血泵的结构和原理,详细分析了引起故障的所有可能原因,并按“由简到难”的原则进行逐一排查,最后实践了精确到元件级别的故障维修方法。因此,充分了解医疗设备的原理和结构,进行精确到元件级别的维修,既可以提高工程师自身的技术水平,又可以为医院节省大量维修支出,在实际工作中具有重要意义。

(案例提供　慈溪市人民医院　韩叶锋)

8.4.3　爱德华 AquariusⅣ 自检停机报警、“血液渗漏”“滤器前压力低”停机报警

设备名称	血滤机	品牌	爱德华(德国)	型号	Aquarius(Ⅳ版本)
故障现象	故障一:给病人连接好管路上机后,血滤机自检无法通过,显示屏出现“空气探测器”“动脉压力传感器”信息,设备处于停机报警状态。 故障二:血滤机显示界面出现“血液渗漏”“滤器前压力低”的信息,设备处于停机报警状态。 设备照片见图 8-4-12,故障照片见图 8-4-13。				

【故障分析】

参考设备的运行原理图(见图 8-4-14)和总电路原理图(见图 8-4-15)进行故障分析。

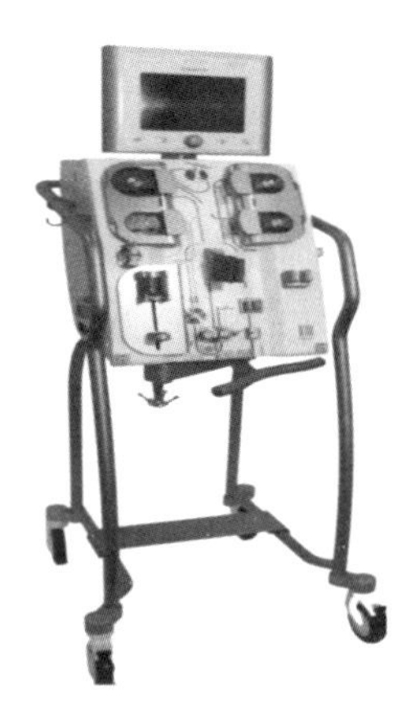

图 8-4-12　设备照片

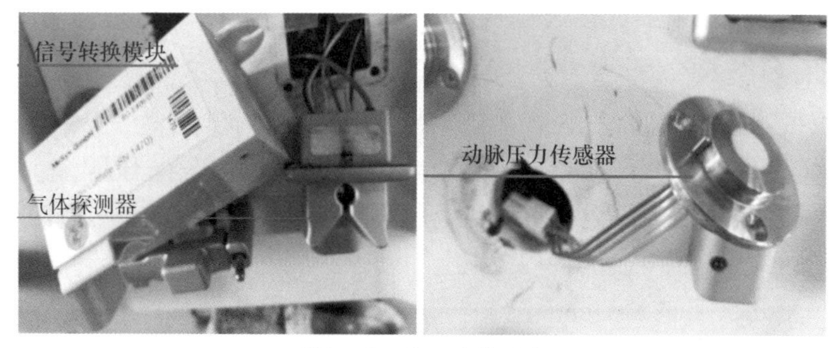

图 8－4－13　故障照片

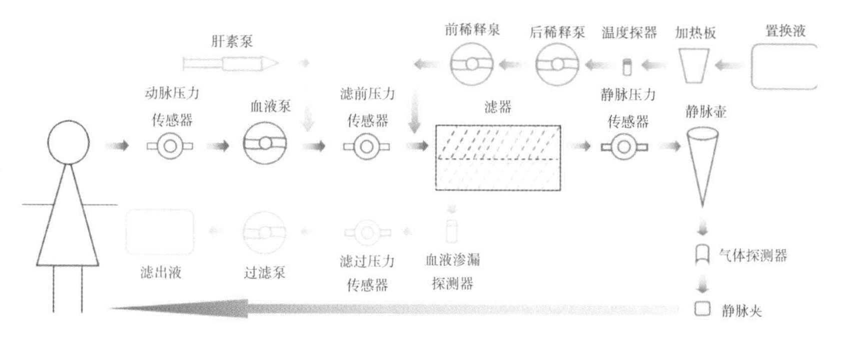

图 8－4－14　设备运行原理

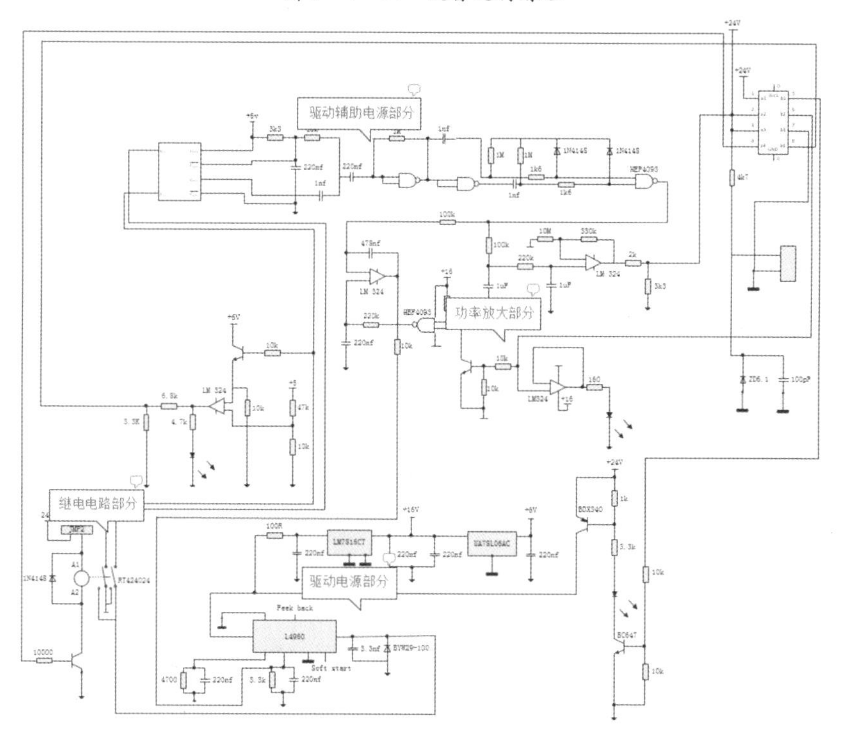

图 8－4－15　总电路原理

▲ 故障一：

(1)针对“空气探测器”报错

根据提示按下血泵键，查看系统错误是否能自动消除（这是因为刚给病人上机，设置参数后，运行前期的系统运行不稳定，即动脉压、静脉压、跨膜压并没有达到平衡状态。血滤机内部 CPU 会收到各路传感器的实时反馈信号，如计算后得到的结果较标准值偏差大，则会启动保护，关闭运动部件即泵机，并提示报警），重复几次后也没消除。

(2)针对“动脉压力传感器”报错

在确保管路连接正确的前提下，首先翻阅操作说明上的相关内容，如果遵照其要求卸下管路再进行系统重启，会严重滞后临床 CRRT 工作的开展，并且此时管路内已经有病人的动脉血，测试期间，血液易发生凝血现象，管路重复使用可能性不高。为此，应与临床操作人员沟通，保留原管路，现场更换动脉采血部位，重新运行，同时适量加快血液流速和肝素泵流速。

▲ 故障二：

(1)根据临床操作人员口述及观察到设备故障情况，大致可判断故障由电路短路引起。依据泵电机驱动电路原理（见图 8－4－16），首先从相对直观的部件（即 RT424024 继电器及所在控制部分）进行分析。

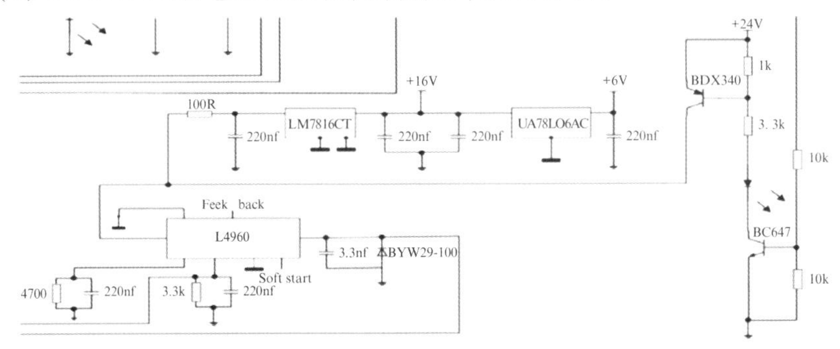

图 8－4－16 驱动部分电路

(2)从继电控制回路方向考虑，找到与之相连的驱动电源，并绘制电路图（见图 8－4－17），包括串联型稳压电路、开关集成可调电路、信号放大电路，从图中看出信号路径是从串联型稳压电路开始，信号放大电路不在继电电源控制关系中，可以忽略，开关集成可调电路属于直接与 RT424024 相关联的部分。

(3)查找驱动辅助电路（见图 8－4－18）中相关芯片的 HEF4093BP 电路和芯片 LM324N 的电路，分析判定信号输入输出正常值偏差的合理区间。

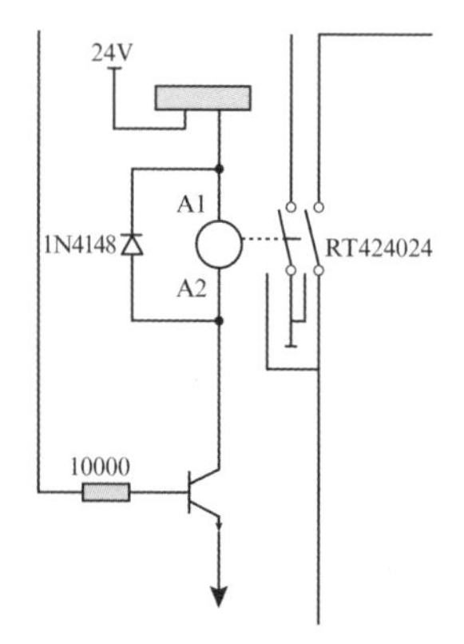

图 8-4-17　继电部分电路

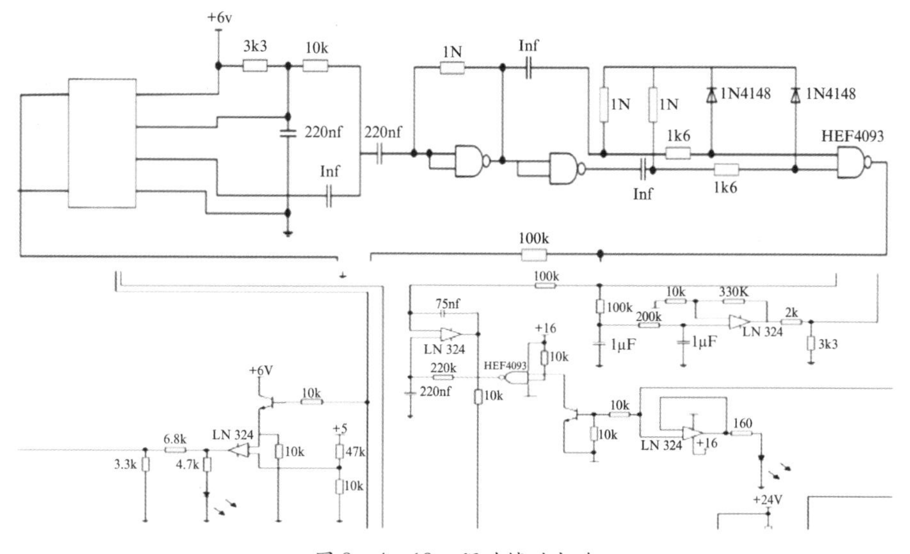

图 8-4-18　驱动辅助电路

【故障排除】

▲ 故障一：

(1)卸下设备后盖，从内部取出空气探测器及信号转换模块，发现空气探测器上方有淡黄色痕迹，是上方置换液除气时渗出的液体造成的，更换探测器，经厂家工程师校准后，恢复正常使用。

(2)对动脉压力传感器，用手适度按压表面，但仍无法消除故障信息。最终确定传感器故障，从备用机上拆下动脉压传感器换上，经厂家校准后，恢复正常使用。

▲ 故障二:

(1)根据继电电路中 A1、A2 所指示的继电器线圈,用万用表测量线路端口上、下两路,发现处于断路状态,通常这种状态会被认为是继电器的问题,但此次不然。随后,用吸焊取出 1N4148(是高速开关二极管,单向导通,用作短路保护)单独测量,将数字万用表调至二极管档,正向电阻 450~500Ω 之间,反向无穷大,说明其正常,并未击穿,因此线圈短路不成立。重新装回元器件,按下设备的泵键后,两路线路短暂导通,但血泵仍旧无法运转,故障信息依旧无法消除,因此,排除继电电路故障。

(2)通过查资料,可知驱动电源控制电路中的 L4960 芯片是单片集成稳压器,共有七个引脚,用万用表测量 1 通道是有电压输入,但在电子继电器 RT424024 的引脚无输出电压,故此判断电容(3.3μF)和整理二极管(BYW29-200)损坏。吸焊取下二极管,先将万用表打到 R×100 档,再用红黑针表对调测量,发现其反向电阻都为零,结果显示其已被击穿。更换整流二极管和电容后,测量继电器引脚,依旧无输出电压。为此,再将整个 L4960 芯片更换后测得直流电压。现阶段只能确定电源部分的故障,仍还需继续排除其他电路部分故障的可能。

(3)通过驱动辅助电路图可看出,其中的三路采用多级串联方式连接,查询相关资料没有简易判别其好坏的方法,故采取保守做法,从备用机上将其拆下并更换。查询有关 LM324N 资料,在保持各路通电的前提下,用万用表测量其芯片上的 4 号、11 号引脚为 +16V,再测 3 号、5 号(运放反相输入端)引脚或者 10 号、12 号引脚,结果为 +8.4V 左右,结果显示芯片基本正常,没有发生短路。

【解决方案】

(1)确定传感器故障后,联系相关厂家更换新件。血滤机需要置换液和滤出液的电子秤平衡校准,然而这需要厂家专用设备及对应管路,如校准平衡流程(见图 8-4-19),用户无法自己进行操作。

(2)确定是驱动电机 PCB 上的驱动电源模块故障后,更换其中的一个 L4960 芯片,且主机连续试运行 48 小时以上。

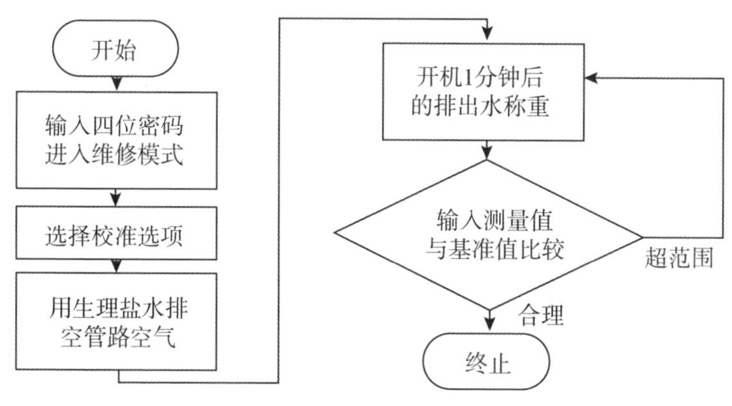

图 8-4-19 校准平衡流程

【价值体现】

(1)传感器是检测的感知装置,也是故障发生率较高的部分,为此可当作设备维修起始点来进行排查,这样既节省了维修时间,又提高了维修效率。

(2)针对短路引起的电路故障,从电源部分着手,能够较高效地判断出故障原因,这是因为在电路设计时,往往会加装具有短路保护功能的元器件或者配置相关短路保护电路。LM324N 内部的四个运算放大器的好坏需进一步单独测量,其中配置两个 R×10K 的分压电阻及一个对地转换开关(见图 8-4-20)。首先将 SA1 开关接通电源(+6V),如能点亮发光二极管,则运算放大器正常。然后将开关对地连接,发光二极管灭则正常,反之,说明运算放大器有损坏。最后,将四个运算放大器自左向右依次断开,其间将最后的运算放大器输出端与发光二极管对接,直到其熄灭为止,判定出运放损坏的具体位置。

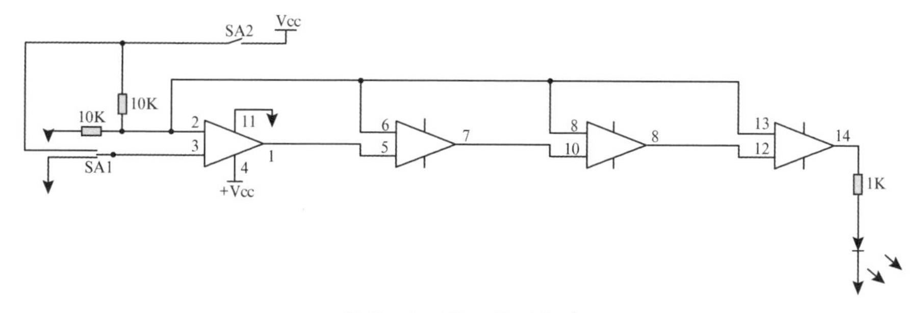

图 8-4-20 检测电路

【维修心得】

经过本次维修,总结以下几点。

(1)我院 ICU 和 EICU 科室针对每次病人血滤上机后的数据监测，设计了如表 8－4－1 所示数据登记表，其中包括使用血流速、滤出液、置换液流速等方面。通过表中的数据，我们可清晰看出动脉压(PA)、静脉压(PV)、跨膜压(TMP)在病人上机后的不同时间点变化，对比发现前 30 分钟以内较敏感，其间需留意血滤机运行状态。

表 8－4－1 日常血滤机动态数据监测登记

时间	设置			压力		
	血流速/(mL/min)	滤出液/mL	置换液流速(前/后)/(mL/h)	PA/mmHg	PV/mmHg	TMP/mmHg
7:00	150	50	1700/300	－21	55	28
7:05	180	200	1700/300	－33	54	34
7:15	180	200	1700/300	－45	51	34
7:30	180	300	1700/300	49	48	44
8:30	180	300	1700/300	－50	51	49

(2)通过维修后与临床操作人员的交流，发现温度探测器会对其在日常针对置换液在加热过程时的管路温度进行实时监测。当管路中的水汽会随着时间逐渐凝集增多时，会沉积在下方的积水杯子中(见图 8－4－21)；当杯子边沿有空气进入时，红色报警指示灯会亮起，需用试管在绿色卡扣位置及时抽取。另外，根据病人的生理情况，需要在与静脉壶连接的蓝色卡扣位置，用输液泵安装设定流速，输入一定比例浓度的 $NaHCO_3$ 溶液，以保证病人体内的酸碱平衡。这更丰富了对设备日常运行状态的了解。

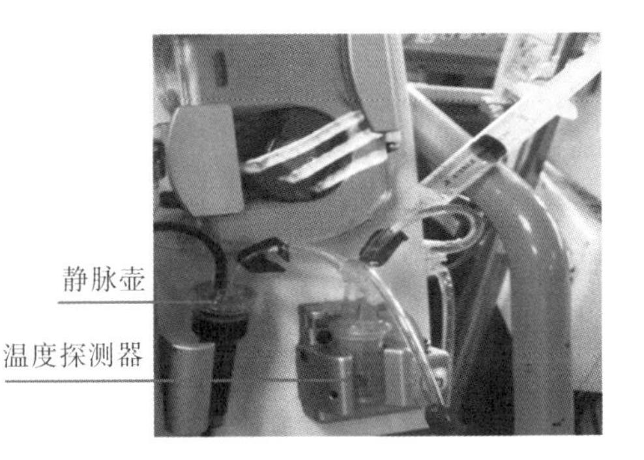

图 8－4－21 操作实际

(3)医疗设备故障会对临床相关科室开展医学诊断、治疗造成严重的负面影响，希望以上对 Aquarius 血滤机(Ⅳ版本)维修案例的分析，能够为相关人员开展日常设备维护保养及循环管理工作提供积极的启示与帮助。

(案例提供 浙江省衢州市人民医院 沈璐彬)

8.5　血透设备其他故障维修案例

8.5.1　费森尤斯 4008BS 内毒素过滤器破膜故障

设备名称	血透机	品牌	费森尤斯	型号	4008S
故障现象	费森尤斯 4008S 血透机自检时报:“F29 DIASAFE plus”,内毒素过滤器破膜。14 台 4008S 血透机中出现频繁破膜现象。其中四台内毒素过滤器使用 20 天左右就出现破膜,还有八台使用不到 7 天就出现破膜,有两台使用不到 3 天就出现破膜。故障信息见图 8－5－1。				

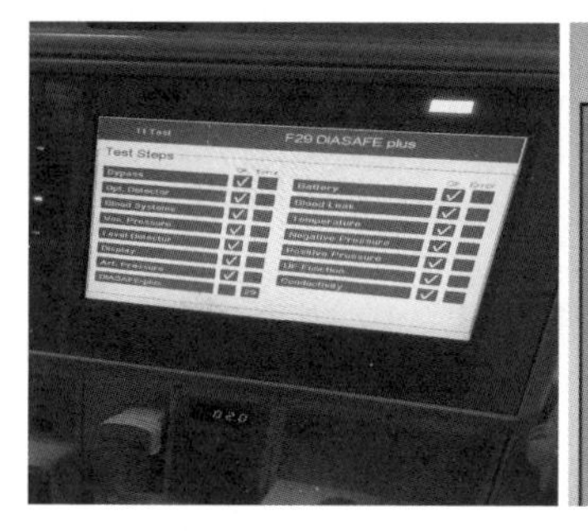

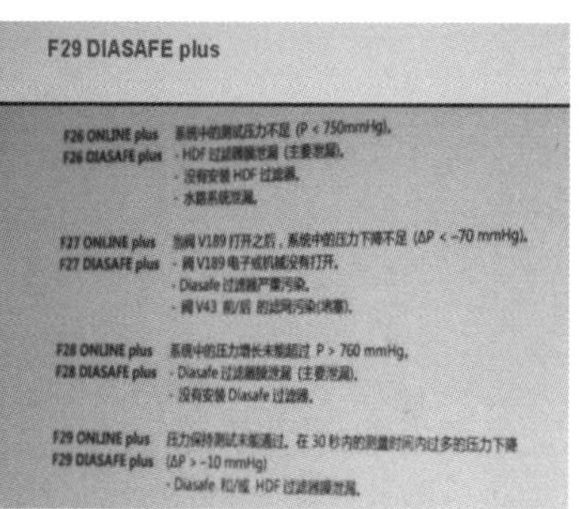

图 8－5－1　故障信息

【故障分析】

内毒素过滤器破膜因果见图 8－5－2。

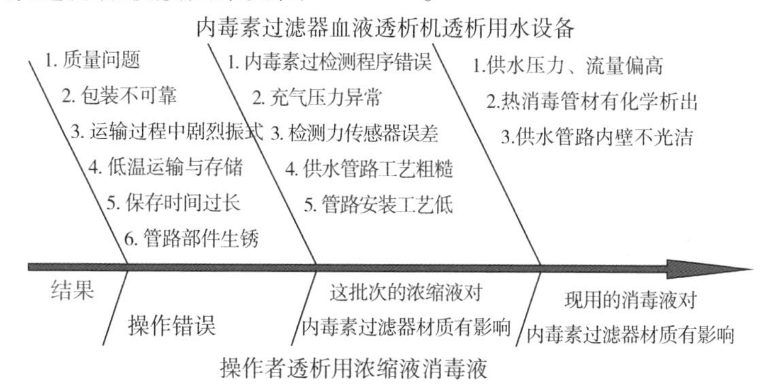

图 8－5－2　内毒素过滤器破膜因果图

【故障排除】

血透机内毒素过滤器详细的排查流程见图8－5－3。

(1)更换不同批次,有效期较长的内毒素过滤器,专人送达。

(2)换用费森尤斯原装产品进行消毒。

(3)借用新昌县中医院在用的费森尤斯配方浓缩液。

(4)检查血透机内毒素过滤器检测程序、压力传感器和破膜内部情况。发现安装双内毒素过滤器的机型发生破膜的都是第一个内毒素过滤器。

(5)血透机的进水端加装进水0.1μ 过滤器(见图8－5－4),此机故障消除。

(6)水处理厂家更改供水管路,将消毒水及时排空,开机延长冲洗时间。

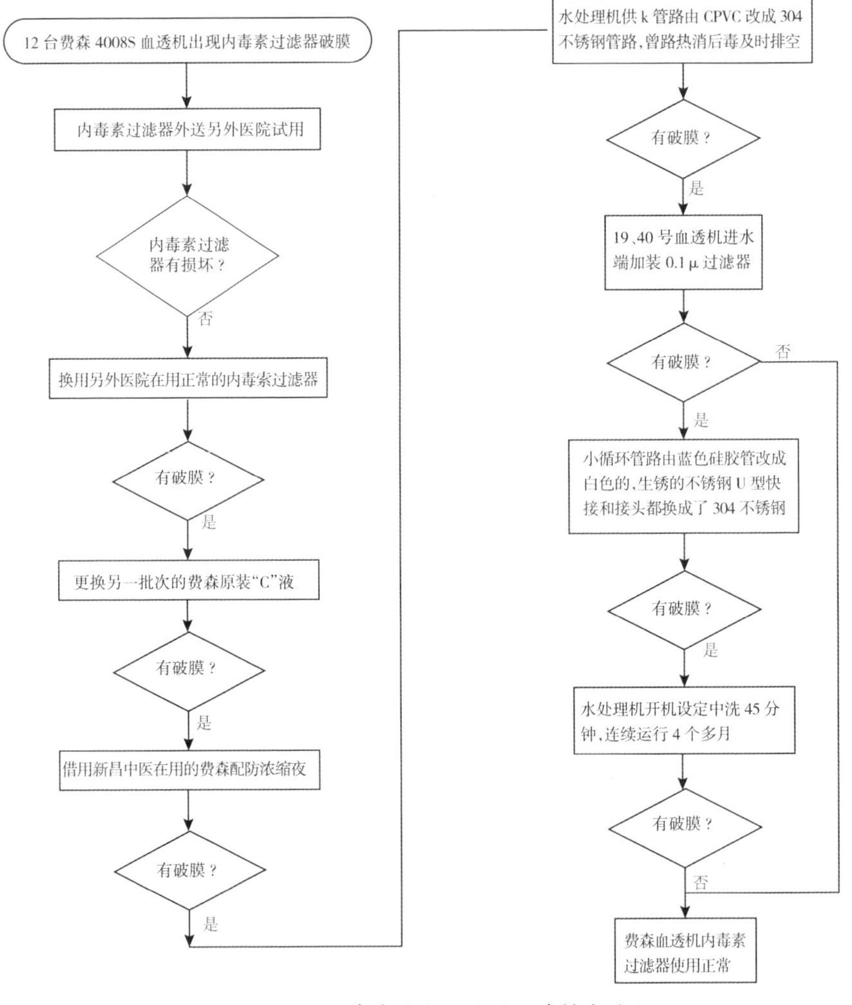

图8－5－3　内毒素过滤器破膜故障排查过程

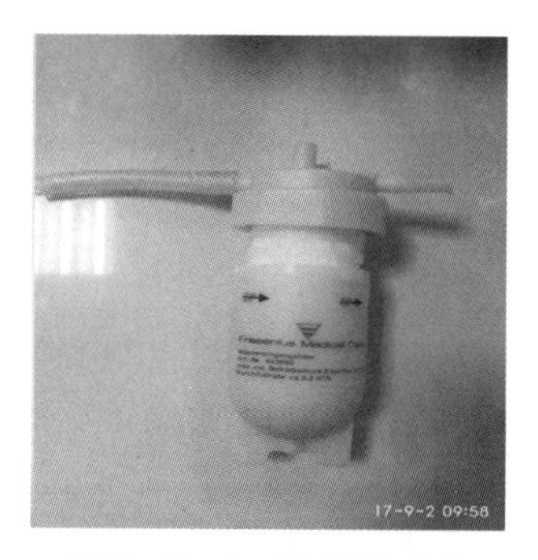

图 8-5-4 过滤器示意

【解决方案】

内毒素过滤器出现大面积破膜情况,性质严重。内毒素过滤器造成破膜的原因较为复杂,且无法观察到破膜的过程,牵涉的面较广,排查困难,而且需 2 个月观察期。水处理机排查现场照片见图 8-5-5。

图 8-5-5 水处理机排查现场照片

(1)通过多方求证,联系费森尤斯公司经销商。

(2)通过费森尤斯公司内部对内毒素过滤器产品质量多方位的检查和费森尤斯资深工程师两次到现场进行检查与勘察,同时进行分析研究,发现双内毒素过滤器机型膜都是第一个破,第二个正常。第二次通过将内毒素过滤器内部解剖探查,发现有可能是有微小颗粒物在里面沉积。因此,在两台频繁破膜的血透机进水端加装 0.1μ 过滤器。

(3)水处理机厂家代表与血液净化中心负责人和医院工程师一起就水处理机存在的一些问题开展讨论,并要求厂家尽快整改。

【价值体现】

经过 4 个多月的不断排查,血液净化中心的运行环境终于回到正常的状态。重启血液透析滤过治疗,同时为后来的高通量透析开展提供了可行的环境,提高了病人的透析治疗水平。

【维修心得】

通过这一案例,我们深深体会到:一台先进的水处理机应使用高规格的部件、优质的材料和先进的生产工艺。只有管路内部光洁度好,才能防止细菌滋生,避免微粒污染。由于缺乏专业素养,往往在水处理机招标中忽视安装工艺。希望更多的同行能从本案例中得到启示,提高血液透析行业专业技术提供帮助,更好地为临床服务,为血透病人提供高质量的透析条件。

(案例提供 浙江省新昌县人民医院 潘月骞)

8.5.2 劳铒 MPC - FP 集中供液面板透析废液泡沫溢出故障

设备名称	集中供液面板	品牌	劳铒	型号	MPC - FP
故障现象	大批量新装的集中供液面板在使用中出现透析废液泡沫大面积溢出面板现象。设备照片见图 8 - 5 - 6,故障照片见图8 - 5 - 7。				

图 8 - 5 - 6 设备照片

图 8 - 5 - 7 泡沫溢出面板

【故障分析】

劳铒集中供液面板实现的功能是供液(提供浓缩液)、供水(提供透析用水)和排液(排除透析废液),主要结构包括 U 形连接水管口、废液管终端悬挂点、中央供液座，以及 U 形存水弯管。

下面针对泡沫溢出现象，分两大点讨论。

(1)泡沫产生的原因

1)透析废液成分

透析废液中除了大部分的水，还有无机盐，以及清除出来的大小分子有机毒素，包括尿素、肌酐，球蛋白等。这些无机盐和有机成分改变了液体的表面张力，容易形成泡沫。

2)冲击效应

血透机废液管终端在面板上的悬挂口，距离面板废液收集水平面存在一定的高度差，出水废液对面板收集废液的冲击使泡沫产生。

3)血透机原理

查看金宝 AK96 机器的液路(见图 8-5-8)，为了确保血透机的中心模块“UFcell”的正确测量，整个血透机内流经的液体需要除气，液路图中可见除气产生的气泡直接排入废液管路，再经废液口的限速节流阀(outlet restrictor)排出机外。气泡与废液相互作用，产生泡沫。

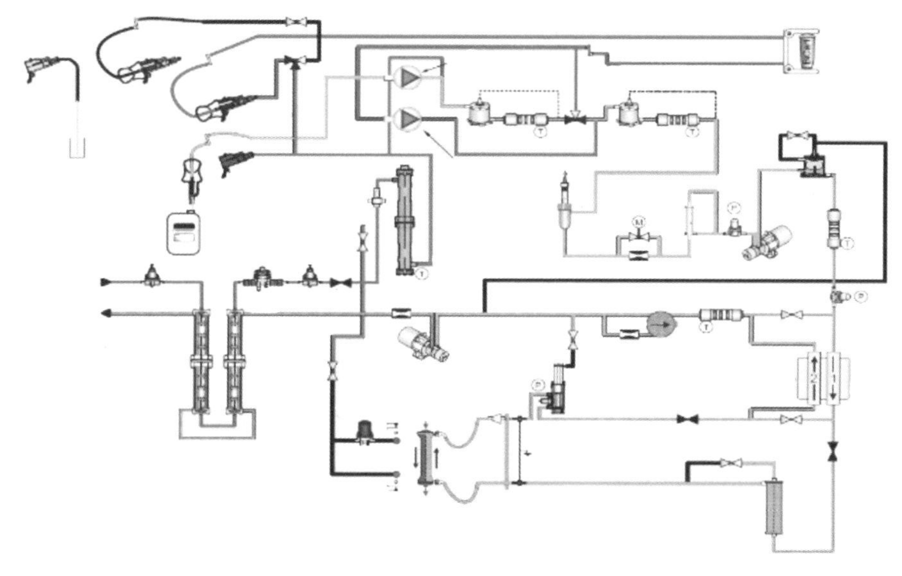

图 8-5-8 AK96 液路

(2)泡沫溢出的原因

面板排走泡沫的方式主要有两种，一种是将泡沫直接随废液一起排入到废液总管，另外一种则是使泡沫在空气中自动消散。

1)泡沫的产生速率大于面板的排泄速率

为了防止废液总管的气味回流,在面板和废液总管之间安装了U形存水弯,导致泡沫大量堆积在废液收集面上无法排走。

2)缓冲容积不够

泡沫消散需要一定的时间,在这段时间内,U形存水弯必须提供足够的容积腔体去储存泡沫,经试验,厂家的标准面板有效使用容积无法达到单台金宝血透机的泡沫存储空间,外加科室配备面板为双机面板(即一个面板两台机器),容积要求翻倍。

【故障排除】

针对以上可能的原因,联合临床科室实施了一系列实验并得出结论:血透机是泡沫产生的主要原因。由于是机器工作本身产生的泡沫,因此,我们无法通过对机器内部结构做出修改来解决问题,只能转换思路,从泡沫溢出上找原因,考虑到整改的经济成本和血透室的时间成本,选择对面板进行改造。

【解决方案】

面板的安装高度已为血透机排污可承受的最大高度,故面板高度固定不变,观察面板的内部排污结构(见图8-5-9)及管道的连接方式。面板和总管为可拆卸结构,根据管路结构以及原因分析,对面板管路进行了修改(见图8-5-10),在引长管管径与原配管径相同,排污总管高度不变的情况下,使泡沫缓冲容积最大化。改造所用的管路均为耐高温耐腐蚀管材,推荐有PP管、PPR管、耐高温PVC管等,本案例选用的是耐高温PVC管。面板管路整改前后的对比简易切面见图8-5-11。

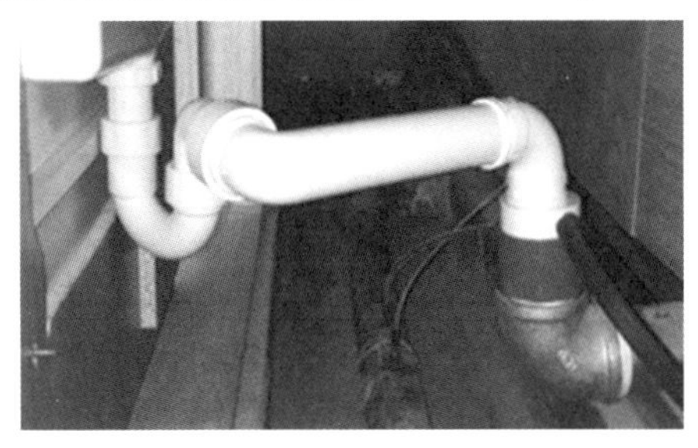

图8-5-9 初始面板内部排污结构

图8-5-10 修改后面板内部排污结构

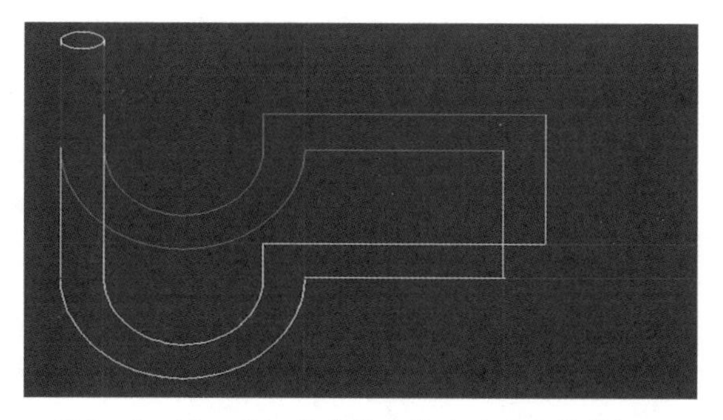

图 8-5-11 面板管路整改前后的对比简易切面

【价值体现】

改造单个面板后，进行了临床试验，由单机单面板透析，到双机单面板透析，改后面板管路都能很好应对泡沫。推广大面积整改后，使用时再无泡沫溢出情况发生。此次整改抓住了问题的主要矛盾，既降低了改造工程难度，又节约了血透室的时间成本，整体上降低了经济成本。

【维修心得】

本整改案例是面板厂家和血透机厂家的不配套造成的，面板厂家的标准仅适用于自己厂家的血透机，并不对其他厂家适用，各个厂家的自我标准给使用单位带来了潜在的麻烦。在购买不同厂家的配套使用设备时，一定要考虑潜在的标准问题。同时，本案例也对行业厂家们提出了推进 MPC 制作行业统一标准的要求。希望此次的整改案例，对临床工程师在工程上有一定的借鉴作用。

（案例提供　温州市中医院　陈振建）

第9章 医用内镜类设备

9.1 概 述

医用内窥镜是一种经人体天然孔道或表层穿孔进入人体体腔内，直接观察人体相关器官或组织的一种医疗器械，必要时还可以通过医用内窥镜施行微创手术，达到疾病诊断或治疗的目的。按照成像基本构造，医用内窥镜主要分为三类：硬式内窥镜、纤维内窥镜、电子内窥镜。下面将分别介绍三类内窥镜的设备基本原理、功能模块、临床应用及内窥镜的发展演变。

9.1.1 硬式内窥镜

9.1.1.1 设备基本原理

冷光源经光源接口、光纤、光锥接口连接至镜体导光束（见图9－1）。光源发出的光通过镜体内的导光束传输至镜体前方，照亮待检的体腔；前端的物镜汇聚受检部位的反射光线并形成倒立实像，经柱状透镜组（中间镜）传送到目镜前方，形成一个与原像等大、正立的实像；最后目镜对图像进行放大，并通过镜体眼罩输出图像。摄像头分别与镜体眼罩（见图9－2）和摄像主机连接，摄像主机将摄像头摄取到的图像数字化，输出标准制式的信号，将受检体腔清晰地显示在监视器上。

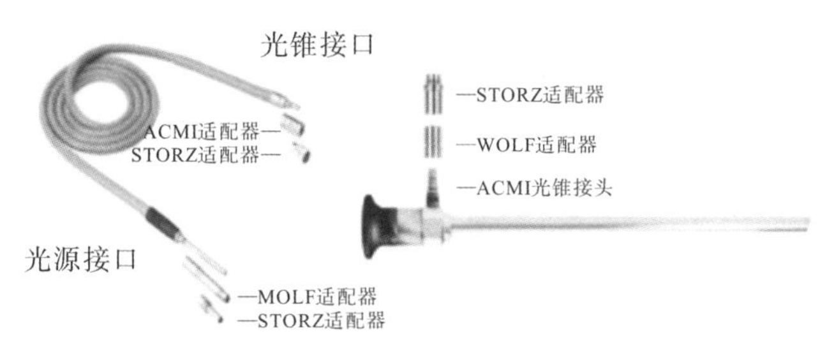

图 9－1　光源与内窥镜连接

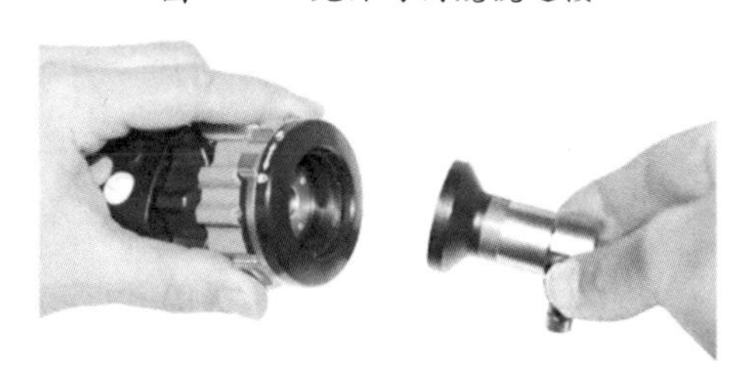

图 9－2　摄像头与镜体眼罩的连接

9.1.1.2　功能模块

硬式内窥镜系统主要由硬式内窥镜镜体、摄像头、摄像主机、冷光源、光纤及监视器等组件组成。

硬式内窥镜镜体的基本结构见图 9－3。

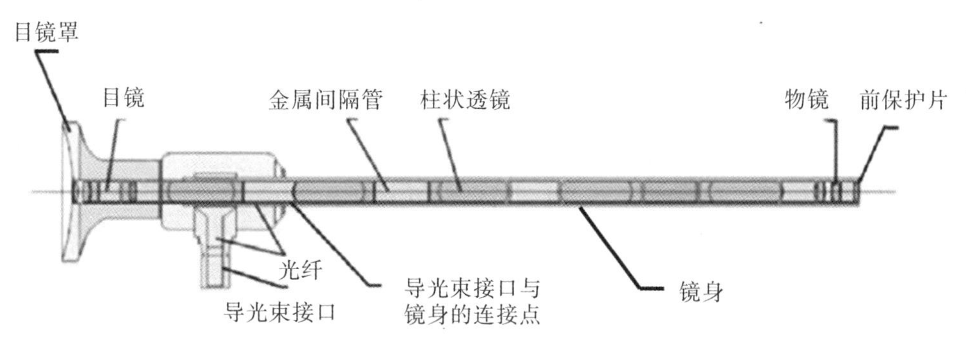

图 9－3　硬式内窥镜镜体基本结构示意

9.1.1.3　临床应用

硬式内窥镜主要用于各种外科内窥镜检查和手术，包括腹腔、宫腔、泌尿道、耳鼻喉、脑室等部位疾病的检查和治疗。

9.1.2 纤维内窥镜

9.1.2.1 设备基本原理

纤维内镜主要利用纤维导像束进行传输图像，导像束一端对准目镜，另一端通过物镜片对准受检腔体，医生可以通过目镜直接观察受检脏器的表面。

9.1.2.2 功能模块

纤维内窥镜系统由纤维内窥镜镜体和冷光源两部分组成。其中，镜体一般由目镜、转轮、导光束接头、器械入口（钳道口）、镜管（内部包含导像束、导光束，顶端为可弯曲部）和物镜端组成，其结构示意见图 9-4。

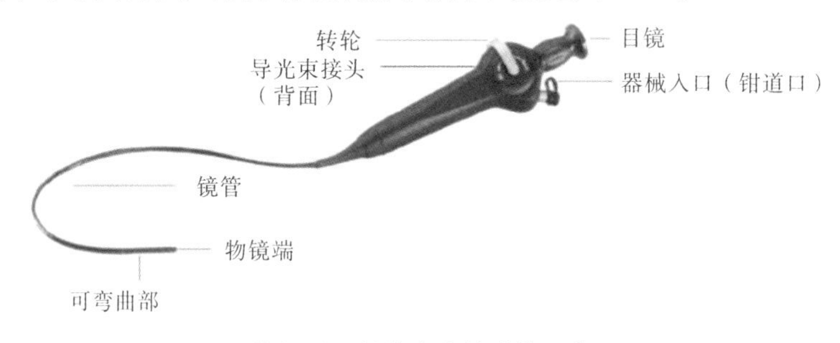

图 9-4 纤维内窥镜结构示意

9.1.2.3 临床应用

纤维内窥镜主要用于下列场景的检查和治疗。

(1) 消化道

1) 食管：慢性食管炎、食管静脉曲张、食管裂孔疝、食管平滑肌瘤、食管癌、贲门癌等。

2) 胃及十二指肠：慢性胃炎、胃溃疡、胃良性肿瘤、胃癌、十二指肠溃疡及十二指肠肿瘤。

3) 小肠：小肠肿瘤、平滑肌肿瘤、肉瘤、息肉、淋巴瘤、小肠炎症等。

4) 大肠：非特异性溃疡性结肠炎、克罗恩病、慢性结肠炎、结肠息肉、大肠癌等。

(2) 呼吸道

肺癌、经支气管镜的肺活检及刷检、选择性支气管造影等。

9.1.3 电子内窥镜

9.1.3.1 设备基本原理

冷光源发出的光经电子内窥镜的导光束传输至电子内窥镜镜体前端，照亮受检体腔，内窥镜前端的电荷耦合元件（charge - coupled device，CCD）将作为图像传感器，接收受检体腔光信号并将其转换为电信号。电信号经内镜中的电缆线传输至图像处理器，经一系列的存储和处理后传输到监视器上，由监视器将受检体腔图像实时显示出来。

9.1.3.2 功能模块

电子内窥镜是在纤维内窥镜的基础上发展起来的，其不再以光纤传像，而以光敏集成电路摄像系统代之。通常，医用电子内窥镜系统包括电子内窥镜镜体、图像处理器、冷光源、监视器及附件等组件，除此之外，还会配备一些辅助装置，如注水泵、注气泵、吸引器、活检钳及录用病患或诊治信息的工作站等。

（1）电子内窥镜镜体

电子内窥镜镜体由插入部、导光插头部和操作部组成。使用时，将内窥镜导光插头部接到配套冷光源上，使先端和插入部插入预检查部位，控制操作部使插入部顺利达到病灶。电子内窥镜镜体的构造见图9－5。

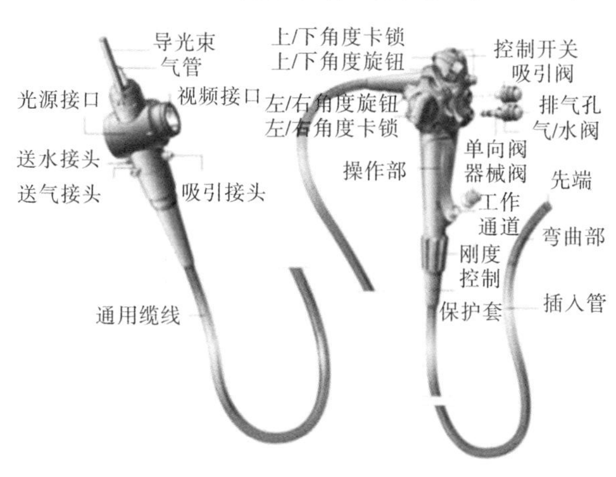

图9－5 电子内窥镜镜体示意

(2)图像处理器

图像处理器对电子内镜传来的电信号进行重建、增强、存储处理,并将其转换成如 RGB、SDI 等制式的视频信号,最后发送至监视器上显示。图像处理器通常具有光的平均值/峰值测定、自动模式切换、白平衡、图像强调及存储接口等功能。

(3)冷光源

冷光源为镜体提供观察光源。冷光源通过电子镜的导光插头将光导入到内镜中。主机面板上一般具有检查灯开关、检查灯寿命指示灯等模块。

9.1.3.3 临床应用

电子内窥镜与纤维内窥镜的临床应用范围相似,可以用于消化道和呼吸道等多个部位的诊断和治疗。纤维内窥镜可能会出现断丝,从而造成图像质量的下降,而电子内窥镜具有更好的成像质量,可以检查出更细小的病变,并且不受光纤质量的影响,因此,电子内窥镜开始逐步取代纤维内窥镜系统的应用。

9.1.4 发展演变

1804 年,德国科学家菲利浦·波兹尼(Philip Bozzini)首次提出了内镜的设想,并制造了一种以蜡烛为光源的内镜,用以观察动物的膀胱和直肠。1853 年,法国外科医生安东尼·琼·德索尔莫(Antonin Jean Desormeaux)使用煤油灯作为光源,通过镜子折射观察人体膀胱的情况,这是最早的内窥镜被应用于人体检查的记录,因此,他也被誉为“内窥镜之父”。此后,各式各样的内窥镜开始出现。1868 年,食管镜被正式投入使用,用于观察和取出食管中的异物;1869 年,子宫镜开始被用于子宫内膜息肉的治疗;1932 年,前端可屈的胃镜被研制出来,其可以在胃内有一定范围的弯曲,可以清晰地观察胃黏膜的图像。

1957 年,南非的外科医生巴兹尔·希尔朔维茨(Basil Hirschowitz)制成了世界上第一台用于检查胃和十二指肠的光导纤维内镜原型,为纤维内窥镜的发展拉开了序幕。1964 年,日本内窥镜企业奥林巴斯首次在光导纤维胃镜基础上加装了活检装置和照相机。1967 年,纤维内窥镜开始采用外部冷光源,大幅增加了光亮度,使医生可以更容易发现微小的病灶。1980 年,首个超声内窥镜问世。超声内窥镜是一种结合内窥镜技术与超声技术的新型检查技术,既可通过常规内窥镜直接观察消化道腔内的形貌,又可以通过实时的超声扫描获得消化道管壁及周围脏器的超声图像，极大改善内窥镜的成像质量。

1983年，美国伟伦（Welch Allyn）公司首次研制并应用了新型图像传感器CCD，并以此代替了光导纤维的导像束，宣告了电子内镜的诞生，内窥镜的发展迎来了又一次历史性的突破。1999年，胶囊内窥镜开始被用于消化道的检测。胶囊内窥镜是一种可以吞食的内窥镜，其通过无线技术直接向体外的接收装置传送彩色、高清的图像，极大地扩大了消化道检查的范围。2006年，内窥镜虚拟染色技术被推出，其通过对待检组织的染色，可以更容易地区分病变的组织。

此外，随着光学成像技术的进步，内窥镜成像在分辨率、亮度、画面质量、视野范围等方面都得到了大幅的提升，有效地减少了疾病的漏诊和误诊。目前，医用内窥镜正向着微型化、智能化等方向发展。此外，虚拟染色技术、分子影像技术及人工智能识别技术等新技术的引入，也在逐步推进着内窥镜的变革和改进。

9.2 医用内镜设备光源故障维修案例

9.2.1 Wolf 5124 冷光源氙灯不亮

设备名称	冷光源	品牌	WOLF	型号	5124
故障现象	氙灯不亮。设备照片见图9-2-1。				

【故障分析】

氙灯在点燃时为场致发射，点燃后过渡到热电子发射。因此，在点燃时需要一个足够高的电压，以便在发生弧光放电时能迅速加热阴极达到热电子发射温度，从而使氙灯过渡到自持放电。当点灯时的触发高压不足或没有时，会导致氙灯不亮。

电路分析

图9-2-2为电源模块实物示意，该电源模块由2级BUCK逆变器组成，

电源模块整体框图见图 9－2－3。

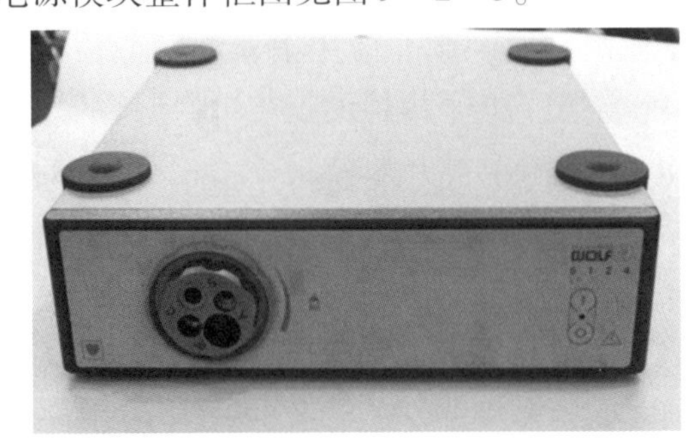

图 9－2－1 设备照片

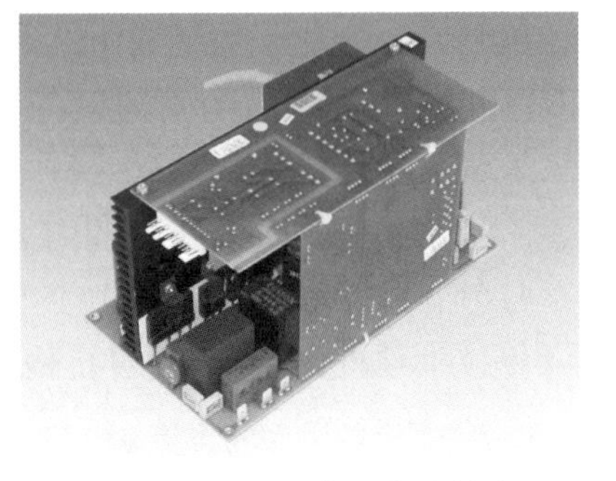

图 9－2－2 设备主电源模块

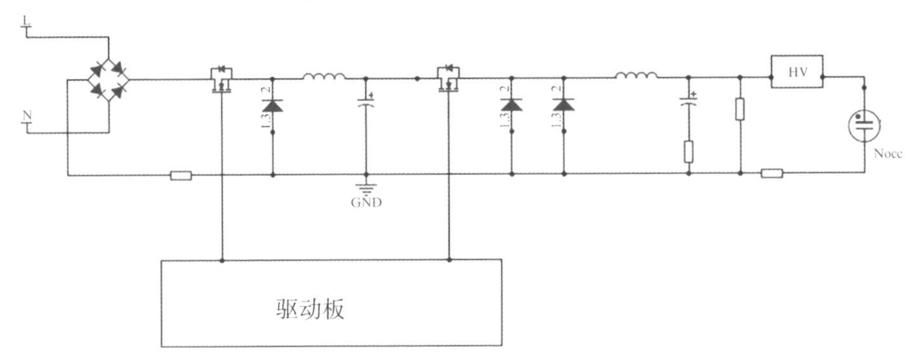

图 9－2－3 电源模块框图

第一级 BUCK 电路见图 9－2－4。

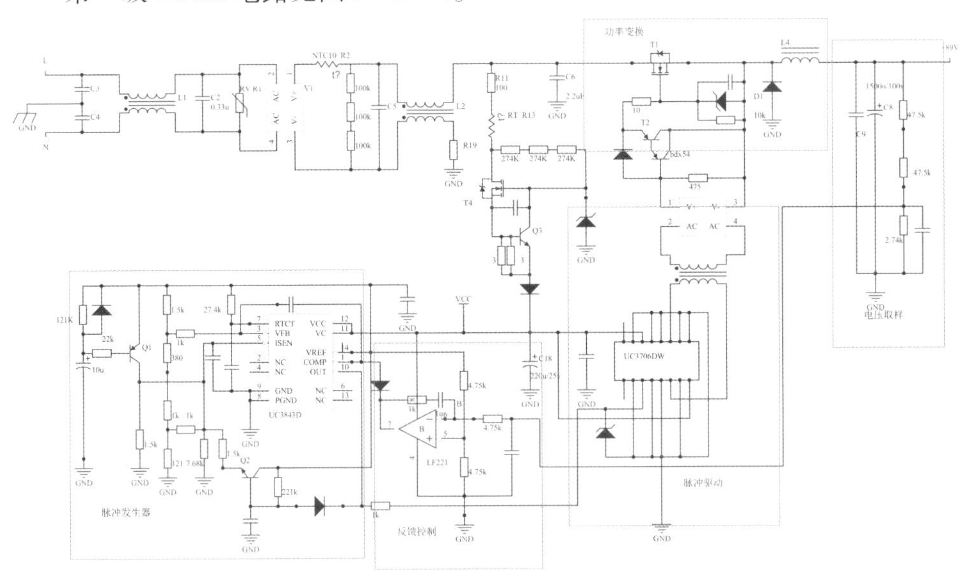

图 9－2－4 第一级 BUCK 电路

图中,T1、L4、D1、C8 构成 BUCK 主电路。UC3843 为脉宽调整器,UC3706 为脉冲驱动。上电时,交流电通过整流后变成脉冲直流电,再通过 T4 降压后给 UC3843 供电。Q1 在电路中起到一个软启动作用,上电瞬间,10U 电容两端电压为 0,Q1 导通,使 UC3843 停止工作。电容电压充到 5V 时,Q1 截止,UC3843 工作,通过 UC3706 驱动推动变压器使 T1 导通向负载供电。当电容 C8 两端的电压达到设定值时,运放 LF221 翻转变成低电平,把 UC3843 的 1 脚拉低,使 UC3843 停止工作。当电容两端电压低于设定值时,运算放大器变为高电平,UC3843 开始下个周期工作。如此循环,达到稳态工作。正常时,电容两端的电压为 89V。

辅助电源电路见图 9-2-5。

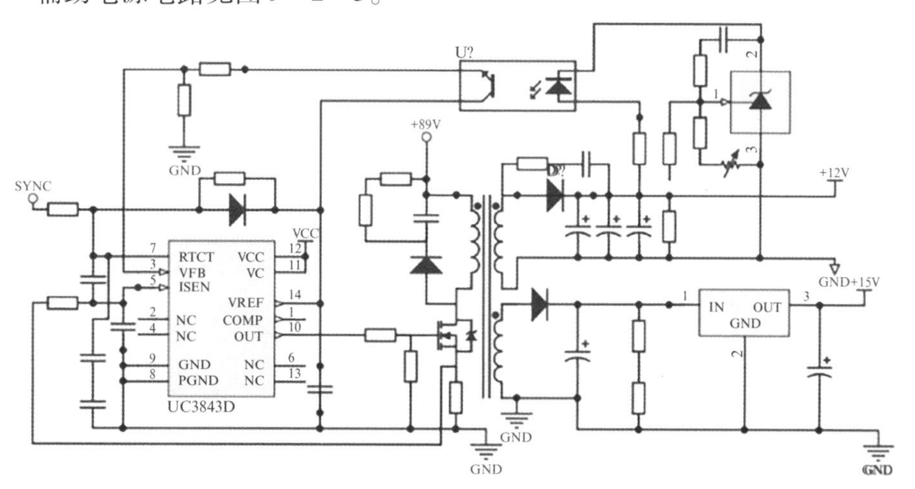

图 9-2-5 辅助电源电路

该电路是一个单端反激式开关电源,驱动芯片为 UC3843,芯片供电由主电路供电,振荡频率与第二级 BUCK 路同步。芯片脉冲输出直接驱动 MOS 管推动变压器,变压器次级输出两组电压,一组 15V 供启辉电路,另一组 12V 供面板、风扇等。该电路从 12V 取样,通过电压调整器 TL431 控制光耦的通断,改变 UC3843 电压反馈端的电压达到稳压作用。

第二级 BUCK 电路见图 9-2-6。

BUCK 主电路由 T101、D104 、L101、C103、C104、C105、R109、R115 组成。脉宽调制器 UC3843 输出脉冲通过带自举升压的驱动芯片 IR2125 推动 T101,电流互感器 TR101 采样主回路电流,转换成电压信号送 UC3843 的电压反馈端,通过 R123 可调节氙灯的工作电流。运放 LF221 构成欠压保护,当第一级 BUCK 电路出问题时,1 脚变成低电平,使 UC3843 停止工作,同时 UC3843 受单片机 PIC16F878 控制。图 9－2－6 左下角电路是一个由 UC3845 组成的简单正负电压转换，提供一个负电压给运放供电。中间的一个 UC3843 组成一个脉冲发生器，提供一个同步脉冲，使辅助电源和点灯控制工作在同一频率上。右下角的运放组成限压限流电路。R302 调节最大输出短路电流。R301 调节最大输出功率。右上角电路组成启辉触发。当 S101 闭合或光耦导通时，单片机在收到点灯信号后使第二级 BUCK 电路工作，同时使 UC3843 产生一个触发脉冲使 T203 导通，通过高压模块产生 25kV 的高压激发氙灯点亮。单片机同样监测电路的工作状态，大约 10 秒后如果灯点不亮，则关断第 2 级 BUCK 电路。功率变换部分实物见图 9－2－7。

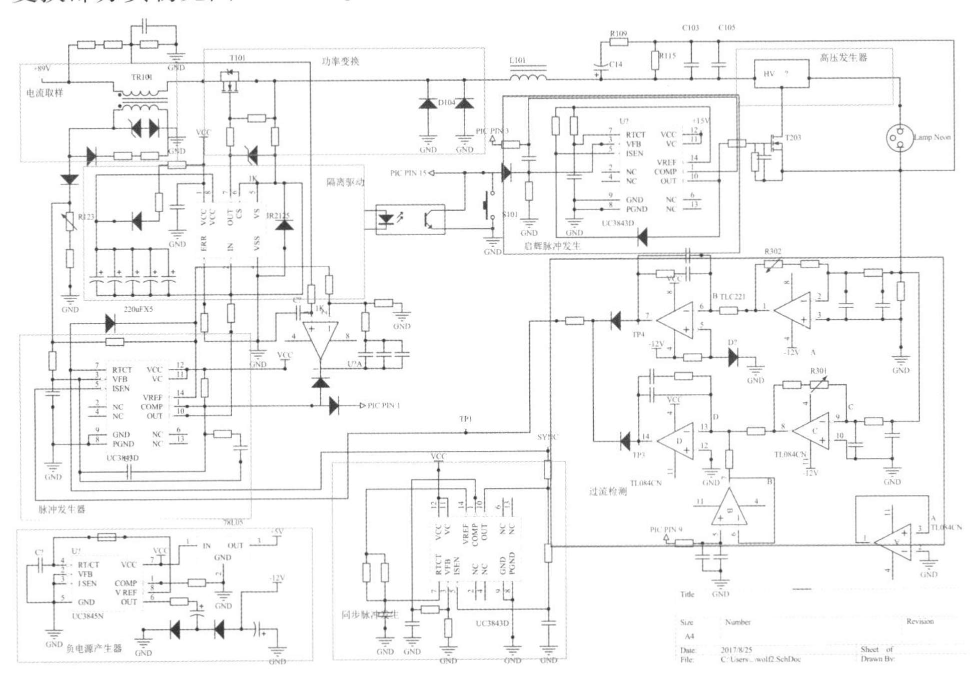

图 9－2－6　第二级 BUCK 电路

图 9－2－7　功率变换部分实物

【故障排除】

(1)故障一:开机灯不能点亮,但有辉光发生,10 秒后无反应,风扇工作正常。

从现象看,有辉光发生表明已经产生 25kV 的高压,说明主电路各部分都已工作,最大可能是灯泡老化后维持不了自持放电状态。通常的解决办法是更换灯泡。

(2)故障二:开机风扇工作正常,无辉光,灯点不亮,无点灯脉冲声音。

风扇工作正常说明第一级 BUCK 电路及辅助电源电路工作正常,重点检查第二级 BUCK 电路。用万用表二极管测量挡在线测 T101、D104,发现 D104 压降为 0,表明 D104 短路损坏。更换同型号二极管后机器正常。

(3)故障三:开机风扇工作正常,无辉光,灯点不亮,能听到轻微点灯脉冲的声音。

能听到点灯脉冲的声音说明整机工作基本正常,故障在高压发生电路。该机的高压发生电路封在一个高压模块内,不好检修,而且高压模块无法从厂家单独订货。可以找国内厂家定制或者用成品的氙灯触发器改装电路,采用 80V 的氙灯触发器改装电路替代原高压模块(见图 9-2-8)。

图 9-2-8　氙灯触发器改装电路

【解决方案】

仔细观察故障现象,根据现象判断故障大致位置,按电路图逐步排查。

【价值体现】

厂家的处理方式通常是更换整个电源模块,价格高且订货周期长。采用元器件级维修不仅节约了维修费,而且缩短了停机时间。

【维修心得】

医疗器械的维修工作中,厂家通常不会提供完整电路图,这让我们无法用按图维修的方法进行维修。因此,我们得学会根据电路板反求原理图的技能,在实际工作中,可以画出重点怀疑部分的局部电路图,以此进行分析。对整机的原理有了了解后,我们可以在不影响整机性能的前提下,用替代品来替代不易购的元件。采取自主元器件级的维修,能快速提升自身理论及实际操作水平,积累维修经验,为以后的维修工作打好基础。

(案例提供　杭州师范大学附属医院　孔德炎)

9.3 医用内镜设备光路故障维修案例

9.3.1 天松 鼻窦镜 图像模糊、存在黑点、光亮度低

设备名称	硬质内窥镜	品牌	天松	型号	鼻窦镜
故障现象	使用过程中图像模糊,有黑点,光亮度不够。				

【故障分析】

内窥镜常见故障有外镜管凹陷、划痕、变形;目镜破裂、破损、进水、划痕;棒状镜断裂、霉化;物镜破损、进水等。对于外镜管凹陷,在取出所有内部配件后,可通过光滑金属细管进行恢复;对于外镜管弯曲严重、破损的,只能进行更换。对于内部镜体及间隔体,无破损的可通过脱脂棉配合乙醇乙醚混合溶剂擦拭干净重复使用;破损的更换新镜体。

本案例中,该镜子为五官科门诊检查用鼻窦镜(内窥镜的一种)(见图9-3-1)。临床反应在使用过程中,反应图像偏暗,且存在明显污斑及杂物。从故障现象查看,大多为镜子漏水导致内部进水后引起的故障。

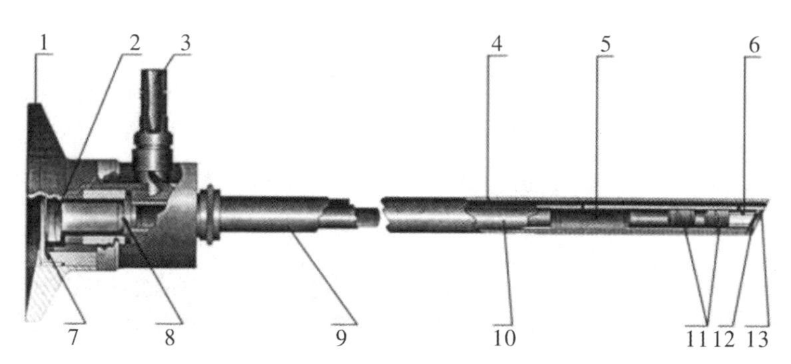

1.目镜罩 2.目镜 3.光锥 4.照度光纤 5.棒状镜 6.视向角30°棱镜
7.目镜窗 8.视场光阀 9.外镜管 10.内镜管 11.物镜 12.负透镜 13.保护片

图9－3－1　内窥镜基本结构

【故障排除】

将该故障镜子消毒后，接入内窥镜系统观察图像，发现故障与临床描述相仿。遂对该镜子进行拆卸处理，自行画制的内镜图纸见图9－3－2。

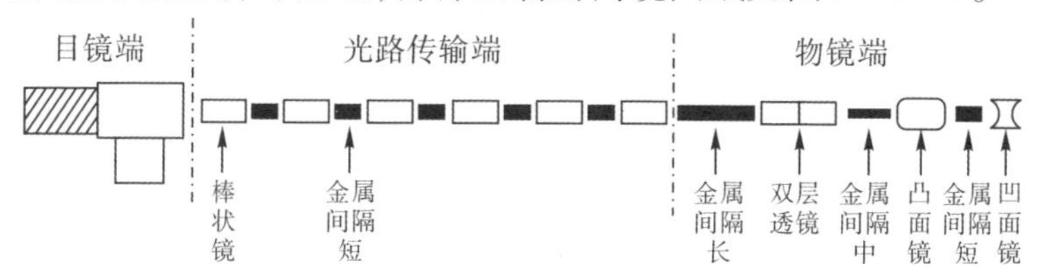

图9－3－2　自行画制的内镜图纸

（1）通过高功率电热风枪对目镜罩进行翻转加热后，用大力钳配合橡胶垫取下目镜罩，并用钢刷处理残留胶水。

（2）使用钟表螺丝拆下目镜端（见图9－3－3），用脱脂棉擦拭后观察目镜，目镜无裂痕（见图9－3－4），成像正常。

（3）使用专用镊子小心将第一根棒状镜取出，然后将剩下棒状镜及间隔逐一敲出（见图9－3－5）。

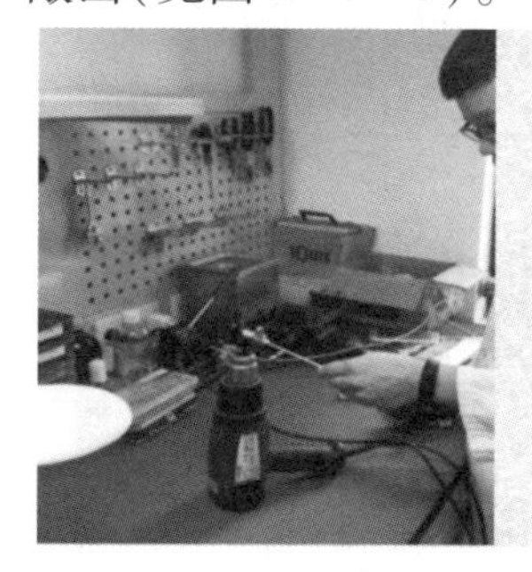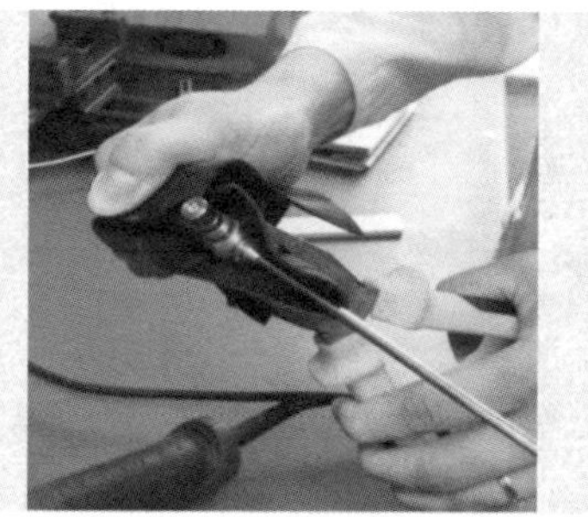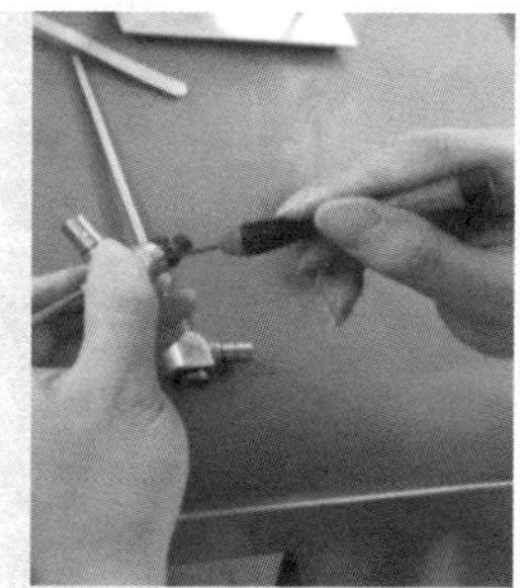

图9－3－3　拆卸目镜端

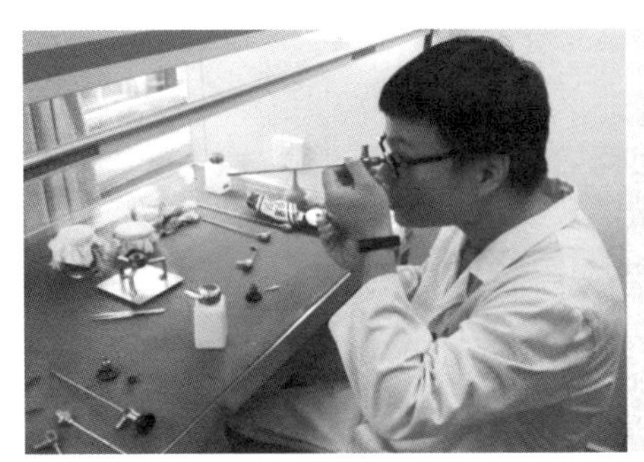
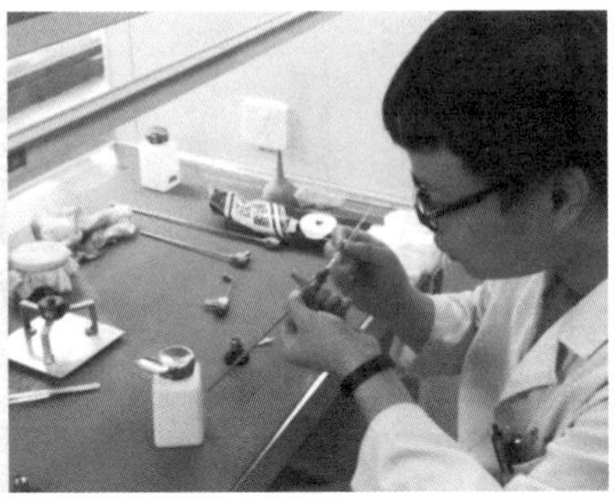

图 9-3-4　清洗目镜端

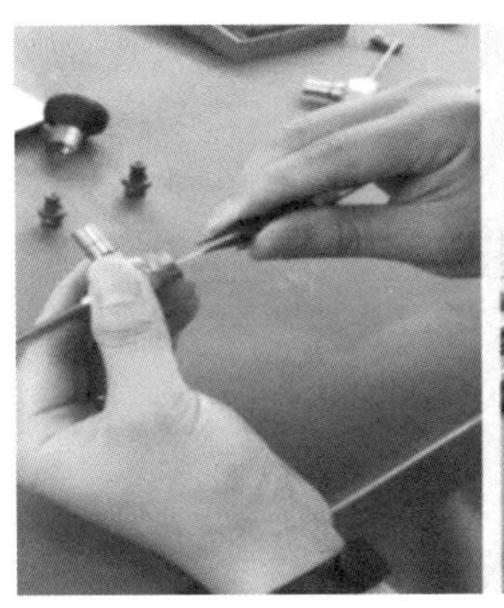
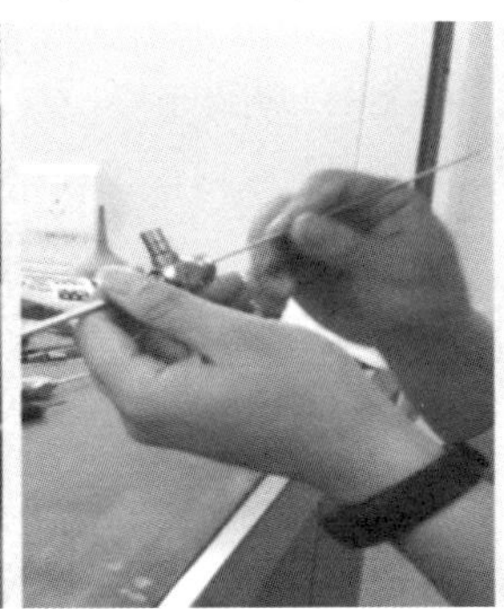
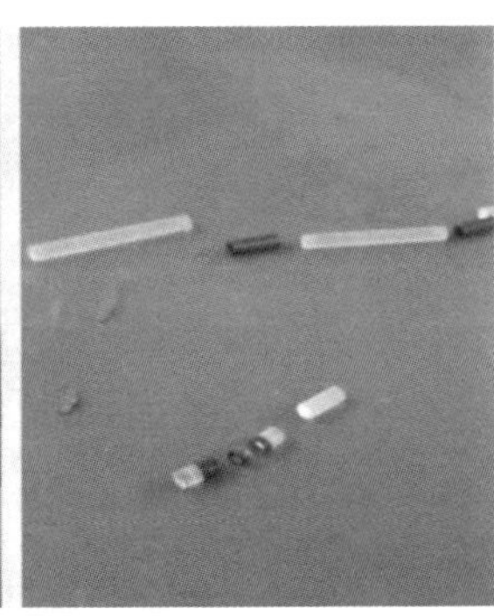

图 9-3-5　拆卸棒状镜及间隔

(4)用酒精灯烘烤物镜端后,用光滑细金属杆将物镜系统捅出镜管。

经观察,有根棒状镜存在破裂,导致成像灰暗;物镜端镜片有水渍,存在漏水现象。

【解决方案】

清洗擦拭所有镜片和棒状体及间隔,更换破损的棒状体,使用专用密封胶重新装回(见图 9-3-6)。经测试检漏后解决故障(见图 9-3-7)。

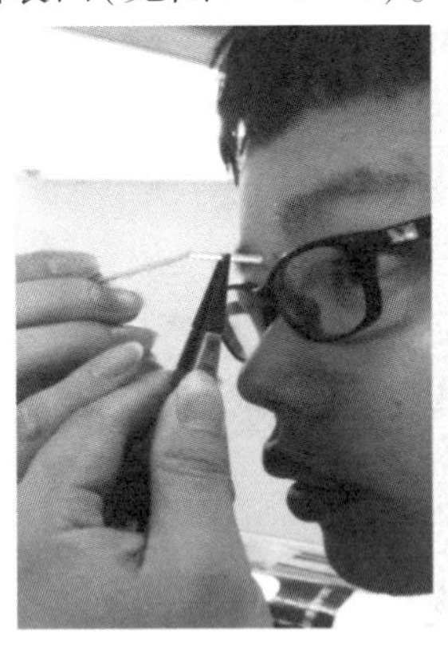

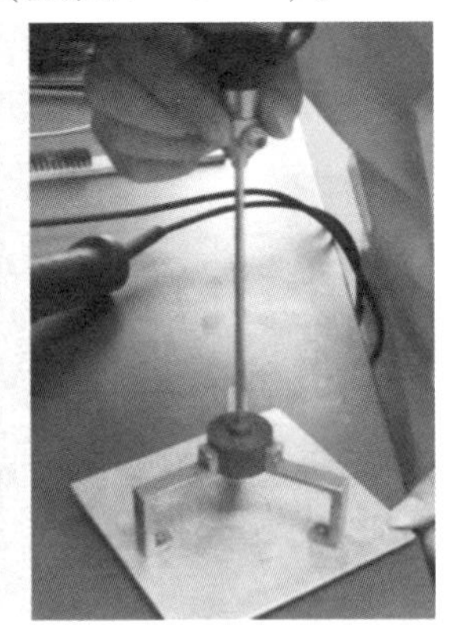

图 9-3-6　清洗棒状镜间隔以及重新安装

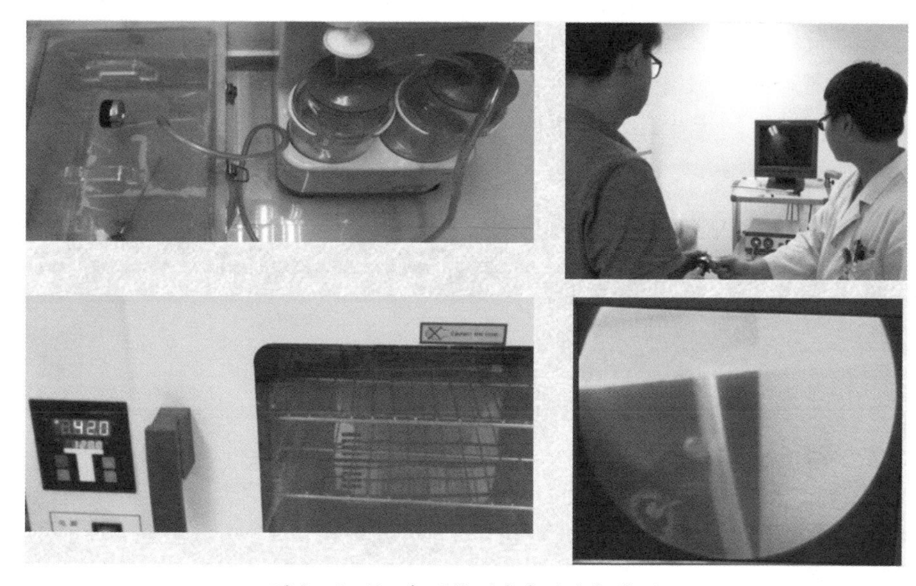

图 9-3-7　各项检测完成后上机检测

【价值体现】

近些年,内窥镜维修一直属于厂家垄断行业,厂家维修时间长,维修经费高,若医院自修内窥镜的技术能力提高可解决上述问题。为此,我院搭建了内窥镜维修中心(见图 9-3-8),由厂家派工程师来开展相关维修技术的培训,并自行采购设计相关的设备设施(见图 9-3-9)。目前,该维修中心已能解决部分国产内窥镜及解决进口内窥镜的部分简易故障。

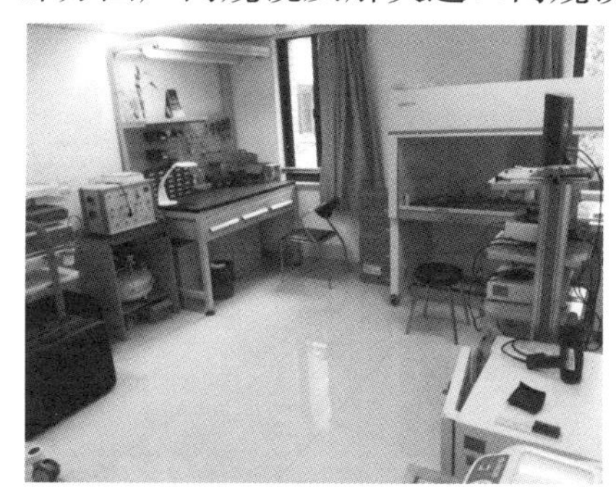

图 9-3-8　内窥镜维修中心

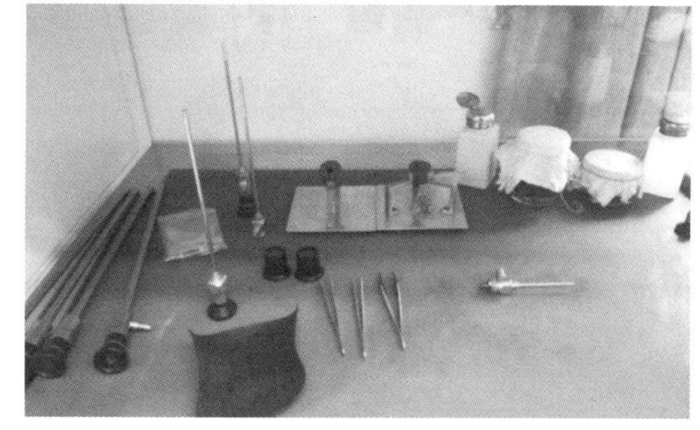

图 9-3-9　部分维修小工具

【维修心得】

通过搭建内窥镜维修平台,可自行解决部分国产硬镜问题,节约维修时间,节省维修费用。对于进口内窥镜,可以解决部分简单故障,如目镜进水问题。

由于内窥镜维修属于精密维修,反复安装和调试是该项维修的主要工作,所以需要在良好的无尘环境内维修,且维修时需要耐心和细心。

(案例提供　浙江大学医学院附属第一医院　毛彬)

第 10 章 牙科专用类设备

10.1 概　述

随着现代科技的不断发展与进步,口腔治疗及口腔护理对现代科学技术的依赖程度越来越高。牙科类设备在口腔治疗与护理中有着重要意义,它们种类繁多且不断推陈出新,其中,常见的设备有口腔 X 线诊断设备(全景、CT、牙片机)、牙科综合治疗机、根管治疗仪、种植机、超声波洁牙机、光固化设备等等。这些设备的应用正在不断地改变口腔治疗与护理的方法。本章将从基本原理、功能模块、临床应用和发展演变等方面对部分牙科类设备进行简要的介绍。

10.1.1 口腔 X 线诊断设备

10.1.1.1 基本原理

口腔 X 线诊断设备主要有锥形束 CT(cone beam computed tomography, CBCT)、口腔全景机、牙片机。下面主要以 CBCT、口腔全景机为代表来介绍口腔 X 线诊断设备。

CBCT 是一种锥形束投照计算机重建的断层成像设备,其基本原理是采用锥形束 X 线围绕患者做数百次环形 DR(数字 X 线摄影),每一次投照后的锥形束 X 线由二维面状的探测器接收,经光电转换器转变为电信号,再由模数转换器转为数字信号或由探测器直接生成数字信号,最后输入计算机系统进行储存和处理，得到多组二维投影数据，另外，通过计算机图像重建后还可以得到三维成像的结果。

口腔全景机则是根据颌骨解剖特征设计的三轴固定连续转换的弧面断层摄影，实现对人体颌面部的全景成像。口腔全景机同样采用数字 X 线摄影技术，向计算机输出图像的数字信号，进行后续的存储和分析工作。口腔全景机可以在同一图像上同时观察上下颌骨、颞下颌关节等部位。

10.1.1.2 功能模块

CBCT 的组成分为硬件和软件两部分。硬件部分包括 X 球管和传感器组成的影像拍摄系统和计算机系统；软件部分主要用来操控影像拍摄系统，以完成图像采集、传输、处理，以及图像的三维重建和三维立体图像的获取。

口腔全景机是曲面断层片，结构上与 CT 类似。

10.1.1.3 临床应用

CBCT 的空间分辨率高，因此对于下颌骨、下颌神经管、颞下颌关节等解剖结构的成像质量更好；同时，CBCT 具有三维成像和多方向层面成像的特点，有助于对口腔颌面部疾病的诊断。目前，CBCT 主要被应用于牙槽骨外科手术、牙体牙髓治疗、颌骨正畸等手术中；此外，CBCT 也被用于牙周病及口腔肿瘤等方面的诊断。

口腔全景机可以在一张图像上显示全口牙列的体层影像，可实现牙齿的全面检查和分析，协助医生进行及时、正确的病理诊断。口腔全景机主要被用于检察牙齿的整体状况，进行埋藏牙定位及周边的毗邻关系的判断，检查牙齿发育情况，为外科手术方案的制定和风险评估提供依据。

10.1.1.4 发展演变

口腔 CT 诊断技术的整体发展趋势大体可以分成两个阶段：①缓慢发展期（1970—1997 年）。1971 年，英国工程师戈弗雷・纽波尔德・亨斯菲尔德（Godfrey Newbold Hounsfield）首先成功研制出了 X 断层扫描机（CT），并应用于人体的结构成像，随后，逐渐开始有零星将 X 线诊断设备应用于口腔领域检查的研究；②快速成长期（1998 年至今）。随着三维影像技术的发展，螺旋 CT、磁共振（magnetic resonance imaging，MRI）及近十年发展起来的锥形束 CT 等技术，逐渐开始被应用到口腔医学领域。1998 年，锥形束 CT 首次被应用于口腔领域，第一台商用的 CBCT（NewTom9000）正式问世。此后，CBCT、三合一口腔 CT

(集口腔 CT、口腔全景片、牙片功能)等口腔 CT 设备开始被广泛应用于口腔疾病的诊疗中。随着口腔 CT 诊断技术不断发展,目前的口腔 CT 已经可以实现快速、便捷、准确、清晰地成像。

10.1.2 牙科综合治疗机

10.1.2.1 基本原理

牙科综合治疗机是集水、气、电、抽吸及口腔牙科椅等于一体的牙科综合治疗系统,其工作原理是以气来控制水和电的工作。通过气控水阀、气控电开关等结构实现对水、气输出的控制,并驱动牙科手机用于治疗。

10.1.2.2 功能模块

牙科综合治疗机由牙科手机、口腔手术灯、治疗台、电动牙科椅(单椅)、抽吸系统、主箱体、器械臂、助手架、脚开关等功能模块组成,下面将简单介绍各功能模块及其作用。

(1)牙科手机:也叫作牙钻机,可以完成牙齿的钻、磨、切、修等处理。牙科手机分为高速涡轮手机和低速气动手机,其中,高速涡轮手机主要负责钻牙洞和拔牙,低速气动手机则主要用于牙齿的抛光和打磨。牙科手机的基本原理是通过气动(低速气动手机)或电动(高速涡轮手机)的方式驱动电磁阀,从而驱动夹持针的转动。

(2)口腔手术灯:主要负责照明,为医生提供清晰的治疗视野。通常采用 12V 或 14V 的低压交流电供电,通过灯头上的转换开关来控制灯泡灯光的强弱转换。

(3)治疗台:医生的主要工作台,主要由控制面板、高速涡轮手机、低速气动手机、三用喷枪、漱口给水、痰盂装置、水气分离阀、水气节流阀、电磁阀等部件组成。当气源和水源从地箱进入设备后,经侧箱的分流阀引出,分别供给漱口给水、痰盂装置的电磁阀及器械内的水气分离阀。水和气到达水气分离阀后,再分别被引到高速涡轮手机和低速气动手机的水气电磁阀,最后经过水气节流阀到达牙科手机。当医生按压控制面板上痰盂水或者漱口水的按键时,痰盂水或者漱口水电磁阀打开,水流通过电磁阀流到痰盂或漱口水出口;当医生提起手机尾管时,挂架开关闭合,水路气路电磁阀导通,此时若踩下脚踏,气体将会冲开气控水阀(或者导通电磁阀),从而实现对牙科手机或者三用喷枪的控制。

(4)电动牙科椅(单椅):主要负责调节患者的体位。它主要采用24V的低压供电,上下电机、按键板、脚控开关等通过导线和控制器相连接,医生可以通过脚控开关或按键板来控制椅架的升降和靠背的仰俯,从而将牙科椅调整到所需要的治疗位置。

(5)抽吸系统:用于排除治疗中患者的唾液和血水,通常采用中心负压的原理。

10.1.2.3 临床应用

供口腔医生为患者进行诊查、预防、治疗、手术等使用。

10.1.2.4 发展演变

最初的牙科治疗工具仅仅是普通的生活椅配上简单的器械台,医生通过手术器械手动为患者进行牙齿的诊断和治疗。此后,专用牙科椅和牙科治疗台出现,牙科综合治疗机的概念应运而生,牙科设备开始向一体化发展。目前,牙科综合治疗机已经成为综合性的牙科诊疗设备,为众多牙科疾病的治疗起到积极作用。随着计算机等相关技术的发展,牙科综合治疗机正向着数字化和自动化的方向迅速发展,这将在大大简化医生操作流程的同时,有效地提高诊疗的效率。

10.2 口腔CT故障维修案例

10.2.1 日本森田X-550“过电流保护启动”报错、机器停运、操作键锁定

设备名称	口腔全景X线机	品牌	日本森田	型号	X-550
故障现象	在一次投照过程中,机器突然停止运行,所有的操作按键都处于锁定状态,机器状态显示屏上的错误信息见图10-2-1,该机报错一般都是英文信息,而此次报错为日文错误信息,显示“过电流保护启动”。				

【故障分析】

仔细观察机器,刚按下曝光按钮时,机器能进行旋转扫描,经0.2秒延时后开始曝光,前面3~4秒钟可以曝光,且有图像,图像面积只有正常曝光图像面积的1/10(见图10-2-2);然后停止曝光(报错误信息见图10-2-1)。尝试把机器曝光电压降低到55kV,再次投照,故障依旧。

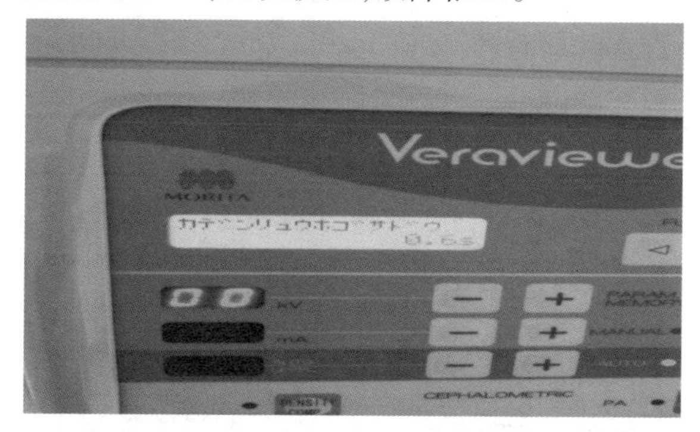

图10-2-1　口腔全景DR的报错信

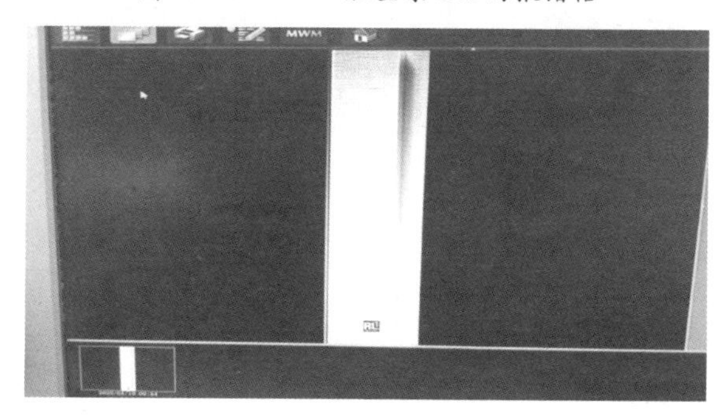

图10-2-2　机器在空白曝光状态下的DR图像

本机有关闭机器电压(kV)、电流(mA)的状态下进行曝光,测试组合球管是否正常的功能。方法如下:按机器的操作面板上的电压"-"号按键,使设定的电压值不断减少,直至显示电压值的小窗口关闭。在该状态下,曝光时逆变器加到高压变压器初级的电压为0,即曝光时球管两端所加电压为0。用同样方法进行电流关闭下的测试。开始模拟曝光,球管可以围绕着头颅旋转"曝光",当在此模式下"曝光"结束后,机器无上述的错误信息提示。

【故障排除】

根据上述现象判断,该机的逆变器部分正常,最可能造成该故障的原因在组合球管:球管一开始能够"正常"曝光,但随着曝光的进行,计算机检测到管头内反馈的组合球管电流异常的信号后,中断机器曝光并报错,据此判断组合球管内有零部件处于临界损坏状态。

根据经验,如下部件处于如下所述状态时,都可能造成"过流"故障现象。①高压变压器击穿;②高压整流硅堆有软击穿或性能不佳;③X 光球管真空度不良;④变压器油绝缘度下降,有高压放电现象;⑤高压取样反馈电路异常(可能性较低)等。

拆开组合球管组件,检测高压变压器、硅堆等高压元器件正常,当检查到球管的时候,目测发现球管的玻璃管壁有明显龟裂的现象,见图 10-2-3。

图 10-2-3 球管玻璃壁上有裂纹

【解决方案】

该球管为东芝产品,型号为 D-051,购买一个新的球管,经组装、干燥、真空注油、封装后,上机将其安装好,修复组合式球管,试机正常。组合式球管的组装处理工艺类似,不再赘述。

该故障原因为球管的玻璃壁出现裂纹,造成管内真空度不良,机器刚开始可以曝光,当连续曝光时,球管内部空气电离越来越严重,造成管电流越来越大且极度不稳定,大大超出预先设定值,计算机检测到异常的管电流,停止机器曝光,进入保护状态,且报该故障信息。

【价值体现】

本次维修缩短了维修工期,锻炼了工程师的维修技术,节约维修资金 7 万元。

【维修心得】

在计算机控制下工作的数字化 X 线机,一般都以软件故障诊断、保护和报错信息为依据判定故障点，综合机器报错信息、故障现象和实际测量的数据，逐步缩小故障范围，最终锁定故障的具体位置，使维修工作达到事半功倍的效果。组合式球管在维修上比非组合式球管复杂得多，因此，对其是否存在故障的判断更要力求准确，以免使故障扩大化。

虽然组合式球管的维修工艺要求较高，但是理解它的结构和绝缘要求后，发现不必更换昂贵的组合球管套件，完全可以自主维修。但有时报警功能的错误信息比较笼统，在维修此类机器的时候，不能机械地依靠机器报的错误信息，由于组合式球管构造特殊，在维修过程中要注意如下几点：①管套内的变压器油要倒入干净且干燥的容器内封存，未污染的变压器油可以复用，如果使用新的变压器油，油的耐压强度在标准电极下大于30kV/2.5mm有效值的合格成品油。②维修后的全部组件宜用变压器油刷洗清洁，装入管套后，要进行干燥处理，干燥温度以75℃为宜。③安装球管的时候，阳极靶面焦点一定要对准管套射线出口的窗口中心，以免投照时产生伪影。④只有在抽真空状态下，才可以往管套内注入变压器油，否则高压变压器绕组间会有残留的空气，日后将产生气泡造成伪影和高压放电，造成机器二次故障。

（案例提供　杭州市萧山区中医院　于乃群，王明刚，钱东燕
贵州省凯里市中医医院　刘荣俊）

10.2.2　柯达9000C曝光中断、“E08”报错

设备名称	口腔CT	品牌	柯达	型号	9000C
故障现象	全景作业时，曝光中断，设备无法运作，控制面板报错，显示“E08”。故障照片见图10－2－4。				

图10－2－4　故障照片

【故障分析】

根据报错代码查询维修手册，得知故障为球管电流偏低。由电路图（见图10－2－5）可知，柯达9000C在运作时，逆变器一路直接给球管供电产生X线，另一路则通过次级供电板JZ024（见图10－2－6）到主控板CJ732（见图10－2－7和图10－2－8），主要提供12V的球管灯丝加热电压和其他控制电压。

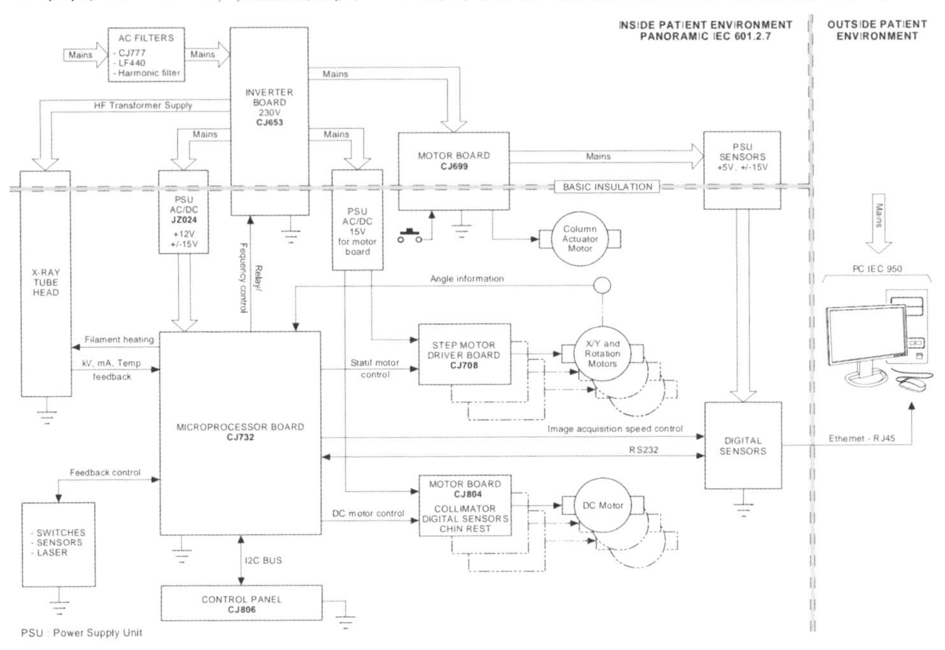

图10－2－5 口腔CT电路

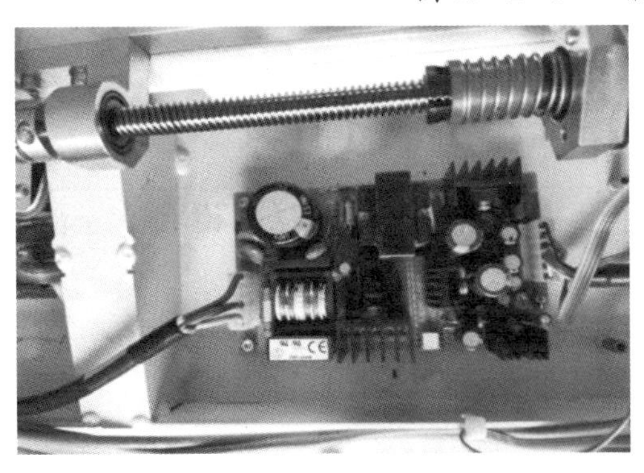

图10－2－6 供电板JZ024

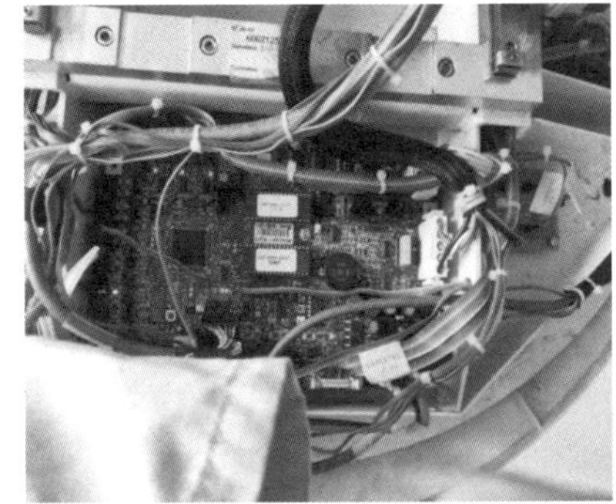

图10－2－7 主控板CJ732

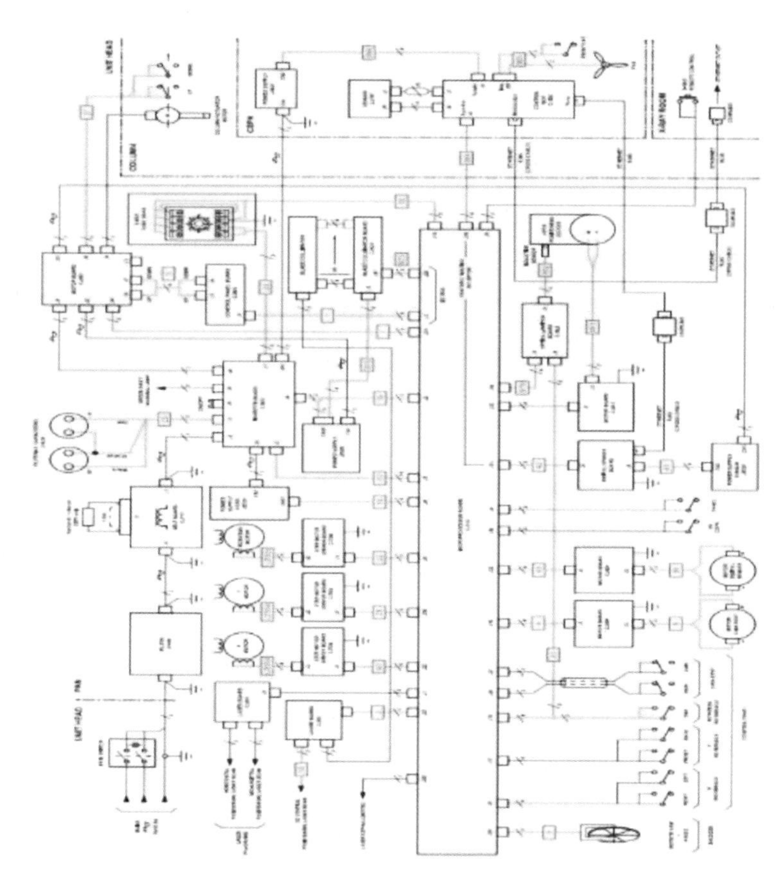

图 10－2－8　主控板 CJ732 电路

因此,分析故障主要原因:①电源问题;②球管故障;③硬件电路故障等。

【故障排除】

根据故障分析的几种可能,逐次检查排除。

(1)检查逆变器板输出到各电路电压,均正常;检查主控板和球管连接线,重新插拔并用万用表测试,连线导通正常,但测试设备时,故障依旧。排除电源问题。

(2)在控制台上做 kV、mA 校准,做球管自身校准,成功校准。测试设备运行状态,故障依旧。由此,系统提示球管电流偏低,很可能跟球管本身关系不大,而是由其他原因引起。排除球管故障。

(3)按顺序排查供电板的供电,发现旁路供电板电压输入和输出均正常,当测到次级供电板 JZ024 时,测得对主控板的电压为 8.3V,而这一电压原本用于加热球管灯丝，正常为 12V。据此，可以判断为次级供电板 JZ024 故障。

【解决方案】

复位次级供电板电压。使用万用表直流电挡测量主控板 PT12 口，即次级供电板 JZ024 为 12V 电压输出终端，同时调节 JZ024 电位器，直至其输出电压复归到 12V（如果发现输出电压没有变化，则考虑电位器损坏或供电板故障）。考虑到震动可能引起电位器电阻变化，使用少许油漆固定电位器，防止再出现掉电。进行测试，发现可以正常曝光。持续观察一周，设备运转正常，确定维修完成。

【价值体现】

口腔 CT 维修需要临床工程师先判断故障原因，定位故障点，如此，在遇到需要厂家维修或更换配件的情况时，可以节约维修时间，降低维修成本。

【维修心得】

医疗设备的维修是个逐渐积累经验的过程，也是个精细化的过程。一般口腔 CT 设备维修，首先排除软件原因，从外部到内部逐步排查，缩小范围，确定故障原因。设备的电路图可以为维修指明方向，因此尤其重要。

（案例提供　浙江大学医学院附属邵逸夫医院　程其华）

10.3　牙科综合治疗机故障维修案例

10.3.1　赛特伟邦 Stern200 最低处牙科椅无法制动及控制

设备名称	口腔综合治疗台	品牌	赛特伟邦 Stern Weber	型号	Stern200
故障现象	牙科椅处在最低位置无法制动，控制功能失灵。设备照片见图 10－3－1，故障照片见图 10－3－2				

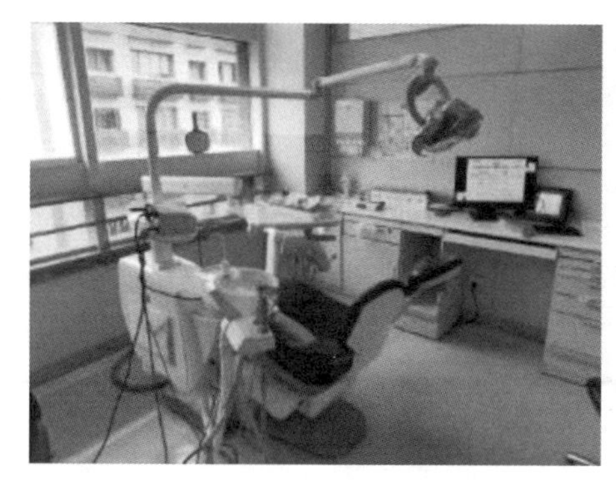

图 10-3-1　设备照片

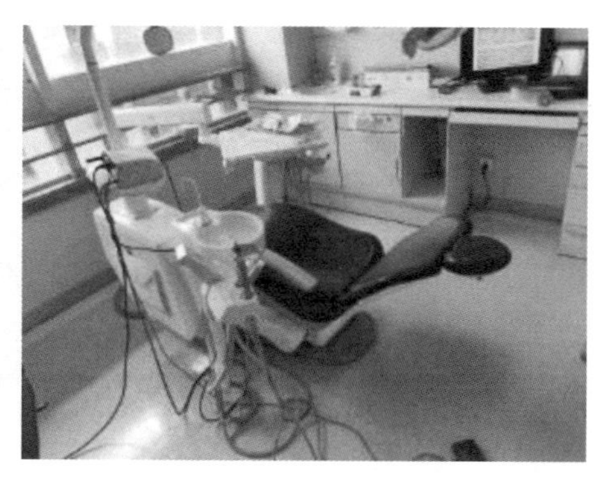

图 10-3-2　故障照片

【故障分析】

牙科椅电源可以启动,气路水路正常,器械盘指示灯亮,无影灯可以点亮,但是牙科椅坐垫和靠垫在最低位,无论通过脚踏还是控制面板均无法控制。初步判定是限位开关压死导致。

【故障排除】

赛特伟邦设计有电机直接供电电路。将升降电机 D1 排线插到主控板(见图 10-3-3)正电压直接输出口 K1,牙科椅升起,同理,靠背也可以升起。限位开关复位,将排线归位。测试后发现脚踏和面板仍然无法控制椅位,多次重启牙科椅,无用,由此排除限位开关(见图 10-3-4)卡死的故障原因。

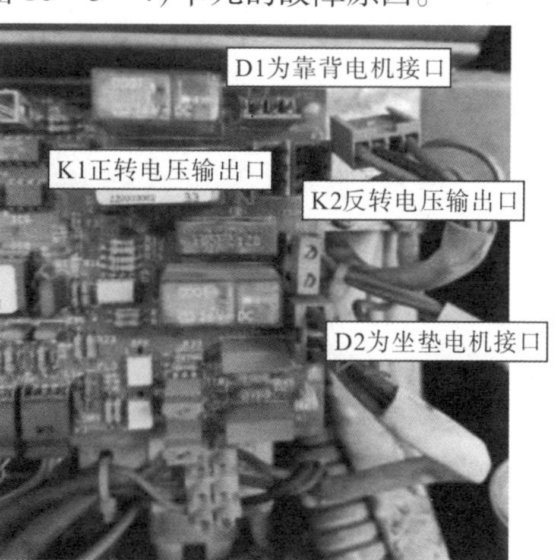

图 10-3-3　Stern200 的主控板

图 10－3－4　限位开关位置

【解决方案】

(1)使用面板和脚踏控制时,听不到继电器"咔、咔"声,怀疑电机制动控制板到主控板的连接接触不良或者保险丝熔断,插拔所有连线,拧紧接线柱,检查保险丝,测试,失败。

(2)考虑程序错误的原因,重新设置椅位。带电状态下,将主控板上"J1"短接(见图 10－3－5),按住器械盘上"→"键 5 秒,可以重新设置。但是多次尝试仍没有反应,恢复"J1"口。由于此台牙科椅年限已久,考虑电机控制板有损坏,导致不能重置椅位。

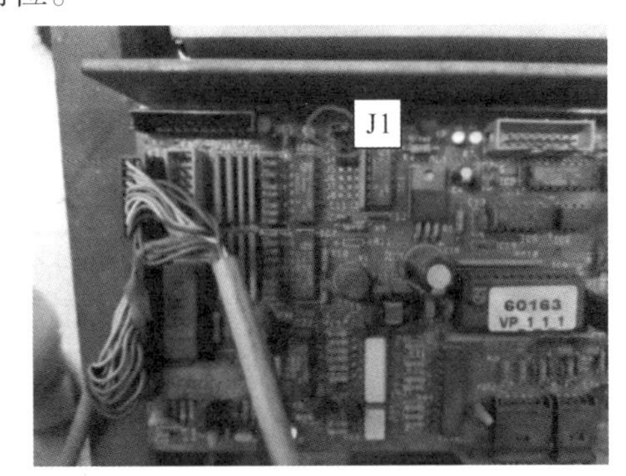

图 10－3－5　重置椅位时将主控板 J1 的 2 脚带电短接

(3)将面板控制排线和脚踏排线单独连接到电机控制板(见图 10－3－6),发现单独连接脚踏时,可以控制椅位,其他功能也正常。而单独连接面板控制时,牙科椅则无法制动。此时可以排除电机控制板故障,故障原因指向控制面板。

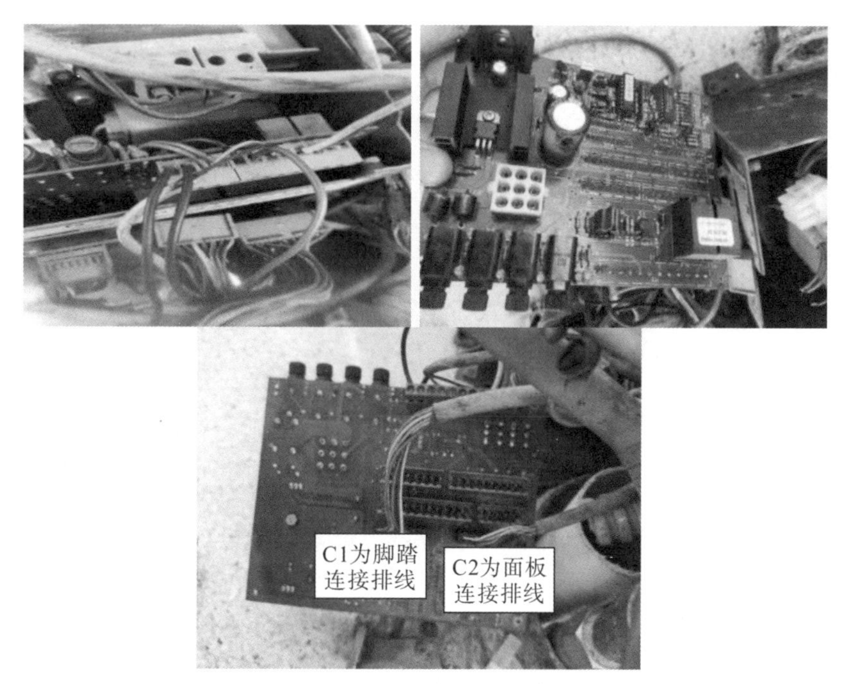

图 10－3－6　电机控制板

(4)拆开器械盘,发现控制面板电路板排线口有一层灰色粘连物(见图 10－3－7),怀疑由此导致短路,致使面板连接着电机控制板时,牙科椅始终有触发下降动作,即表现出其无法制动的假象。清理排线后装回测试,所有功能恢复正常。观察 2 天,故障不再发生,确认维修完成。

图 10－3－7　控制面板排线氧化导致短路

【价值体现】

本次维修时间大约 1.5 小时,缩短 1 天的停机时间,缓解了临床压力。

【维修心得】

本维修案例中，口腔牙科椅使用年限长，设备本身的老化，平常的保养都会直接或者间接导致故障发生，且往往表现为不常见故障状态，或者影响判断的表面故障。例如本案例，牙科椅最初的状态为椅位在最低位，一般认为是限位开关闭合导致。

对于老旧设备，应更注重维护，在平常巡查中要多加关注，发现问题及时解决，以免衍生新的故障。

（案例提供　浙江大学医学院附属邵逸夫医院　程其华）

10.3.2 上海医星牙科椅控制操作无效

设备名称	牙科椅	品牌	上海医星	型号	
故障现象	操作控制按钮使椅背平躺和直立时，椅子无动作产生。				

【故障分析】

牙科椅的升降是通过面板的按键控制的，初步判断故障可能原因有：①电源故障；②按键损坏；③其他部件损坏。

【故障排除】

(1)怀疑没有电源输入，但其他按键功能正常，排除。

(2)按键时有吸合的声音，按键开关也正常，排除。

(3)外部检查后并未发现问题，因此决定拆开椅子。

具体故障见图 10－3－8 至图 10－3－9，由图可以看到轴断裂，导致无法传动，而且图 10－3－9 下部的两个塑料滚轮轮缘破损，导致无法卡住椅子，椅子升降时会有晃动。

【解决方案】

将损坏的部件取出，更换新的配件，测试正常工作

图 10－3－8　故障图片：椅子轴断

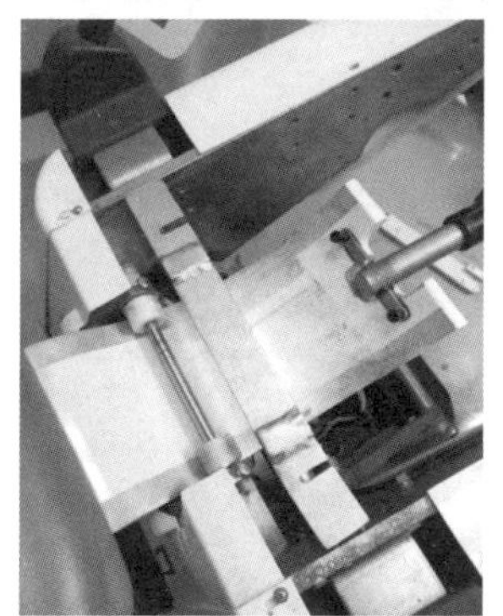

图 10－3－9　故障照片：塑料滚轮轮缘破损

【价值体现】

此次维修中，我们合理地利用已有的维修经验和积累的维修技巧，更快更准地锁定了故障根源，高效地满足了临床对设备的使用需求。

【维修心得】

医疗设备的维修是个逐渐积累经验的过程，也是个精细化的过程，要有耐心、细心、恒心和信心，做个真正的有心人。在维修过程中，不仅能提高自己的业务水平，而且能给医院提高经济效益，体现医工的价值。

（案例提供　浙江大学医学院附属邵逸夫医院　翁哲阳）

10.3.3 西诺德 SIRONA C8 + 快慢机雾化出水故障、牙科椅下降故障

设备名称	牙科椅	品牌	西诺德	型号	SIRONA C8 +
故障现象	故障一:高速手机、低速手机不能雾化出水,但可以正常转动出气。 故障二:牙科椅脚控无法下降,但可以上升。 设备照片见图 10-3-10。				

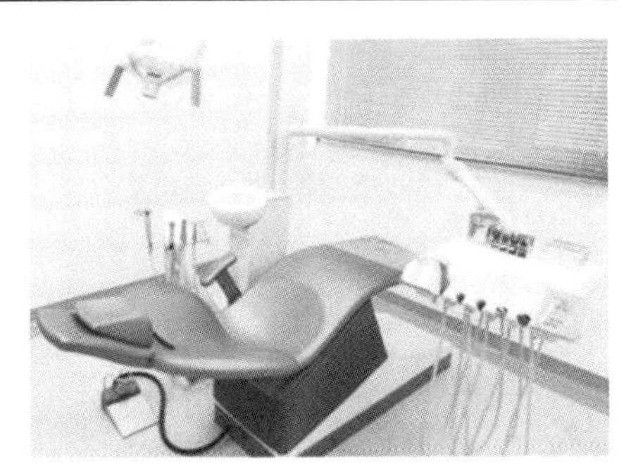

图 10-3-10 设备照片

【故障分析】

故障一可能性分析。

①进水故障;②出水管路堵塞;③气控阀不工作。

故障二可能性分析。

①牙科椅下降的机械故障;②下降信号的接收故障,可分为脚控按钮损坏和信号接收线断路。

【故障排除】

(1)故障一

1)进水故障

原理图上高低速机进水与三用枪进水相通,实际上两者为同一条管路。故而检测三用枪,发现三用枪出水正常,可得知气控阀的进水正常。治疗台水气路原理见图 10-3-11,气控阀实物示意见图 10-3-12。

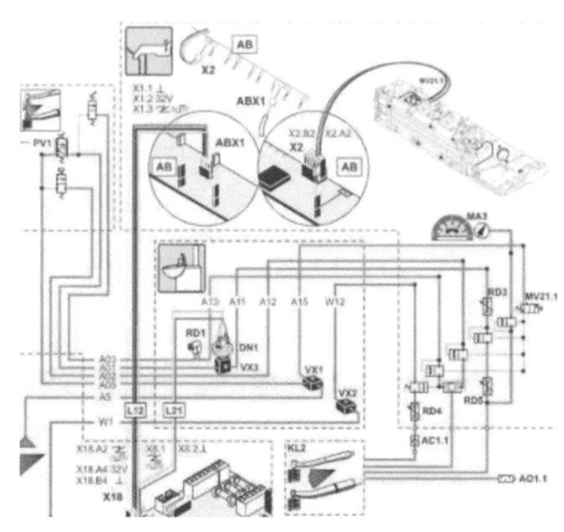

图 10－3－11　治疗台水气路原理

图 10－3－12　气控阀实物

2)出水管路故障

判断是否是为出水管路问题，直接拔掉气控阀端的绿色出水管，发现气控阀没有出水。确认不是出水管路故障。

3)气控阀不工作

可能是由于气控阀本身的故障或者是气控阀控制端气压过小引起。拔下雾化控制气 A13 管路，发现有出气，但是气压比正常偏小。控制气 A13 由脚踏而来，通过感观法，仔细听发现在踩下脚踏时有漏气的声音，拆开脚踏发现是控制 A13 的 PV4 漏气。脚踏原理见图 10－3－13。

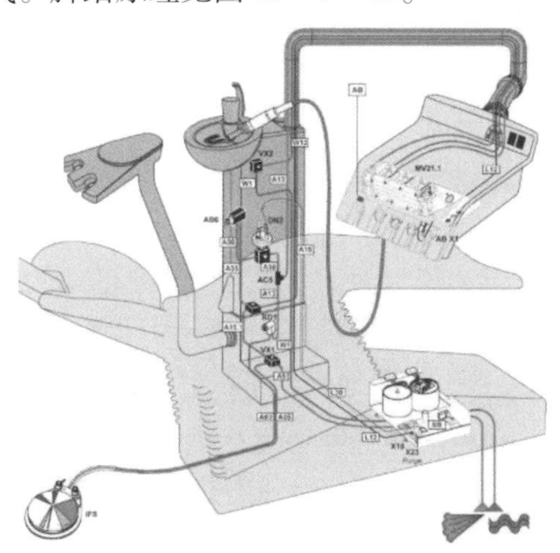

图 10－3－13　脚踏原理

(1)故障二

1)机械故障

使用手控控制下降，牙科椅可以下降。排除机械故障。

2)下降信号接收故障

主控板上有指示牙科椅升降的测试点(见图 10-3-14)。测试点为主控芯片与脚控之间信号线上的点。短路下降测试点,牙科椅相应向下移动。而踩下脚控下降按钮,电压并未下降。因此,脚控到测试点存在故障。在维修时,因不知道哪个接头为脚控接头,所以相继进行测试,发现 X12 接头(见图 10-3-15)与其他测试点均相通,唯独与向下测试点断路。确认主板线路断开。

图 10-3-14 主板测试点

图 10-3-15 X12 接头实物

【解决方案】

(1)故障一处理

更换 PV4 后,雾化出水正常。

(2)故障二处理

飞线焊接线路到测试点后,机器脚控正常升降。其中发现电路板线路断开是漏水腐蚀导致。清洗在电路板上并加盖了防水的遮盖物,并确认防水遮盖物并不会引起两次腐蚀后,用胶带密封上方牙科椅盖板缝隙。

【价值体现】

该牙科椅经常出现无法升降问题,这次维修中我们合理地利用已有的维修经验和积累的维修技巧,更快更准地锁定了故障根源,自行维修主板,节省了购买主板的费用。而出水故障使我们更加深入地了解了牙科椅的工作原理。

【维修心得】

(1)在查找故障时仔细观察情况,能减少不必要的麻烦。

(2)在维修设备时应参考设备的原理图进行维修,能更加准确判断故障所在。

(案例提供 温州医科大学附属第一医院 金珏斌)

第11章 其他设备

11.1 概 述

在日常的医疗设备维修过程中,除了上述十大类别的医疗设备外,还有很多其他常见的医疗设备,如体外冲击波碎石机、肺功能仪、药品分包机等,这些设备为医生的诊断和治疗提供了广泛的支持和帮助。同时,随着国家对医疗器械行业的大力支持、科学技术的快速发展、以促进医疗器械创新和发展为目的的各种学科和学术组织的不断涌现,这些其他类医疗设备的数量正在快速增长之中。本章将对其中比较常用且容易出故障的医疗设备进行一个简要的介绍。

11.1.1 体外冲击波碎石机

11.1.1.1 基本原理

体外冲击波碎石机(extracorporeal shock wave lithotripsy,ESWL)主要用于病人结石的治疗,其基本原理是通过聚焦的高能量压力脉冲对结石的应力作用,实现对病人体内结石的开裂和破碎。

11.1.1.2 功能模块

体外冲击波碎石机主要可分为冲击波源发生器、冲击波聚集系统、冲击波耦合系统和影像定位系统等功能模块。

(1)冲击波源发生器

冲击波源发生器按照冲击波发生方式的不同，主要可以分为三种类型，即液电式、压电式和电磁式。液电式属于点能源发生器，由椭圆的一个焦点产生能量，经椭圆球反射后汇聚于椭圆的另一个焦点(治疗点)；而压电式和电磁式属于面能源发生器，其产生的冲击波可直接汇聚于治疗点。

(2)冲击波聚焦系统

冲击波聚焦系统主要负责引导发生器产生的冲击波，使其最终汇聚于某一特定的治疗点。冲击波聚焦系统最主要的参数有发生孔大小和聚焦范围等。其中，发生孔越小，冲击波经过皮肤时的能量穿孔密度就越高；而聚焦范围越大，焦点局部接受的能量越大，传入结石的能量也越多。

(3)冲击波耦合系统

冲击波耦合系统主要负责冲击波的能量传递，减少冲击波在传递过程中的能量耗损。目前，通常采用覆盖着有声学密度薄膜的水囊作为耦合系统。

(4)影像定位系统

影像定位系统主要用于实现焦点的定位，目前常用的定位系统有X线定位和超声定位两种。X线定位具有观察范围广、成像清晰等优点，是目前最常采用的定位方法；而超声定位的最大优势在于没有辐射性的损伤，可以用于长期的观测。

11.1.1.3 临床应用

体外冲击波碎石机主要用于肾结石的治疗，也可用于其他泌尿系统结石(如输尿管结石、膀胱结石等)及胆囊结石的治疗。

11.1.1.4 发展演变

1966年，德国多尼尔公司的技术人员首次发现聚焦的冲击波会对金属产生影响；1969年，利用聚焦的冲击波破坏体内肾结石的概念被首次提出；1971年，实验找到了利用冲击波击碎结石的同时不造成人体组织损伤的界限；1979年，最早的体外冲击波碎石机被成功研制；1980年，通过体外冲击波碎石机成功实现了肾结石的治疗；此后的20年内，体外冲击波碎石机得到了快速的发展，先后出现了液电式、压电式和电磁式等多种形式的冲击波发生模式，结石的治疗开始进入新的纪元。

11.1.2 肺功能仪

肺功能仪主要负责肺功能的检查,同时还可以实现对肺部健康情况的追踪,因此被广泛应用于呼吸外科、呼吸内科、流行病学、麻醉学等领域。

11.1.2.1 基本原理

肺功能仪可以实现对肺功能指标的测量,如肺容量、肺通气、呼吸氧耗量、CO_2 产生量等。肺功能仪的常见测量方法有物理气体分析法、电化学分析法、气相色谱法和红外线气体分析法等。

11.1.2.2 功能模块

肺功能仪主要由肺量计、气体分析仪和压力计组成,通过部件之间组合,可以形成多个功能测试模块,如通气功能测试模块、气道阻力测试模块、运动心肺功能测定模块等。

(1)肺量计

肺量计主要指用于测定肺的气体容量和流量的仪器。肺量计按测量方法的不同可分为:①容量测定型肺量计,通过测出流体的体积,计算所得气体的流量(例如水封式肺量计);②流速测定型肺量计,先测出流经给定管路的流体的速度,然后根据管路的截面积求出气体的流量(压差式流量计、热敏式流量计等)。

(2)气体分析仪

气体分析仪主要用于气体的定性(气体成分)或者定量(气体的浓度、压力等)分析。气体分析仪可以通过气体收集袋收集呼出的气体来进行平衡气体分析,也可以对呼出的气体进行实时的分析。

(3)压力计

压力计主要负责测量流体的压力,可以用于呼吸肌肉力量测定和肺顺应性测定等。

11.1.2.3 临床应用

肺功能仪可以用于早期肺部或气道疾病的诊断,也可以用于评估患者的手术耐受性、麻醉风险、术后并发症等,是患者肺功能检查的重要设备。

11.1.2.4 发展演变

人们对肺功能测试的研究由来已久，早在 1679 年就出现了对肺容积测定的研究，但直到 1956 年体描技术的出现，肺功能的系统化检测研究才开始起步。1970，第一台体描式肺功能仪问世，该肺功能仪具有运动肺功能测试、肺容积测试、肺顺应性测试、气道阻力测试等多项功能，成为肺功能检测的重要设备。目前，手持式肺功能仪开始逐渐出现，肺功能仪开始向着便携化、自动化、智能化等方向快速发展。

11.1.3 药品分包机

11.1.3.1 基本原理

药品分包机可以用于药品的自动分类、包装、打印、存储等，其主要原理是根据系统设置将医院药品存入设备内部储藏柜，再根据医院信息系统的电子医嘱信息，将对应病人单次服用的药物自动包装到同一药袋内（即单剂量摆药），同时打印相关的药品信息、患者信息及服用信息等。

11.1.3.2 功能模块

药品分包机主要包括内置药盒、外置药盒、数据信息显示屏、包装机器等功能模块。

（1）内置药盒

内置药盒用于添加设备内部储药盒中的药品，系统可以根据电子医嘱将对应的药品置入内置药盒，并将药物的相关信息录入信息系统。

（2）外置药盒

外置药盒主要用于添加外摆药品，当电子医嘱中存在外摆药品时，系统将提示操作者外摆药品的相关信息，由操作者将对应剂量的外摆药品置入外置药盒后，药品分包机会将内置药盒和外置药盒中的药品共同打包。

（3）数据信息显示屏

数据信息显示屏主要用于实现操作者与设备之间的信息交互。显示屏能够实时地显示出设备工作状态、分包详细信息、设备自检信息、报警信息等内容。

(4)包装机器

包装机器负责将已完成医嘱配置的药品自动包入同一个药袋内,并打印相关的药品信息和患者信息等。包装的过程需要采用密封设计,以确保装袋过程洁净卫生,防止灰尘或其他异物对药品造成的污染。

11.1.3.3 临床应用

药品分包机主要用于医院口服药品的自动分包。药品分包机的应用可以有效增加用药的安全性和准确性,大幅提高医院管理药品的效率,以此提高医院的经济效益。

11.1.3.4 发展演变

随着科技的飞速发展,药品分包机的主要功能区域也得到了许多的改良与创新,例如:内置药盒模块实现了加药不停机、自动切半片药等功能;包装机器在进行自动分包的同时加入了智能纠错、药品溢出报警等功能。目前,药品分包机体具有高效、准确、安全、智能等多项优点,已经成为当代医院药品管理、分发必不可少的重要设备。

11.1.4 中耳分析仪

11.1.4.1 基本原理

中耳分析仪是一种耳科专用仪器,也叫声阻抗仪,主要用于检测临床的声阻抗,以判断中耳的病变情况。中耳分析仪的主要原理是声音在不同介质之间的传递特性。声音在介质中传播的过程中所遇到的阻力或对抗被称为声阻抗,声音在声阻抗相近的介质中传递时效率最高。人的中耳具有增压、扩能等作用,用于补偿声音由空气传播变为内耳淋巴液传播时的声能损失。通过中耳分析仪,可以检测中耳的声阻抗值,根据声阻抗值的变化,测量声能在中耳的传递状态,进而对听力功能的病变做出定性定位的诊断。

11.1.4.2 功能模块

中耳分析仪由两个独立部分组成:主机和输入输出装置。主机配置主要包括主控制板、气泵、阻抗板等;输入输出装置则主要包括麦克风、换能器、声压表等。主机与输入输出装置之间通过电路与气路进行连接。

11.1.4.3 临床应用

中耳分析仪主要用于测试中耳系统的功能,可以对中耳炎症、咽鼓管功能障碍及镫骨肌反射衰减等病症进行诊断,对中耳的健康状况进行判断。

11.1.4.4 发展演变

中耳分析仪的发展主要体现在探测音频率的增加上。最初的中耳分析仪探测音频率仅为226Hz,仅可以对中耳疾病进行初步的诊断。此后,中耳分析仪探测音频率增加到了1000Hz,实现了对1岁以下新生儿中耳疾病的探测。目前,最新的中耳分析仪测量的探测音频率最高提升到了8000Hz,能够更加准确地表达中耳的疾病病变。

11.2 体外碎石机故障维修案例

11.2.1 DIREX 触发指示灯故障、治疗床升降控制故障

设备名称	体外冲击波碎石机	产地	瑞士	型号	DIREX
故障现象一	按正常流程开始碎石操作时,操作面板上的触发指示灯开机不闪烁。切换能量挡无继电器动作,也没有冲击波的声音。控制台高压指示表指针偏到零刻度以左,关机才恢复到零刻度。				

【故障排除】

断电打开机器左侧外壳,ELCM 电路板(见图11-2-1)上初级输出回路保险丝FU1(2.5A,250V)烧断。更换保险丝后开机运行,继电器有动作,没有冲击波声音,切换高能量档,高压指示表指针始终停在最大刻度。再次检查发现保险丝再次烧断,检查ELCM电路板各元器件均正常,判断变压器后方有过压。

检查控制板 PCBA001/7(见图 11 -2 -2)的高压反馈信号电路,发现运算放大器 LM324 芯片烧毁。

图 11 -2 -1 ELCM 电路板

图 11 -2 -2 控制板 PCBA001/7

【解决方案】

更换 LM324 芯片后进一步分析排查引起保险丝烧断和芯片损坏的原因,最后发现是高压发生器发生明显爬电现象(即绝缘底板表面有大量较深的放电痕迹),导致电流过大,损坏了相关元器件。

更换绝缘底板并再次进行仔细清理后,体外冲击波碎石机可正常工作。

【价值体现】

高压控制板损坏一般很少见,因为机器不在保修内,并且已经停产多年,所以原厂工程师上门费用和维修成本都很高。此次维修只更换了几个电子元器件和绝缘底板,为医院省下不少维修费。

设备名称	体外冲击波碎石机	产地	瑞士	型号	DIREX
故障现象二	体外冲击波碎石机治疗床遥控器无法控制床下降,上升和水平四个方向均正常。临床使用者描述前期下降功能偶发不灵,目前彻底无法控制床下降。				

【故障排除】

首先判断遥控器下降按键损坏,打开遥控器反复检查、按动下降按钮并未发现按钮明显损坏,检查按钮发现其与信号线连接完好。

怀疑控制信号未传到控制电路板,将遥控器信号线取下,按动下降按钮,用万用表测得线路通路,多次插拔信号线故障仍存在,排除连接线断线和接头接触不良的问题。

打开侧面控制电路板(见图 11 - 2 - 3 和图 11 - 2 - 4)盖板,在按下上升按钮时插头 J567/3 与 J14/4 有交流电压 170V,几秒后升至 220V(内部有电容);按住下降按钮 J567/3 与 J14/6 无电压。检查 220V 固态继电器 SSR2(QA8 - 6D05)和 SSR3,测得 SSR3 控制脚无电压,判定继电器损坏(之前更换过 SSR3),更换后多次测试,均正常。

图 11 - 2 - 3 控制电路板

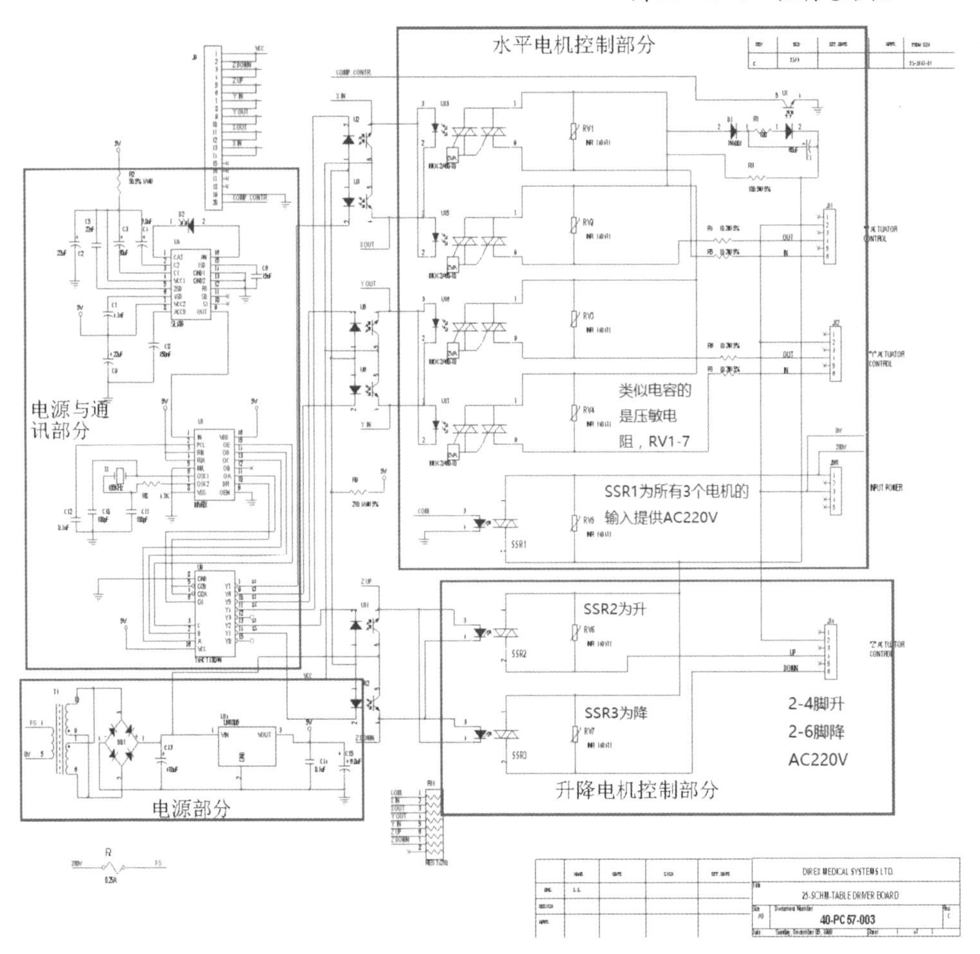

图 11 - 2 - 4 控制电路板电路

机器还原后,测试升降几次后又再次出现下降功能时好时坏的现象,再次打开测量继电器为正常状态。而 J567/3 与 J14/6 电压时有时无。

【解决方案】

画出简易电路(见图 11－2－5)。由图知,按下升按钮时 SSR1 和 SSR2 闭合电机正转,按下降按钮时,SSR1 和 SSR3 闭合电机反转。故将 J14 的红色与绿色接线对换,发现按上升按钮能下降,按下降按钮不能上升,判定电路板控制下降回路问题,断电对各个元器件逐一进行测量,均正常。拆下 03325 板子反复测量下降回路元器件和线路,发现压敏电阻与 SSR3 印制的铜箔线因为多次更换 SSR3 而有裂痕,导致接触不良。飞线后恢复机器原状,功能全部正常。

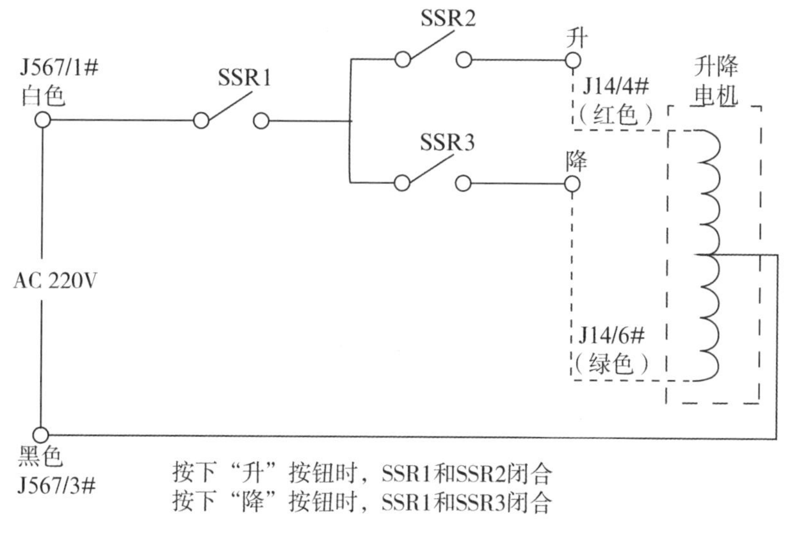

图 11－2－5　简易控制电路

【价值体现】

治疗床运动失灵为常见故障,引起的原因主要有机械部分和控制电路部分故障。虽然此次故障维修走了不少弯路,但也让我们更清晰地掌握了整个电路和机械结构。此次维修利用已有的维修经验和积累的维修技巧,快速准确地找出了已在和潜在的故障,保障了临床的使用。

【维修心得】

本次两个维修案例提醒我们,严格遵守使用手册规定的环境条件可降低机器故障率,延长使用寿命。避免机器长时间持续工作,可以提高配件的使用寿命。为了保证机器的性能,避免供电引起损坏,建议配高功率的稳压器,推荐使用交流稳压器,以确保机器的安全。更换继电器时损伤铜箔线是意外,但也提醒我们平时维修中在焊接时应特别注意，焊接时间要尽量短，电烙铁温度要适宜。提高维修水平和积累维修经验，可以让我们在日常维修中快速精准地找到故障、解决故障。

（案例提供 杭州市中医院丁桥院区 陈锦涛）

11.3 肺功能仪故障维修案例

11.3.1 科时迈 Quark PFT2ergo 弥散检测不稳、结果偏低

设备名称	运动心肺功能测试系统	品牌	科时迈（Cosmed）	型号	Quark PFT2ergo
故障现象	弥散检测功能不稳定，测试结果偏低。设备照片见图 11－3－1。				

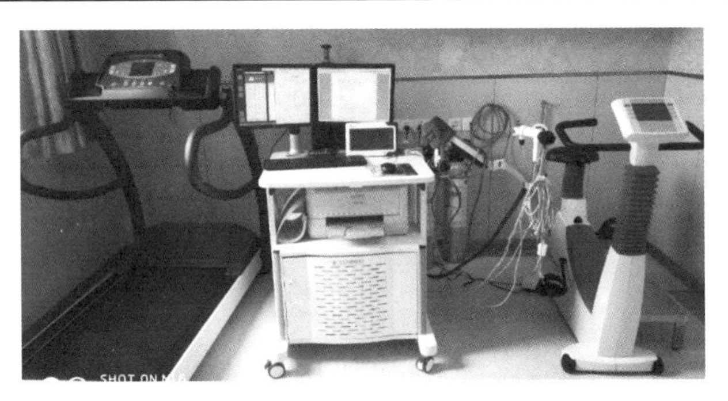

图 11－3－1 设备照片

【故障分析】

对故障进行验证，同一病人选择相同预计值公式，首先应在本机上测试弥散功能并保存结果，然后在性能稳定的另一品牌肺功能仪上进行弥散功能测试，比较两次测试结果。重复试验，结果发现本心肺功能测试系统多次出现弥散结果偏低现象。

我们根据弥散测试原理：机器提供含有浓度为 0.3% 的 CO 和 CH_4 的标准分析气体（见图 11－3－2）经呼吸阀给病人，再经过人体肺泡内弥散后，呼出的

气体经采集管(见图 11 -3 -3)进入主机红外线快速气体分析模块,分析软件(见图 11 -3 -4)根据呼吸前后气体中的 CO 浓度变化,经过计算得出弥散数据。

图 11 -3 -2 标准气体

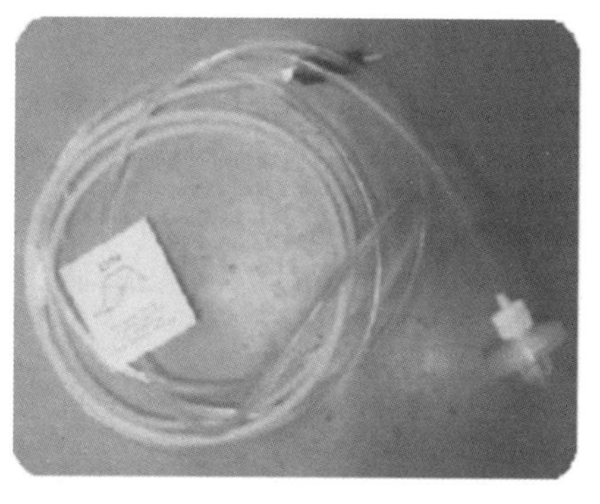

图 11 -3 -3 气体采样管

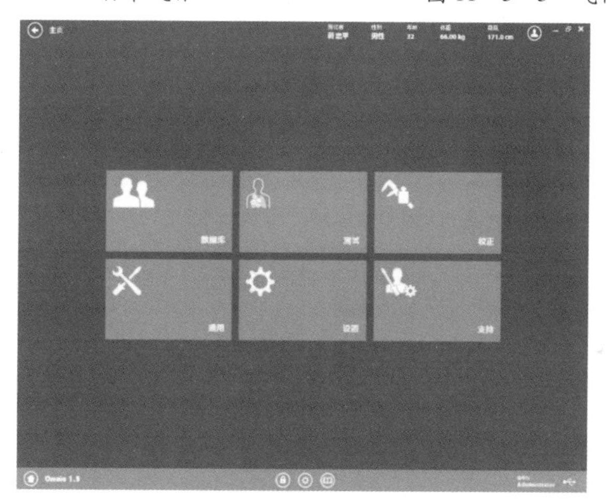

图 11 -3 -4 OMNIA 应用软件

分析可能的故障原因有:软件故障、管路漏气、呼吸阀漏气、分析气体成分偏差以及主机故障。

【故障排除】

(1)检查设备软件

由于软件在过去的使用过程中曾出现过几次卡机现象,所以首先怀疑软件问题,于是对整个电脑系统和软件进行重装升级,故障依旧存在,因此排除软件故障。

(2)检查管路密闭性

检查了气体通路上的所有管道和各个接口,发现并无漏气。

(3)检查呼气阀密闭性

继续检查呼吸阀,呼吸阀是一个三通、可用软件控制阀门的开关,从而控制分析气体和呼吸气体的进出,更换了新的呼吸阀,故障依旧存在。

(4)检查分析气体成分

考虑到后期所使用的分析气体是其他气体厂定制的,怀疑其与原厂提供的分析气体存在一定成分偏差,因此再次使用原厂气体,故障依旧存在。

(5)检查主机工况

怀疑主机内部出现故障,主机内部含有气体分析器、气阀控制板、控制管路和输入输出信号板,直接更换新主机,故障依旧存在。

通过上述处理过程的硬件更换基本上排除硬件故障,因此,怀疑还是软件故障。进一步猜测为软件本身存在问题。与原厂工程师进行了联系,在共同努力之下,发现了原因所在:分析软件自动获取肺泡气样本收集开始时间点不稳定,会出现提早采样,使得未完全排空死腔气体,机器采样得到的呼出气体内所含 CO 浓度会偏高,而弥散结果恰恰与其成反比,明显偏低。提早采用示意见图 11-3-5,正确采样示意见图 11-3-6。

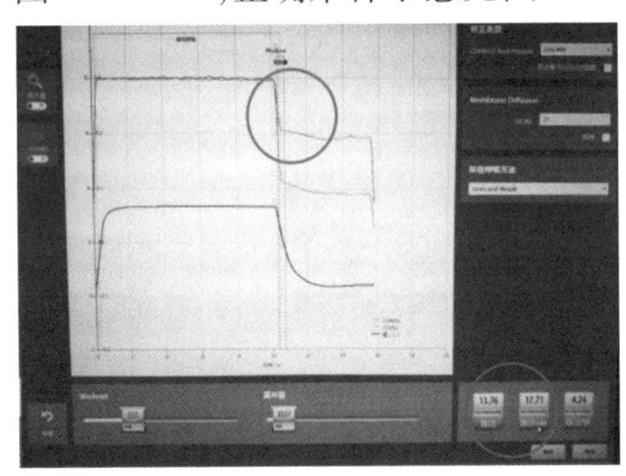

图 11-3-5 提早采样

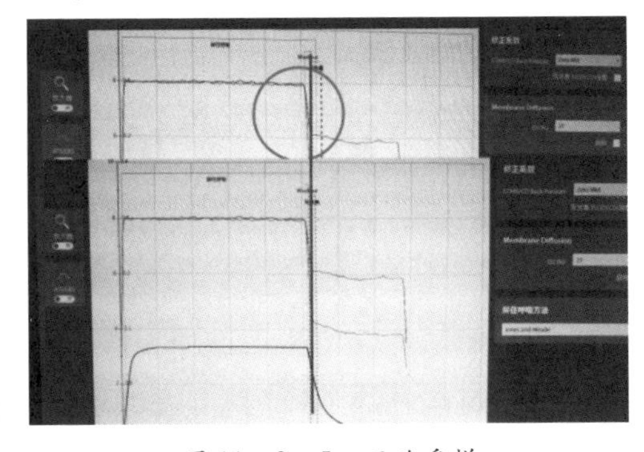

图 11-3-5 正确采样

【解决方案】

为保证弥散测试结果的准确性,目前软件版本弥散检测功能正确操作的关键步骤为:需根据指示气体(CH_4)的浓度曲线手动选择肺泡气样本收集开始时间点和选择合适的采样量(约 1L)。

【价值体现】

本次维修价值体现不在于经济方面,而主要在于维修思路的拓展和维修经验的积累。目前,医疗设备与计算机硬件软件结合越来越紧密,增加了医疗设备的维修难度。对于该类设备的维修,除了排除硬件故障外,软件故障也是考虑的重要因素之一。应合理地利用已有的维修经验快速排除硬件故障,努力了解计算机软件工作原理,快速定位故障原因。

【维修心得】

医疗设备与计算机技术的结合,对医疗设备维修管理提出了技术储备的新要求,作为医疗设备维修工程师,除了掌握医疗设备硬件知识,还要多学习计算机相关软硬件知识,这样才能适应医疗设备管理发展需要。

(案例提供　浙江大学医学院附属邵逸夫医院　管青华)

11.4　药品分包机故障维修案例

11.4.1　日本高园 ES－352c1 分包停止“E34/35”报错

设备名称	自动药片分包机	品牌	日本高园	型号	ES－352c1
故障现象	任意病区分包 5～6 包药后,停止分包,机器下部出现异响,同时液晶屏显示“E34”或“E35”报错。设备照片见图 11－4－1。				

【故障分析】

该型分包机上半部分提供药物存储功能、MTU 临时摆药盘及掉药通道,下半部分又分为前后两部分,前部分功能为对药包进行打印、塑封、切割,以及一台内置小型除湿机,后部分为整机提供动力驱动。

图 11-4-1　设备照片

现场确认故障现象，发现发出异响的位置在下半部分，并且类似不光滑机械部件的摩擦声，判断故障原因有以下几种可能。

(1)药或药粉卡在掉药活门轨道（一部分位于动力驱动区域）上，导致掉药活门打开或关闭不全，使驱动活门的电机齿轮打滑。

(2)活门控制板、限位传感器故障，导致掉药活门打开或关闭不全，使驱动活门的电机齿轮打滑。

(3)电机故障。

【故障排除】

根据故障分析的几种可能，逐次检查排除。

(1)观察分包工作部位，取下掉药漏斗后发现掉药活门未处于正常工作位置，呈半开状（见图 11-4-2），活门附近由于使用科室日常清洁不到位而布满各种药粉，并且部分药粉已凝结成块，但是并没有大颗的药或异物卡住。利用刷子和合适尺寸的一字螺丝刀将掉药活门附近药粉及药粉结块清理干净。通过同时按住面板“1”“3”键开机进入工程模式，再按“设置”键到液晶屏显示 CH_4 后，通过按“MTU 开闭”和“片剂设置”键控制掉药活门的前后移动，测试掉药活门运作是否恢复正常。在测试至第 13 次开启掉药活门时，出现卡死现象。

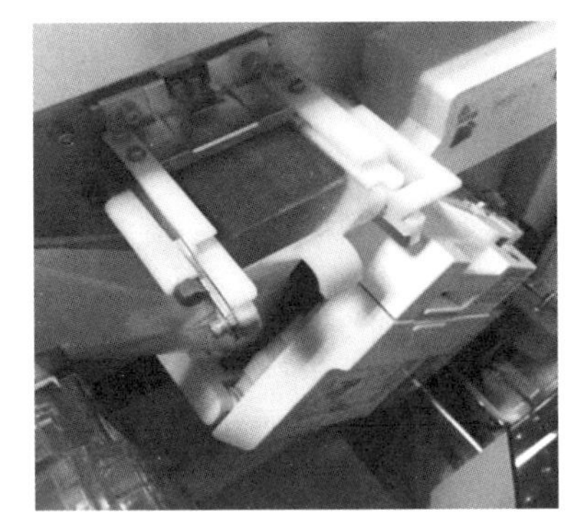

图 11-4-2　活门半开

打开机器后盖，移出 MTU 托架，拆除金属屏蔽罩后，可见位于最表面的掉药活门控制模块（见图 11－4－3），模块包括了电机控制板（带限位传感器）、传动齿轮组、活门轨道及在模块下方的驱动电机。观察后半掉药活门轨道（见图 11－4－4），同样发现了大量各色药粉及凝结物。清理完毕后开机并再次进入工程模式，对掉药活门进行运作测试，在第七次活门关闭时出现相同故障现象。

图 11－4－3 活门控制模块

图 11－4－4 后半活门轨道

（2）进入工程模式进行掉药活门运作测试，在活掉药门开闭中途，用螺丝刀触碰限位传感器（微动开关原理），掉药活门可以迅速刹车，并且在第二次测试的同时观察了分包工作部位及动力驱动部分的工作情况，在掉药活门正常运作的七次内，所见限位传感器工作良好。由此可以排除掉药活门控制板、限位传感器故障可能。

（3）结合之前所有测试，以及过程中故障出现时，驱动掉药活门的电机振动明显，且发现噪声也是来自该电机，由此基本确定故障是由电机损坏引起（见图 11－4－5）。取下整块掉药活门，可见限位传感器、传动齿轮与驱动电机固定螺丝，松开传动齿轮和固定螺丝后，可由下方拔除排线，取下电机。观察电机，发现中轴上已经沾满凝结成块的药粉，尝试用手拧，只能拧动大约 1/4 圈。继续打开电机检查内部，发现药粉已经通过中轴与前盖的缝隙进入内部，以致前端轴承卡住，并且引起了轴承变形，最终导致转子与定子相互摩擦，在运作不良的同时发出异响。

图 11－4－5 损坏电机（清理后）

【解决方案】

该电机由日本电产株式会社（Nidec）生产，通过邮件联系 Nidec 得知该型号是日本高园委托定制的特殊型号，并无市售，联系高园购买。收到原厂电机后进行安装，在工程模式下测试掉药活门运作数十次，未见故障，正常试包六个病区，各病区分包数量不一，并尽量包含各种常用药，共计 196 包，故障并未出现，确认故障已修复。

【价值体现】

该例故障并非此型号分包机常见故障，且产生了较大额的维修配件费用，通过对故障的排除和分析总结，我们认识到该设备在设计制造过程中并未考虑国产药物易产生大量粉尘的问题，只在掉药通道位置设计了保护盖，而掉药活门对应位置并无任何密封措施，药粉日积月累，非常容易导致同类故障。但是在今后的使用中，通过使用科室正确进行日常清理维护，以及医工科常规巡检中检查并清理动力驱动模块，完全可以避免再次出现该类故障。

保证分包机长期正常运作，可以为药剂科节约人力物力，提高效率，也为医院节约成本，提高效益。

【维修心得】

由于该分包机工作任务繁重，掉药活门电机长期处于往复工作状态，加之国产药物粉尘较多，容易被掉药活门活动带入后面的电机以及控制板部位，直接导致上述故障发生。

全自动药片分包机属于高精密医疗设备，对使用环境的要求很高，最好有空调及除湿机，要注意其所处环境的干燥、洁净程度。在日常工作中，使用科室必须严格按照要求做好设备一级维护，定期清理掉药通道及掉药活门附近药粉，尽量减少药粉进入下部动力驱动区域；设备科工程师在每个月巡检时，不仅要简单检查掉药和分包状态，而且必须打开后盖检查所有动力驱动模块情况，并做清理。

（案例提供　宁波市鄞州区第二医院　郑衍晖）

11.5 中耳分析仪故障维修案例

11.5.1 MADSEN ZODIAC 901 自检报错“ERROR Moving Pump”、模拟测试异常

设备名称	中耳分析仪	品牌	MADSEN(丹麦)	型号	ZODIAC 901
故障现象	故障一:开机自检不通过,显示屏报错误信息“ERROR Moving Pump”。 故障二:自检通过后,模拟测试异常,显示屏报错误信息“Headset NOT Connected”。 设备照片见图11-5-1。				

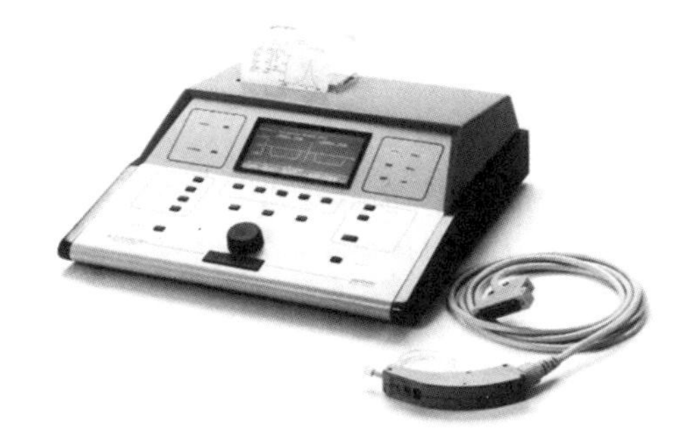

图11-5-1 设备照片

【故障分析】

(1)故障一

根据产品说明书提示,错误信息可解读为气泵动作异常,检测失败。经过现场拆机排查后,发现此电机(见图11-5-2)本身的确存在老化问题,但并非无法运转,因为在开机后刚进入自检阶段时,气泵电机有正常反应,但之后明显遇到了外部大阻力,造成螺杆无法继续运行。基于此点,继续把气泵电机拆解下来,发现其转子与螺杆对接处非常松,造成电机带动螺杆的转速不足,长此以

往容易造成电机轴承或气泵电机的损坏。

图 11－5－2　气泵电机

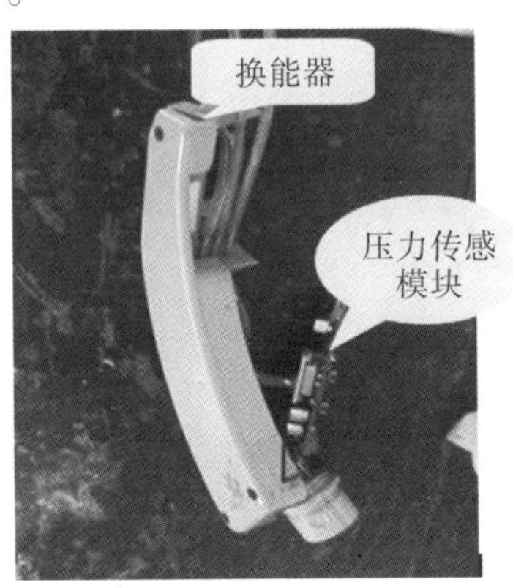

图 11－5－3　换能器

(2)故障二

1)根据产品说明书提示,错误信息可解读为头部指示未连接。根据实际操作显示,发现设备检测最后环节,与人身体直接连接的部分是换能器(见图11－5－3),因此,可以假设是换能器出现了问题而导致主机报错。

2)故障原因可能为电路故障,因此拆卸换能器,对内部的OP275芯片进行反向绘制,分析电路(见图11－5－4)。具体如下:OP275芯片内部由两个放大器构成,它们所代表的是1、2两个通道。其中,放大器A1、A2和三条变电阻支路分别构成了听力反射测试中的低音通道、中音通道和高音通道,功放电路中的放大系数就是由信号通过所在电路支路的电阻比值决定。由于电容具有通高频阻低频的特点,起到频率开关的作用,所以当频率低时只有低音通道(最上方支路)处于通路状态,其余两条路处于断路状态,同理,中音通道、高音通道也具有频率选择通断的特点。

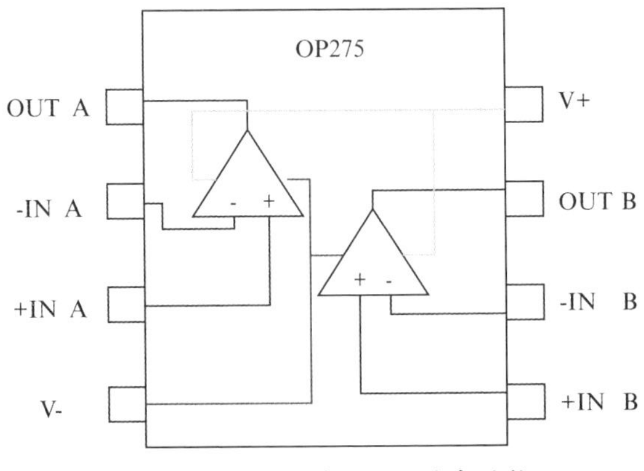

图 11－5－4　芯片 OP275 内部结构

【故障排除】

(1)故障一

气泵无法动作的原因有很多,如电机运行温度过高导致线圈烧坏、电机轴承润滑不足致其卡死等。经过现场拆机排查及综合分析,将螺杆与电机转子吻合处进行加固,使电机能重新带动螺杆正常运转,使得复位检测能顺利通过。

(2)故障二

根据设备原理(见图11-5-5),并且根据字眼信息提示,我们可以大胆地假设是换能器出现了问题而导致主机报错。卸下换能器头,拆开后内部结构见图11-5-4,发现在压力传感器模块的电路板上有一个带有三芯裸线金属小块异常,修复后开机再次测试,测试通过,为保险起见,将其三个通道功放电路芯片也一并更换。

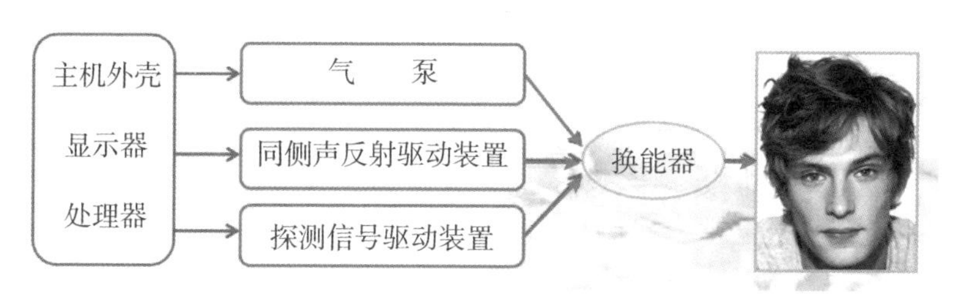

图11-5-5　设备原理

【解决方案】

(1)故障一

将螺杆与电机转子吻合处加固,使电机能重新带动螺杆正常运转,使得复位检测能顺利通过。

(2)故障二

1)卸下换能器头,并拆开,发现内部在压力传感器模块的电路板上有一个带有三芯裸线的金属小块,三根芯中有两根虚焊,重新焊接(需要放大镜协助焊接),通过性能测试。

2)因为OP275芯片是集成功放芯片,不用写入程序代码,只需更换后重新焊接即可。

【价值体现】

(1)气泵电机对于整台设备的来说是检测的发生装置,因此可将其作为设备维修中起始点来进行排查，这样能顺着气路整理出各类问题大致框图，逐步形成相应的解决方案，节省了相关配件的费用。

(2)修复换能器后，查找了相关资料，没能找到这个小金属块学名。我们可以根据原理图，判断出换能器应该是作为整套检测设备的执行动作装置，其内部的小金属在温度模块当中，连接线两端分别是小金属块和电路板，表明它具有收集或者处理之前由主机发送过来的电信号的能力，应该是类似于某个参数的传感器，在之后的几次故障维修中，小金属连线的好坏成为换能器优先判定的选项。

(3)参照临床医学指标，即耳道声导抗的检测的主要数据是耳道等效容积(acoustic equivalent volume, V_{ec})，峰补偿静态声导纳(peak - compensated static admittance, Y_{tm})，鼓室图峰压(tympanogram peak pressure, TPP)，鼓室图宽度(tympanogram width, TW)等数据的准确性。开机自检完成后，在给病人使用前，主机需要完成与耳道换能器之间的测试，如果设备完整，通信正常，则会出现如图 11-5-6 所示的鼓室图。图中的 Y_{tm}(a-b)的正常值一般为 -200 ~ +200，它是对判定被测者的耳道炎症具有很高识别度的指标，尤其是对未成年的耳道声阻抗测试。波形的顺滑度也能作为对耳膜震动是否正常的一个判定依据。1997 年，美国语言听力协会的《婴儿和儿童听力筛查指南》将鼓室图中的各类数据纳入中耳病变的筛查指标。

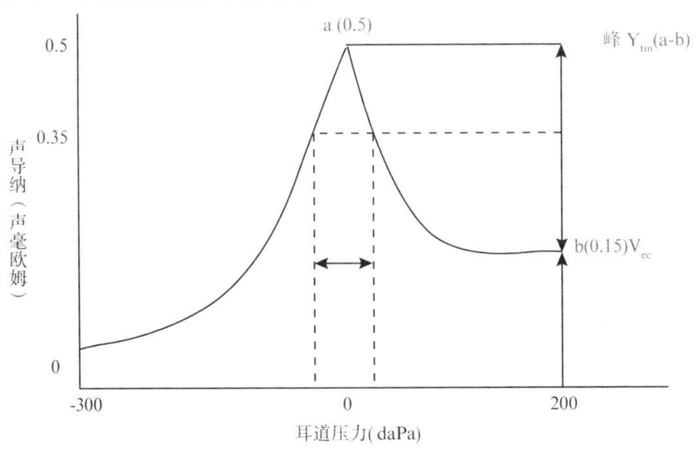

图 11-5-6 鼓室图

【维修心得】

经本次维修，总结以下几点。

(1)判定故障时，不能从外观现象单一地去理解。首先要建立起设备工作原理的框图,再从各个环节的联系点切入,更全面、更准确地定位故障成因,最后进行相应的维修。

(2)完成设备维修后,一定要与临床相关设备使用人员一起进行设备测试。对测试是否能达到临床使用要求,必须征询一线使用人员意见,这样也能更准地判定故障处理的结果。

(3)做好现场维修的拍照、记录工作。

参考文献

[1] 刘健生. GE Vivid7 超声诊断系统故障维修 3 例. 中国医疗设备,2020,35(4):179-182.
[2] 沈惠强. 飞利浦彩超显示故障分析及排除二例. 医疗装备,2020,33(3):127.
[3] 姜琳琳,李瑞雪,蒋秋圆. 医用超声成像设备发展历程、现状与趋势综述. 中国医疗器械信息,2019,25(23):9-13,16.
[4] 陈天宝. 超声波医学诊断装置探头故障实例分析. 中国设备工程,2019(21):232-233.
[5] 梁伟玲,黄泽彬. 电磁环境对彩色多普勒超声图像的影响. 医疗装备,2017,30(13):16-17.
[6] 张熙. 从 E-超出现看超声影像发展史. 中国医疗设备,2015,30(10):179.
[7] 李佳曼. 超声医学影像的信号处理. 南京:东南大学,2015.
[8] 张艳. 体外超声治疗颈动脉粥样硬化斑块的疗效评价. 郑州:郑州大学,2014.
[9] 王宇辉. 基于医学成像的斑点降噪与特征保持的研究及实现. 南京:南京邮电大学,2013.
[10] 刘民. 基于多速率信号处理技术的超声 B 模式回波信号处理研究. 成都:四川大学,2006.
[11] 蔡爱萍. 浅谈 B 超设备抗电磁场干扰的对策. 医疗设备信息,2004(6):36.
[12] 肖青青. 远程医疗助力分级诊疗在社区的实践研究. 健康大视野,2019(6):4-3.
[13] 徐洋,李明,孙怀玉,等. 超声诊断成像技术的进化研究. 健康大视野,2019(6):3.
[14] 余炎雄. 小型化医用超声诊断仪设计. 汕头:汕头大学,2012.
[15] 佚名. 话说影像检查. 上海商业,2014(14):77-79.

[16] 项凡. 应用实时三维超声技术观察扩张型心肌病心衰患者二尖瓣环空间结构. 沈阳:中国医科大学,2012.
[17] 袁媛,徐树堂. 医院放射科的建设与管控. 江苏建筑,2017(z1):3-5.
[18] 朱金祥. 放射科医疗设备的常见故障. 心理医生,2018,24(28):351-352.
[19] 王正坤,王鹏,徐昊昊. CT 系统成像原理. 信息记录材料,2018,19(2):86-88.
[20] 王立青. CT 成像技术的发展与应用分析. 心理医生,2018,24(15):307-308.
[21] 闫军,田国钰. 医学影像技术学 CT 的工作原理以及新应用探讨. 影像研究与医学应用,2020,4(3):87-88.
[22] 王恒地,罗少华,曹永刚. 数字 X 线设备综述. 中国医学装备,2009,6(9):22-23.
[23] 程强力. GE 7500 C 臂 X 光机故障分析与处理. 中国医疗设备,2014,29(3):136-137.
[24] 王艳芹,李雪英,王振光. 移动式小 C 臂 X 光机的技术进展. 中国医疗设备,2018,33(5):121-124.
[25] 杨绍洲,陈龙华,张树军. 医用电子直线加速器. 北京:人民军医出版社,2004
[26] 杨涛,张虹,高关心,等. 医用直线加速器的故障分析及维护. 中国医学装备,2019,16(3):147-150.
[27] 王瑞玉,井旭明,张春霞. 数字减影血管造影(DSA)技术新进展//中国生物医学工程学会. 中国血液流变学杂志,1998,8(4):281-282.
[28] 谢宏. 从专利角度谈 DSA 技术发展趋势及其应用设备采购的注意事项. 招标采购管理,2016(10):45-48.
[29] 王新,郑焜,王溪,等. 医疗设备维护概论,北京:人民卫生出版社,2017.
[30] 俞森洋,现代机械通气的理论和实践,北京:中国协和医科大学出版社,2000.
[31] 刘辉强,高虎. 我院呼吸机的精细化管理探讨. 中国医疗设备,2019,34(10):145-147,151.
[32] 赵艳琼,杨威. 基于可靠性为中心的呼吸机维修管理体系的应用研究. 中国医学装备,2018,15(11):141-144.
[33] 吴海燕,马继鹏,范磊. 医院在用呼吸机质量控制数据的采集与分析研究. 中国医学装备,2017,14(6):18-21.

[34] 唐昊,周俊,张和华,等. 呼吸机不良事件信息的管理. 中国医疗设备,2016,13(2):123 - 125.

[35] 李庚,朱永丽,夏慧琳. 基于 RCM 的 PB840 呼吸机维修决策研究. 中国医疗设备,2015,30(12):22 - 26.

[36] 张军平. PB840 呼吸机维修实例探讨. 中国医疗器械信息,2015,21(6):55 - 56,78.

[37] 郑蕴欣,蔡圣浩,陈颖. 应用质量管理工具对呼吸机使用安全的影响因素进行分析. 中国医学装备,2015,12(1):57 - 60.

[38] 贠基民,乔忠强,曹锐. 呼吸机机械通气概述及应用. 医疗卫生装备,2005(5):52.

[39] 王建国. 心电监护仪的原理与维修. 医疗装备,2017,30(20):41 - 42.

[40] 王锋,戚仕涛. 心电监护仪的最新进展及新技术应用. 中国医学装备,2013(3):40 - 42.

[41] 何伶俐,王宇峰,祝元仲,等. ECG 监护仪设计回顾与发展. 医疗装备,2015,28(1):1.

[42] 陈浩,金伟,秦惠忠. 微量注射泵的工作原理及其应用. 中国医学装备,2012(10):48 - 50.

[43] 张伟. 浙大系列微量注射泵工作原理及常见故障案例分析. 中国医学装备,2014(5):109 - 111.

[44] 万宁. 微量注射泵的工作原理及使用维护. 医疗装备,2015,28(17):65 - 66.

[45] 何敏. LP - 2000 型输液泵结构原理及常见故障维修. 医疗卫生装备,2016,37(7):160 - 161.

[46] 赵云杰. 输液泵的使用安全与发展趋势. 医疗装备,2017,30(6):24 - 25.

[47] 陈基明,林晶,李玉峰. 输液泵的原理与维修. 医疗卫生装备,2011(11):150 - 151.

[48] 曾德荣,单葵顺. 高清腹腔镜设备常见故障排除及处理:医疗卫生装备,2015,36(11):150 - 151。

[49] 曲超. 希森美康 XN - 2000 全自动模块式血液体液分析仪工作原理及故障维修. 中国医疗设备,2020,35(1):174 - 177.

[50] 柳欣琦,张喜雨,王佳. Sysmex XE - 2100 全自动血液分析仪原理与维护. 中国医疗设备,2008,23(4):105 - 107.

[51] 高飞,邱纪,陈伟,等. XE - 2100 血液分析仪测定网织红细胞的临床应用

探讨. 重庆医学,2008,37(3):244 - 246.

[52] 邓玉林,李勤. 生物医学工程学. 北京:科学出版社,2012.

[53] 费红波. 标准生化分析仪的结构原理与故障分析. 中国标准化,2017(12):46.

[54] 本刊编辑部. 生化分析仪临床应用专家座谈会纪要. 中华检验医学杂志,2005,28(2):149.

[55] 陈康. 荧光免疫分析仪基本组成、原理及进展. 中国医疗设备,2009,24(2):57 - 59.

[56] 李凯凡. 西门子 ADVIA Centaur XP 全自动免疫分析仪故障分析实例. 医疗装备,2017,30(16):57 - 58.

[57] 万庆,高峰. TECAN 全自动酶联免疫工作站系统常见故障与处理. 中国医学装备,2018,15(3):141 - 142.

[58] 付杰,蒋兴宇,苏鹏,等. 不同全自动酶免分析系统性能对比研究. 检验医学与临床,2016,13(20):2864 - 2865.

[59] 陈菊华,张宏伟,应可明. 肿瘤标志物和免疫组织化学指标在胃癌组织中的表达及意义. 山西医药杂志,2019. 48(10):1139 - 1142.

[60] 林耀堂,陈海荧. 乙型肝炎病毒前 S1 蛋白检测在乙型肝炎病毒感染临床诊断的应用. 现代医药卫生,2013,29(12):1870 - 1871.

[61] 郭立民. 化学发光免疫分析甲功五项的基质效应及临床意义. 世界最新医学信息文摘,2015(1):130 - 130,135.

[62] 刘伯宁. 诺贝尔奖与免疫学的百年渊源. 自然杂志,2012,34(3):167 - 171.

[63] 冯进伟. BD PHOENIX 100 自动微生物鉴定和药敏系统故障分析及维修. 中国医疗设备,2010,25(6):123,128.

[64] 薄志坚,姜允涛. 应用微生物全自动分析仪进行微生物常规检验. 中国卫生检验杂志,2001,11(3):374 - 375.

[65] 赵俊琴,李占荣,何鸿绯,等. BD Phoenix - 100 全自动微生物鉴定仪检测超广谱 β - 内酰胺酶耐药表型的能力评估. 实用医技杂志,2018,25(1):12 - 14.

[66] 王质刚. 血液净化设备工程与临床. 北京:人民军医出版社,2006.

[67] 杨焱. 血液透析系统的基本原理及发展. 中国医疗器械杂志,2001,25(5):288 - 291.

[68] 王质刚. 对血液净化从肾脏替代向多器官功能支持的演变. 中国血液净化

杂志,2005,4(5):233.

[69] 李延斌,逢天秋.人工肾的最新进展及临床应用.中国医疗器械信息,2003,9(1):13.

[70] 金雯,赵李俊.体外冲击波碎石机.现代医学仪器与应用,2003(3):26-27.

[71] 刘大伟,李延斌.体外冲击波碎石机的发展和应用.医学装备,2004(1):18-20.

[72] 杨斐,陆一滨.体外冲击波碎石机概述及日常维护.中国医疗器械信息,2016,22(7):65-68.

[73] 刘江涛,袁永伟.体外冲击波碎石机关键技术研究及仿真.绿色科技,2017(20):175,179.

[74] 蒋逢庆.体外冲击波碎石机技术改进及临床研究.中国医疗器械杂志,2013,37(5):340-342.

[75] 章璟,王国增.体外冲击波碎石机制及技术的进展.中华腔镜泌尿外科杂志(电子版),2013,7(6):481-484.

[76] 符红霞,魏展州,黎国新.体外冲击波碎石对不同部位肾结石非靶区的影响及观察.实用医学杂志,2017,33(11):1795-1798.

[77] 李彦宁.泌尿系结石微创治疗进展.医学理论与实践,2013,26(3):313-314,317.

[78] 郑劲平.肺功能仪检测原理与常用仪器.中国医疗器械杂志,1999(5):284-288.

[79] 马苑.肺功能仪的发展.内蒙古科技与经济,2018(16):98-99.

[80] 林璇.全自动单剂量药品分包机在住院药房的应用.中国处方药,2020,18(4):62-63.

[81] 杨敏,缪滔,钱卫央,等.药品分包机分包错误原因及改进.医院管理论坛,2016,33(2):56-58.

[82] 常红霞,曹歌.住院药房片剂自动分包系统应用前后的效益分析.中国药物应用与监测,2011,8(4):246-248.

[83] 杨晓敏,王冬梅.全自动药品单剂量分包机在住院药房的应用分析.甘肃医药,2014,33(12):940-941.

[84] 张雯雯,周正东,管绍林,等.电子内窥镜的研究现状及发展趋势.中国医疗设备,2017(1):93-98.

[85] 汪长岭,朱兴喜,黄亚萍,等.内窥镜成像新技术原理及应用.中国医学装

备,2018,15(4):125 - 129.

[86] 宋非,郭大为,刘博,等.硬性内窥镜故障分析及质量控制.中国医学装备,2020,17(3):148 - 151.

[87] 吕平,刘芳,吕坤章,等.内窥镜发展史.中华医史杂志,2002,32(1):10 - 14.

[88] 耿洁,李全禄,李娜,等.医用超声内窥镜的研究现状与发展趋势.中国医学物理学杂志,2010,27(5):2122 - 2124.

[89] 吕平,刘芳,吕坤章,等.内窥镜发展史.中华医史杂志,2002,32(1):10 - 14.

[90] 崔娟娟.锥形束 CT 在牙体牙髓病临床诊疗中的应用.武汉:武汉大学,2017.

[91] 王明育.口腔 CT 机控制装置的设计与实现.南京:南京理工大学,2016.

[92] 汪凯,张犁朦,孙靓.基于专利分析的口腔 CT 领域现状及发展对策研究.中国医疗设备,2016,31(4):180 - 183.

[93] 王艳.基于种植的下颌后牙区骨内重要解剖结构的锥形束 CT 研究.广州:广州医科大学,2014.

[94] 刘福祥,张志君.口腔设备学.成都:四川大学出版社,2018.

[95] 翟志恒.牙科综合治疗机的数字化设计与研究.西安:陕西科技大学,2012.